Power Automate for Desktop RPA開発 超入門

Tuyano SYODA
掌田津耶乃 著

秀和システム

サンプルのダウンロードについて

サンプルファイルは秀和システムのWebページからダウンロードできます。

ダウンロードできるサンプルは、各章の「Robinコード」コーナーのものと、最終章で掲載したRobinコードになります。

●サンプル・ダウンロードページURL

https://www.shuwasystem.co.jp/support/7980html/6697.html

ページにアクセスしたら、下記のダウンロードボタンをクリックしてください。ダウンロードが始まります。

ダウンロード

はじめに

定型作業は「PAD」にお任せ！

その昔、「パソコンで仕事」といえば、せいぜいワープロと表計算のソフトを使う程度でした。それが、気がつけばスケジュール管理、プレゼン作成、チーム管理、オンライン会議と、ありとあらゆる業務がパソコンで行われるようになっています。日々、これら膨大な作業に追われて溺れそうになっている人、多いんじゃありませんか？

こうした状況を抜け出すための方法が、実はあります。それは「決まりきった作業は、全部パソコンにやってもらう」ことです。お決まりの作業を毎日繰り返し実行するだけなら、それは別に人間がやらなくてもいいことのはず。

Windowsの開発元であるマイクロソフトは、膨大なパソコン業務を生み出した責任を感じて（？）か、素晴らしい自動化ツールを開発しタダで配布してくれています。それが「Power Automate for Desktop（PAD）」です。本書は、このPADの使い方を説明し、主なソフト（ExcelやWebブラウザなど）の自動化や主な作業（ファイル操作やWebアクセス、データベースなどのデータ処理）の自動化について説明していきます。

とはいえ、PADの入門書は既に世の中に何冊か出ています。既に手にとって読まれた人もいることでしょう。そうした入門書と、この本と、どこが違うの？ そう思った人。

本書は、ただPADの使い方について説明するだけでなく、その背後で動いている「Robin」というプログラミング言語についても説明をしています。Robinは、PADが採用している世界で唯一のRPA（Robotic Process Automation）専用言語です。この基礎を身につけることで、PADを更に使いこなせるようになります。

ツールとしてのPADと、その背後で動くRobin。この2つについてしっかりと学ぶことができれば、積み上がった日常の業務もすっきり片付きますよ！

2022.2 掌田津耶乃

Contents

目 次

Chapter 1
Chapter 2
Chapter 3
Chapter 4
Chapter 5
Chapter 6
Chapter 7
Addendum

Chapter 7 AccessとSQLデータベース 395

Addendum Robin超入門！ 465

Chapter

1

Power Automate for Desktopを使おう

ようこそ、Power Automate for Desktopへ！ これは、パソコンの操作を自動化するツールです。まずは自動記録機能を使い、操作を記録し実行してみましょう。これだけでも、このツールの便利さがきっと実感できますよ！

Section 1-1 Power Automate for Desktopの基礎知識

作業の深化と自動化

ビジネスでコンピュータを利用しているならば誰しも感じることですが、技術が進歩するに連れ、便利になるよりも「より作業が複雑になる」のは確かでしょう。以前ならば、メールを送り、ワープロで文章を書き、スプレッドシートでデータを集計できれば仕事になったことでしょう。

しかし今では、ビデオ会議、プロジェクト管理、チームの情報共有、ありとあらゆる業務がコンピュータで行われるようになっています。それらを連携して動かし処理していくために、膨大な労力必要となります。ときとして、実際の業務よりも「そうした複雑な作業を行うための時間」のほうが長くなっていることに気がつくかも知れません。

作業が複雑化していくにつれ、必要となるのが「いかにして、自分がやるべき作業を減らすか」です。やらずに済ませることはできないのであれば、「自動的にやってくれる」ことを考えるべきかも知れません。

業務に関連する作業の多くは、かなり定型化されており、決まった作業を繰り返しているだけのことが多いものです。そうした作業は、自動化することができるのではないでしょうか。

こうした考えから、「作業の自動化」のためのツールというものが誕生し、使われるようになりつつあります。

二つのPower Automate

こうした自動化のツールは各社が開発していますが、中でも広く利用されるようになりつつあるのがマイクロソフトが開発する「Power Automate」でしょう。

これはマイクロソフトが開発するオフィススィートの一つです。が、注意すべきは「Power Automateは二つある」という点です。

「Power Automate」

ただ単に「Power Automate」といえば、それはクラウドベースで提供されているWebサービスを示します。これは、Webベースのさまざまなサービスを連携して自動的に実行させるものです。

こうした機能は、一般に「iPaaS (Integration Platform as a Service)」と呼ばれます。各種のサービスを統合するための基盤となるもの、それがPower Automateです。

「Power Automate for Desktop」

このPower Automateとは別に、マイクロソフトは「ローカル環境(自宅のパソコン)の作業を自動化するツール」として、「Power Automate for Desktop」というアプリケーションをリリースしました。これは、パソコンの作業やパソコンにインストールされているアプリの作業を自動化するマクロツールです。

こうしたものは、一般に「RPA (Robotic Process Automation)」と呼ばれます(パソコンのデスクトップ環境のみに絞ったものはRDA = Robotic Desktop Automationとも呼ばれます)。このRPAを簡単に行うツールが、Power Automate for Desktopです。

※Power Automate for Desktopは、長いので略して「Power Automate」と記述するケースがよく見られますが、Power Automateは、Power Automate for Desktopとは別のものであり、混同するため、この省略はよくありません。そこで本書ではイニシャルを使い、Power Automate for Desktopを「PAD」と略して表記することにします

Webサービスか、ローカル環境か

この二つのPower Automateの違いは、「自動化する環境」の違いです。インターネット上にあるサービスを自動化するのか、パソコンのローカルな環境内の作業を自動化するのか、ですね。作業の自動化という点では同じ(ですからどちらもPower Automateと名付けられているのでしょう)ですが、使い方などはかなり違います。従って、この二つは「全く別のもの」と考えたほうがいいでしょう。

Power Automate for Desktopについて

本書で説明するのは「Power Automate for Desktop (以後、PADと略)」です。これは、パソコンの作業を自動化するアプリケーションです。このアプリは、マイクロソフトによりプレビュー版が無償で公開されており、誰でも使うことができます。OfficeやMicrosoft 365などを購入していない人でも利用できます(ただし、マイクロソフトのアカウントは必

要です。ない場合はインストール時に作成するので心配は無用です)。なお、Windows 11ではデフォルトでインストールされています。

では、PADのWebサイトにアクセスし、アプリをダウンロードしましょう。Webサイトの URLは以下になります。

```
https://japan.flow.microsoft.com/ja-jp/desktop/
```

図1-1　Power Automate for DesktopのWebサイト。

ここから「無料トライアルを始める」をクリックし、開かれた画面から「Download the Power Automate Installer」というリンクをクリックするとダウンロードが開始されます。ただし、ちょっと表示がわかりにくいので、以下のダウンロードアドレスに直接アクセスしてもいいでしょう。

```
https://go.microsoft.com/fwlink/?linkid=2102613
```

これでインストーラがダウンロードされます。

Power Automate for Desktopのインストール

では、ダウンロードしたインストーラを起動しましょう。そして以下の手順に従ってインストールを行ってください。

●1. Power Automate パッケージをインストール

起動すると、インストールの説明画面が現れます。これは、そのまま「次へ」ボタンをクリックしてください。

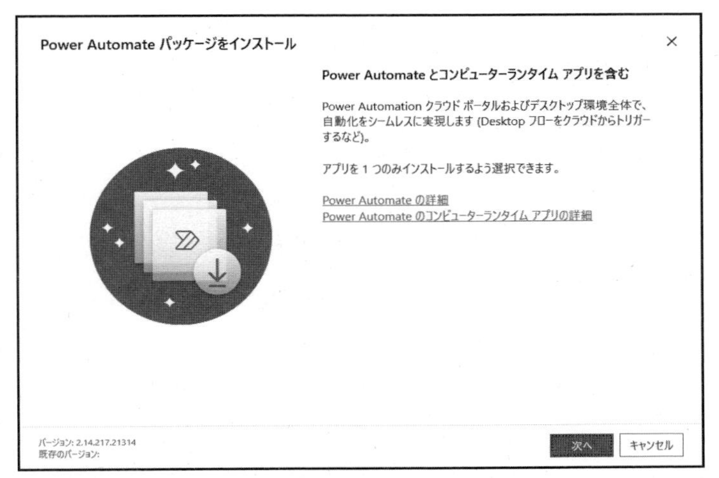

図1-2　インストーラの起動画面。「次へ」をクリックする。

●2. インストールの詳細

インストールする場所、パッケージ内容などを設定する画面になります。これらはデフォルトのままで構いません。一番下の「[インストール]を選択すると……」というチェックボックスをONにすると、「インストール」ボタンをクリックできるようになります。そのまま「インストール」ボタンを押すと、インストールを開始します。

図1-3　インストールの詳細を設定する。

●3. インストール成功

インストールが終わると、このような画面になります。これで終了ではありません。ここから、Webブラウザーの機能拡張を行います。各ブラウザーの機能拡張ページへのリンクが用意されているので、これをクリックして機能拡張をインストールします。

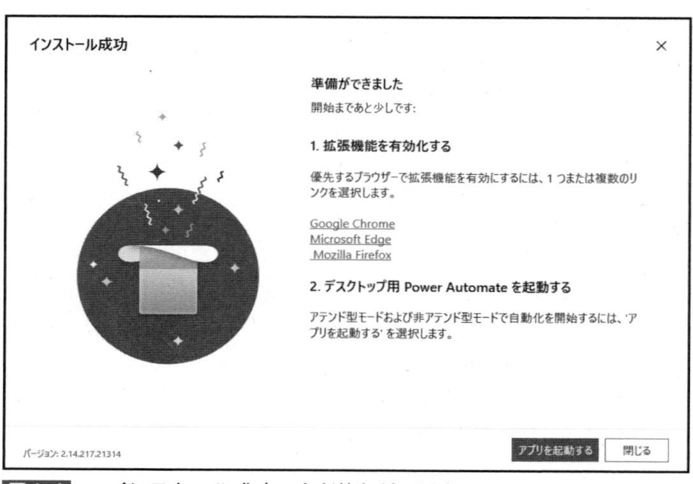

図1-4　インストール成功。まだ終わりではない。

Edgeの場合

Edgeを利用している場合は、「Microsoft Edge」のリンクをクリックすると、Edgeの「Microsoft Power Automate」という機能拡張のページが開かれます。そのまま「インストール」ボタンをクリックしてインストールを行ってください。

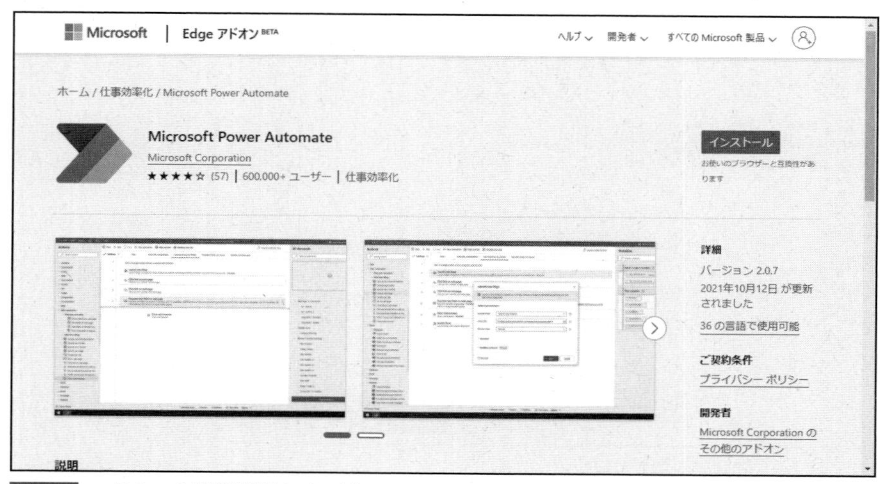

図1-5　Edgeの機能拡張のページ。

ボタンをクリックすると、インストールを確認するアラートが現れます。そのまま「機能拡張の追加」ボタンをクリックするとインストールが実行されます。

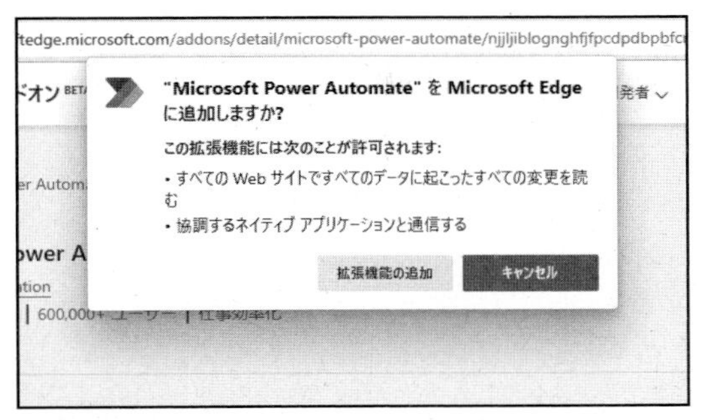

図1-6　確認のアラート。「機能拡張の追加」をクリックする。

Chapter 1
Chapter 2
Chapter 3
Chapter 4
Chapter 5
Chapter 6
Chapter 7
Addendum

Chromeの場合

Chromeを利用している場合は、図1-4で「Google Chrome」のリンクをクリックしてください。これでChromeウェブストアの「Microsoft Power Automate」のページが開かれます。そのまま「Chromeに追加」ボタンをクリックしましょう。

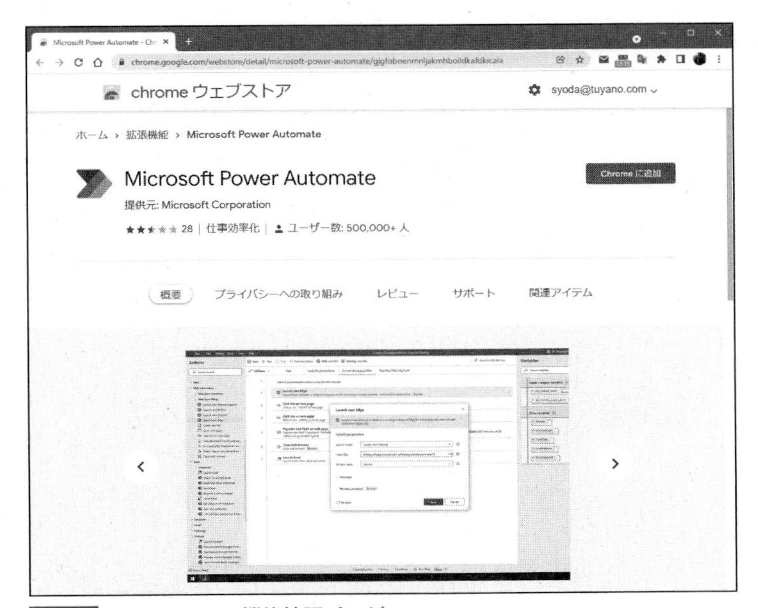

図1-7　Chromeの機能拡張ページ。

確認のアラートが表示されるので、「機能拡張を追加」ボタンをクリックします。これで機能拡張がインストールされます。

図1-8　「機能拡張を追加」ボタンをクリックする。

※なお、Webブラウザーの機能拡張は、PADをインストールした後でも必要に応じて追加できます。ですから、よくわからなければ飛ばしてしまって構いません

Power Automate for Desktopの起動とサインイン

Webブラウザーの機能拡張をインストールしたら、インストーラにある「アプリを起動する」ボタンをクリックするとインストールしたアプリが起動します。

起動すると、まず画面に「Microsoft Power Automateにサインインする」という表示が現れます。PADのアプリケーションは無償配布されていますが、利用にはアカウント登録が必要です。画面にある「サインイン」ボタンをクリックしてください。

図1-9　起動すると、サインインを求めてくる。

ボタンをクリックすると、「Power Automateにサインインする」というダイアログパネルが現れます。ここでサインインするメールアドレスを入力し、「サインイン」ボタンをクリックします。

これ以降は、入力したメールアドレスでアカウントを持っているかどうかで作業が変わります。

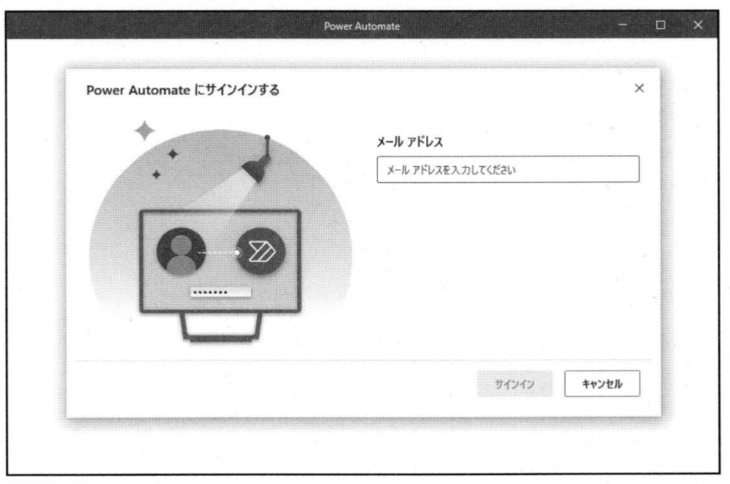

図1-10　メールアドレスを入力しサインインする。

アカウントが既にある場合

既にマイクロソフトアカウントを持っていて利用している場合、画面に「アカウントを選択する」というウィンドウが現れるでしょう。ここからアカウントをクリックして選択します。

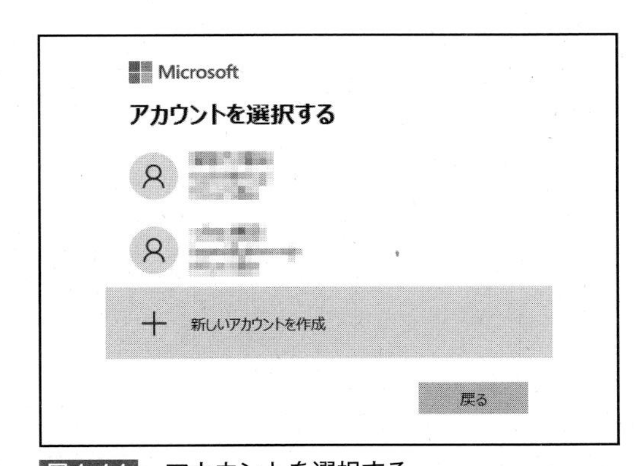

図1-11　アカウントを選択する。

アカウントによっては、アプリ側で使用する国の情報を入力する必要があるかも知れません。その場合は「日本」を選んでおきましょう。

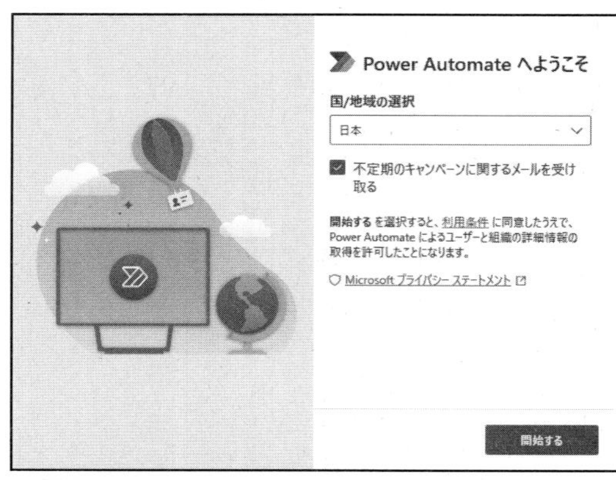

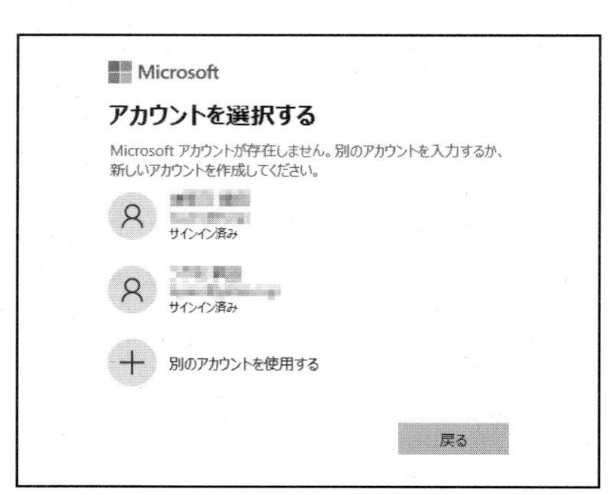

図1-12　使用する国を選ぶ画面が出たら「日本」を選択する。

新しいアカウントの作成

アカウントを登録していない場合は、「サインイン」ウィンドウでアカウントを入力する画面になります。「アカウントをお持ちでない場合は作成できます」という表示の「作成」リンクをクリックしてください。

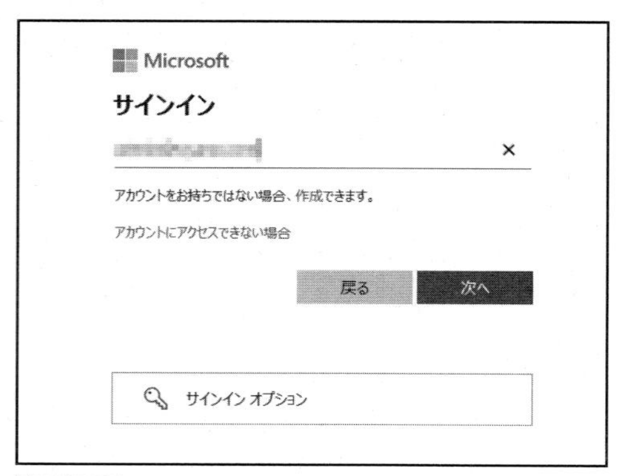

図1-13　「新しいアカウントを作成してください」をクリックする。

●1. アカウントの作成

新しいアカウントを作成するための表示になります。まず、アカウント登録したいメールアドレスを入力し、次に進んでください。

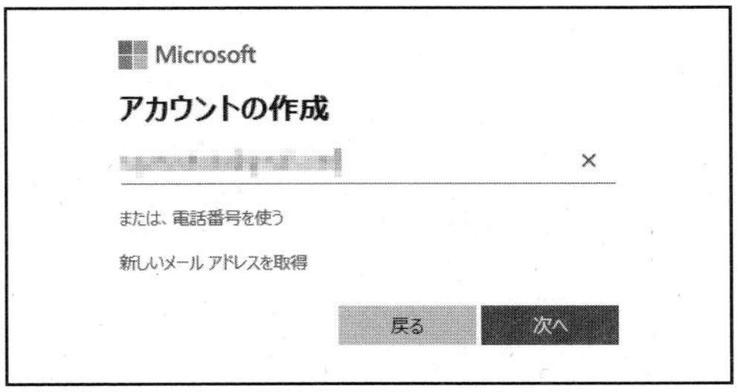

Microsoft
アカウントの作成
または、電話番号を使う
新しいメール アドレスを取得
戻る
次へ

図1-14　メールアドレスを入力する。

●2. パスワードの作成

アカウントに登録するパスワードを入力します。「パスワードの表示」をONにすると記入したパスワードを確認できます。

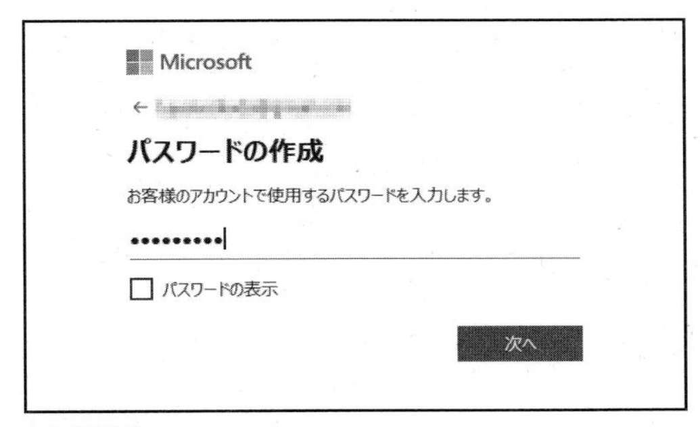

図1-15　パスワードを入力する。

●3. メールの確認

入力したメールアドレスに確認のメールが送られます。このメールに書かれているコード番号を記入してください。

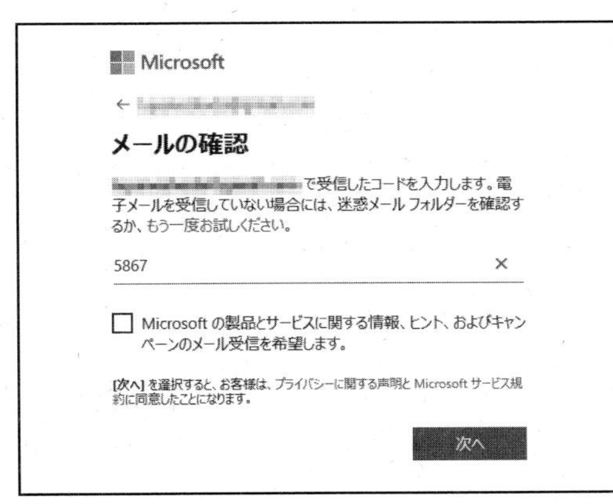

図1-16　送られてきたコードを記入する。

●4. 生年月日の指定

本人確認のための情報を入力します。まず、国と生年月日を設定してください。

図1-17 国と生年月日を指定する。

●5. お名前の入力

続いて、名字と名前をそれぞれ入力します。これで次に進めば登録完了です。場合によっては、再度メールアドレスにコード番号が送られてくるかも知れません。その場合はその番号を入力してください。

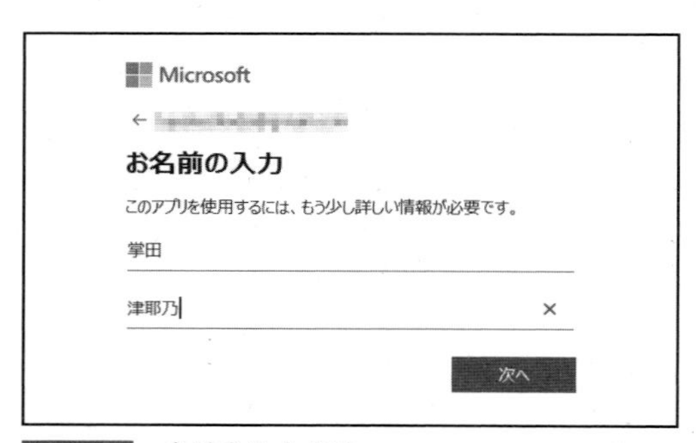

図1-18 名前を入力する。

Power Automateへようこそ

アカウントの設定が完了すると、アプリの画面に戻り、「Power Automateへようこそ」というパネルが現れます。これはアプリの利用を行う際、最初に表示されるものです。そのまま「スキップ」ボタンを押すとアプリを使えるようになります。

図1-19 「ようこそ」画面。スキップでアプリを開始する。

「ツアーを開始」ボタンを押すと、アプリの画面が現れ、吹き出しでそれぞれの使い方の説明が表示されます。吹き出しは「OK」すれば消えます。すぐに使いたければ「スキップ」を選択すれば、ツアーの表示はキャンセルされます。

これで、アプリが使える状態になりました。後は、アプリの使い方を覚え、実際に自動処理を作成していくだけです。

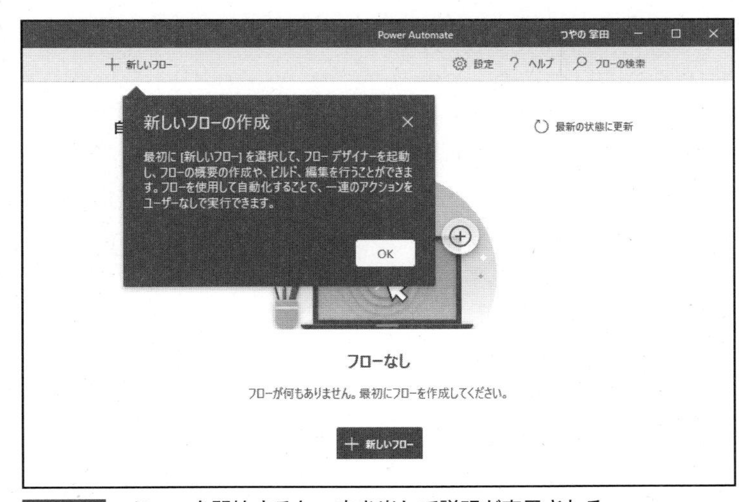

図1-20 ツアーを開始すると、吹き出しで説明が表示される。

Section 1-2 Power Automate for Desktopを使う

Power Automate for Desktopのウィンドウ

PADにサインインし使えるようになると、ウィンドウの表示が変わります。

ウィンドウの中央には「フローなし」と書かれたイラストが表示され、下に「新しいフロー」というボタンが表示されます。また上部にはグレーのバーがあり、そこにいくつかの項目が表示されます。

まずは、上部のバーにある機能についてまとめておきましょう。

新しいフロー	新しい「フロー」を作成します。
設定	アプリの設定画面を呼び出します。
ヘルプ	アプリのヘルプを表示します。
フローの検索	作成されたフローを検索します。

「フロー」とは？

ここでは「フロー」というものが何度か登場しました。この「フロー」というものが、PADで作成するものです。

フローは、デスクトップでのさまざまな操作を順に記述したものです。作成されたフローは、記述された順番通りに処理を実行します。このフローを作成し実行することが、PADの役割といっていいでしょう。

図1-21　PADのウィンドウ。

Chapter 1
Chapter 2
Chapter 3
Chapter 4
Chapter 5
Chapter 6
Chapter 7
Addendum

新しいフローを作る

では、実際にフローを作ってみましょう。といっても、操作の内容を細かく設定していく必要はありません。PADには、操作を自動記録してフローを作成する機能が用意されています。これを使ってみましょう。

では、「新しいフロー」ボタンをクリックしてください。画面にパネルが現れるので、ここでフローの名前を記入します。ここでは「サンプルフロー1」と入力しておきましょう。

図1-22　フローの名前を入力する。

Desktopフローデザイナー

フローを作成すると、新しいウィンドウが開かれます。これは「Desktopフローデザイナー」というものです。初めてウィンドウが現れたときには、ツアーを開始していると画面に説明のパネルが表示されます。そのまま「スキップ」ボタンを押せばパネルが消え、作業を開始できるようになります。

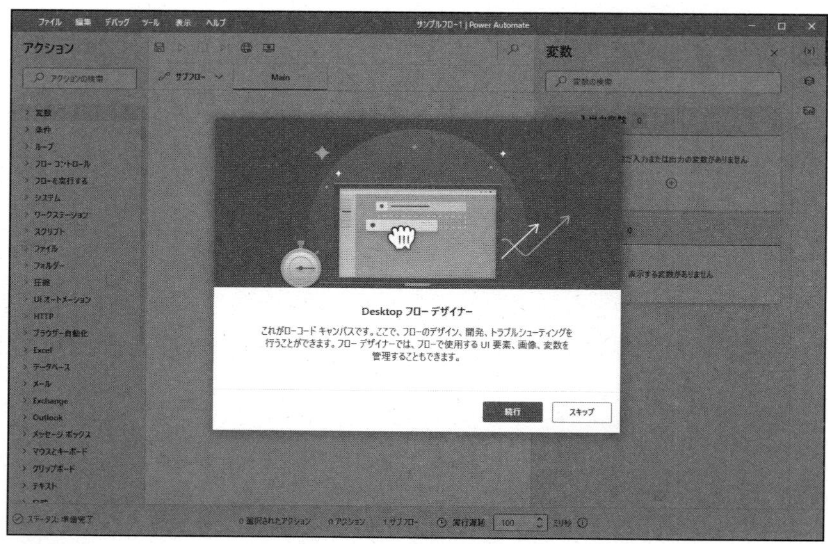

図1-23　Desktopフローデザイナーのウィンドウ。最初にパネルが表示される。

パネルが消えると、本来の編集画面になります。この「Desktopフローデザイナー」は、フローを作成編集するための専用ツールです。この画面は、いくつかの領域に分かれています。それぞれの働きを簡単にまとめておきましょう。

図1-24　Desktopフローデザイナーの画面。

●上部のメニューバー

上部のウィンドウタイトルバー部分にはメニューが組み込まれています。ここには以下のようなメニュー項目が並んでいます。

ファイル	フローの保存などが用意されています。
編集	フローに用意される項目(アクション)のコピー&ペーストや操作のアンドゥなどがあります。
デバッグ	フローの実行とデバッグ作業に関するものです。
ツール	操作の自動記録のツールが用意されています。
表示	ウィンドウ内にある各エリアの表示に関するものです。
ヘルプ	ヘルプ関係のメニューです。

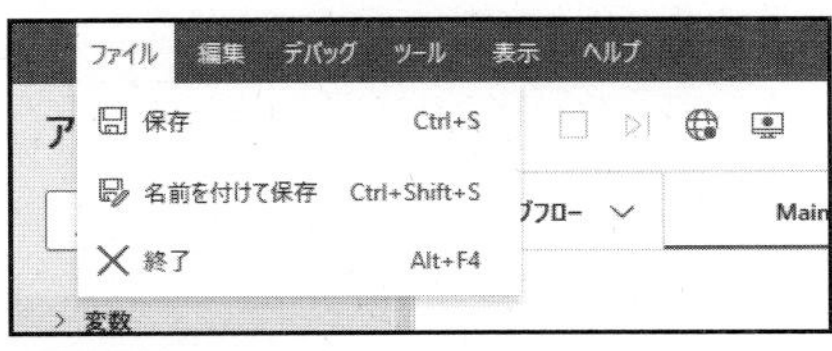

図1-25 メニューバー。

●「アクション」ペイン

ウィンドウの左側には「アクション」と表示された領域(「ペイン」といいます)があります。ここには、たくさんの項目がずらりと階層的なリストとして並んでいます。

「アクション」とは、フローの中で実行する処理のことです。フローではさまざまなものを操作しますが、その操作の一つ一つは、すべてアクションとして用意されています。この「アクション」ペインから、実行させたい操作のアクションを探して並べていくのです。

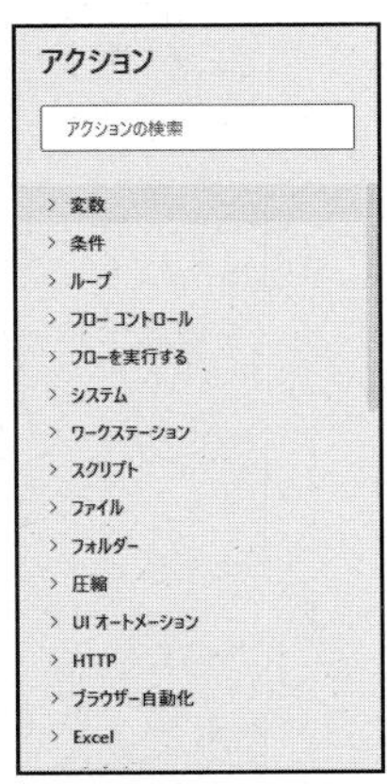

図1-26 「アクション」ペイン。

●ツールバー

中央のエリアの上部には、いくつかのアイコンが並んだツールバーがあります。これは、フローの保存、実行、停止、フローの自動記録機能などよく使われる機能をアイコンとして表示したものです。ここに用意された機能は、メニューを選ぶよりツールバーからクリックしたほうが簡単に呼び出せます。

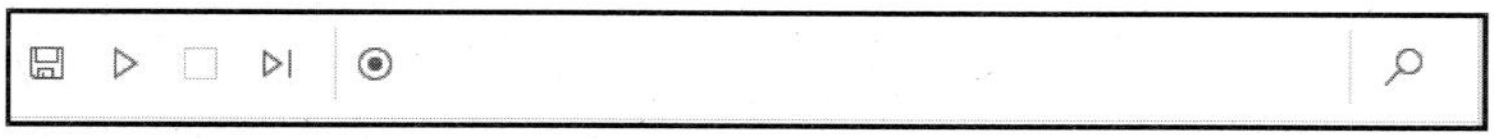

図1-27　ツールバー。

●フローバー

その下には「サブフロー」「Main」と表示されたバーがあります。これは、フローの内部から実行できるフロー（サブフロー）の作成などを行うものです。また作成したサブフローの表示を切り替えて編集することもあります。

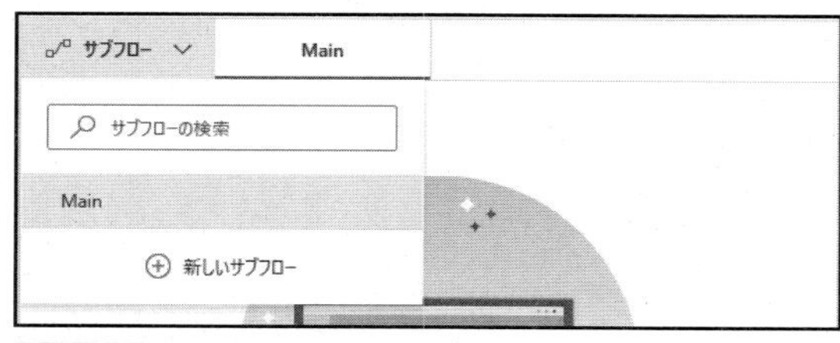

図1-28　フローの管理をするバー。

●フローの編集エリア

中央に広く表示される「このフローにアクションはありません」というイラストが表示されているエリアは、フローの編集を行うためのものです。ここに、フローで実行されるアクションがリスト表示され、それぞれについて編集などを行うことができます。

図1-29　フローの編集エリア。

●「変数」ペイン

右側には「変数」と表示されたペインがあります。これは、更に右端のところに見える三つのアイコンと関係があります。このアイコンをクリックすると、ウィンドウ右側の領域に表示される内容が変わるようになっているのです。

デフォルトでは、右端のアイコンバーの一番上のものが選択されています。これが「変数」ペインです。これは、現在用意されている変数とその内容を表示し管理するものです。これは実際に変数を使うようになったところで改めて説明しましょう。

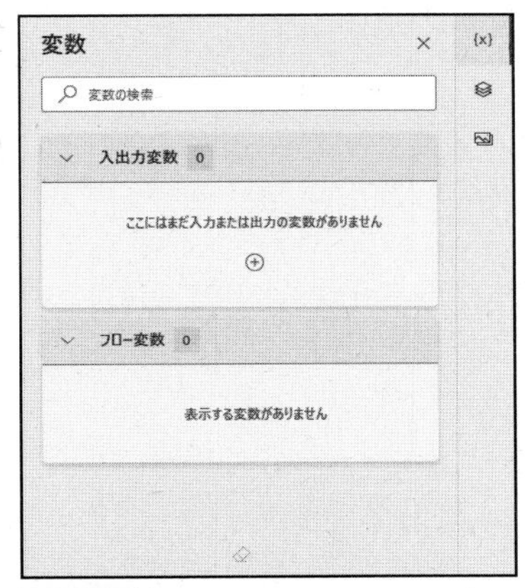

図1-30　変数ペイン。

●「UI要素」ペイン

右端のアイコンバーの上から2番目のものをクリックすると表示されます。これは、フローから利用するUI要素の取得や編集を行うものです。UI要素というのは、フローの中から外部のウィンドウなどにあるUIを利用したいときに使うもので、ここで登録することで外部のUIの値などをフローで利用できるようになります。

これも、実際にUI要素を使うようになったら改めて説明しましょう。

図1-31　UI要素ペイン。

●「画像」ペイン

フローで利用する画像データを管理するものです。右端のアイコンバーから3番目(一番下)をクリックすると表示されます。

図1-32　画像ペイン。

●ステータスバー

ウィンドウの下部には、フローの状況に関する情報を表示するステータスバーがあります。これはフローのアクション数やサブフロー数などを表示し、遅延実行(実行まで少し待つ)の時間設定を行ったりできます。

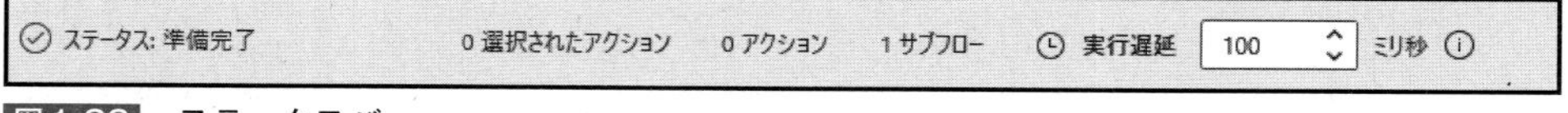

図1-33　ステータスバー。

アクションペインと編集エリア

フローの作成を行う場合、まず頭に入れておきたいのが「アクション」ペインと、中央の編集エリアです。最初のうちは、この二つとツールバーのアイコンぐらいしか使わないと考えていいでしょう。

その他の部分は、もう少しPADについて学習が進んだところで、その必要性がわかってくるでしょう。そうなったところで使い方を覚えればそれで十分です。

操作を記録しよう

では、実際にフローを作成してみましょう。といっても、まだフローに追加するアクションについては何もわかりませんから自分でフローを作るのは難しいでしょう。

PADには、ユーザーの操作を自動記録する機能があります。これを使って、フローを作成してみましょう。ここではごく簡単なものとして、ウィンドウを開いて位置や大きさを調整するサンプルを作成してみます。

では、順に操作していきましょう。

●1. レコーダーを開始する

では、ツールバーにある「レコーダー」のアイコンをクリックしましょう。ツールバーの一番右端にあるアイコンです。これが、パソコンの操作を記録するためのものです。

図1-34　レコーダーを開始する。

●2. レコードを開始する

画面に「レコーダー」というタイトルのウィンドウが現れます。ここに記録した内容が出力されていきます。

では、この上部にある「レコード」をクリックしてください。記録が開始されます。

図1-35　「レコード」をクリックして開始する。

●3. ウィンドウを操作し、終了

パソコンの操作をしましょう。「スタート」ボタンをクリックし、「エクスプローラー」メニューを選んで新しいウィンドウを開いてください。そしてCドライブのアイコンをクリックして表示する場所を移動します。最後にウィンドウをドラッグし、ウィンドウの大きさを調整します。

これらの操作が一通りできたら、デスクトップレコーダーの「終了」ボタンをクリックして記録を終了してください。

図1-36　操作を行った後、「終了」ボタンを押して記録を終了する。

操作がアクションとして記録される

デスクトップレコーダーのウィンドウが消え、フローの編集エリアにアクションがずらりと表示されます。これが、記録された操作のアクションです。

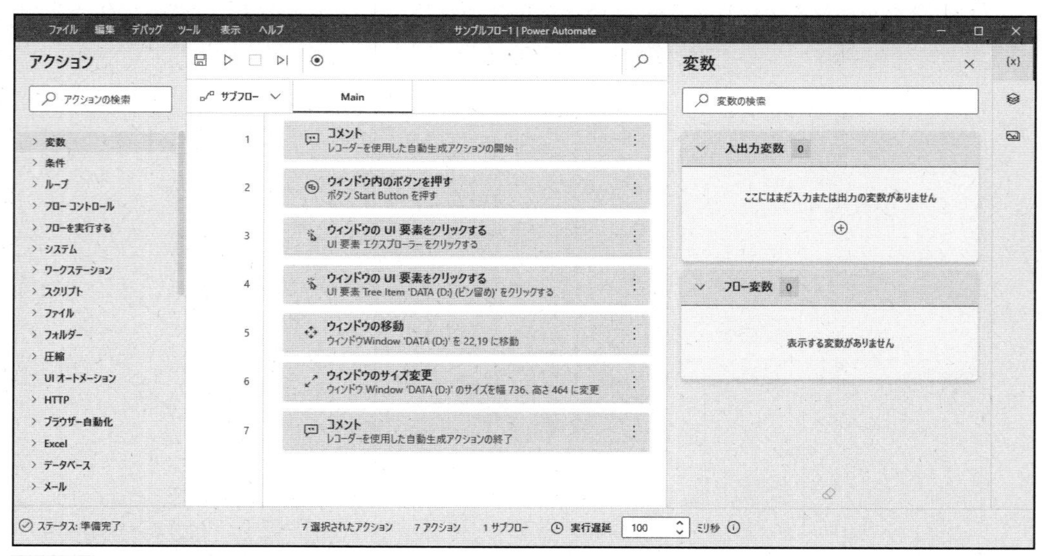

図1-37　記録されたアクションが編集エリアに表示される。

記録されたアクションについて

では、どのような操作が記録されているのか見てみましょう。記録の内容は、操作によって変わります。例えばエクスプローラーのウィンドウをどう開いたか(「スタート」からアイコンを選んだか、タスクバーのアイコンを選んだか、「スタート」ボタンを右クリックしてメニューを選んだか)によってもアクションが変わります。以下は、筆者がサンプルとして記録したものです。

1. コメント
2. ウィンドウ内のボタンを押す
3. ウィンドウのUI要素をクリックする
4. ウィンドウのUI要素をクリックする
5. ウィンドウの移動
6. ウィンドウのサイズ変更
7. コメント

「スタート」ボタンから「エクスプローラー」を選んで新しいウィンドウを開き、Cドライブのアイコンをクリックして表示場所を移動し、位置と大きさを調整すると、このような内容が記録されました。

見ればわかるように、一つ一つの動作が順にアクションとして記録されていますね。PADのフローは、このように細かな操作に対応するアクションの積み重ねなのです。

フローを実行してみよう

では、記録したフローを実行しましょう。まず、ツールバーの「保存」アイコン(一番左側のもの)をクリックしてフローを保存してください。そして、ツールバーの「実行」アイコン(「保存」の右側)をクリックし、フローを実行してみましょう。新しいウィンドウが開かれ、Cドライブに移動し、指定の位置と大きさに調整されて表示されれば、問題なくフローが実行できたといえます。

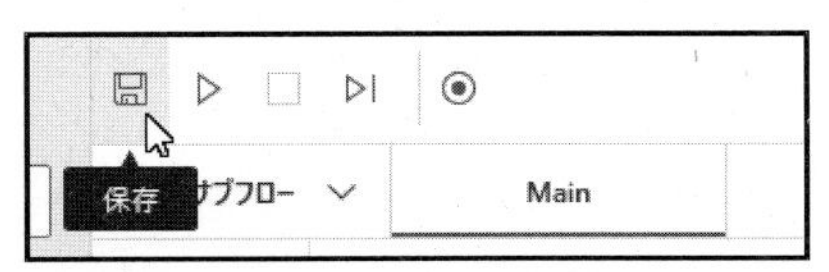

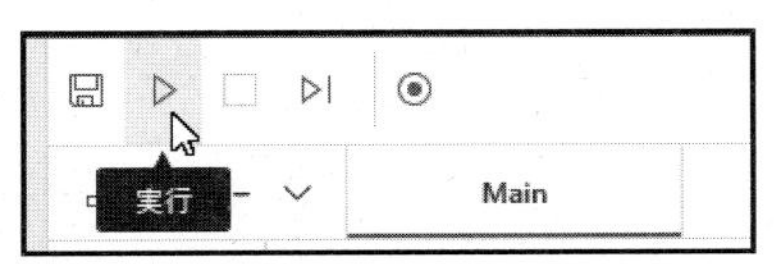

図1-38 「保存」アイコンで保存後、「実行」アイコンで実行する。

エラーになったら？

中には、実行するとウィンドウの下部に「エラー」というペインが現れ、途中で処理が中断してしまった人もいるでしょう。これは、記録したアクションの通りに実行することができなかった場合に発生します。

エラーは、実は簡単に発生します。例えば、クリックするアイコンなどが画面から見えず、スクロールしないと表示されなかったりすると、それだけでエラーになります。

PADでは、記録したときに使ったUIの要素が確認できないと、その時点でエラーになります。表示されている場所が多少移動したりしても問題ないのですが、見えない状態になっているともう動かないのです。

このようにPADのアクションは、常に正しく動作するわけではなく、欠点もあるのだ、ということを忘れないでください。

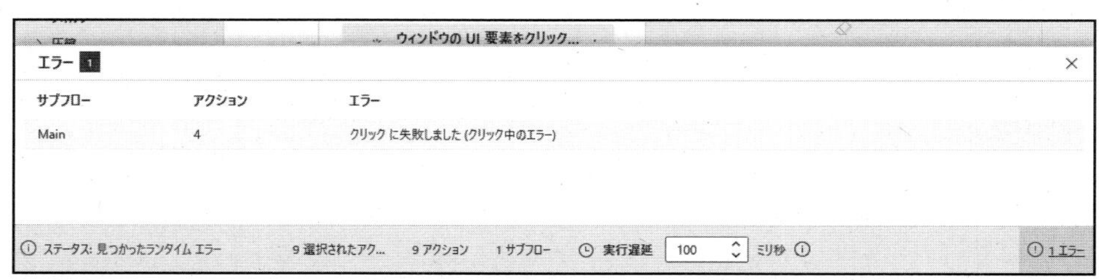

図1-39 エラーが起きると、ウィンドウ下部に「エラー」ペインが現れる。

アクションの編集

では、記録されたアクションを見てみましょう。ウィンドウ内の編集エリアには、アクションの項目が並んでいます。フローは、このように並んだアクションを上から順に実行します。

アクションは、そのままマウスで上下にドラッグすることで順番を入れ替えることができます。

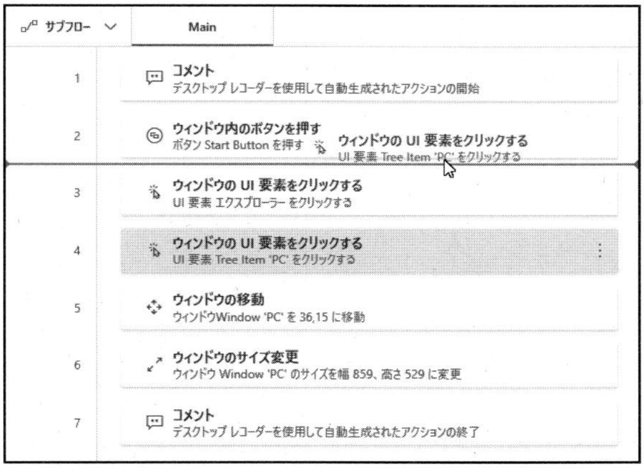

図1-40　アクションの項目はドラッグして順番を移動できる。

アクションの選択とコピー＆ペースト

アクションは、クリックして選択できます。またShiftキーやCtrlキーを押したままクリックすることで、複数のアクションを選択することもできます。

選択したアクションは、「編集」メニューを使ってカット(切り取り)、コピー、ペースト(貼り付け)することができます。また「元に戻す」「やり直し」メニューで操作を取り消したりすることもできます。

このあたりの操作感は、一般的なアプリケーションの「編集」メニューとほとんど同じです。

図1-41　アクションを選択し、「編集」メニューでコピー＆ペーストできる。

アクションの再編集

アクションは、ダブルクリックして開いて、その内容を再編集することができます。例えば、フローの一番最初には「コメント」というアクションがありますね。これをダブルクリックしてみてください。画面にパネルが現れ、コメントの内容を編集できるようになります。ここにコメントを記述してOKすれば、アクションのコメントが変更されます。

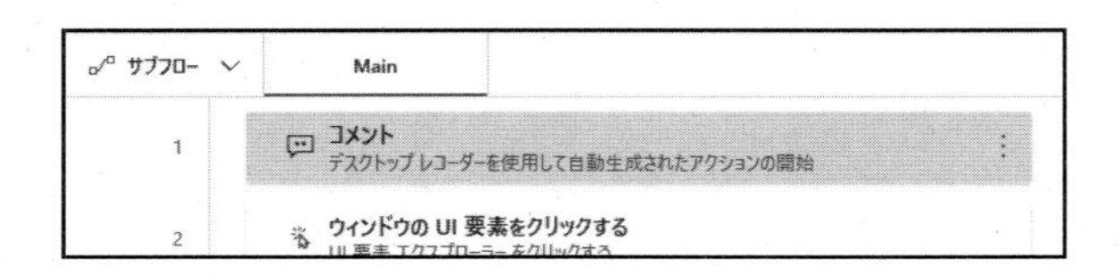

図1-42 「コメント」をダブルクリックすると、コメントの内容を編集できる。

では、今度はウィンドウをリサイズするアクション「ウィンドウのサイズ変更」をダブルクリックしてみましょう。すると、いくつもの設定項目があるパネルが開かれます。操作するウィンドウ、編集モード、横幅、高さなど細々とした項目を用意する必要があることがわかるでしょう。

このように、アクションごとに編集パネルの内容は違います。よく利用するアクションと、その編集パネルの設定の仕方を覚えていくことで、アクションを自由に作成できるようになるのです。

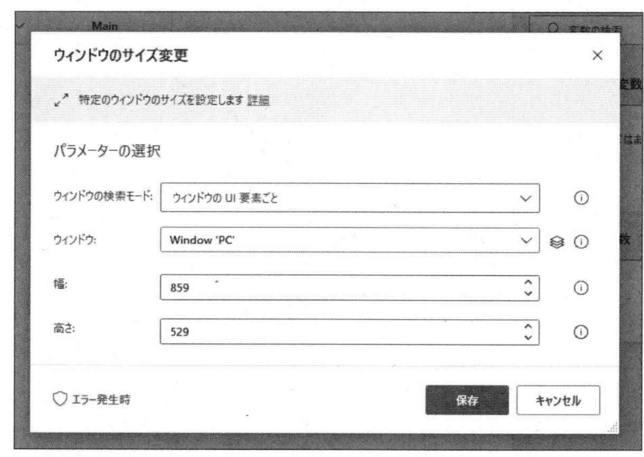

図1-43 「ウィンドウのサイズ変更」の編集パネル。

アクションをすべて消そう

では、配置されているアクションをすべて選択し、削除しましょう。すべて選択するのは、Ctrlキー＋「A」キーで行えます。そして選択したらDeleteキーを押せばアクションをすべて削除できます。

Webの操作を記録する

PADでは、Webの操作を自動記録するものです。ただWebブラウザーを操作するというだけでなく、Webブラウザーに表示されているWebページの操作まで自動記録できるのです。

ただし、そのためにはWebブラウザー側にも準備が必要です。PADのための拡張機能プログラムをあらかじめインストールしておく必要があるのです。

PADのフローデザイナー（フローの編集ウィンドウ）のメニューバーから「ツール」という項目をクリックすると、「ブラウザー拡張機能」というメニューがあります。このサブメニューに、各Webブラウザーのための拡張機能のメニューがあります。

ここから、自分が利用しているWebブラウザーのメニューを選ぶと、そのWebブラウザー用の拡張機能プログラムのページが開かれます。ここからプログラムをインストールしてください。

拡張機能がインストールされたなら、PADのWebブラウザーの自動記録機能が使えるようになります。

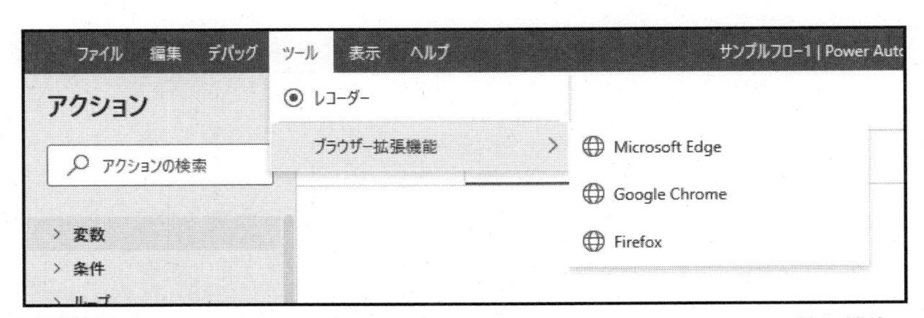

図1-44　「ツール」メニューの「ブラウザー拡張機能」に各ブラウザー用の拡張機能メニューがある。

自動記録を開始する

では、Webの自動記録を開始しましょう。先ほど機能拡張をインストールしたWebブラウザーを起動しておいてください。そしてPADのフローデザイナーのツールバーから「レコーダー」のアイコンをクリックしてください。

図1-45　「レコーダー」のアイコンをクリックする。

画面に「レコーダー」ウィンドウが現れます。使い方はもうわかりますね。上部の「レコード」をクリックしてWebブラウザーを操作し、「終了」ボタンを押せば終わりです。

Webブラウザーが起動したとき、目的のWebサイトが表示されているとは限りません。記録を開始する前に、アドレスバーに直接URLを入力して操作したいWebサイトにアクセスをしておきましょう。

サイトが表示されたら、レコーダーの「レコード」をクリックし、自動記録を開始してください。

図1-46　Webブラウザーとレコーダーのウィンドウが表示される。

Webページを操作します。レコーダーでの自動記録は、WebブラウザーのWebページ内の操作についても記録されていきます。

操作が終わったら「終了」ボタンをクリックすれば、記録を終了します。

図1-47　Webページでの操作がすべて記録される。

Webレコーダーが終了すると、フローデザイナーのウィンドウに戻ります。この中央の編集エリアには、操作したWebページのアクションが表示されているでしょう。問題なくWebの操作が記録できました！

記録できたことを確認したら、ツールバーの「実行」アイコンでフローを実行し、同じようにWebページを操作できるか確認しましょう。

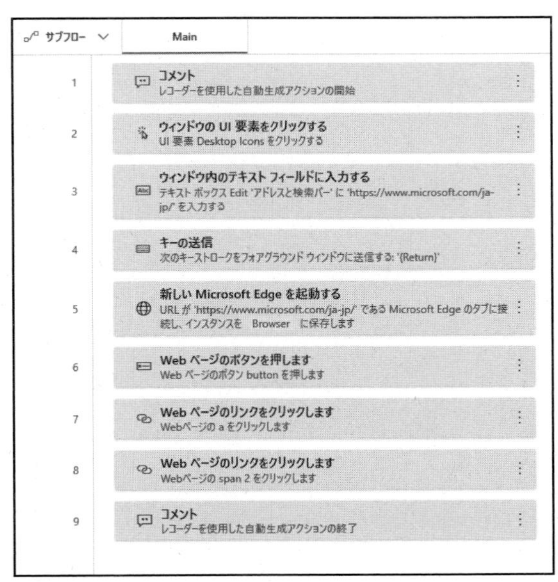

図1-48　操作した内容が編集エリアにアクションとして表示される。

記録と実行ができれば使える！

これで、レコーダーを使って操作を記録し、実行する、というPADのもっとも基本的な利用ができるようになりました。とりあえずこれでもう、操作を自動化することができます。もちろん、記録した内容をそのまま実行するだけなので、それほど複雑なことはできません。けれど、これだけでもできれば「操作を自動化する」ということの便利さを体感できるはずです。

特に、Webの自動記録は、面倒なWebの操作を自動化でき非常に便利です。例えば、ログインページにアクセスしてアカウントとパスワードを入力しログインする、というような操作も、自動記録しておけばただフローを実行するだけで行えますね。

まずは、レコーダーによる自動記録を使って、いろいろと操作を自動化してみましょう。

Chapter 1
Chapter 2
Chapter 3
Chapter 4
Chapter 5
Chapter 6
Chapter 7
Addendum

Robinコード 「Robin」について

PADは、「アクション」という部品を並べてフローを作成していきます。ですから、「アクションを作る」ことが、PADを覚えることだといってもいいでしょう。しかし、実はこのアクションには、別の姿があるのです。

まだ記録したフローデザイナーのウィンドウは開いていますか？　「編集」メニューから「すべて選択」メニューを選ぶと、配置したすべてのアクションを選択できます。そのまま「コピー」メニューでアクションをコピーしてください。

アクションは、選択してコピーし、別のフローにペーストすることができます。では、フロー以外のところにペーストしたらどうなるでしょう？

「メモ帳」などのテキストエディタを起動し、コピーしたアクションをペーストしてみてください。すると、長いコードのようなものがペーストされるはずです。これが、アクションのもう一つの「顔」です。これは、「Robin」というプログラミング言語のコードなのです。

図1-49 「すべて選択」でアクションを選択し、コピーする。

●RobinはRPA専用言語

Robinとは、おそらく世界で唯一の「RPA専用言語」です。RPAによる操作を記述するために開発された言語なのです。

PADは、内部でこのRobinを使っています。つまり「アクションを作る」というのは、実は「アクションの設定により、Robinの命令文を作成していた」のです。フローを実行すると、一つ一つのアクションがRobinの命令文として実行されていたのですね。

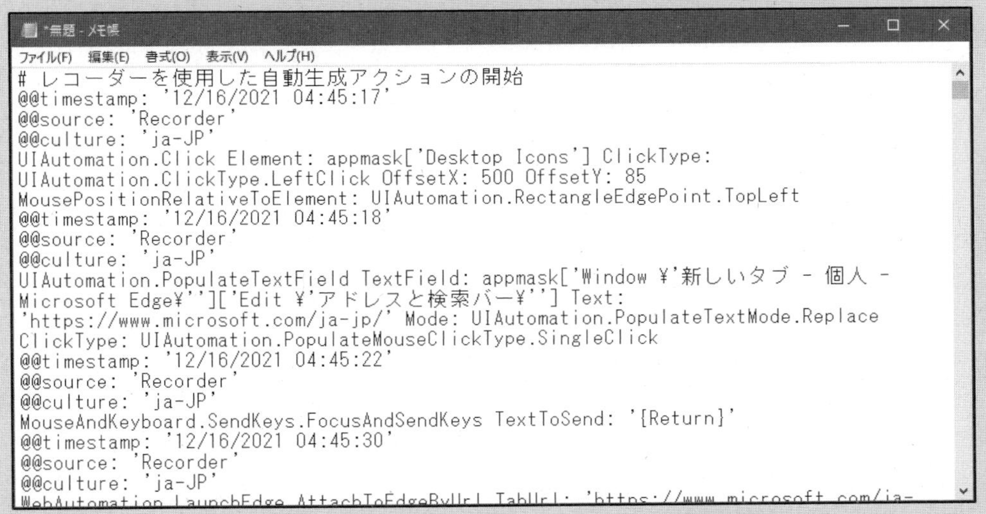


```
# レコーダーを使用した自動生成アクションの開始
@@timestamp: '12/16/2021 04:45:17'
@@source: 'Recorder'
@@culture: 'ja-JP'
UIAutomation.Click Element: appmask['Desktop Icons'] ClickType:
UIAutomation.ClickType.LeftClick OffsetX: 500 OffsetY: 85
MousePositionRelativeToElement: UIAutomation.RectangleEdgePoint.TopLeft
@@timestamp: '12/16/2021 04:45:18'
@@source: 'Recorder'
@@culture: 'ja-JP'
UIAutomation.PopulateTextField TextField: appmask['Window ¥'新しいタブ - 個人 -
Microsoft Edge¥'']['Edit ¥'アドレスと検索バー¥''] Text:
'https://www.microsoft.com/ja-jp/' Mode: UIAutomation.PopulateTextMode.Replace
ClickType: UIAutomation.PopulateMouseClickType.SingleClick
@@timestamp: '12/16/2021 04:45:22'
@@source: 'Recorder'
@@culture: 'ja-JP'
MouseAndKeyboard.SendKeys.FocusAndSendKeys TextToSend: '{Return}'
@@timestamp: '12/16/2021 04:45:30'
@@source: 'Recorder'
@@culture: 'ja-JP'
```

図1-50 アクションをメモ帳にペーストしたところ。Robinコードに変換される。

このRobinは、PADでは表に出てくることはありません。しかし、先ほど行ったように、テキストエディタなどにアクションをコピー＆ペーストすることでコードを表示し、編集することができます。またテキストエディタで作成したRobinのコードをコピーし、フローデザイナーにペーストすれば、それをもとにアクションを作成することもできます。

Robinを知らなくともPADは問題なく使えます。けれどRobinを知っていると、更にPADを使いこなせるようになるのです。

これから先、さまざまなフローを作成していきますが、時々、この「Robinコード」で「Robinを使うとどうなるか？」についても覗き見しながら進めていくことにしましょう。

もちろん、Robinという言語を知らなくともPADは十分使いこなせます。ですから、Robinについてすぐに覚えなければいけないことは全くありません。

けれど、Robinがわかれば、その更に一歩先まで使いこなせるようになるでしょう。

そこでPADを使いながら、このRobinという言語についても少しずつ慣れていきましょう。

ある程度Robinに慣れてきたら、本書の最後にRobinという言語の簡単な入門を用意しているので、そこで少しだけ真面目に勉強してみてください。きっとPADに関する新たな発見があるはずですよ。

Chapter

2

UIオートメーションとUIの操作

ウィンドウやその中にあるボタンなどの操作は、操作の自動化を行うとき最初に使えるようになっておきたい機能です。ここでは「UIオートメーション」にあるアクションを使い、ウィンドウの操作やマウス・キーボードからの入力の基本について説明しましょう。

ウィンドウ操作の基本

UIオートメーションについて

では、自動記録によるフロー作成ができるようになったところで、次は自分でフローを作成していきましょう。そのためには、さまざまなアクションの使い方を覚えなければいけません。

まずは「UIオートメーション」という種類のアクションから使っていくことにしましょう。では、「Power Automate」ウィンドウで新しいフローを作成します。なお、前回作成したフロー（サンプルフロー 1)のウィンドウは閉じておきましょう。

「Power Automate」ウィンドウの上部にある「新しいフロー」をクリックし、フロー作成のパネルを呼び出してください。そして「フロー名」のフィールドに「UIフロー 1」と記入し、「作成」ボタンを押します。これで「UIフロー 1」という新しいフローが作成され、フローデザイナーのウィンドウが開かれます。

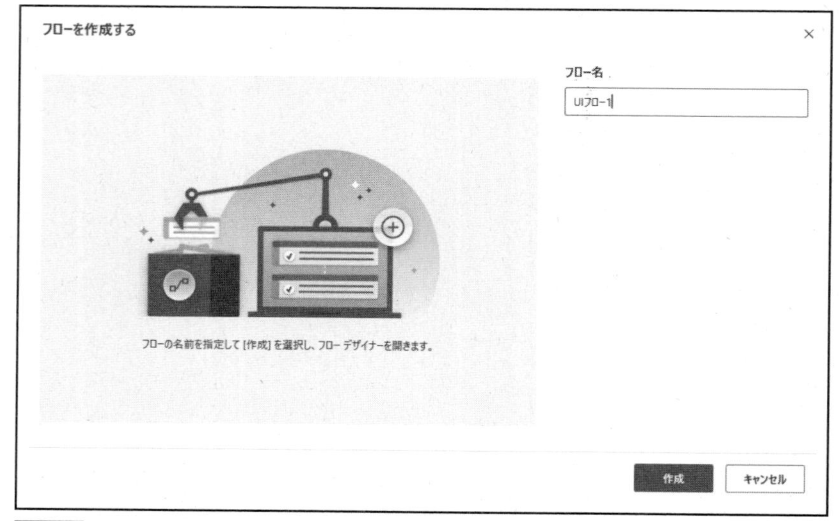

図2-1　新たに「UIフロー 1」というフローを作る。

「UIオートメーション」アクション

フローデザイナーが開いたら、左側の「アクション」ペインの中から「UIオートメーション」という項目を探してください。見つけたら、この項目をダブルクリックしてみましょう。すると表示が展開され、その内部に多数の項目が現れます。これらが、UIオートメーションに用意されているアクションです。

このUIオートメーションというのは、ウィンドウなどのユーザーインターフェースの操作を自動化するためのものです。この中には、ウィンドウに関する各種のアクションが用意されており、それらを活用してウィンドウやその中にあるUI（ボタンやメニューなど）を操作することができます。

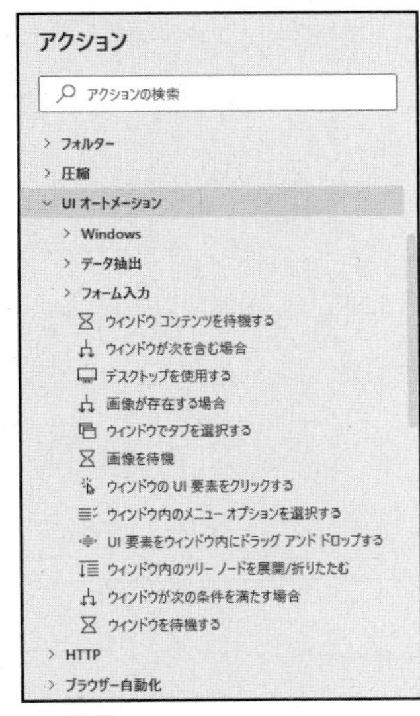

図2-2　「UIオートメーション」には、UIに関する多数のアクションが揃っている。

フォアグラウンドウィンドウの取得

では、UIオートメーションでウィンドウを操作する処理のためのアクションを作成しましょう。ウィンドウを操作する場合、まず最初に用意するのは「UIオートメーション」の「Windows」内にある「ウィンドウの取得」です。このアクションは、操作するウィンドウを取得するものです。まず、このアクションを使ってウィンドウを取得してから、取得したウィンドウに対して操作を行っていきます。

では、左側の「アクション」ペインから「ウィンドウの取得」アクションをドラッグし、中央の編集エリアにドロップしてください。

図2-3 「ウィンドウの取得」を編集エリアまでドラッグ＆ドロップする。

「ウィンドウの取得」の設定

画面にアクションの設定を行うパネルが現れます。ここには「パラメーターの選択」という表示があり、そこに設定が用意されています。

まず最初に行うのは、「ウィンドウの取得」という項目の設定です。この項目をクリックすると、以下のような選択肢が表示されます。

特定のウィンドウ	操作するウィンドウを指定する
フォアグラウンドウィンドウ	一番手前にあるウィンドウ

ここでは「フォアグラウンドウィンドウ」を選択してください。それより下の設定項目が消えるので、そのまま「保存」ボタンでパネルを閉じましょう。

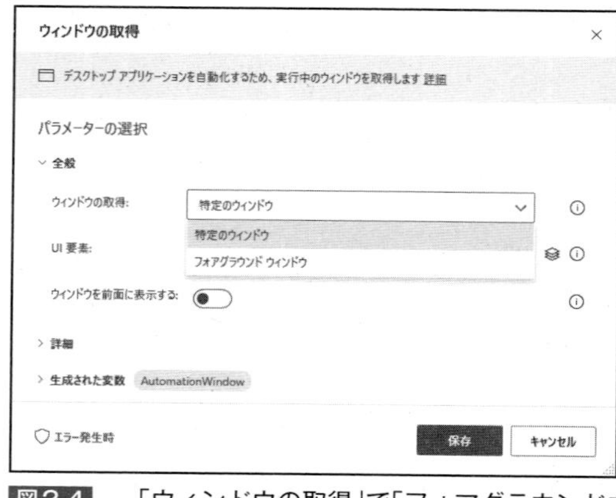

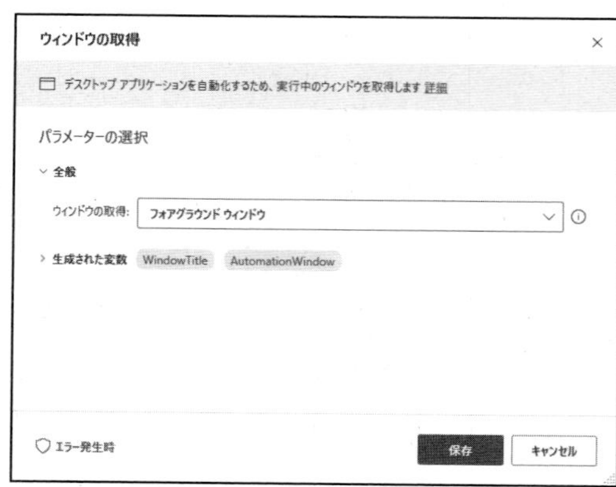

図2-4 「ウィンドウの取得」で「フォアグラウンドウィンドウ」を選択する。

これで編集エリアに「ウィンドウの取得」アクションが追加されました。このようにアクションは「ドラッグ＆ドロップで配置」「設定パネルで設定」「編集エリアに追加」という手順で作成していきます。

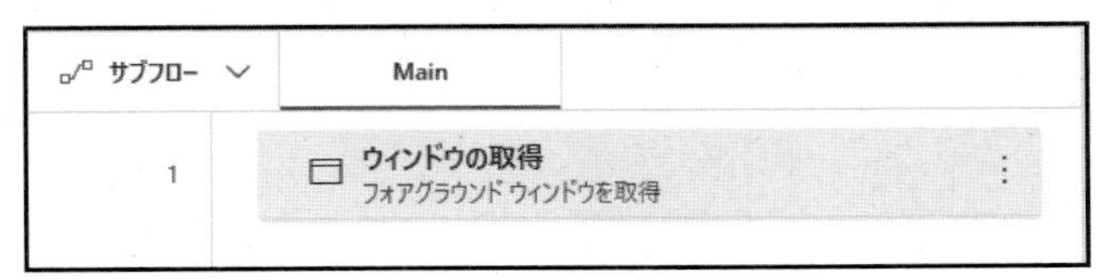

図2-5　「ウィンドウの取得」が追加された。

フロー変数をチェック

「ウィンドウの取得」アクションが作成されると、右側の「変数」ペインにある「フロー変数」というところに以下のような項目が追加されます。

AutomationWindow	取得したウィンドウが保管されています。
WindowTitle	取得したウィンドウのタイトルが保管されています。

このように、アクションで取得したウィンドウとそのタイトルがそれぞれフロー変数というところに保管されるようになります。この「フロー変数」は、フローの実行により作成される変数」のことです。

「変数」とは、さまざまな値を保管しておくための入れ物です。アクションを実行すると、さまざまな情報が取得されます。それらは、このフロー変数として保管されるようになっています。

Power Automate for Desktop（PAD）では、アクションでさまざまな操作を行います。その際、必要な情報を取り出しておくことも多いのです。このようなときに「変数」は使われます。

作成された変数は、その後のアクションの中で値として利用することができます。

図2-6　フロー変数に項目が追加されている。

メッセージを表示しよう

では、取得した情報を画面にメッセージとして表示してみましょう。これは、「メッセージボックス」という機能を使います。

左側の「アクション」ペインから「メッセージボックス」という項目を探し、ダブルクリックして展開してください。この中に、メッセージの表示や入力などを行うためのアクションがまとめられています。

この中から「メッセージを表示」というアクションをドラッグして、先ほど作成した「ウィンドウの取得」アクションの下にドロップしてください。

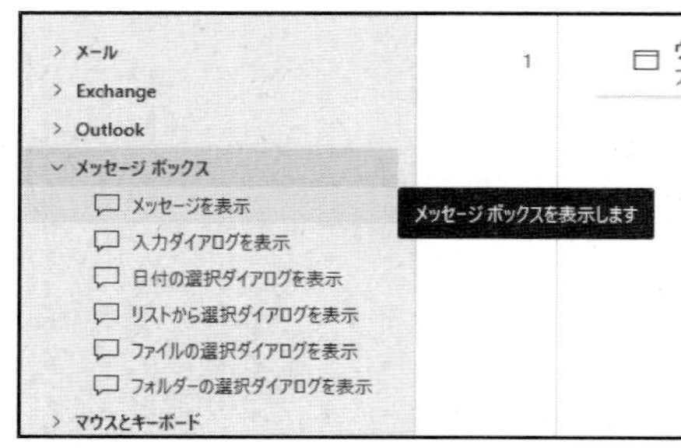

図2-7 「メッセージボックス」にメッセージ表示のアクションがある。

「メッセージを表示」アクションの設定

アクションをドロップすると、「メッセージを表示」の設定パネルが開かれます。ここには、以下のような項目が用意されています。

メッセージボックスのタイトル	メッセージのウィンドウタイトルを指定します。
表示するメッセージ	メッセージの本文を指定します。
メッセージボックスアイコン	アイコンを表示する場合はその種類を選びます。「いいえ」だとアイコンは表示しません。
メッセージボックスボタン	ウィンドウに表示するボタンの種類を選びます。用意されている選択肢の中から指定します。
規定のボタン	デフォルトで選択されるボタン(Enterキーで選択されるもの)を指定します。
メッセージボックスを常に手前に表示する	ONにすると、メッセージボックスのウィンドウが常にどのアプリよりも手前に表示されます。
メッセージボックスを自動的に閉じる	ONにすると一定時間経過後に自動的にウィンドウを閉じます。ONにすると下に「タイムアウト」という項目が追加され、これで閉じるまでの時間を指定します。

これらは基本的にすべてデフォルトで最適な値が設定されていますので、「メッセージボックスのタイトル」と「表示するメッセージ」を用意すれば、他はデフォルトのままで問題ありません。その他の項目は、メッセージボックスの表示をカスタマイズしたいときに使うものと考えておけばいいでしょう。

図2-8 「メッセージを表示」の設定パネル。

タイトルとメッセージを指定する

では、これらの項目に値を入力しましょう。「メッセージボックスのタイトル」には、「結果」と記入しておくことにします。

次の「表示するメッセージ」には、取得したウィンドウのタイトルを設定しましょう。これは、変数を値として追加します。以下の手順で行ってください。

1. 「表示するメッセージ」の入力フィールドの右上に、{x}という表示があります。これをクリックしてください。
2. フィールドの下に、変数を選択するパネルがプルダウンして現れます。
3. このパネルから、「フロー変数」内にある「WindowTitle」をクリックして選択します。
4. 「選択」ボタンをクリックします。これでパネルが閉じられ、変数が出力されます。

この作業で変数が「表示するメッセージ」のフィールドに書き出されます。このようなテキストがフィールドに書かれているはずです。

```
%WindowTitle%
```

これは、WindowTitleという変数の値を示します。このように「%変数名%」と記述することで、指定した変数の値を出力させることができます。

図2-9　{x}をクリックし、現れたパネルから変数を選択する。

これでメッセージが設定できました。後は、パネルの「保存」ボタンをクリックすると、パネルが閉じられ、編集エリアに「メッセージを表示」アクションが追加されます。

図2-10　アクションが追加された。

フローを実行しよう

では、作成したフローを実行してみましょう。編集エリア上部のツールバーから「保存」アイコンをクリックしてフローを保存し、「実行」アイコンでフローを実行しましょう。すると、画面に「UIフロー1 | Power Automate」といったアラートウィンドウが現れます。これが「メッセージを表示」で表示されたアラートです。

図2-11　アラートが表示される。

なぜ、「UIフロー1」？

ところで、この表示を見て、奇妙な感じがしたのではないでしょうか。表示された「UIフロー1 | Power Automate」は、一番手前のウィンドウのタイトルです。これは何かというと、フローデザイナーのウィンドウのタイトルなのです。「一番手前のウィンドウ」とは、つまり「編集しているフローのウィンドウ」だったのですね。考えてみれば、編集しているフローデザイナーのウィンドウが一番手前にあるのは当たり前です。

では、実際になにかのウィンドウを選択してる状態でフローを実行させたい場合はどうするのでしょう。これは、「実行遅延」という機能を使うとよいでしょう。フローデザイナーの下部に「実行遅延」という項目があります。この数値は、フローの実行開始してから、実際にそのフローが実行するまでの遅延時間をミリ秒で指定するものです。

例えば、この値を「1000」にすると、「実行」アイコンで実行を開始してから1秒経過したところでフローが実行されます。「実行」アイコンをクリックしてから、実際に利用するウィンドウが手前に来るように操作すればいいのです。

図2-12　「実行遅延」で遅延時間を設定する。

ウィンドウを操作する

取得したウィンドウの情報を利用するというのがどういうことか、わかってきました。では、取得したウィンドウを操作するアクションの使い方を覚えていきましょう。

その前に、先ほど作成した「メッセージを表示」は、今回は使わないので削除しておきましょう。

編集エリアにある「メッセージを表示」アクションの右端にある「⋮」をクリックし、現れたメニューから「削除」を選んでください。これでアクションが削除されます。あるいは、「メッセージを表示」アクションをクリックして選択し、Deleteキーを押しても削除できます。

図2-13 「削除」メニューでアクションを削除する。

コラム メッセージボックスが表示されない？ Column

実際に試してみて、「メッセージボックスが表示されない」という人もいたかも知れません。これは、本当にうまく動かないのか、それとも単にメッセージボックスが見えていないのか、確認しましょう。

「メッセージを表示」アクションには「メッセージボックスを常に手前に表示する」というオプションがあります。これをONにしておくと、常に一番手前にメッセージボックスが表示されます。これでメッセージボックスが表示されているか確認しましょう。

ウィンドウの移動

ウィンドウの移動は、「アクション」ペインで「UIオートメーション」内の「Windows」内にある「ウィンドウの移動」アクションを使って行います。これを編集エリアにドラッグ＆ドロップすると、設定のためのパネルが開かれます。

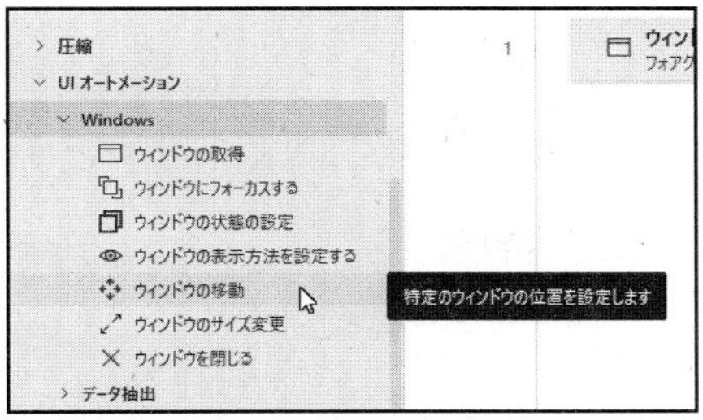

図2-14 「ウィンドウの移動」アクション。

パネルの設定

開かれた設定パネルには、操作するウィンドウの設定と、移動位置に関する設定項目が以下のように用意されています。

ウィンドウの検索モード	ウィンドウをどのようにして探すかを指定します。UI要素というものを利用する方法、インスタンス/ハンドルというものを使った方法、クラスやタイトルを使う方法があります。
ウィンドウ	「ウィンドウの検索モード」で検索されたウィンドウがリスト表示されます。ここから操作するウィンドウを選びます。
位置X, 位置Y	ウィンドウの横位置と縦位置を数値で指定します。

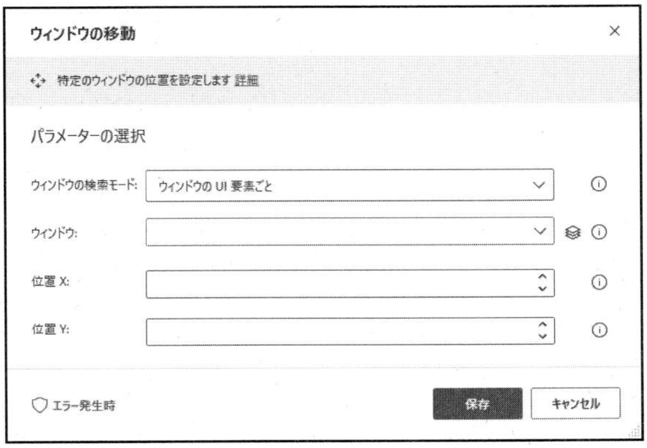

図2-15 「ウィンドウの移動」の設定パネル。

では、「ウィンドウの検索モード」から「ウィンドウのインスタンス/ハンドルごと」という項目を選択してください。これが、「ウィンドウの取得」で変数に取り出されたウィンドウを指定するための項目です。変数に取り出されたウィンドウは、ウィンドウの「インスタンス」と呼ばれる値として変数に保管されています。このインスタンスからウィンドウを探します。

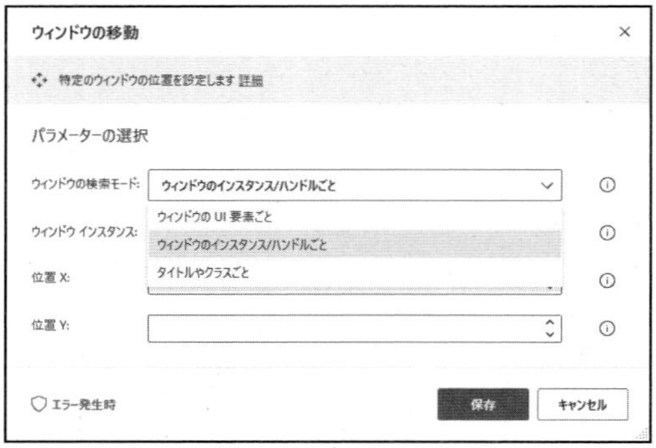

図2-16　ウィンドウの検索モードを指定する。

続いて「ウィンドウ」から「%AutomationWindow%」という項目を選択します。これは既に説明したように「AutomationWindow」変数を示す値です。これで、取得したAutomationWindow変数のウィンドウが操作されるようになります。

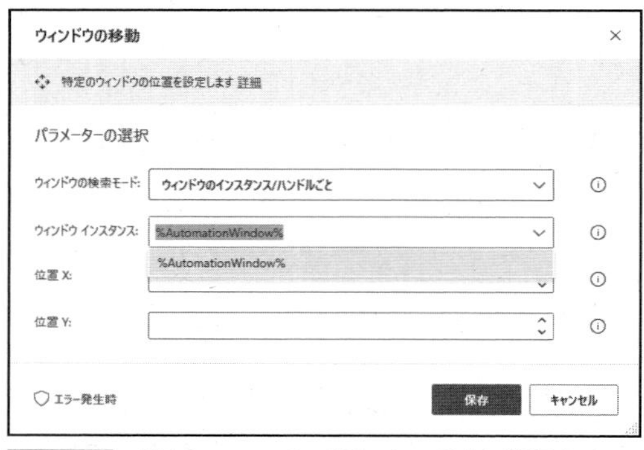

図2-17　「%AutomationWindow%」を選択する。

後は、位置の指定です。「位置X」「位置Y」にそれぞれ「100」と入力してみましょう。これで、画面の左上から右および下に100ピクセルの位置にウィンドウが設定されるようになります。

図2-18　ウィンドウの位置を指定する。

実行して動作を確認

アクションが作成できたら、フローを保存し、実行してみましょう。選択されているウィンドウの位置が画面左から100、上から100ピクセルの位置に移動します。

図2-19 ウィンドウの位置が移動する。

ウィンドウのリサイズ

続いて、ウィンドウのリサイズを行いましょう。「アクション」ペインの「UIオートメーション」内にある「Windows」の中から「ウィンドウのサイズ変更」というアクションをドラッグし、編集エリアに先ほど作成した「ウィンドウの移動」の下にドロップしましょう。

画面に設定のパネルが現れます。ここには以下のような項目が用意されています。

ウィンドウの検索モード	ウィンドウをどのようにして探すかを指定します。これは「ウィンドウの移動」にあったものと同じです。
ウィンドウ	「ウィンドウの検索モード」で検索されたウィンドウをリストから選びます。
幅、高さ	ウィンドウの横幅と高さをピクセル数で指定します。

ウィンドウのサイズ変更
特定のウィンドウのサイズを設定します 詳細
パラメーターの選択
ウィンドウの検索モード: ウィンドウの UI 要素ごと
ウィンドウ:
幅:
高さ:
エラー発生時
保存
キャンセル

図2-20 「ウィンドウのサイズ変更」に用意されている設定。

サイズ変更の設定を行う

では、これらの設定項目に設定を行っていきましょう。以下のように値を設定してください。

ウィンドウの検索モード	「ウィンドウのインスタンス/ハンドルごと」を選択
ウィンドウ	「%AutomationWindow%」を選択
幅	「300」に設定
高さ	「300」に設定

今回は、縦横300ピクセルの大きさに調整するようにしてみました。これは単なる「例」ですから、幅や高さの数値はそれぞれで変更して構いません。

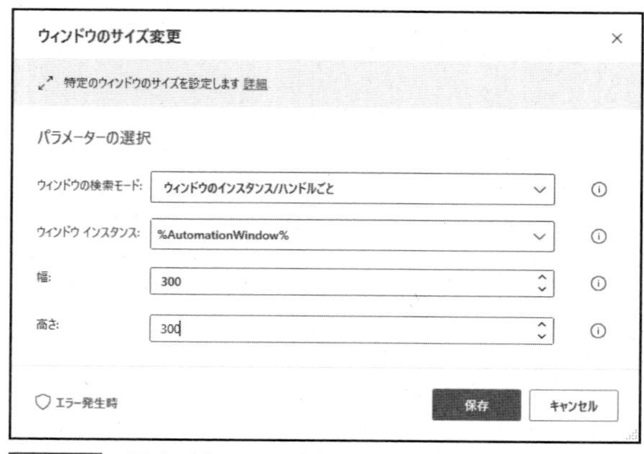

図2-21 設定パネルでアクションの設定を行う。

設定ができたらフローを保存し、実行しましょう。一番手前にあるウィンドウが移動し、サイズが変更されます。

なお、ウィンドウによっては、大きさが変更できなかったり、一定サイズより小さくならないものもあります。こうしたものは、当然ですが設定したとおりには変更されません。

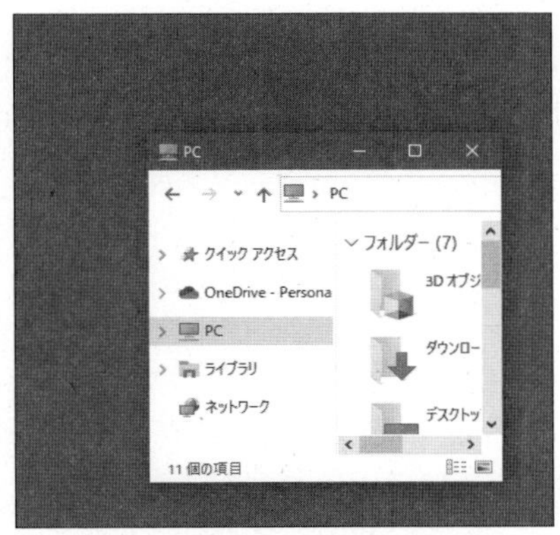

図2-22　ウィンドウの位置と大きさが変更される。

その他のウィンドウ操作アクション

これで移動やリサイズといった基本的な操作が行えるようになりました。ウィンドウの基本的な操作を行うアクションは、「Windows」内に他にもいろいろと用意されています。

これらは、基本的に「ウィンドウの検索モード」で検索の方法を指定し、「ウィンドウ」で操作するウィンドウを設定する、という設定部分はすべて同じです。これらで操作するウィンドウを指定し、それに対して各アクションの操作を行うようになっています。では、以下に簡単にまとめておきましょう。

「ウィンドウにフォーカスする」

ウィンドウにフォーカスを設定する(つまり、指定したウィンドウが選択された状態にする)ものです。「ウィンドウの検索モード」と「ウィンドウ」のみが設定として用意されています。これらで設定されたウィンドウがフォーカスされ、選択された状態になります。

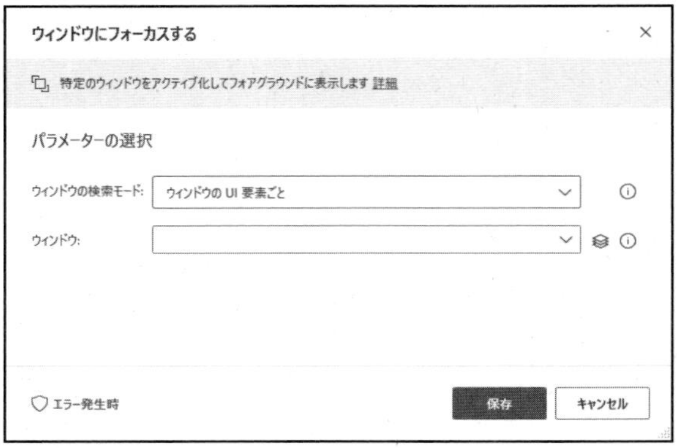

図2-23 「ウィンドウにフォーカスする」の設定。

「ウィンドウの状態の設定」

これは、ウィンドウの最大化・最小化に関するものです。「ウィンドウの検索モード」「ウィンドウ」で指定したウィンドウの状態を変更します。

「ウィンドウの状態」という設定項目が用意されており、そこに「復元済み」「最大化」「最小化」といった値が用意されています。「復元済み」は、最大化最小化から元の状態に戻す場合に使います。

図2-24 「ウィンドウの状態の設定」の設定。

「ウィンドウの表示方法を設定する」

ウィンドウの表示・非表示を設定するものです。「表示方法」という設定項目が用意されており、そこで「表示」「非表示」を設定できます。

ウィンドウの表示方法を設定する

非表示のウィンドウを表示するか、表示されているウィンドウを非表示にします 詳細

パラメーターの選択

ウィンドウの検索モード: ウィンドウの UI 要素ごと

ウィンドウ:

表示方法: 非表示

エラー発生時　保存　キャンセル

図2-25　「ウィンドウの表示方法を設定する」の設定。

「ウィンドウを閉じる」

指定のウィンドウを閉じます。「ウィンドウの検索モード」「ウィンドウ」で閉じるウィンドウを指定するだけです。

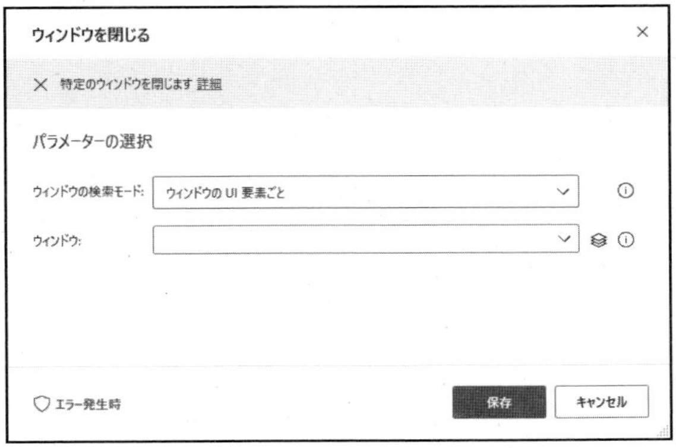

ウィンドウを閉じる

特定のウィンドウを閉じます 詳細

パラメーターの選択

ウィンドウの検索モード: ウィンドウの UI 要素ごと

ウィンドウ:

エラー発生時　保存　キャンセル

図2-26　「ウィンドウを閉じる」の設定。

Robinコード　ウィンドウの基本操作

ここまで作成した「フォアグラウンドウィンドウを移動・リサイズする」フローが一体どうなっているのか調べてみましょう。作成したフローをすべて選択してコピーし、テキストエディタなどにペーストすると以下のようなコードが出力されます。これが、前章の最後に説明した「Robinコード」というものです。

リスト2-1

```
UIAutomation.GetWindow.GetForegroundWindow \
  WindowTitle=> WindowTitle \
  WindowInstance=> AutomationWindow

UIAutomation.MoveWindow.MoveByInstanceOrHandle \
  WindowInstance: AutomationWindow \
  X: 100 Y: 100

UIAutomation.ResizeWindow.ResizeByInstanceOrHandle \
  WindowInstance: AutomationWindow \
  Width: 300 Height: 300
```

そのままでは読みづらいので、適時改行しています(最後の\記号は、ここで改行していることを示します)。ものすごく難しそうですが、ここでは三つの命令文を実行しているだけなのです。簡単に整理しましょう。

●フォアグラウンドウィンドウを取り出す

```
UIAutomation.GetWindow.GetForegroundWindow \
  WindowTitle=>タイトルを保管する変数 \
  WindowInstance=>ウィンドウを保管する変数
```

●ウィンドウの位置を移動する

```
UIAutomation.MoveWindow.MoveByInstanceOrHandle \
  WindowInstance: ウィンドウの変数 \
  x: 横位置 Y: 縦位置
```

●ウィンドウをリサイズする

```
UIAutomation.ResizeWindow.ResizeByInstanceOrHandle \
  WindowInstance: ウィンドウの変数 \
  Width: 横幅 Height: 高さ
```

それぞれの命令には、「引数(ひきすう)」といって、その命令を実行するために必要なデータを用意しています。「WindowTitle=> WindowTitle」とか「X: 100 Y: 100」といったものが引数です。この引数がたくさん並んでいるために、ものすごく複雑そうに見えたんですね。

難しそうではあるけれど、「命令の後に引数という値を渡すためのものが書いてあるんだ」と思いながら眺めると、なんとなくRobinコードがどんなものかわかってくるような気がするでしょう?

これから、Robinコードのコーナーで、作成したフローがRobinコードだとどうなるか、時々見ていくことにしましょう。コードの内容や働きなどは、理解する必要は全くありません。時々こうしてRobinのコードを見ていくうちに、少しずつRobinというものに慣れてくることでしょう。今は、それで十分です。

本書の最後に、Robinの簡単な入門を用意してあります。そこでRobinの基礎的な文法を学んだ上で、改めて「Robinコード」を読み返してみると、少しずつコードの意味がわかってくるはずです。だから、今わからなくても何も心配はいりません。「よくわからないけどこういうことらしい」程度に考えてコードを眺めておきましょう。

Section 2-2 UI要素の操作

「UI要素」の利用

ウィンドウの基本的な操作はこれで行えるようになりました。ただし、ここまでは「フォアグラウンド(一番手前にあるウィンドウ)」に対して操作を行う、というものでした。別のウィンドウが開かれていたら、もう操作するウィンドウは変わってしまいます。

特定のウィンドウを操作したい、けれど他にもいくつかのウィンドウが開かれていてどれを操作するか指定しないといけない。そういう場合に利用するのが「UI要素」という機能です。

「UI要素」は、画面に表示されている特定のUIを登録しておき、それを操作できるようにするための機能です。これはフローデザイナー右端にあるアイコンのバーから「UI要素」のアイコン(上から2番目)をクリックして表示を切り替えると、UI要素の編集登録のための画面に切り替わります。

図2-27 「UI要素」アイコンをクリックすると表示が切り替わる。

UI要素を登録する

では、実際にUI要素を登録してみましょう。ここでは、システム設定のウィンドウをUI要素として追加してみます。あらかじめ「スタート」ボタンの「設定」メニューを選んで、画面にシステム設定のウィンドウを開いておいてください。

準備ができたら、「UI要素」ペインにある「UI要素の追加」というボタンをクリックしてください。画面に「追跡セッション」というウィンドウ(「UI要素の追加」と表示されたものです)が現れ、マウスポインタのあるところに表示されているUI要素が赤い枠で表示されるようになります。

マウスポインタを動かし、システム設定ウィンドウのウィンドウ全体が赤枠で表示されるようにしてください。そしてウィンドウ全体が選択できたら、Ctrlキーを押したままクリックします。

図2-28　システム設定のウィンドウが選択された状態でCtrlキー+クリックする。

UI要素追加の完了

「追跡セッション」ウィンドウに、「Window '設定'」という項目が追加されます。これが、追加されたUI要素です。そのまま「完了」ボタンを押せばウィンドウを閉じてUI要素の登録作業が終了します。

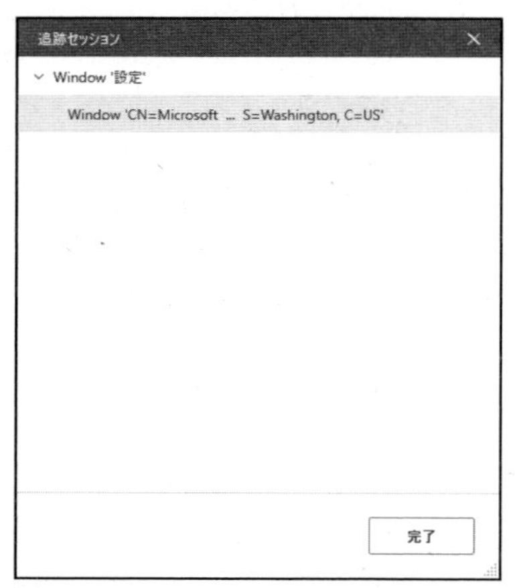

図2-29　追加したUI要素が表示される。

「UI要素」ペインに、追加したUI要素が表示されるようになります。これで、登録したシステム設定ウィンドウをアクションで使えるようになりました。

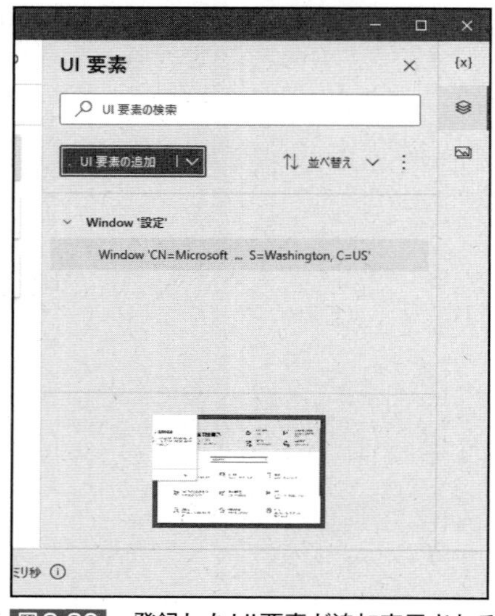

図2-30　登録したUI要素が追加表示される。

UI要素をアクションで利用する

では、登録したUI要素を使いましょう。先ほど作成したフローの最初のアクション「ウィンドウの取得」をダブルクリックしてください。アクションの設定パネルが開かれます。

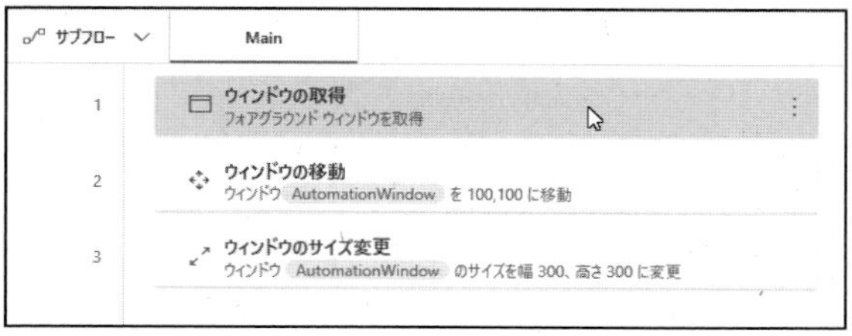

図2-31 「ウィンドウの取得」アクションをダブルクリックして開く。

「ウィンドウの取得」を変更する

そこで、「ウィンドウの取得」から、「特定のウィンドウ」という項目を選択しましょう。下に「UI要素」という項目が表示されます。この中から「Window '設定' > ……」と表示された項目を選んでください。これが、登録されたUI要素です。

これで、「ウィンドウの取得」アクションでシステム設定ウィンドウが使われるようになりました。このアクションで、システム設定ウィンドウがAutomationWindow変数に設定されるようになります。これにより、その後の「ウィンドウの移動」や「ウィンドウのサイズ変更」も、すべてシステム設定ウィンドウに対して実行されるようになります。

図2-32 「ウィンドウの取得」でUI要素を使うように変更する。

フローを実行する

では、フローを保存し、実行してみましょう。今度は、開いてあるシステム設定ウィンドウの位置と大きさが変更されるようになります(ただし、大きさは一定サイズ以下にはならないので300x300の大きさにはなりません)。

今回の操作は、画面に複数のウィンドウが開かれていて、システム設定ウィンドウが下に隠れていても、問題なく操作することができます。ただし、画面内にウィンドウがないとエラーになります。勝手にシステム設定ウィンドウを開いて操作してくれるわけではないので注意しましょう。

図2-33 ウィンドウが下にあっても操作できる。

ウィンドウ内のUI要素

ウィンドウの操作は、フロントウィンドウを利用する方法と、UI要素を使う方法がありました。では、ウィンドウの内部にある要素はどのように操作するのでしょうか。

これも、実は二つの方法があります。一つは、UI要素を登録して操作する方法。もう一つは、マウスやキーボードを操作する方法です。

まずは、UI要素を使った方法から説明しましょう。先に、ウィンドウをUI要素として登録し利用しましたが、ウィンドウ内にあるさまざまな部品もUI要素として登録することができます。

では、実際にやってみましょう。今回は、新しいフローを作成することにしましょう。「UIフロー 1」のフローデザイナーウィンドウを閉じ、「Power Automate」ウィンドウの「新しいフロー」をクリックして「UIフロー 2」というフローを作成してください。

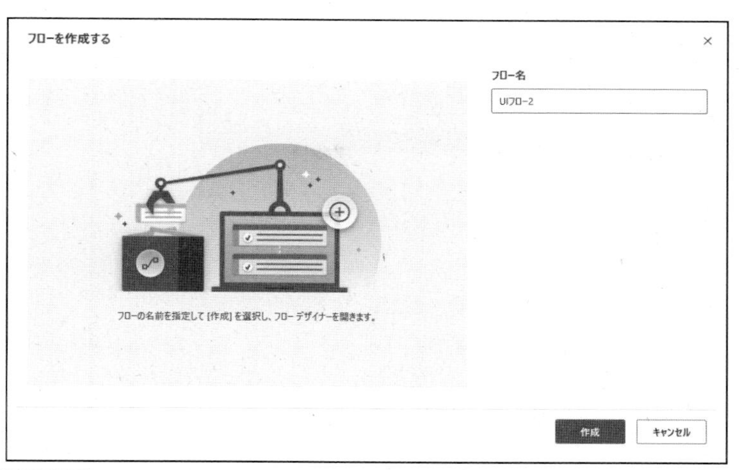

図2-34 「UIフロー2」を作成する。

UI要素の追加

では、UI要素の追加を行いましょう。ここでは、システム設定ウィンドウにある要素を登録することにします。「スタート」ボタンの「設定」メニューでシステム設定ウィンドウを開いておいてください。

「UIフロー2」のフローデザイナーのウィンドウが開いたら、右側にある「UI要素」アイコンをクリックし、表示を「UI要素」ペインに切り替えてください。そして「UI要素の追加」ボタンをクリックし、追加作業を開始します。

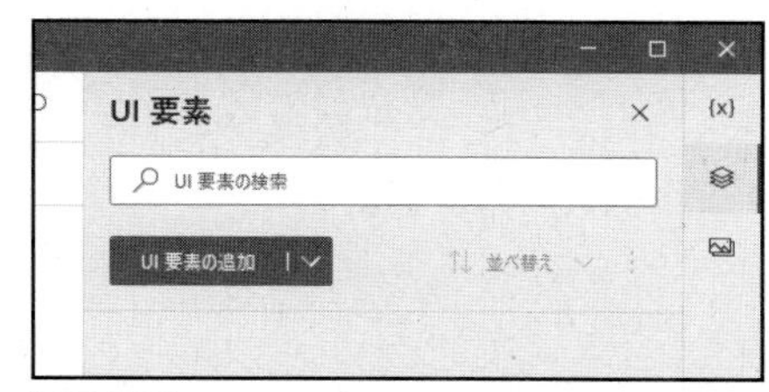

図2-35 「UI要素」ペインの「UI要素の追加」ボタンをクリックする。

UI要素を登録する

「追跡セッション」ウィンドウが現れ、マウスポインタのある要素が赤枠で表示されるようになったら、システム設定ウィンドウの「個人用設定」の部分が赤枠で表示されるようにマウスの位置を調整しましょう。そしてCtrlキー+クリックでUI要素を追加してください。

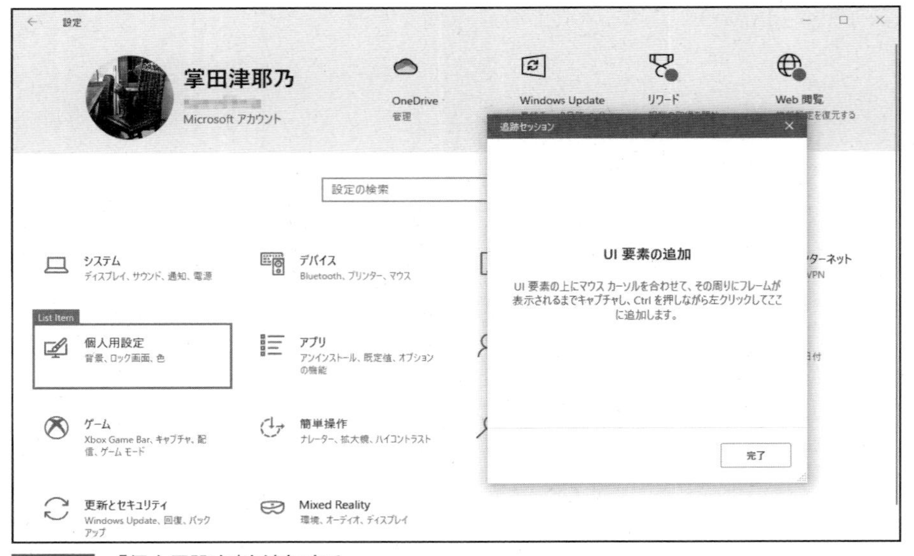

図2-36　「個人用設定」を追加する。

続いて、「個人用設定」をクリックして開き、そこにある「タスクバー」という項目が赤枠で表示されるようにしましょう。そしてCtrlキー＋クリックで「タスクバー」を追加します。

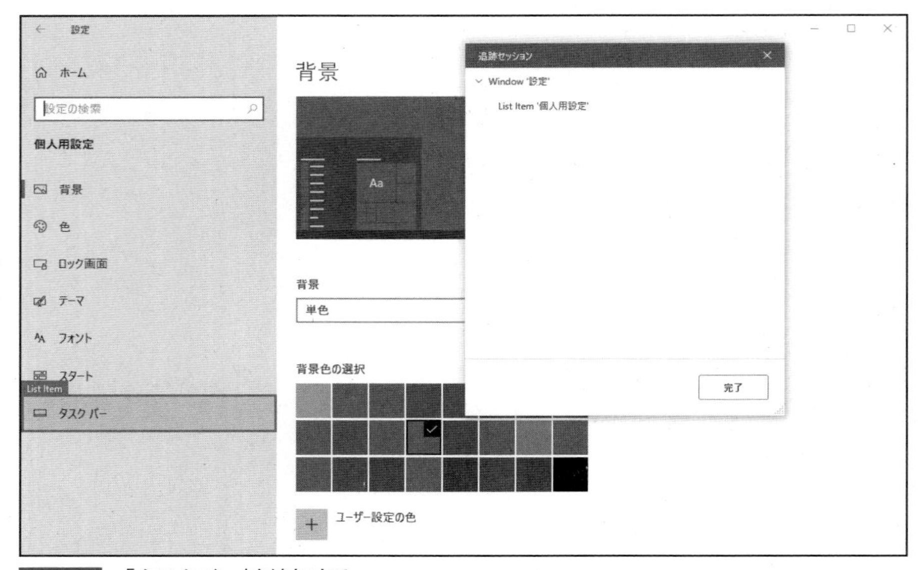

図2-37　「タスクバー」を追加する。

これで、二つのUI要素が「追跡セッション」に表示されます。そのまま「完了」ボタンで登録作業を終了してください。

図2-38 二つのUI要素が追加された。

追加されたUI要素

フローデザイナーのウィンドウに戻り、「UI要素」ペインを確認しましょう。「Window '設定'」というウィンドウを表す項目内に、「List Item '個人用設定'」「List Item 'タスクバー'」といった項目が表示されています。これらが登録したUI要素です。このようにUI要素は、ウィンドウごとにまとめられています。

これらの項目をクリックして選択すると、その下にUI要素のプレビュー表示がされます。これで、どの部分が登録されたかを確認できます。登録した二つのUI要素が正しい要素として登録できているか確認しておきましょう。

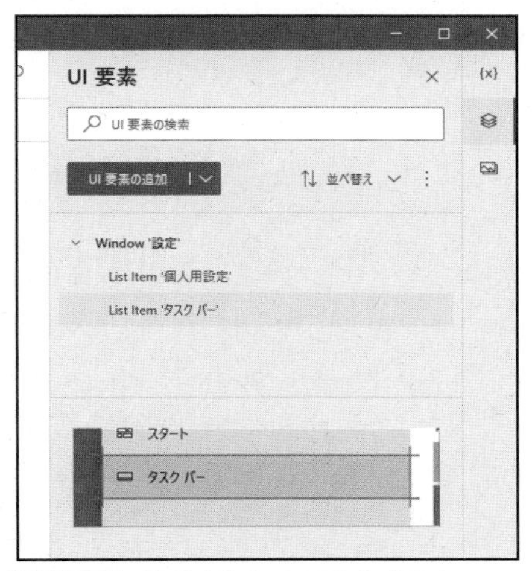

図2-39 登録されたUI要素を確認する。

UI要素をクリックする

では、登録されたUI要素を利用しましょう。UI要素のもっとも基本的な利用は「クリックする」ことです。ウィンドウの多くのUIは、クリックすることで操作するようになっています。先ほど登録した「個人用設定」や「タスクバー」といったUI要素も、クリックして表示を変更する働きをしました。

UI要素のクリックは、「アクション」ペインの「UIオートメーション」内にある「ウィンドウのUI要素をクリックする」というアクションで行えます。

では、「ウィンドウのUI要素をクリックする」項目をドラッグし、編集エリアにドロップしましょう。

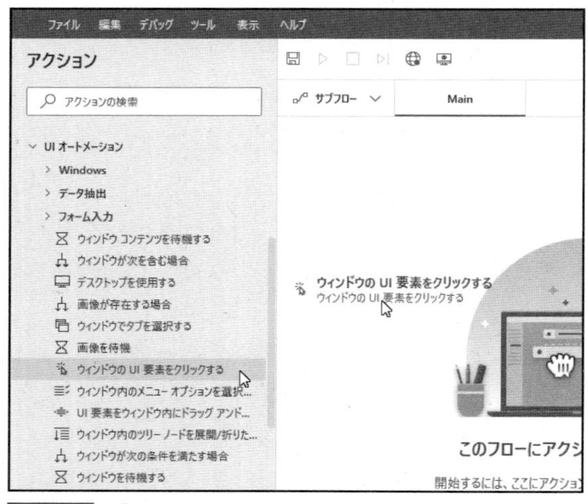

図2-40 「ウィンドウのUI要素をクリックする」を編集エリアにドラッグ＆ドロップする。

アクションの設定パネル

これでアクションの設定パネルが画面に現れます。ここには以下のような項目が用意されています。

UI要素	操作するUI要素を選択します。
クリックの種類	どのようなクリック操作かをリストから選びます。

このアクションでは、単純な左クリックだけでなく、右クリックや中クリック、またボタンを押したり離したりといった操作も細かく指定することができます。

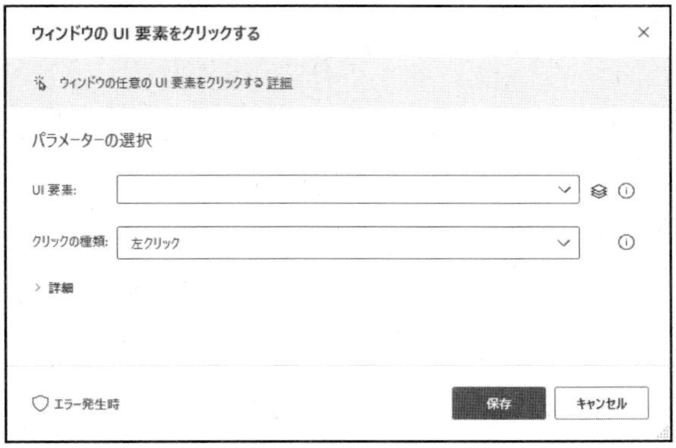

図2-41 「ウィンドウのUI要素をクリックする」の設定。

では、設定を行いましょう。「UI要素」をクリックすると、下にUI要素を選択するためのパネルが現れます。ここから「List Item '個人用設定'」を選択し、「選択」ボタンを押してください。これで「個人用設定」の項目がクリックされるようになります。

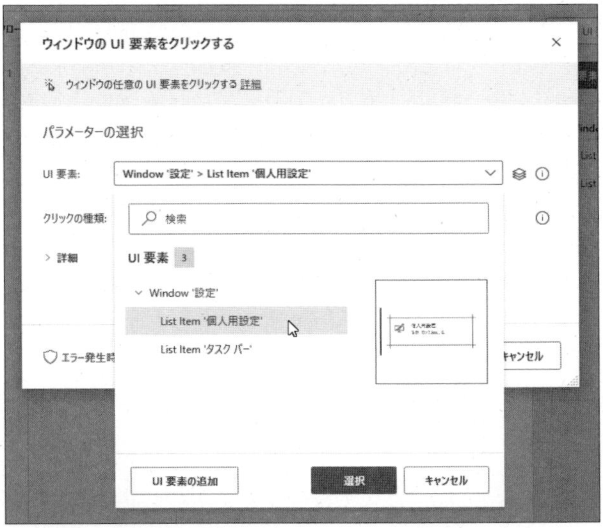

図2-42 「UI要素」から、「List Item '個人用設定'」をクリックし「選択」ボタンを押す。

これで、「個人用設定」がクリックされるようになります。「クリックの種類」は「左クリック」がデフォルトで選択されています。これはそのままでいいでしょう。

設定できたら「保存」ボタンで設定変更を保存しましょう。

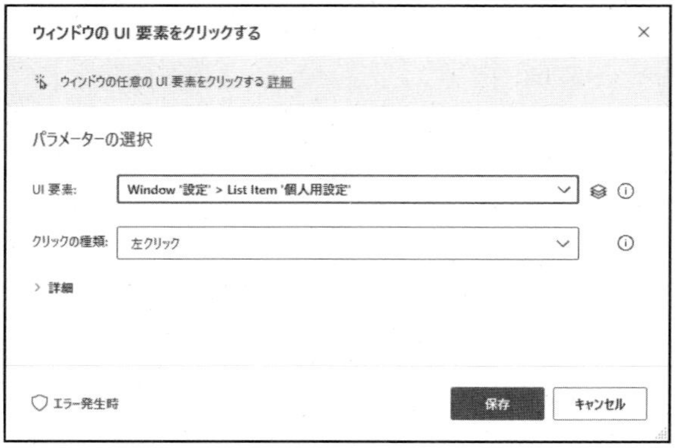

ウィンドウの UI 要素をクリックする
ウィンドウの任意の UI 要素をクリックする 詳細
パラメーターの選択
UI 要素: Window '設定' > List Item '個人用設定'
クリックの種類: 左クリック
> 詳細
エラー発生時
保存
キャンセル

図2-43　UI要素を選択したところ。

「タスクバー」をクリックする

これで「個人用設定」がクリックされ、表示が変わります。続いて、表示された「個人用設定」の画面で、「タスクバー」の項目をクリックさせましょう。

「UIオートメーション」内から「ウィンドウのUI要素をクリックする」アクションを、先ほど追加した「ウィンドウのUI要素をクリックする」の下にドラッグ&ドロップしてください。

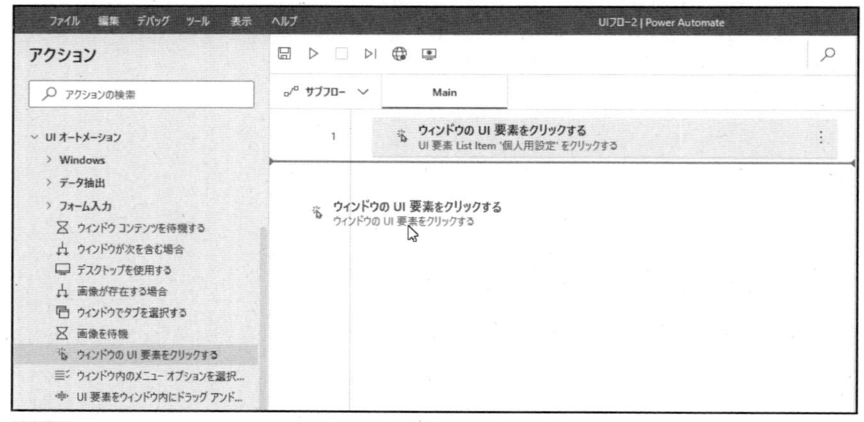

図2-44　「ウィンドウのUI要素をクリックする」をドラッグ&ドロップする。

画面に設定パネルが現れます。ここで、「UI要素」に「List Item 'タスクバー'」を選択してください。これで「タスクバー」がクリックされるようになります。

図2-45 UI要素を設定する。

動作を確認する

これでフローができました。実際に動作を確認しましょう。まず、システム設定ウィンドウで「ホーム」が表示された状態に戻してください(ウィンドウを開いたときに表示されるところです)。そしてフローを保存し、実行しましょう。

ウィンドウの「個人用設定」がクリックされ、現れた画面で更に「タスクバー」がクリックされて表示が変わります。

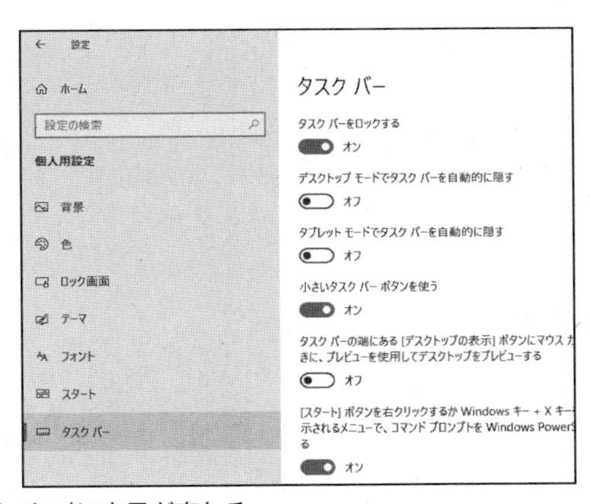

図2-46 実行すると、システム設定ウィンドウで「タスクバー」に表示が変わる。

Robinコード UI要素はRobin化しない！

ここで簡単なフローを作ってみましたが、これを「Robin」のコードにするとどうなるんだろう？ そう興味を持った人もいたことでしょう。実際にフローデザイナーでフローを選択し、コピーしてテキストエディタにペーストしてみた人もいたかも知れません。試してみた人、結果はどうなりましたか？

おそらく、ものすごい量のコードが出力されたはずです。メモ帳などでは、ほとんどスクロールもできないくらいの膨大なコード。これを見て「Robinって、とんでもない言語だな」と思ってしまった人。いいえ、そうではないんです。

ここで作成したフローをエディタにペーストすると膨大なコードが作られてしまう、その原因は「UI要素」を使っているためです。UI要素では、UIに関する情報の中にプレビューのイメージデータも含まれています。このイメージデータが膨大なコードの原因です。イメージをテキストデータとして表すと、巨大なデータになってしまうのです。

というわけで、UI要素を利用しているフローは、Robinコードとして使わないようにしましょう。もう少し先に進んで、UI要素を利用しないフローを作るようになったら、Robinコードでいろいろ調べてみることにしましょう。

コンボボックスを選択する

では、表示された「タスクバー」の要素を操作しましょう。ここには多数の設定が用意されています。例えば「タスクバーをロックする」などのようにクリックしてON/OFFするものは、これまでと同様にUI要素を追加し、「ウィンドウのUI要素をクリックする」でその要素をクリックさせれば変更できます。

では、例えば「画面上のタスクバーの位置」のように、クリックすると選択リストが現れ、そこから項目を選ぶようなものはどうすればいいのでしょうか。

これも、実はクリックだけで行えます。まずコンボボックスの項目をクリックし、それから現れたリストの項目をクリックさせればいいのです。では、これもやってみましょう。

「UI要素」ペインから「要素の追加」ボタンをクリックしてください。そしてシステム設定ウィンドウの「タスクバー」を開き、そこに表示される「画面上のタスクバーの位置」のコンボボックスと、これをクリックして現れるリストから「上」項目を順に登録しましょう。登録はもうわかりますね？ 赤枠の表示されたUI要素をCtrlキーを押したままクリックするだけです。

図2-47 「画面上のタスクバーの位置」と、クリックして現れる「上」を登録する。

登録ができたら、「完了」ボタンを押して登録作業を終えてください。「UI要素」ペインに以下の項目が追加されています。

Combo Box '画面上のタスクバーの位置'	コンボボックスのUI要素
List Item '上'	コンボボックスで表示されるメニュー項目のUI要素

この二つを組み合わせれば、コンボボックスの項目が選択できるようになります。

Chapter 1 Chapter 2 Chapter 3 Chapter 4 Chapter 5 Chapter 6 Chapter 7 Addendum

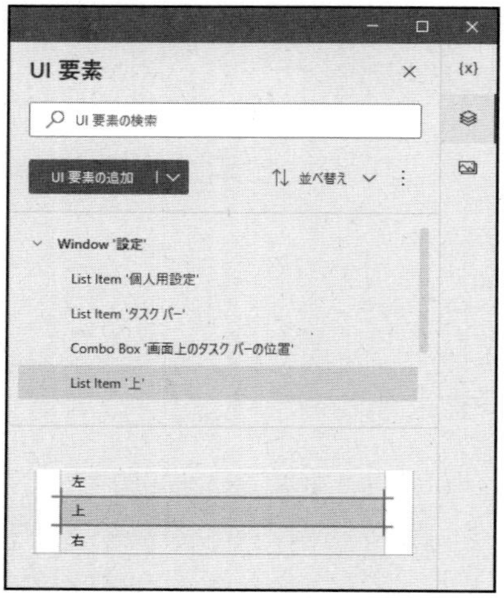

図2-48　二つのUI要素が追加される。

クリック操作を追加する

では、クリック操作を追加しましょう。「ウィンドウのUI要素をクリックする」を編集エリアにドラッグ&ドロップし、設定パネルのUI要素から「Combo Box '画面上のタスクバーの位置'」を選択して作成をします。

更にもう一つ「ウィンドウのUI要素をクリックする」を追加し、今度はUI要素を「List Item '上'」に変更して作成をします。

これで、「画面上のタスクバーの位置」から「上」を選ぶ操作が作成できました。

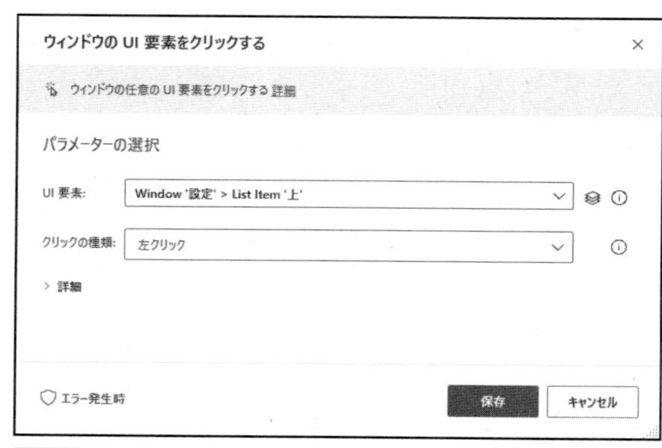

図2-49　「ウィンドウのUI要素をクリックする」を二つ追加し、コンボボックスの項目を選択させる。

 「スタート」ボタンをUI要素登録する

「スタート」ボタンから「設定」メニューを選んでシステム設定ウィンドウを開く作業もフローに組み込むことにしましょう。

では、「UI要素」アイコンをクリックして「UI要素」ペインに表示を切り替え、「UI要素の追加」ボタンをクリックしてください。そして、「スタート」ボタンを登録します。

図2-50 「スタート」ボタンを登録する。

続いて、「スタート」ボタンをクリックし、「設定」メニューを登録します。これで、システム設定ウィンドウを開くためのUI要素が用意できました。

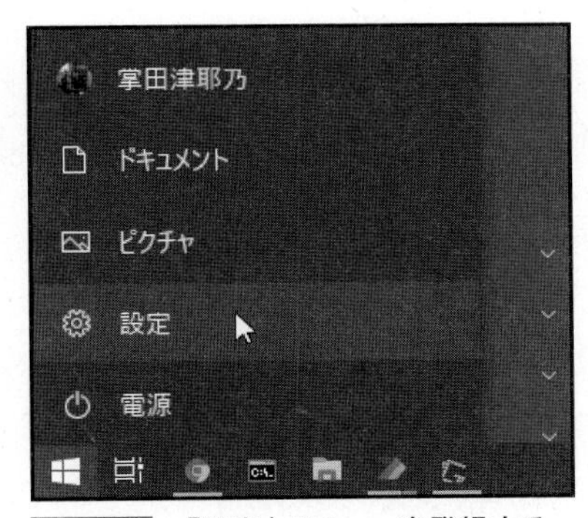

図2-51 「設定」メニューを登録する。

追加されたUI要素

登録したら、「完了」ボタンで作業を終了しましょう。「UI要素」ペインに、UI要素が追加されています。以下の二つのものです。

Start Button	これが「スタート」ボタンのUI要素です。
設定	「設定」メニューのUI要素です。「Start Menu」という項目内に用意されています。

図2-52　登録したUI要素が追加されている。

システム設定ウィンドウを開く

では、追加したUI要素を使ってシステム設定ウィンドウを開くアクションを作りましょう。

「ウィンドウのUI要素をクリックする」アクションを、作成したフローのアクションの一番上にドロップします。これでフローの最初にアクションが実行されるようになります。

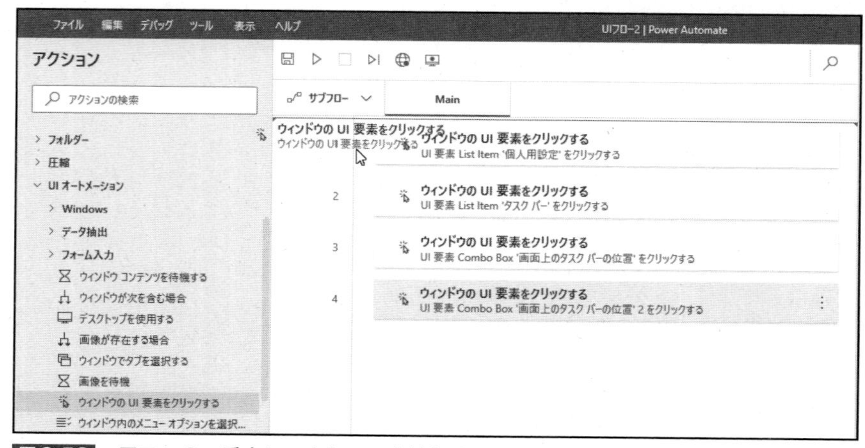

図2-53　フローの一番上にアクションを追加する。

設定パネルが開かれたら、「UI要素」に「Start Button」を選択しましょう。これで「スタート」ボタンをクリックします。

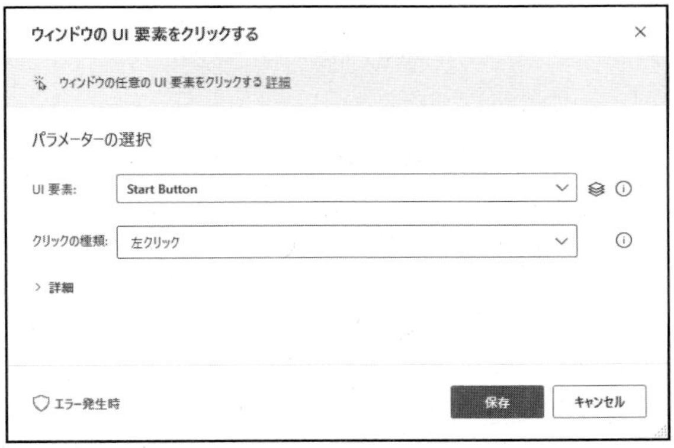

図2-54 「スタート」ボタンをクリックさせる。

続いて、もう一つ「ウィンドウのUI要素をクリックする」アクションを追加します。これは、上から2番目(今作ったアクションの下)にドロップしてください。そして設定パネルが現れたら、UI要素を「List Item '上'」にしておきます。これで「上」メニューが選ばれるようになります。

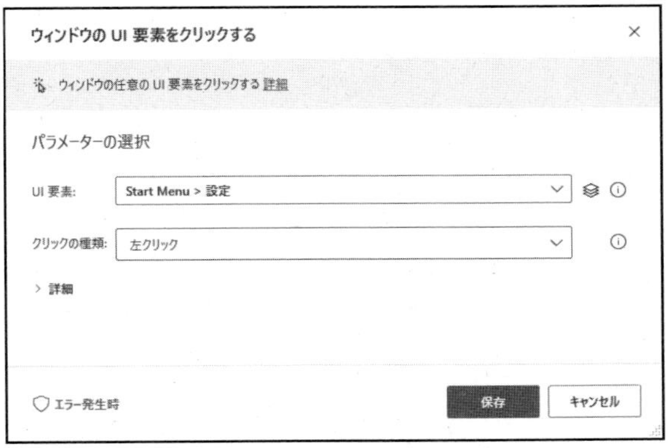

図2-55 「上」メニューをクリックさせる。

フローを実行しよう

では、フローを保存して実行してみましょう。「スタート」メニューの「設定」でシステム設定ウィンドウを開き、「個人用設定」内の「タスクバー」を選択して、「画面上のタスクバーの位置」から「上」が選択されるのがわかるでしょう。これでタスクバーの位置が上に変更されます。

もし、うまく動かなかった場合は、それぞれのUI要素がちゃんと画面上に表示されているか確認をしてください。例えば、システム設定ウィンドウの大きさを小さくして「タスクバー」や「画面上のタスクバーの位置」などが表示されていなかったりするとうまく動きません。

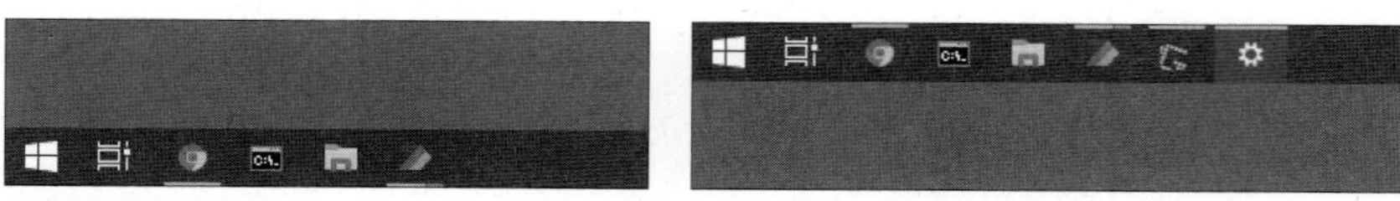

図2-56　フローを実行すると、下にあったタスクバーが上に移動する。

Section 2-3 キーボードとマウスの操作

キーの入力を行う

ウィンドウを操作したりボタンをクリックしたりといった操作は、だいぶできるようになりましたね。では「テキストの入力」はどうでしょうか。

マウスやキーボードの操作は、UI要素を利用する他にもう一つ方法があります。マウスとキーボードを操作する専用のアクションを利用するのです。

フローデザイナーの「アクション」ペインには、「マウスとキーボード」という項目があります。これをダブルクリックして展開すると、多数のアクションが用意されていることがわかります。これらを利用することで、マウス操作やキーボード入力を行うことができます。

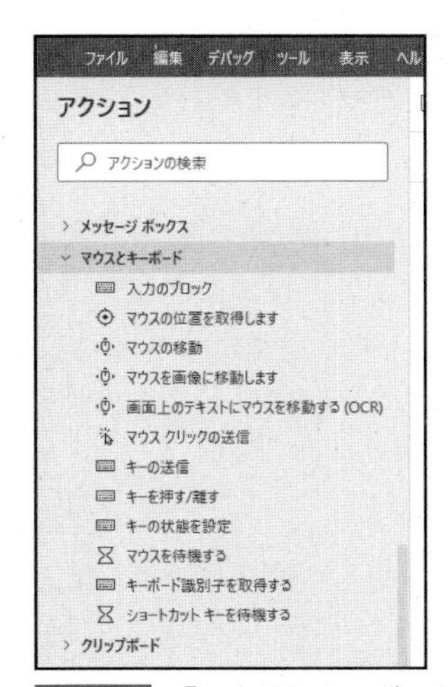

図2-57 「マウスとキーボード」に用意されているアクション。

新しいフローを作る

では、マウスとキーボードを操作するための新しいフローを用意しましょう。これまで使っていたフローは保存し、フローデザイナーのウィンドウを閉じておきましょう。そして「Power Automate」ウィンドウの「新しいフロー」をクリックし、現れたパネルで「UIフロー3」という名前でフローを用意してください。

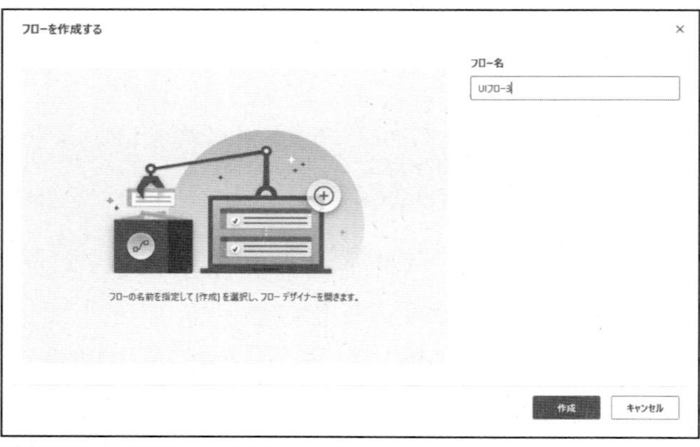

図2-58 「UIフロー 3」を作成する。

「入力のブロック」アクション

では、キーの入力を作成しましょう。キーの入力を行うためには、まずその前に「入力のブロック」を行う必要があります。

入力のブロックとは、フローの実行中、フロー以外からのマウスやキーの入力を受け付けなくするためのものです。フローの実行中にユーザーがキーやマウスを操作できてしまうと、アクションが正しく実行できなくなる場合があります。そこで、入力を開始する前に、まずユーザーからの入力をブロックするのですね。

これは、「アクション」ペインの「マウスとキーボード」内にある「入力のブロック」アクションで行えます。このアクションを編集エリアにドラッグ&ドロップしてください。設定のパネルが現れます。ここには「ブロックする」というON/OFFスイッチが一つだけ用意されています。これをONにすればブロックをスタートし、OFFにすればブロックを解除します。

今回は、ブロックするようにスイッチをONにしておきましょう。

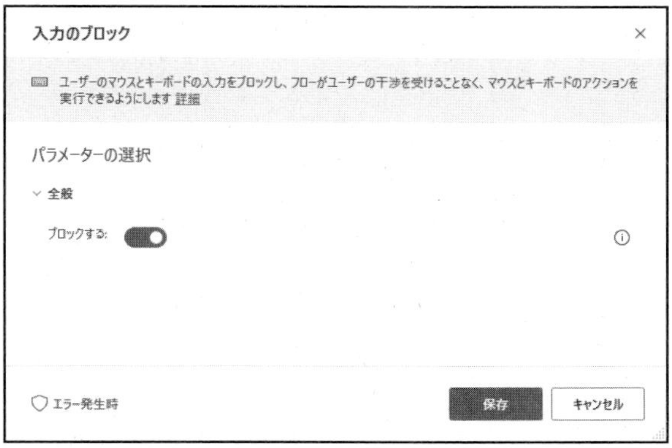

図2-59 「入力のブロック」でスイッチをONにする。

「キーの送信」アクション

では、キーの入力を行いましょう。これは「マウスとキーボード」内にある「キーの送信」というアクションを使います。このアクションを編集エリアにドラッグ＆ドロップしましょう。

開かれる設定パネルには、以下のような項目が用意されています。

キーの送信先	キーをどのウィンドウに送信するかを指定します。「フォアグラウンドウィンドウ」を選べば、一番手前にあるウィンドウに送られます。
送信するテキスト	ここに入力するテキストを記入します。適当にテキストを記入しておいてください。
キー入力の間隔の遅延	キーを入力する間隔をミリ秒で指定します。デフォルトでは「10」になっており、これは各文字をタイプするキーの情報が10ミリ秒間隔で送られる（つまり10ミリ秒ごとに1文字ずつ書き出される）ことになります。これはデフォルトのままでいいでしょう。
テキストをハードウェアキーとして送信します	送信する情報を、テキスト（一つ一つの文字の情報）ではなく、そのテキストのキーを押した情報として送るものです。これはOFFのままにしておきます。

これらを設定したら「保存」ボタンで保存しておきましょう。これだけでテキストの入力が行えるようになりました。

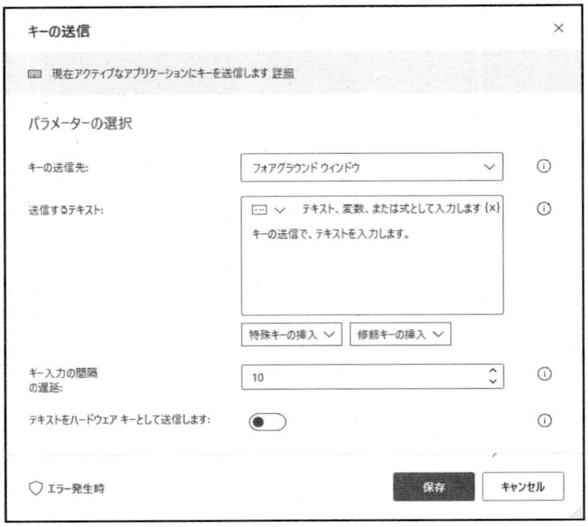

キーの送信
現在アクティブなアプリケーションにキーを送信します 詳細
パラメーターの選択
キーの送信先: フォアグラウンド ウィンドウ
送信するテキスト: テキスト、変数、または式として入力します {x}
キーの送信で、テキストを入力します。
特殊キーの挿入 修飾キーの挿入
キー入力の間隔の遅延: 10
テキストをハードウェア キーとして送信します:
エラー発生時 保存 キャンセル

図2-60 「キーの送信」でテキストを送る。

動作を確認しよう

では、動作を確認しましょう。利用例として、「メモ帳」アプリを使ってみましょう。メモ帳を起動し(「スタート」ボタンの「Windowsアクセサリ」内にあります)、メモ帳のウィンドウを開いておいてください。そして、作成したフローを実行したらすぐにメモ帳のウィンドウに切り替えます。

すると、メモ帳に「キーの送信」の「送信するテキスト」に設定したテキストが書き出されます。簡単にテキストの入力が行えるようになりました！

図2-61 メモ帳にテキストが書き出された。

UI要素は何でもいい！

この「キーの送信」がこれまでのマウスクリック操作などと根本的に異なるのは、「UI要素が指定されていない」という点です。今回はメモ帳で試しましたが、使うアプリは何でもいいのです。「キーの送信先」で「フォアグラウンドウィンドウ」を選んでおくと、フローを実行したいアプリのウィンドウに切り替えれば、そこにテキストが書き出されます。それがどの

UI要素かは問いません。

「マウスとキーボード」に用意されているアクションは、「UI要素を操作するもの」ではありません。これらは、単に「入力機器を操作する」ものなのです。キーを入力したり、マウスを動かしクリックしたりする動作をそのまま再現するものであり、実行する対象は何でもいいのです。

逆にいえば、実行するアプリのウィンドウが選択されていなければ、全然関係のないアプリでアクションが実行されていしまう可能性もあります。「マウスとキーボード」のアクションは、よくも悪くも対象を選びません。この点はよく頭に入れておいてください。

マウスの操作について 

続いてマウスの操作を行ってみましょう。マウスの操作は、いくつものアクションが用意されており、それらを組み合わせて行います。

では、まず作成したフローからキー入力のアクションを削除しておきましょう。編集エリアから「キーの送信」アクションを選択し、Deleteキーでアクションを削除してください。

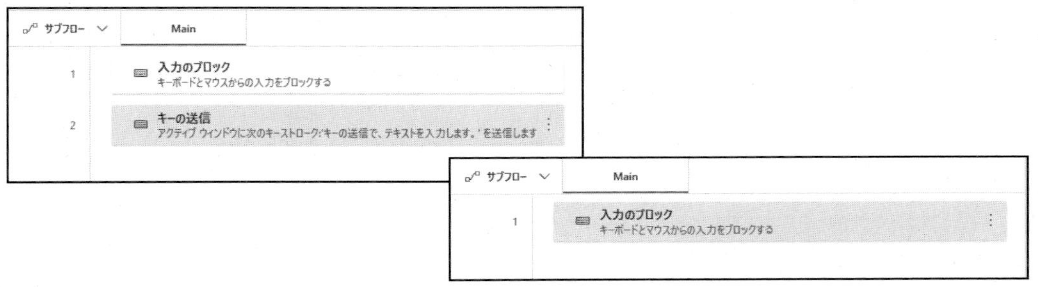

図2-62 「キーの送信」アクションを削除する。

UI要素を追加する

今回は、メモ帳のウィンドウをマウスでドラッグして動かしてみます。そのためには、メモ帳のウィンドウを特定できなければいけません。フロントウィンドウを利用してもいいのですが、今回はUI要素を利用しましょう。

では、右端のアイコンバーから「UI要素」アイコンをクリックして表示を切り替えてください。そして「UI要素の追加」ボタンをクリックし、要素の追加を行いましょう。

図2-63 「UI要素の追加」ボタンをクリックする。

画面に「追跡セッション」ウィンドウが現れたら、メモ帳のウィンドウが赤枠で表示されるようにマウスポインタの位置を調整し、Ctrlキー＋クリックして登録してください。

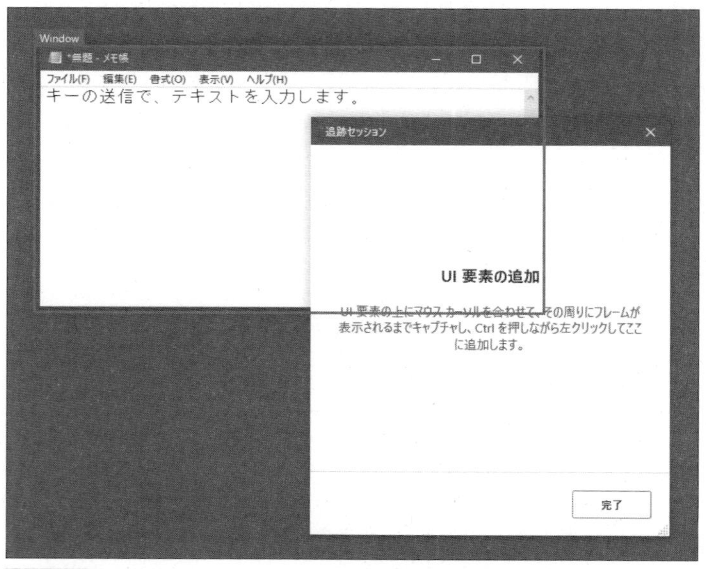

図2-64 メモ帳のウィンドウをUI要素に登録する。

これで「完了」ボタンを押し、「UI要素の追加」を終了します。「UI要素」ペインに、「Window '*無題 - メモ帳'」といった項目が追加されます。

この追加されたUI要素の表示を見ればわかるように、ウィンドウのUI要素は、ウィンドウのタイトルで識別されています。ですから、例えばファイルを保存してウィンドウのタイトルが変わったりすると、UI要素として認識されなくなります。この点、注意しておきましょう。

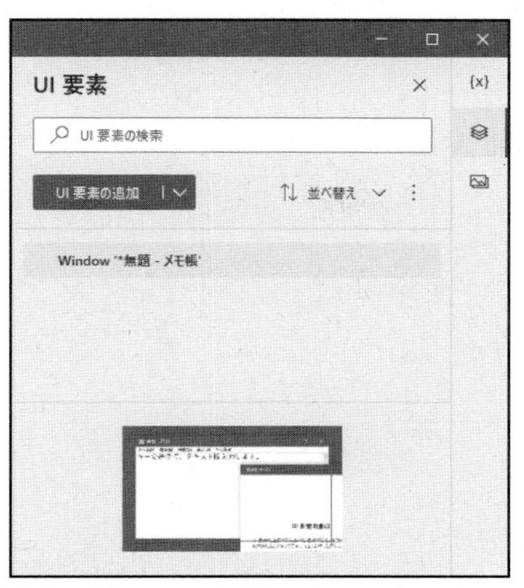

図2-65 UI要素が登録されている。

ウィンドウをマウスで操作する

では、フローを作成していきましょう。まず最初に行うのは、メモ帳のウィンドウを選択してフロントウィンドウにすることです。

「アクション」ペインの「UIオートメーション」内にある「Window」の中に「ウィンドウにフォーカスする」というアクションがあります。これが、指定したウィンドウを選択するためのアクションです。これを編集エリアにドラッグ&ドロップしてください。

現れた設定パネルでは、ウィンドウを指定するための設定項目が以下のように用意されます。

ウィンドウの検索モード	どういう方式でウィンドウを指定するか、ですね。これは「ウィンドウのUI要素ごと」を選んでください。
ウィンドウ	ウィンドウを選択するためのパネルがプルダウンして現れます。先ほどUI要素に登録したメモ帳のウィンドウを選択しておきましょう。

これで、UI要素に登録したメモ帳のウィンドウが選択されます。

図2-66 「ウィンドウにフォーカスする」アクションの設定。

「マウスの位置を取得します」アクション

では、マウスの操作を行いましょう。まず最初に、現在のマウスの位置を取得します。これは「マウスとキーボード」内にある「マウスの位置を取得します」アクションで行います。

これを編集エリアにドラッグ&ドロップしてください。画面に設定パネルが現れ、「相対」という項目が用意されているのがわかるでしょう。これは、対象となるウィンドウを指定し、そのウィンドウの位置からの相対位置としてマウスの位置を取得します。

今回は、ここから「フォアグラウンドウィンドウ」を選択します。もし、画面全体の中の位置として取り出したいならば、「画面」を選んでおきます。

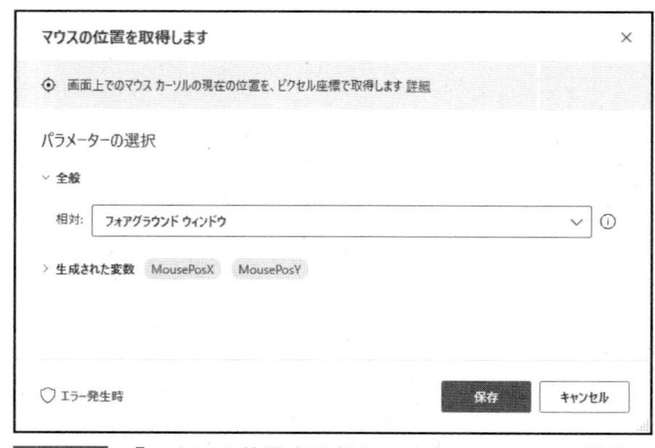

図2-67 「マウスの位置を取得します」アクションの設定。

「マウスクリックの送信」アクション

マウスの位置が得られたら、マウス操作を作成します。これは「マウスとキーボード」内にある「マウスクリックの送信」アクションを使います。

このアクションは、マウスボタンの操作全般を作成することができます。クリック、ボタンを押す、ボタンを離す、といったことをすべてこれで行えるのです。

このアクションを編集エリアにドラッグ&ドロップすると、設定パネルが現れます。ここで以下のような設定項目がまず表示されます。

送信するマウスイベント	どのボタンをどう操作するかを選びます。ここでは「左ボタンを押す」を選びます。
遅延	操作するまでの時間を指定します。今回は「0」のままでいいでしょう。
マウスの移動	操作を行うマウスの位置を設定したい場合はONにします。

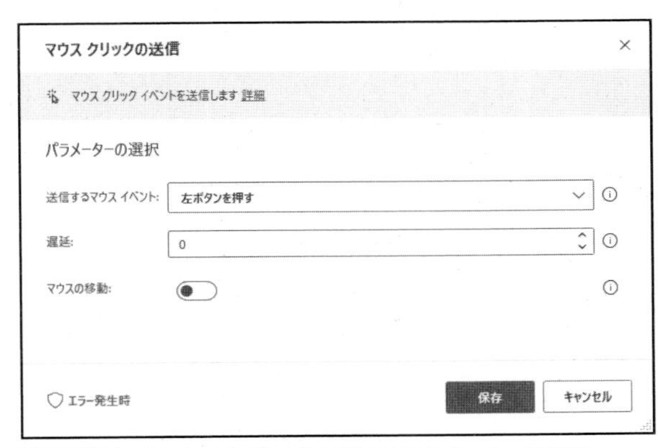

図2-68 「マウスクリックの送信」アクションの設定。

このアクションでは、操作を行うマウスポインタの位置を設定できます。「マウスの移動」のスイッチをONにしてください。下に以下のような設定が追加表示されます。

X, Y	横・縦の位置を指定します。今回はそれぞれ「100」「10」とします。
相対	どのウィンドウに対しての相対的な位置としてマウスポインタを設定するかを選びます。ここでは「アクティブなウィンドウ」を選びます。
マウスの移動スタイル	どのようにマウスポインタを移動するかを指定します。ゆっくりマウスポインタを移動させたいときなどに使います。今回は「すぐに」のままでいいでしょう。

これらをすべて設定して「保存」ボタンを押せば、アクティブなウィンドウの左上(タイトルバーの部分)をマウスでプレスすることができます。このままドラッグすれば、ウィンドウを移動できます。

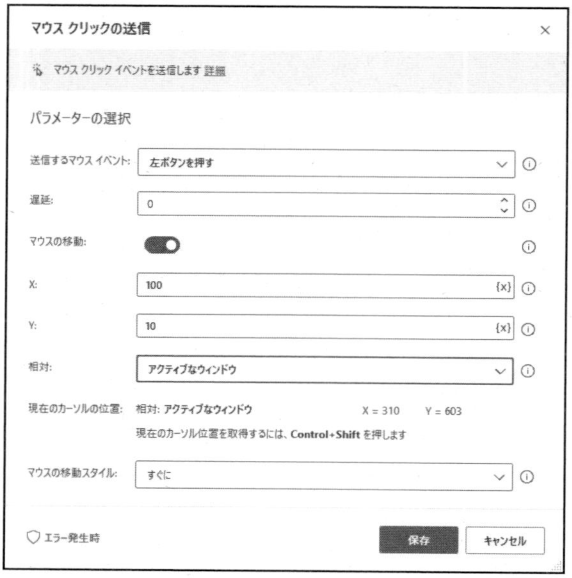

図2-69　マウスをプレスする位置を指定する。

「マウスの移動」アクション

ウィンドウのタイトルバーをプレスした状態になっていますから、そのままマウスポインタを動かせば、ウィンドウをドラッグできます。

これは「マウスとキーボード」内にある「マウスの移動」アクションで行います。これを編集エリアにドラッグ&ドロップし、現れた設定パネルで以下のように設定を行います。

位置X	ドラッグして移動する横の位置を指定します。今回は、{x}をクリックして現れた変数のリストから「フロー変数」の「MousePosX」を選びます。
位置Y	ドラッグして移動する縦の位置を指定します。やはり{x}をクリックし、「フロー変数」の「MousePosY」を選びます。
相対	どのウィンドウに対する相対位置として指定するかを選びます。「アクティブなウィンドウ」を選んでください。
前の位置からマウスを移動します	移動の方法を選びます。「すぐに」にしておきましょう。これの設定で、ゆっくりドラッグさせることもできます。

これで、「マウスの位置を取得します」で得たマウスの位置(MousePosX,MousePosYの位置)までマウスポインタが移動し、ウィンドウもその位置までドラッグされます。

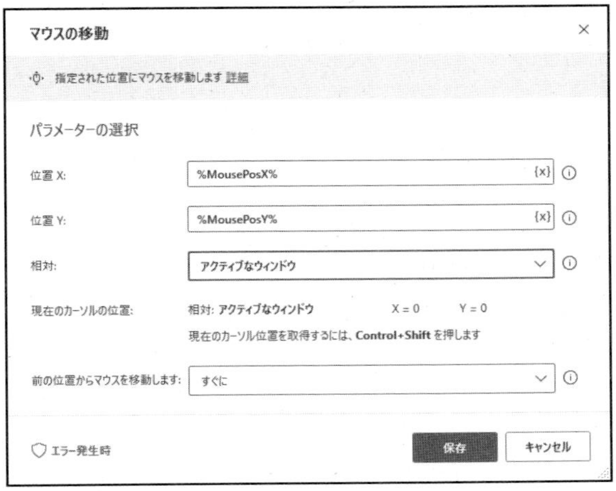

マウスの移動
指定された位置にマウスを移動します 詳細
パラメーターの選択
位置 X: %MousePosX%
位置 Y: %MousePosY%
相対: アクティブなウィンドウ
現在のカーソルの位置: 相対: アクティブなウィンドウ X = 0 Y = 0
現在のカーソル位置を取得するには、Control+Shift を押します
前の位置からマウスを移動します: すぐに
エラー発生時 保存 キャンセル

図2-70 「マウスの移動」アクションの設定。

「マウスクリックの送信」アクション

これでマウスポインタがあった位置までウィンドウはドラッグされました。が、最後にもう一つやっておくことがあります。それは「マウスボタンを離す」ことです。

「マウスクリックの送信」アクションをドラッグ&ドロップで編集エリアに配置してください。そして設定パネルで以下のように設定しましょう。

送信するマウスイベント	左ボタンを離す
遅延	「0」
マウスの移動	OFFのまま

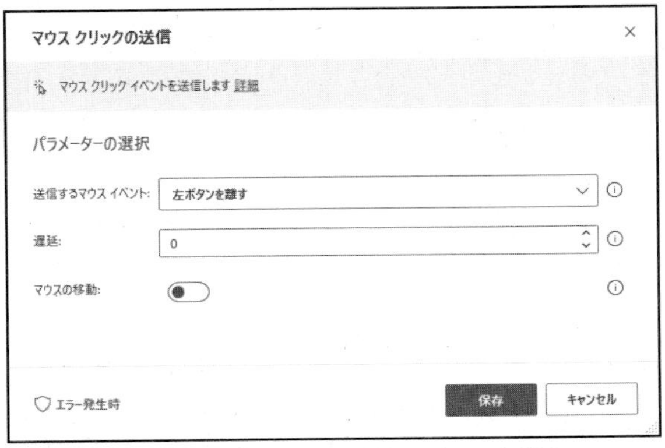

マウス クリックの送信
マウス クリック イベントを送信します 詳細
パラメーターの選択
送信するマウス イベント: 左ボタンを離す
遅延: 0
マウスの移動:
エラー発生時 保存 キャンセル

図2-71 「マウスクリックの送信」でボタンを離す。

実行しよう

完成したら、フローを実行してみましょう。メモ帳ウィンドウがマウスポインタのある位置まで移動します。

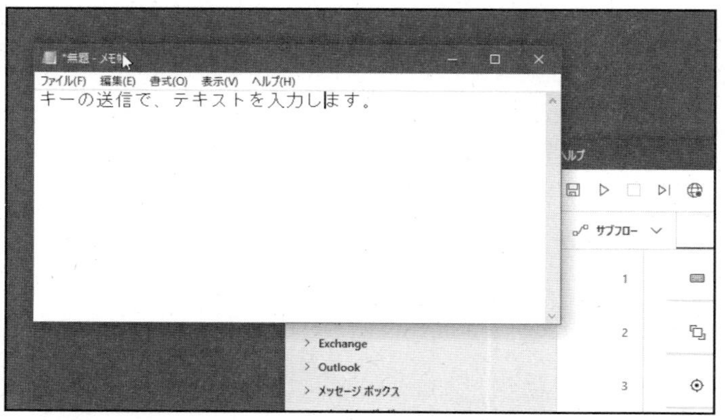

図2-72 実行すると、マウスポインタがある位置までメモ帳が移動する。

フォームを使った入力

これでだいぶマウスとキーの入力が行えるようになってきました。が、キーの入力については、もう少しきめ細かな指定が必要な場合があります。

例えば、ダイアログなどで各フィールドに値を入力することを考えてみましょう。これは、「このフィールドにこのテキストを設定する」ということがきちんと指定できないといけません。

こうした操作は、「UIオートメーション」の中にある「フォーム入力」という項目のアクションを利用します。ここには、ウィンドウ内にあるフィールド、ボタン、チェックボックス、ドロップダウンリストといったものの入力を行うためのアクションがまとめられています。これらを使うことで、フォームなどの入力を正確に行えるようになります。

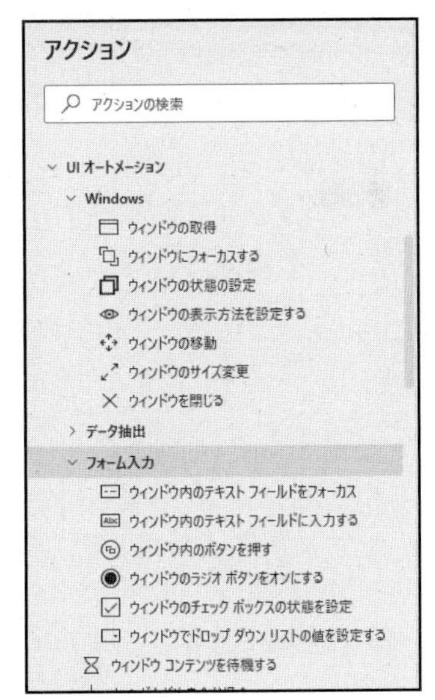

図2-73 「フォーム入力」に用意されているアクション。

置換ダイアログを利用する

今回は利用例として、メモ帳の置換ダイアログを使うフローを作成してみましょう。フローを保存し、フローデザイナーのウィンドウを閉じてください。そして「Power Automate」ウィンドウの「新しいフロー」をクリックし、「UIフロー 4」という名前のフローを作成しましょう。

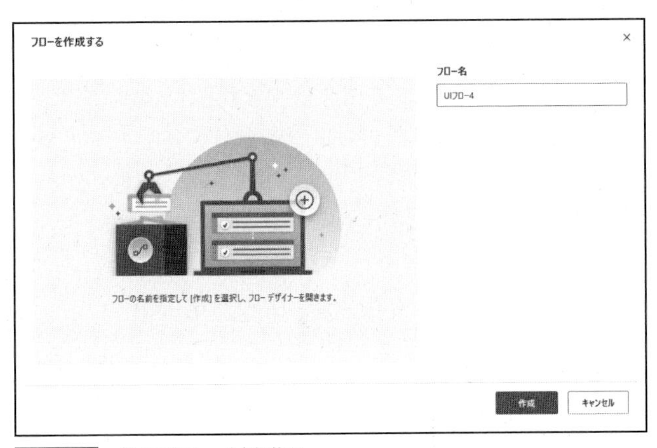

図2-74 「UIフロー 4」を作る。

置換ダイアログのUI要素を登録する

では、フローを作成しましょう。まず最初に行うのは、UI要素の登録作業です。右側のアイコンバーから「UI要素」をクリックし、現れた「UI要素」ペインで「UI要素の追加」ボタンをクリックし、「追跡セッション」ウィンドウが開いたらUI要素の登録作業を開始します。

図2-75 「UI要素の追加」ボタンをクリックする。

コラム UI要素の追加は、ウィンドウタイトルに注意！ Column

この章の最初から順に作業を行っていると、メモ帳のタイトルには「*」記号が付けられているはずです。これは「テキストが変更されていて未保存な状態」を表します。

新しいウィンドウを開いたばかりだったり、ファイルを保存してあったりすると、ウィンドウのタイトルが変わります。すると、再度実行する際にうまく動かなくなるでしょう。この対処法については後で触れる予定ですが、今は「再実行するときと同じ状態でUI要素を登録する」ということをよく考えてください。何かを記述してメモ帳のタイトルに「*」が追加された状態でUI要素を登録しましょう。

メモ帳ウィンドウの登録

まず、開いているメモ帳のウィンドウ全体が赤い枠線で表示されるようにしてから、Ctrlキー＋クリックで登録しましょう。

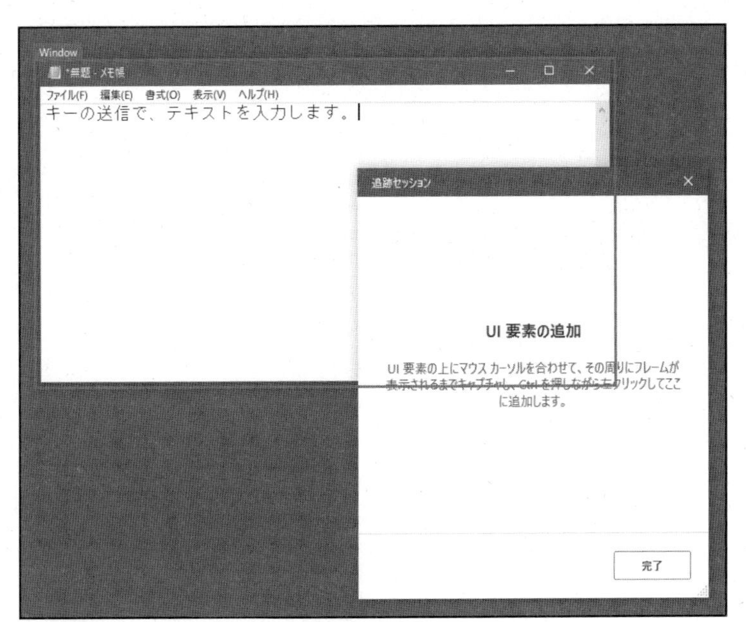

図2-76　メモ帳のウィンドウを登録する。

置換ダイアログのUI要素を登録

メモ帳の「編集」メニューから「置換…」メニューを選んで置換のダイアログを表示してください。この中にあるUI要素を登録していきます。以下のものをCtrlキー＋クリックで登録してください。

●検索する文字列

検索テキストを入力するフィールドです。

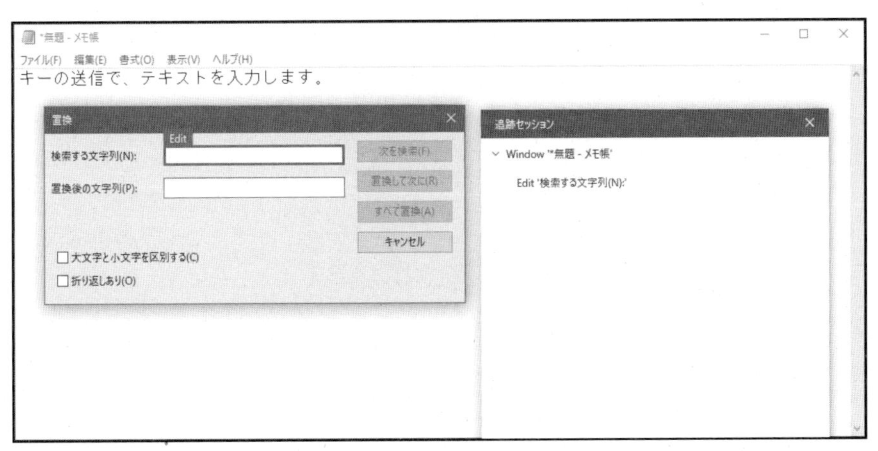

図2-77　検索する文字列のフィールドを登録。

●置換後の文字列

置換するテキストを入力するフィールドです。

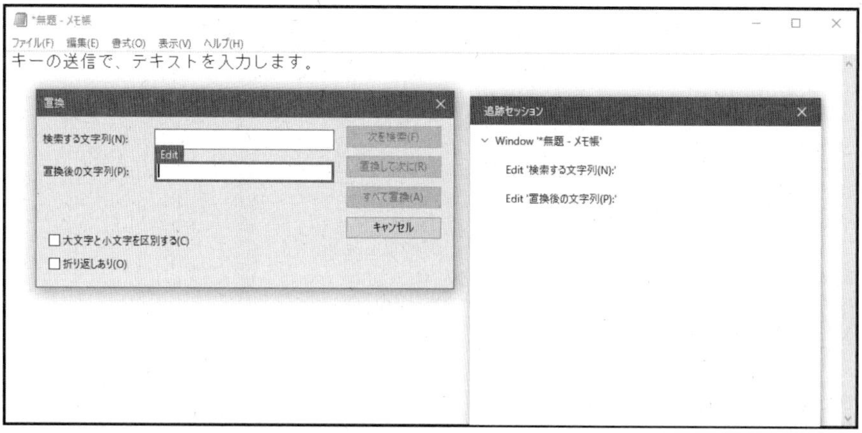

図2-78　置換する文字列のフィールドを登録。

●「すべて置換」ボタン

すべての検索テキストを置換するボタンです。

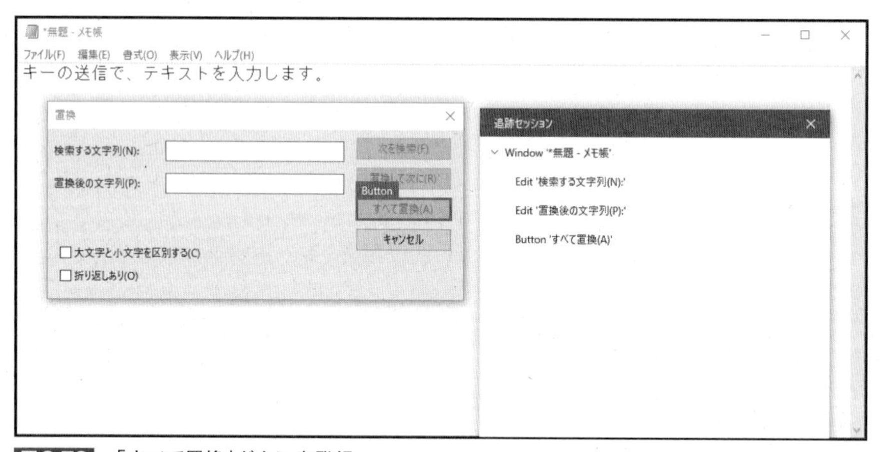

図2-79　「すべて置換」ボタンを登録。

これらを登録したら、「完了」ボタンを押して登録作業を終了しましょう。これでメモ帳のウィンドウと、その中にあるUI要素三つが登録されました。

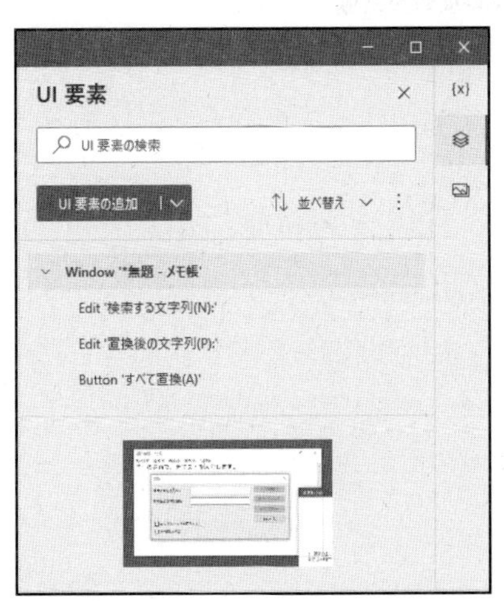

図2-80 登録されたUI要素。全部で四つ登録されている。

置換のアクションを作成する

では、置換を行うフローを作っていきましょう。まず最初に用意するのは「UIオートメーション」内の「Windows」内にある「ウィンドウにフォーカスする」アクションです。

このアクションは、ウィンドウをフォーカスを移動する（選択された状態にする）」ものでしたね。

ウィンドウの検索モード	「ウィンドウのUI要素ごと」を選びます。
ウィンドウ	プルダウンメニューから先ほどUI要素に登録したメモ帳のウィンドウを選択します。

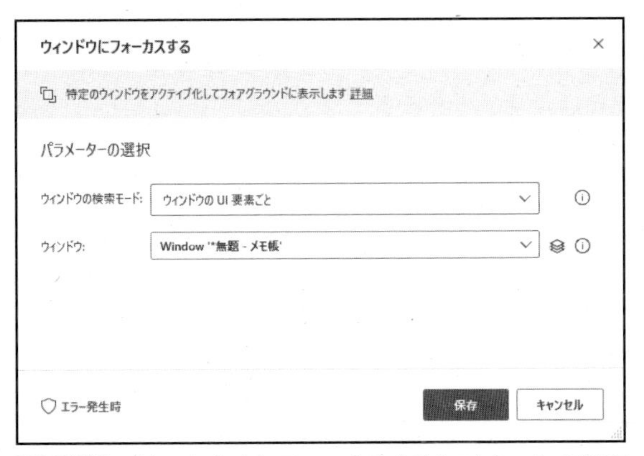

図2-81 「ウィンドウにフォーカスする」アクションの設定。

キーの送信

次に、「マウスとキーボード」内から「キーの送信」アクションを追加してください。この設定パネルでは、以下のように設定をしておきます。

キーの送信先	フォアグラウンドウィンドウ
送信するテキスト	下のリストを記述。
キーの入力間隔	デフォルト(10)のまま。
テキストをハードウェアキーとして送信します	ONにする。

これらの設定でわかりにくいのは、「送信するテキスト」の値でしょう。ここでは、以下のような値を記述します。

リスト2-2
```
{Control}({Home}){Control}(h)
```

ここにある{Control}というのは、Ctrlキーのことです。その後の()部分の中に、送信するテキストを指定します。

この{Control}()というテキストは、その下にある「修飾キーの挿入」というプルダウンメニューから入力できます。これをクリックして現れるメニューから「Control」を選べば、Ctrlキーを押したのと同じ働きをします。この{Control}()を出力させてから、(内にショートカットの文字を記入していきます。

「Home」キーを示す値は、「特殊キーの挿入」内にある「その他」をクリックすると、「Home」という項目が見つかります。

もう一つ、その下にある「テキストをハードウェアキーとして送信します」というチェックボックスもONにしてください。Ctrlキーによるショートカットは、テキストがそのまま送られてしまっては困ります。テキストではなく、キーの押し下げとして認識させる必要があるのです。

そこで、「テキストをハードウェアキーとして送信します」のチェックをONにし、ハードウェア的にキーのクリック情報が送られたようにしてあります。こうすることでショートカットキーをテキストではなくキーを押した操作そのものとして送られるようになります。

{Control}()について

ここでは、{Control}({Home}){Control}(h)という値を送信するテキストとして設定してあります。これは、Ctrlキー＋任意キーを指定するための特殊な関数を使っています。

```
{Control}( キー )
```

このように()内に押すキーを指定することで、指定のキーをCtrlキーを押した状態でタイプできます。ここでは、{Home}とhという文字が指定されていますね。{Home}は、「Home」キーを示す特別な値です。これを()内に用意することで、Ctrlキー＋Homeキーを押していたわけです。

ここでは二つのCtrlキーを実行しています。Ctrlキー＋「Home」キーで、テキストの冒頭にインサーションポイントを移動します。そしてCtrlキー＋「H」キーで、置換のダイアログを呼び出しているのです。

キーの送信
現在アクティブなアプリケーションにキーを送信します 詳細
パラメーターの選択
キーの送信先: フォアグラウンド ウィンドウ
送信するテキスト: テキスト、変数、または式として入力します {x}
{Control}({Home}){Control}(h)
特殊キーの挿入 修飾キーの挿入
キー入力の間隔の遅延: 10
Control
左 control
右 control
Alt
Shift
テキストをハードウェア キーとして送信します:
エラー発生時
キャンセル

図2-82 「キーの送信」を設定する。

「検索する文字列」フィールドに入力する

置換のダイアログが表示されたら、検索と置換のテキストを入力し、「置換」ボタンをクリックして実行させます。

まず、検索するテキストを入力しましょう。「UIオートメーション」の「フォーム入力」というところにある「ウィンドウ内のテキストフィールドに入力する」アクションをドラッグ＆ドロップして編集エリアに配置してください。

これは、テキストフィールドにテキストを入力するためのものです。設定パネルでは、以下のような項目が表示されます。

テキストボックス	テキストを入力するフィールドのUI要素を指定します。ここでは、登録されたUI要素から「検索する文字列」のフィールドを示すUI要素を選択します。
入力するテキスト	検索するテキストを用意します。ここでは例として「Power Automate」と記入しておきます。

これらの設定をしたら、その下にある「詳細」というところをクリックしてください。更に下に以下の設定項目が追加表示されます。

フィールドが空白ではない場合	フィールドに既に何か書かれていた場合の対応を指定します。「テキストを置換する」を選んでおきましょう。
入力する前にクリックしてください	フィールドをクリックやダブルクリックさせるためのものです。今回は「いいえ」を選びます。

これらを設定したら「保存」ボタンを押してパネルを保存します。検索置換などのフィールドは、最後に入力した値を保持しているのが一般的であるため、「フィールドが空白ではない場合」を「テキストを置換する」にしておくのを忘れないようにしましょう。

図2-83 検索する文字列のフィールドにテキストを入力する。

「置換する文字列」フィールドに入力する

続いて、置換する文字列のフィールドにテキストを入力します。先ほどと同じく、「UIオートメーション」の「フォーム入力」から「ウィンドウ内のテキストフィールドに入力する」アクションを編集エリアにドラッグ&ドロップしてください。
そして現れた設定パネルで以下のように設定を行いましょう。

テキストボックス	「置換後の文字列」フィールドのUI要素を選択。
入力するテキスト	「パワーオートメート」と記入。
フィールドが空白ではない場合	「テキストを置換する」を選択。
入力する前にクリックしてください	「いいえ」を選択。

テキストボックスで、置換する文字列のUI要素を指定し、入力するテキストで置換テキストを指定します。詳細の2項目は、検索フィールドと同じ設定でいいでしょう。

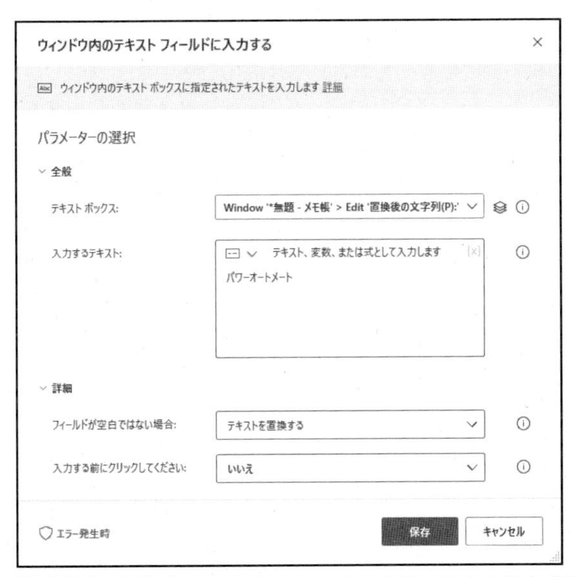

図2-84 置換する文字列のフィールドにテキストを入力する。

「置換」ボタンをクリックする

これで検索置換のテキストが入力できました。後は「置換」ボタンをクリックして時間を実行するだけです。

「UIオートメーション」内の「フォーム入力」から「ウィンドウ内のボタンを押す」というアクションをドラッグ&ドロップして編集エリアに配置してください。これは名前のとおり、ボタンをクリックするためのアクションです。これで「置換」ボタンをクリックします。

表示された設定パネルで、「UI要素」の項目を「置換」ボタンのUI要素に設定しておきましょう。これで「置換」ボタンがクリックされます。

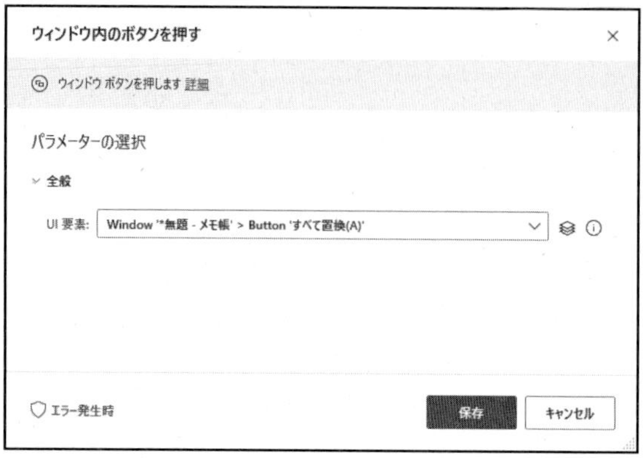

図2-85 「置換」ボタンをクリックする。

Escキーでダイアログを閉じる

最後に、置換のダイアログを閉じておきましょう。これはいろいろなやり方ができますが、ここでは「Escキーでキャンセルしてダイアログを閉じる」ことにします。

「マウスとキーボード」内から「キーの送信」アクションをドラッグ&ドロップして編集エリアに配置してください。そして以下のように設定を行いましょう。

キーの送信先	フォアグラウンドウィンドウ
送信するテキスト	[Escape]
キー入力の間隔の遅延	10（デフォルトのまま）
テキストをハードウェアキーとして送信します	ONにする

送信するテキストは、下の「特殊キーの挿入」をクリックし、現れたメニューから「その他」を選ぶと、そのサブメニューに「Escape」が用意されています。これを選んでください。

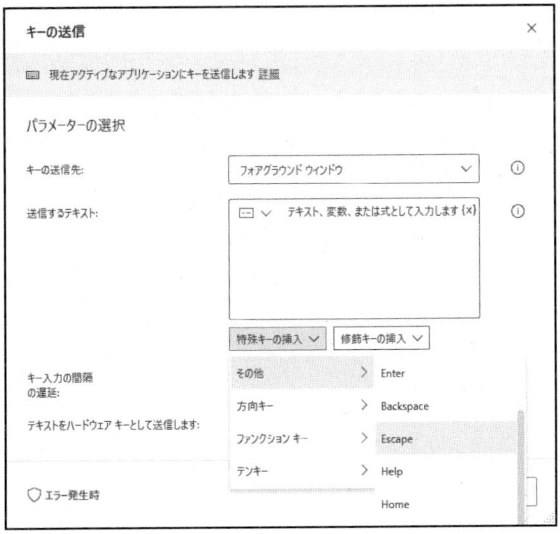

キーの送信

現在アクティブなアプリケーションにキーを送信します 詳細

パラメーターの選択

キーの送信先: フォアグラウンド ウィンドウ

送信するテキスト: テキスト、変数、または式として入力します {x}

特殊キーの挿入 修飾キーの挿入

キー入力の間隔の遅延:

テキストをハードウェア キーとして送信します:

その他 / 方向キー / ファンクション キー / テンキー

Enter / Backspace / Escape / Help / Home

エラー発生時

図2-86 Escキーを入力する。

動作を確認しよう

これで一通りのアクションが用意できました。メモ帳のウィンドウに、「Power Automate」というテキストを含む文章を記入しておいてください。そしてフローを実行しましょう。Power Automateがすべて「パワーオートメート」に置換されます。

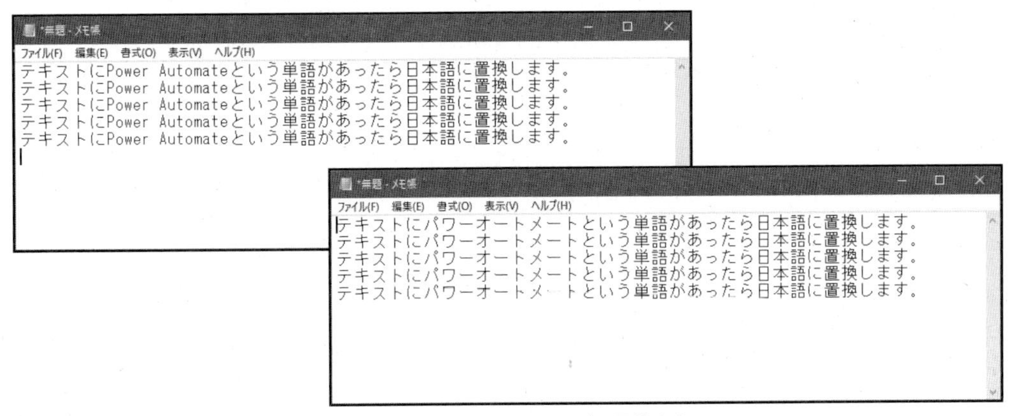

図2-87 「Power Automate」がすべて「パワーオートメート」に置換される。

コラム 検索フィールドが文字化けする？ Column

フローを実行すると、検索する文字列フィールドのところに「pld ヴィ あ fgl ん zgv」と文字化けしたテキストが表示されてしまった人もいたかも知れません。

これは、フィールドの入力モードによるものです。検索フィールドに入力する際、日本語モードになっていると、そのままキー入力してしまい、文字化けした状態となります。

現時点では、この問題を簡単に解決する方法はないようです。面倒ですが日本語入力プログラム（MS IME や Google 日本語入力など）から半角英数字モードを選んで切り替えてから実行するようにしてください。

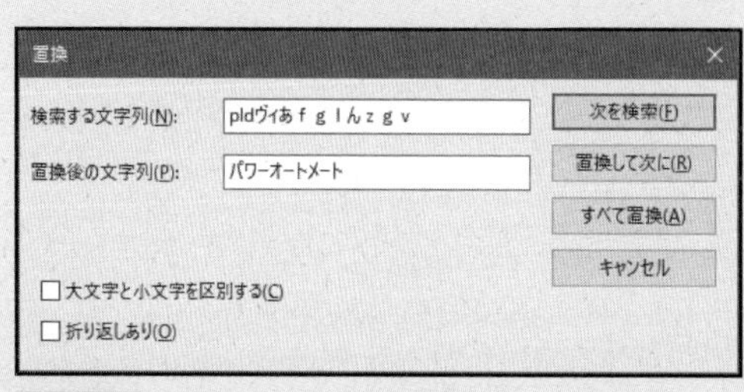

図2-88 検索フィールドが文字化けした状態。

Section 2-4

フローを更に使いこなそう

「無題」でないと動かない！

UIオートメーションやマウスとキーボードを使って基本的なウィンドウの操作を行うことはできるようになりました。ここでは、作成したフローをもう少し使いやすくするための工夫を考えてみることにしましょう。

まずは、「保存すると動かなくなる」問題についてです。メモ帳のフローは、ファイルを保存すると(あるいは保存したファイルを開くと)なぜか動かなくなります。これは、メモ帳ウィンドウのタイトルバーに表示されるタイトルが「*無題」から別のものに変わってしまうため、ウィンドウを見つけられないからです。

こうした、ちょっとしたことでフローが動かなくなることはよくあります。その原因の多くは、「UI要素が見つからない」ために発生します。UI要素は、デフォルトでは名前やクラスなどいくつかの項目を使って完全一致するUI要素を検索するようになっています。これは、確実に対象となるUI要素を探し出すためですが、あまりに細かくチェックするため、タイトルが変わっただけで認識できなくなってしまうのです。

UI要素のセレクター

では、右側のアイコンバーから「UI要素」を選択し、登録されたUI要素を表示しましょう。そこに「Window '*無題 - メモ帳'」という項目がありますね。これが「メモ帳」ウィンドウのUI要素です。

これの右端にある「⋮」をクリックしてください。メニューがポップアップして現れます。そこから「セレクターの編集」というメニュー項目を選んでください。

Chapter 1
Chapter 2
Chapter 3
Chapter 4
Chapter 5
Chapter 6
Chapter 7
Addendum

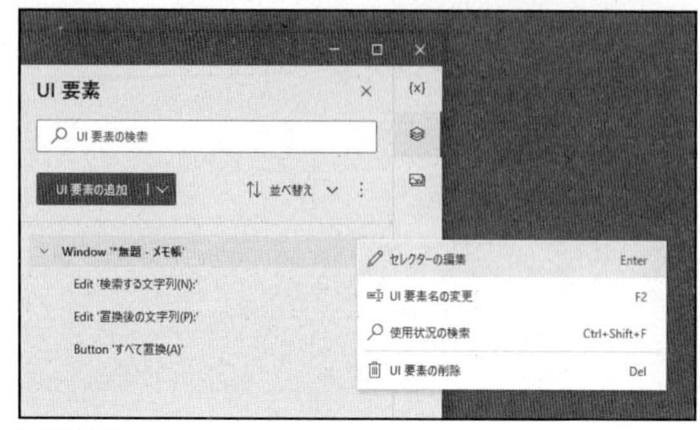

図2-89 「セレクターの編集」メニューを選ぶ。

画面に「UI要素 "Window '*無題 - メモ帳'"のセレクター」というパネルが現れます。これはUI要素の「セレクター」というものが表示されるところです。

セレクターとは、UI要素を選択するための設定です。UI要素は、画面に表示されている多数のウィンドウなどの中から、セレクターを使って目的のUI要素を探し出しているのです。

このセレクターは、UI要素を登録する際に自動的に一つ作成されます。「新規」ボタンを使い、複数のセレクターを用意することもできます。

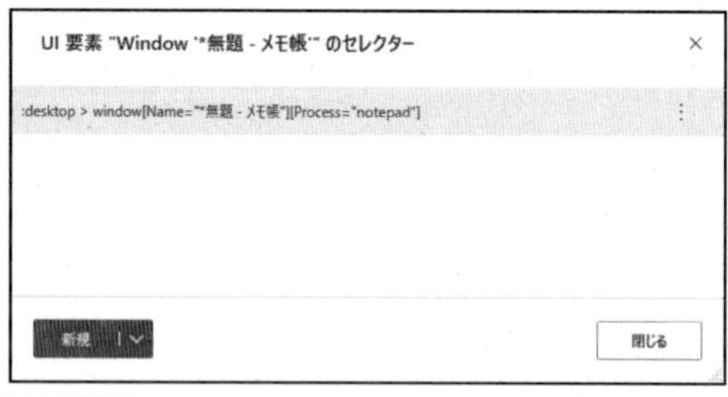

図2-90 セレクターが表示される。

セレクターを編集する

では、セレクターを編集しましょう。表示されているセレクターの「：」をクリックしてください。メニューがポップアップして現れます。ここで「編集」メニューを選んでください。

図2-91 「セレクターの編集」メニューを選ぶ。

セレクターの編集画面

画面に「セレクタービルダー」というパネルが現れます。これが、セレクターを作成するための設定パネルです。ここで設定をした内容を元に、セレクターが自動生成されるようになっているのですね。

このパネルでは、左側に「セレクター」という表示があります。ここに、用意されているセレクターが一覧表示されます。ここから選択したセレクターの設定が右側に表示されます。

右側には、選択したセレクターの設定が表示されます。この部分は、設定内容がリスト表示されています。それぞれの項目には、以下の四つの設定項目があります。

使用済み	この項目をセレクターとして利用するかどうかを指定します。
属性	属性の名前です。
演算子	属性の値を比較する際に使われる演算記号の指定です。デフォルトでは「と等しい」が選択されています。これで、左側の属性が右側の値になっているかチェックします。
値	属性がどういう値かを比較するのに使う値です。

この四つを設定することで、その項目がチェックの際に使われるようになります。デフォルトでは、「Name」と「Process」という二つの属性のチェックがONになっていますね。Nameはその UI 要素の名前、Processはプロセス（どのプログラムのUIか）を指定します。

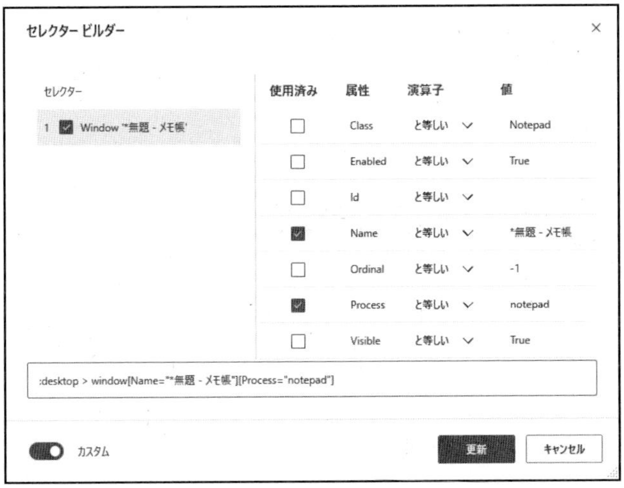

図2-92　セレクタービルダーの画面。

セレクターを変更する

では、セレクターを変更しましょう。「Name」属性の「使用済み」のチェックをOFFにしてください。これで、UI要素の名前をチェックせず、Process（プロセス。要するにアプリのこと）だけを指定するようになります。

後は「更新」ボタンを押してセレクターを更新するだけです。メモ帳の内容をファイルに保存し、タイトルバーの表示が「無題」ではなくなるようにしましょう。そして、フローを実行してみてください。今度はタイトルバーのタイトルがなんであっても関係なく、メモ帳アプリのウィンドウをUI要素として使うようになります。

図2-93　ProcessをOFFにして保存する。

入出力変数の利用

続いて、置換を行ったときの値について考えましょう。サンプルでは、「Power Automate」を「パワーオートメート」に置換していましたね。もし、他のテキストで置換しようと思ったら、フローを編集しないといけません。これは面倒です。

フローでは、フローで使う値を開始時に変数として登録することができます。検索テキストと置換テキストをあらかじめ変数として用意しておくようにすれば、後から変更するのは簡単になりそうですね。やってみましょう。

では、右側のアイコンバーから「変数」アイコン（一番上のもの）をクリックして表示を切り替えてください。ここには、以下の二つの変数が表示されます。

入出力変数	フローの開始終了時に作成される変数です。
フロー変数	フローの中で作成される変数です。

このうち、フロー変数は今までに何度か使いました。アクションを実行した際に自動的に作成される変数でしたね。

もう一つの「入出力変数」というのが、今回利用するものです。これは、フローの開始時と終了時に作成される変数です。これを使うことで、フローのスタート時にあらかじめ必要な値を変数として用意しておき、それを使ってアクションを実行できるようになります。

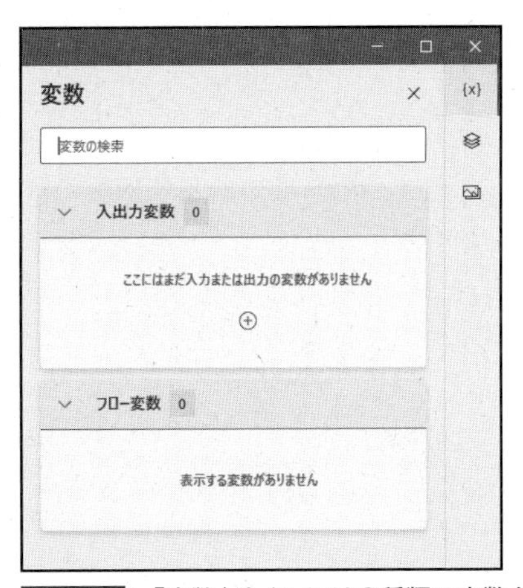

図2-94 「変数」ペインには2種類の変数が表示される。

入力変数を作る

では、フロー開始時に用意される入力変数を作ってみましょう。「入出力変数」のところにある「＋」をクリックし、現れたメニューから「入力」を選んでください。

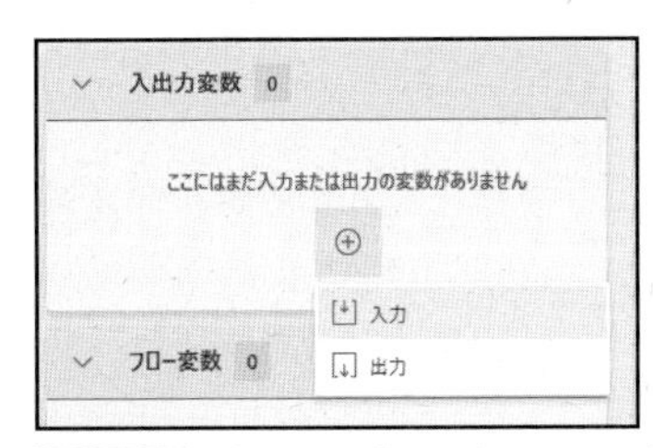

図2-95 「＋」から「入力」メニューを選ぶ。

画面に変数作成のためのパネルが現れます。ここにある項目を設定して変数を作成します。用意されている項目は以下のようになります。

変数の種類	「入力」か「出力」かが表示されます。(変更不可)
変数名	変数の名前を入力します。
データの種類	保管する値の種類を指定します。(変更不可)
既定値	デフォルトで設定される値を用意します。
外部名	外部からアクセスされたときの名前を指定します。
説明	変数の説明テキストです。
機密情報としてマーク	ONにするとログやデバッグ画面などに値が表示されなくなります。

変数の種類やデータの種類は、現時点では変更できないようです。種類は「String」固定になっており、これはテキストの値を示します。

また変数名は、フローで使われる名前と、外部から利用する際に使われる名前をそれぞれ設定できます。「外部から利用」というのはまだよくわからないでしょうが、後ほどやってみるので今はよくわからなくても大丈夫ですよ。

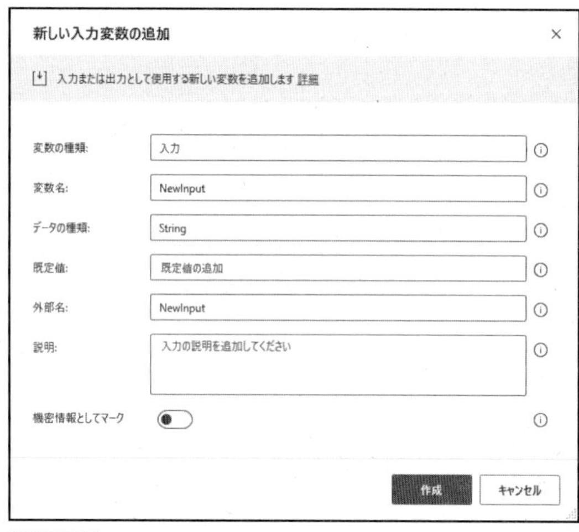

図2-96 入力変数の設定。

では、設定を行いましょう。以下のように項目を設定し、「作成」ボタンを押して変数を作成してください。

変数名	FindStr
既定値	Power Automate
外部名	FindStr
説明	検索するテキスト

これは、検索テキストの値として使う変数です。FindStrというように、なるべくどういう値かわかるような名前をつけておきましょう。

新しい入力変数の追加

入力または出力として使用する新しい変数を追加します 詳細

変数の種類:	入力
変数名:	FindStr
データの種類:	String
既定値:	Power Automate
外部名:	FindStr
説明:	検索するテキスト
機密情報としてマーク	

作成　キャンセル

図2-97　設定パネルで変数の設定を行う。

置換用の入力変数

続いて、置換テキストの変数を用意しましょう。「変数」ペインの「入出力変数」の「＋」をクリックし、「入力」メニューを選んでください。

図2-98　「入力」メニューを選ぶ。

画面に入力変数の設定パネルが現れます。ここで、以下のように項目を設定しておきましょう。

変数名	RepStr
既定値	パワーオートメート
外部名	RepStr
説明	置換するテキスト

図2-99　置換テキスト用の入力変数を作成する。

これで「作成」ボタンをクリックして変数を作成すると、「FindStr」「RepStr」という二つの入力変数が用意できました。この二つで、検索と置換のテキストを扱うことにします。

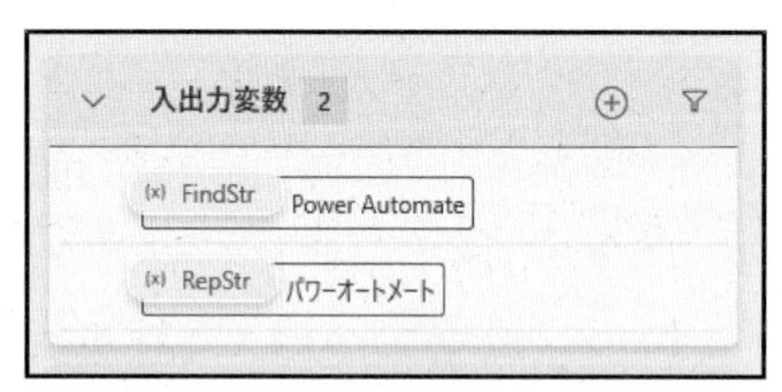

図2-100 二つの入力変数が用意できた。

入力変数を使う

では、作成した入力変数を利用しましょう。編集エリアから「ウィンドウ内のテキストフィールドに入力する」の一つ目のアクションをダブルクリックして開いてください。そして、「入力するテキスト」の値を削除し、右上の{x}をクリックして、「入出力変数」の「FindStr」を選択しましょう。これで、入力するテキストには以下のように値が設定されます。

```
%FindStr%
```

変数は、このように変数名の前後に%をつけて記述しましたね。これで、作成したFindStrがフィールドに書き出されるようになります。このまま「保存」ボタンで保存しましょう。

図2-101 変数FindStrを「入力するテキスト」に設定する。

置換テキストを設定する

もう一つの「ウィンドウ内のテキストフィールドに入力する」をダブルクリックで開いてください。こちらは置換テキストのフィールドにテキストを入力するものです。これも「入力するテキスト」の値を削除し、{x}をクリックして「RepStr」を選択しましょう。これで「入力するテキスト」は以下のようになります。

```
%RepStr%
```

このまま「保存」ボタンで保存をします。これで、検索と置換のフィールドに、FindStr, RepStrの変数の値が書き出されるようになりました。

ウィンドウ内のテキスト フィールドに入力する

ウィンドウ内のテキスト ボックスに指定されたテキストを入力します 詳細

パラメーターの選択

全般

テキスト ボックス: Window '*無題 - メモ帳' > Edit '置換後の文字列(P):'

入力するテキスト: テキスト、変数、または式として入力します {x}

%RepStr%

詳細

エラー発生時　保存　キャンセル

図2-102 「RepStr」を入力するテキストに設定する。

フローを外部から利用する

これで、フロー開始時にFindStr, RepStrという変数を用意し、それを使って置換処理を実行するようになりました。では、これらの変数にはどうやって値を設定すればいいのでしょうか。

それは、別のフローの中から、このフローを呼び出す際に、必要な値を渡して使うのです。入出力変数は、外部からフローを呼び出すときに使われます。

では、実際にフローを作って、このフロー（「UIフロー4」）を呼び出して利用してみましょう。フローを保存し、「Power Automate」ウィンドウから「新しいフロー」をクリックしてフローを作成しましょう。名前は「UIフロー5」にしておきます。

図2-103 新しく「UIフロー5」を作成する。

入力ダイアログを利用する

では、フローから「UIフロー4」を呼び出して置換を行わせましょう。それには、検索と置換のテキストを用意しないといけません。

今回は、「入力ダイアログ」というものを利用してみましょう。これは、「メッセージボックス」の中に用意されています。前にメッセージを表示するのに使いましたね。ここには、メッセージの表示だけでなく、簡単な入力を行うダイアログのアクションも用意されているのです。

では、「メッセージボックス」の中から「入力ダイアログを表示」というアクションをドラッグ&ドロップで配置しましょう。これで以下のように設定パネルが表示されます。

入力ダイアログのタイトル	ダイアログのタイトルバーに表示されるタイトルを指定します。今回は「検索」としておきます。
入力ダイアログメッセージ	ダイアログに表示するメッセージを指定します。「検索テキストを入力：」としておきましょう。
既定値	デフォルトの値を指定します。今回は空のままでいいでしょう。
入力の種類	「1行」「パスワード」「複数行」から選びます。今回は「1行」にします。
入力ダイアログを常に手前に表示する	ONにすると常に一番手前にダイアログが表示されます。これはOFFのままでいいでしょう。

これらの下部には、「生成された変数」という表示があり、そこに「UserInput」「ButtonPressed」といった変数名が表示されています。これらが、入力された情報が保管される変数です。UserInputには入力したテキストが、ButtonPressedにはクリックしたボタン名の情報が保管されます。

入力ダイアログを表示
ユーザーにテキストの入力を求めるダイアログ ボックスを表示します 詳細
パラメーターの選択
全般
入力ダイアログのタイトル: 検索
入力ダイアログ メッセージ: 検索テキストを入力：
既定値:
入力の種類: 1行
入力ダイアログを常に手前に表示する:
生成された変数 UserInput ButtonPressed
エラー発生時 保存 キャンセル

図2-104 「入力ダイアログを表示」で検索テキストを入力する。

入力ダイアログで置換テキストを入力

続けて、もう一つ「入力ダイアログを表示」アクションを追加しましょう。今度は置換テキストを入力するためのものです。以下のように項目を設定してください。

入力ダイアログのタイトル	置換
入力ダイアログメッセージ	置換テキストを入力：
既定値	(空のまま)
入力の種類	1行
入力ダイアログを常に手前に表示する	OFF

入力ダイアログを表示 ×

ユーザーにテキストの入力を求めるダイアログ ボックスを表示します 詳細

パラメーターの選択

全般

入力ダイアログのタイトル: 置換 {x}

入力ダイアログ メッセージ: 置換テキストを入力： {x}

既定値: {x}

入力の種類: 1行

入力ダイアログを常に手前に表示する:

生成された変数 UserInput2 ButtonPressed2

エラー発生時 保存 キャンセル

図2-105 置換テキストを入力する「入力ダイアログを表示」の設定。

Desktop フローを実行する

これで検索置換のテキストを入力できました。後は、これらの値を使って「UIフロー4」を呼び出し、置換を実行させるだけです。

これは、「アクション」ペインの「フローを実行する」というところにある「Desktop フローを実行」というアクションを使います。フローの中から他のフローを呼び出すためのものです。

では、このアクションを編集エリアまでドラッグ&ドロップしましょう。

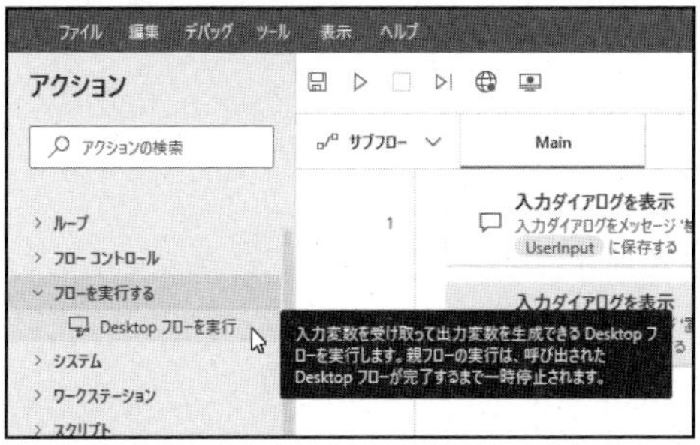

図2-106 「Desktopフローを実行」アクション。

「Desktopフローを実行」の設定

このアクションの設定パネルには、まず「Desktopフロー」という項目が一つだけ表示されます。この項目をクリックすると、利用可能なフローがリスト表示されます。ここから実行したいフローを選択します。

では、「UIフロー4」を選択しましょう。

図2-107 「Desktokpフロー」で実行するフローを選ぶ。

Desktopフローの下に「入力変数」という表示が追加されます。ここに、「FindStr:」「RepStr:」といった項目が用意されます。これらが、入力変数FIndStr, RepStrに設定する値を指定するところです。

では、これらのフィールドの{x}をクリックし、それぞれ「UserInput」「UserInput2」を設定しましょう。これで各フィールドに「%UserInput%」「%UserInput2%」と値が設定されます。

値が用意できたら「保存」ボタンで保存すれば設定完了です。

図2-108 入力変数に値を設定する。

フローを実行する

では、作成したフロー（「UIフロー5」）を使ってみましょう。フローを保存し、実行すると、「検索」と「置換」の入力ダイアログが続けて現れます。それぞれ検索テキストと置換テキストを入力してください。

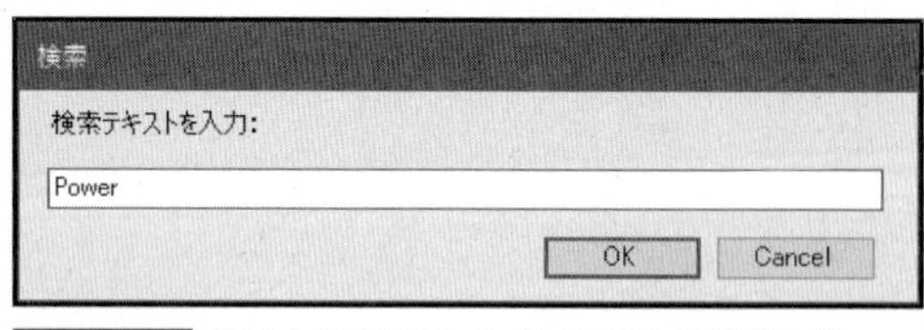

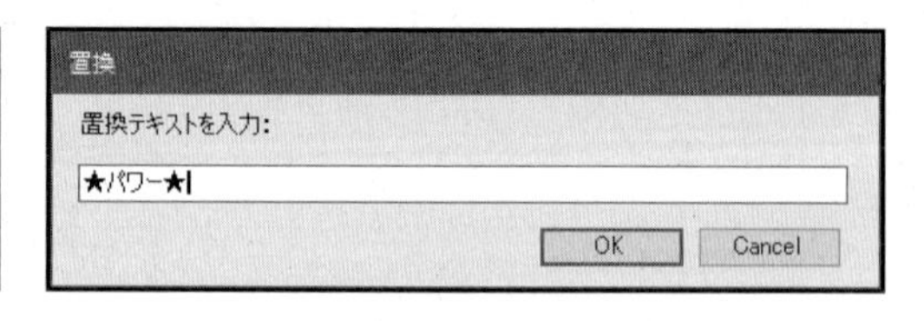

図2-109 検索と置換の入力ダイアログが現れる。

入力するとメモ帳ウィンドウがアクティブになり、置換が実行されます。実行しているのはUIフロー5ですが、実際の置換処理はUIフロー4で行われているわけです。

*無題 - メモ帳
ファイル(F) 編集(E) 書式(O) 表示(V) ヘルプ(H)
テキストに★パワー★ Automateという単語があったら日本語に置換します。
テキストに★パワー★ Automateという単語があったら日本語に置換します。
テキストに★パワー★ Automateという単語があったら日本語に置換します。
テキストに★パワー★ Automateという単語があったら日本語に置換します。
テキストに★パワー★ Automateという単語があったら日本語に置換します。

図2-110 メモ帳のテキストが置換される。

「UIフロー 4」を直接実行すると？

「UIフロー 4」は、他のフローから自由に利用できるようになりました。では、この「UIフロー 4」を直接実行したい場合はどうするのでしょう？ このフローには、既に二つの入力変数が作られています。実行する際は、これらに変数を渡せなければいけません。

実は、これは全く問題ないのです。「Power Automate」ウィンドウから、「UIフロー 4」の項目の「実行」アイコンをクリックしてフローを実行してみてください。画面に「フロー入力」というパネルが現れ、そこで「FindStr」と「RepStr」の入力変数にそれぞれ値を入力することができます。

このように入力変数を持ったフローは、単体で実行すると自動的に入力変数への値を記入するパネルが表示されるようになっているのです。これなら安心して使えますね！

フロー入力
フロー入力変数を使用してフローで使用するデータを渡します。フロー入力は Power Automate デザイナーで設定および構成されます。詳細
FindStr　Power Automate
RepStr　パワーオートメート
OK　キャンセル

図2-111 実行すると、入力変数に設定する値を尋ねてくる。

フローとUIオートメーションのポイント

以上、UIオートメーションによるウィンドウやUI要素、そしてマウス、キーボードといった基本的な入力について一通り説明しました。レコーダーを使った自動記録から、いきなり自分でアクションを組み立てていくようになり、また内容もかなり詰め込んであったので、「全部覚えきれない！」という人も多かったことでしょう。

この章で説明した内容は、フロー作成のもっとも基本となる部分です。ですから、できれ

ばすべてきちんと理解し覚えてほしいところですが、無理な人はとりあえず以下の点だけきちんと押さえておくようにしてください。

ウィンドウの移動・リサイズ

ウィンドウを操作するとき、フロントウィンドウを使うやり方と、UI要素で指定するやり方がありました。この二つは、ウィンドウ操作の基本なので、きちんと理解し使えるようにしてください。

また、ウィンドウの操作として、位置と大きさの変更ぐらいは覚えておくと、いろいろ面白いことができるでしょう。

UI要素の登録

ウィンドウ内のさまざまなUIをフローで操作するためには、それらを「UI要素」としてあらかじめ登録しておく必要があります。この登録の手順はきちんと覚えておきましょう。これができないと、UIが操作できません。

また、登録したUI要素をクリックしたり、キー入力したりするアクションも使えるようになっておきましょう。この二つができると、UIの基本的な操作がだいたい行えるようになります。

マウスとキーの送信

「マウスとキーボード」のところにあるアクションは、UIオートメーションのアクションなどとは大きく異なる特徴がありました。それは「操作の対象となるUI要素を指定する必要がない」という点です。

こういう「UIに関係なく、この操作を実行させたい」というようなときに、「マウスとキーボード」のアクションは役立ちます。「マウスの移動」「マウスクリックの送信」「キーの送信」の三つのアクションだけはしっかり使えるようになっておきましょう。

Chapter

3

値と制御

フローでは、テキストや数値、日時などさまざまな値を使います。また条件によって実行するアクションを変えたり、繰り返し実行する機能もあります。こうした「値」と「制御」に関する機能について説明をしましょう。

Section 3-1 変数と計算の基本

変数は値利用の基本

この章では、Power Automate for Desktop (PAD)の「プログラミング的な機能」を中心に説明をしていくことにします。

PADは、アクションを並べていくだけでフローが完成する、ノーコードの開発ツールです。しかし、そこに用意されているアクションの中には、プログラミングで用いられる考え方を踏襲するものがいろいろと用意されています。それらを活用することで、プログラミングの技術を使ったフローの作成が行えるようになっています。

まずは、プログラミングにおいてもっとも基本となる「変数」から使っていきましょう。

変数は、すでに皆さんも使っていますね。例えば、テキストを入力する「入力ダイアログの表示」アクションでは、UserInputやButtonPressedといった変数が作成され、入力した値が保管されていました。これらは別のアクションで、「%UserInput%」というように記述することで利用することができました。

このように、アクションによってはさまざまな値を変数として作成することがあります。しかし、変数というのは「アクションが作成するもの」というわけではありません。必要があれば、誰でも新しい変数を作って利用することができるのです。

新しいフローを用意

では、実際にフローでアクションを実行しながら、変数の使い方を覚えていくことにしましょう。「Power Automate」ウィンドウの「新しいフロー」をクリックし、新たに「変数フロー1」という名前でフローを作成して下さい。

Chapter 1
Chapter 2
Chapter 3
Chapter 4
Chapter 5
Chapter 6
Chapter 7
Addendum

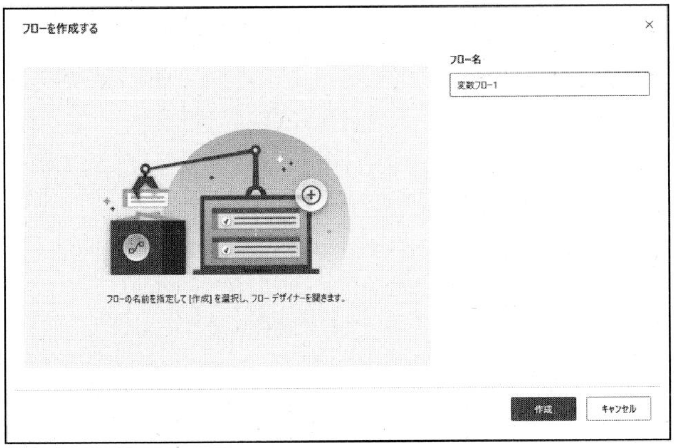

図3-1　「変数フロー 1」を作成する。

入力ダイアログで値を入力する

まず、変数で利用する値を入力ダイアログでユーザーから受け取りましょう。「アクション」ペインにある「メッセージボックス」の中から「入力ダイアログを表示」アクションを編集エリアにドラッグ＆ドロップして配置して下さい。

現れた設定のパネルで、以下のように設定を行いましょう。

入力ダイアログのタイトル	入力
入力ダイアログメッセージ	数値を入力：
既定値	0
入力ダイアログを常に手前に表示する	OFF

これらの設定項目の下に「生成された変数」という表示があります。これをクリックすると、「UserInput」「ButtonPressed」といった変数が現れ、それぞれにON/OFFするスイッチが表示されます。これで、不要な変数をOFFにし、作成しないようにできます。

今回は「UserInput」のみをONにし、「ButtonPressed」はOFFにしておきましょう。これで、入力ダイアログで入力した値がUserInputという変数で得られるようになりました。

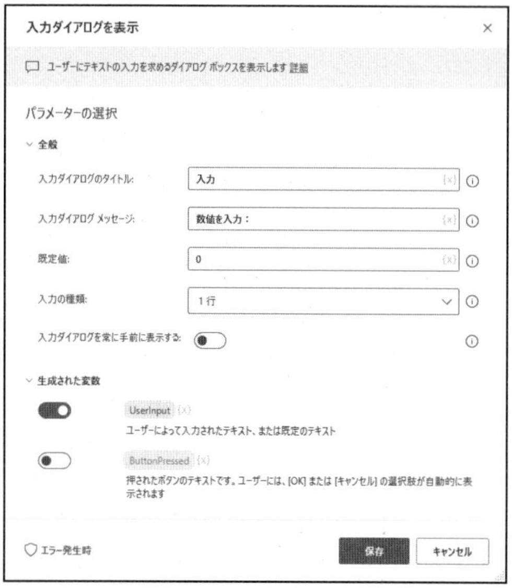

入力ダイアログを表示
ユーザーにテキストの入力を求めるダイアログ ボックスを表示します 詳細
パラメーターの選択
全般
入力ダイアログのタイトル: 入力
入力ダイアログ メッセージ: 数値を入力：
既定値: 0
入力の種類: 1行
入力ダイアログを常に手前に表示する:
生成された変数
UserInput
ユーザーによって入力されたテキスト、または既定のテキスト
ButtonPressed
押されたボタンのテキストです。ユーザーには、[OK] または [キャンセル] の選択肢が自動的に表示されます
エラー発生時
保存 キャンセル

図3-2 「入力ダイアログを表示」の設定を行う。

変数を利用する

では、変数を独自に作成し利用してみましょう。変数を利用するためのアクションは、「アクション」ペインにある「変数」という項目にまとめられています。ここから必要なアクションをドラッグ&ドロップしていきます。

変数を使うには、まず最初に変数を作成し値を設定するアクションを実行する必要があります。これは「変数」内にある「変数の設定」というアクションです。これを編集エリアにドラッグ&ドロップしましょう。

画面に編集設定のためのパネルが現れます。ここに以下のような項目が用意されます。

設定	作成される変数がここに用意されます。
宛先	変数に設定される値をここに用意します。

「設定」のところに表示されている変数は、変数名の部分をクリックすると名前を書き換えられるようになっています。これで作成する変数名を設定します。

「宛先」は、作成する変数に設定する値です。宛先というよくわからない日本語訳のせいで働きがわかりにくくなってしまっているでしょうが、ここに値を用意すれば、それが変数に保管されるのです。

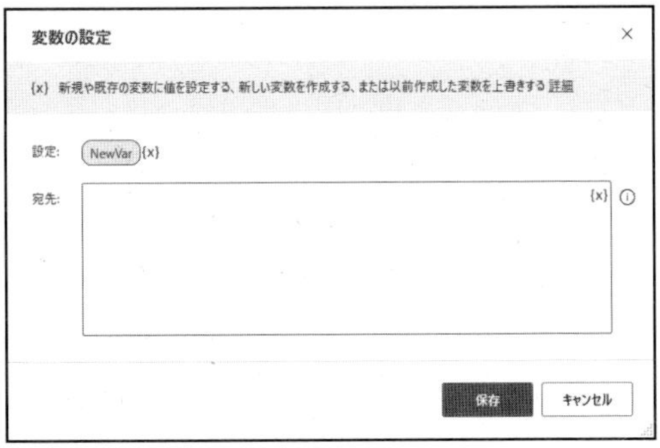

変数の設定
{x} 新規や既存の変数に値を設定する、新しい変数を作成する、または以前作成した変数を上書きする 詳細
設定: NewVar {x}
宛先:
保存 キャンセル

図3-3 「変数の設定」の設定パネル。

変数の設定を行う

では、設定を行いましょう。まず「設定」のところに表示されている変数名の部分(デフォルトでは「NewVar」と表示されているところ)をクリックすると、変数名が変更できるようになります。ここに「%num1%」と記入をして下さい。前後の%は省略して「num1」と書くだけでも大丈夫です。

続いて、下の「宛先」の右上にある{x}をクリックし、「UserInput」の変数を選択して入力して下さい。これで「宛先」に「%UserInput%」と設定され、UserInput変数の値がnum1という新しい変数に設定されます。

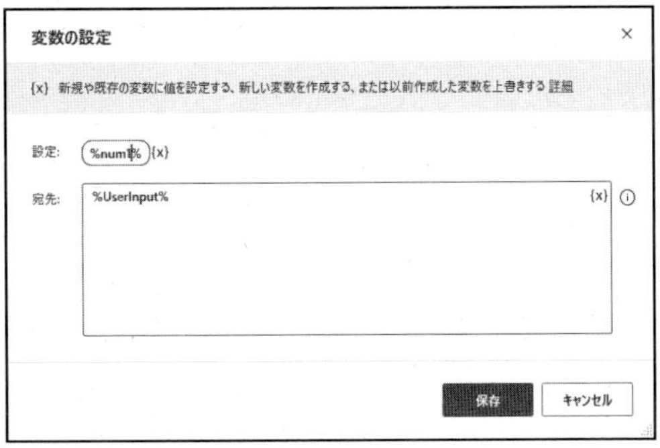

変数の設定
{x} 新規や既存の変数に値を設定する、新しい変数を作成する、または以前作成した変数を上書きする 詳細
設定: %num1% {x}
宛先: %UserInput%
保存 キャンセル

図3-4 新たにnum1変数を作成する。

変数の値の増減

続いて、変数の値を増やしてみましょう。「アクション」ペインの「変数」内には、変数の値を操作するためのアクションがいろいろと用意されています。中でも、以下の二つは数値の変数を扱う上で非常に重要です。

変数を大きくする	変数に決まった値を加算して増やします。
変数を小さくする	変数から決まった値を減算して減らします。

今回は「変数を大きくする」を使ってみましょう。このアクションをドラッグ&ドロップして配置し、設定パネルを設定して下さい。

変数名	{x}から「num1」を選択(「%num1%」と設定される)
大きくする値	10

これで、num1変数の値を10増やすことができます。

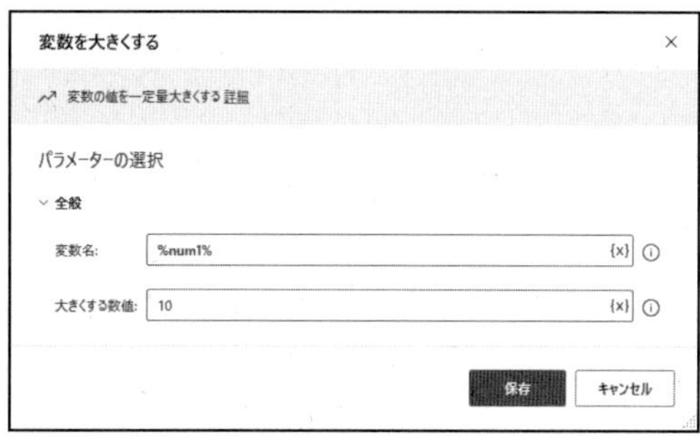

図3-5 「変数を大きくする」の設定。

メッセージを表示する

変数の値を増やしたら、結果を表示しましょう。「メッセージボックス」内にある「メッセージを表示」アクションをドラッグ&ドロップして配置して下さい。そして設定パネルで以下のように設定を行いましょう。

メッセージボックスのタイトル	結果
表示するメッセージ	実行結果は、「%num1%」です。
メッセージボックスアイコン	情報
メッセージボックスボタン	OK
既定のボタン	最初のボタン
メッセージボックスを常に手前に表示する	OFF
メッセージボックスを自動的に閉じる	OFF

メッセージを表示
メッセージ ボックスを表示します 詳細
パラメーターの選択
全般
メッセージ ボックスのタイトル: 結果
表示するメッセージ: 実行結果は、「%num1%」です。
メッセージ ボックス アイコン: 情報
メッセージ ボックス ボタン: OK
既定のボタン: 最初のボタン
メッセージ ボックスを常に手前に表示する:
メッセージ ボックスを自動的に閉じる:
生成された変数
ButtonPressed {x}
押されたボタンのテキスト
エラー発生時 保存 キャンセル

図3-6 「メッセージを表示」アクションの設定。

フローを実行しよう

完成したらフローを保存し、実行しましょう。最初に数字を尋ねてくるので適当に整数値を記入して下さい。OKすると、それに10足した値が表示されます。ごく初歩的な計算ですが、「変数を作成して値を操作する」という基本中の基本はこれでわかりました。

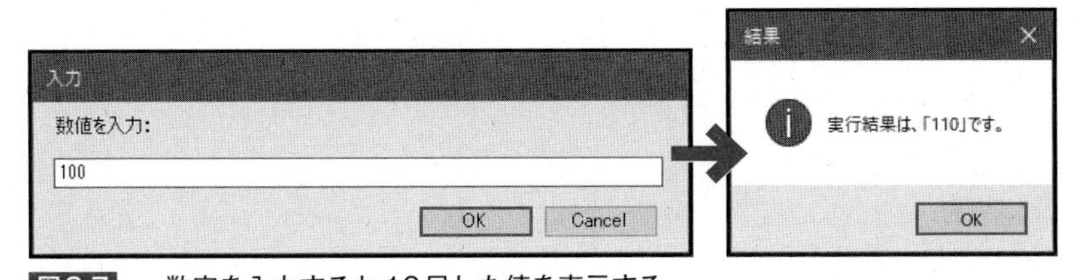

図3-7 数字を入力すると10足した値を表示する。

四則演算を行うには？

単純に値を増減するのはできましたが、では「掛け算」や「割り算」はどうするのでしょうか。これは、四則演算の式を書いて実行することになります。

変数の設定などでは、設定する値を「%num1%」というように前後に%記号を付けて記述していました。これは、今まで「変数の書き方」として説明してきましたが、正確にはそうではありません。この％記号は、「その内部を数式として扱う」ものなのです。

「%num1%」とすると、％の間の部分である「num1」を（テキストではなく）式として扱います。num1は、「num1というテキスト」ではなく、「num1という値」として扱われるわけです。num1という値とは、つまり「num1という名前のつけられた値（変数）」ということです。

つまり、％の部分には、変数名だけではなく、さまざまな計算式を直接書くことができるのです。例えば、「%num1 * 2%」をすれば、num1を2倍にすることができます。

消費税の計算をする

実際の例として、入力された値を1.1倍して消費税計算を行うようにフローを変更してみましょう。

まず、「変数を大きくする」アクションを削除します。編集エリアにあるこのアクションを選択し、Deleteキーを削除して下さい。

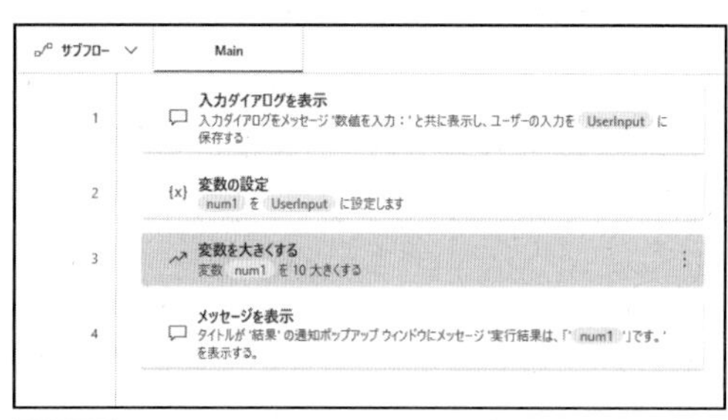

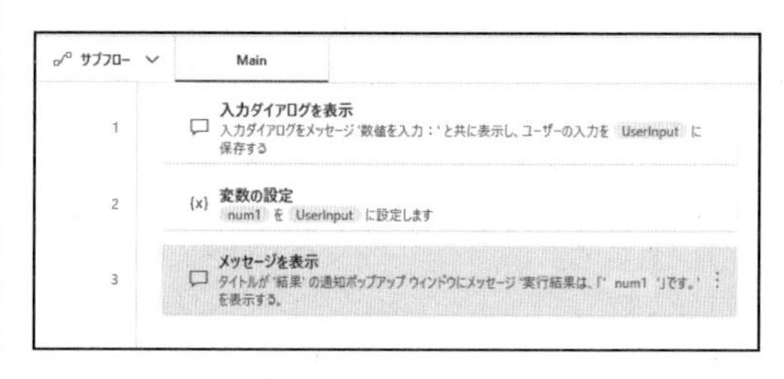

図3-8　「変数を大きくする」アクションを削除する。

「変数の設定」で計算する

では、計算を行いましょう。これには「変数の設定」アクションを使います。「変数の設定」は、新しい変数を作成するだけでなく、すでにある変数に値を再設定するのにも使われます。

削除した「変数を大きくする」のあったところに、「変数の設定」アクションをドラッグ＆ドロップして追加しましょう。そして現れた設定パネルで以下のように入力します。

設定	{x}をクリックして「num1」変数を選択する。
宛先	「%num1 * 1.1%」と入力する。

「宛先」は、{x}をクリックして「num1」変数を出力し、それに修正をしても構いませんし、一からすべて書いても構いません。

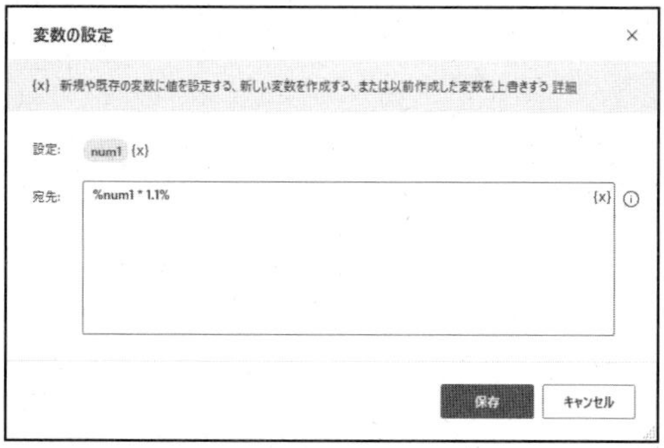

図3-9 「変数の設定」で計算式を設定する。

小数点以下を切り捨てる

これで計算はできましたが、1.1倍するということは、もとの値によっては小数点以下の細かな端数が発生することになります。そこで、「小数点以下を切り捨てる」という処理も追加しておきましょう。

「アクション」ペインの「変数」内には「数値の切り捨て」というアクションがあります。これで小数点以下を切り捨てることができます。

このアクションを、先ほどの「変数の設定」アクションの下にドラッグ&ドロップして配置しましょう。そして現れた設定パネルで以下のように入力を行います。

切り捨てる数値	切り捨てを行う値を入力します。右端の{x}をクリックし、「num1」変数を選択します。
操作	切り捨ての方式を選びます。ここではデフォルトの「整数部分を取得」のままにしておきます。
生成された変数	クリックすると、変数の設定を行えるようになります。変数名横の{x}をクリックして「num1」を選択し、num1変数に値が設定されるようにします。

注意したいのは、「生成された変数」でしょう。この「小数点以下を切り捨てる」アクションでは、「切り捨てる数値」から切り捨てをして得られた値を新しい変数に設定します。これでもいいのですが、切り捨てる数値が入っていた変数の値がそのまま変更されたほうが便利でしょう。そこで、「生成された変数」でnum1に値を設定するようにしてあります。

数値の切り捨て
数値の整数部分または小数部分を取得するか、値を指定された小数点以下の桁数の切り上げます 詳細
パラメーターの選択
全般
切り捨てる数値: %num1%
操作: 整数部分を取得
生成された変数
num1 {x}
切り捨てまたは切り上げられた数値
保存 キャンセル

図3-10 「小数点以下を切り捨てる」の設定。

フローのアクションを確認

これでフローは完成です。作成したフローの内容を確認しましょう。最初に作成した「変数の設定」の下に、新たに追加した「変数の設定」と「数値の切り捨て」が並び、最後に「メッセージを表示」が用意されています。

途中にあるアクションを削除して追加していますから、アクションの並びがおかしくなっていないかよく確認しましょう。もし順番が違っていたなら、アクションを上下にドラッグして並び順を調整しましょう。

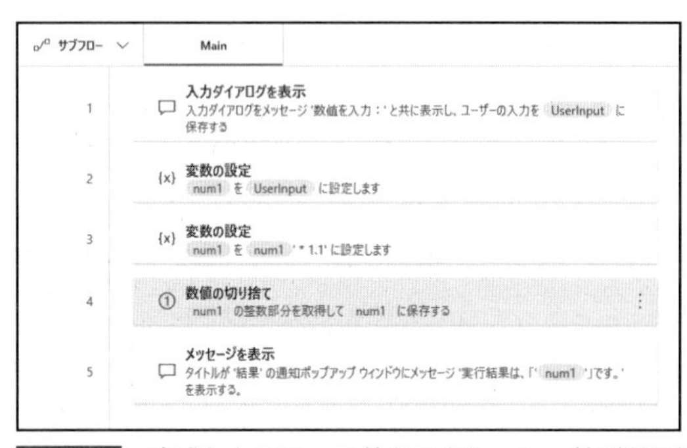

図3-11 完成したフローに並ぶアクション。並び順に注意する。

実行しよう！

フローができたら、保存して実行しましょう。先ほどと同じように数字を尋ねてくるので、金額となる値を入力します。すると、その金額に消費税(10%)を足した税込金額を計算して表示します。

ごく単純なものですが、「変数を使って計算する」という作業の基本はこれでわかりました！

入力
数値を入力:
12500
OK Cancel

結果
実行結果は、「13750」です。
OK

図3-12 金額を入力すると税込金額を表示する。

Robinコード 消費税計算をする

消費税の計算をするフローを作りましたが、この中身はどうなっているのか、Robinコードを覗いてみましょう。

リスト3-1

```
Display.InputDialog \
  Title: $'''入力''' \
  Message: $'''数値を入力：''' \
  DefaultValue: 0 \
  InputType: Display.InputType.SingleLine \
  IsTopMost: False \
  UserInput=> UserInput

SET num1 TO UserInput
SET num1 TO num1 * 1.1

Variables.TruncateNumber.GetIntegerPart \
  Number: num1 Result=> num1

Display.ShowMessageDialog.ShowMessage \
  Title: $'''結果''' \
  Message: $'''実行結果は、「%num1%」です。''' \
  Icon: Display.Icon.Information \
  Buttons: Display.Buttons.OK \
  DefaultButton: Display.DefaultButton.Button1 \
  IsTopMost: False
```

これをテキストエディタなどに記述し、フローデザイナーのウィンドウにペーストすれば、「変数フロー1」で作成したアクションがすべて作成されます。試してみましょう！

ここでは4種類の命令を実行しています。簡単にまとめてみましょう。なお引数は全部説明すると結構な量になるので、「これだけは用意しないとダメ」というものだけに絞っています。

●入力ダイアログを表示

```
Display.InputDialog Title:タイトル Message:メッセージ UserInput:入力を保管する変数
```

●変数に値を設定

```
SET 値 TO 変数
```

●実数から整数部分を取り出す

```
Variables.TruncateNumber.GetIntegerPart Number:実数 Result=>結果を保管する変数
```

●メッセージを表示

```
Display.ShowMessageDialog.ShowMessage Title:タイトル Message:メッセージ
```

これらには、それぞれ「引数」という値がつけられています。特にDisplay.InputDialogやDisplay.ShowMessageDialog.ShowMessageには、たくさんの引数が用意されているので複雑そうに見えますね。変数の設定などは、何となく理解できそうな気がするでしょう。

Robinコードは、参考として掲載しているものですので、内容を理解する必要は全くありません。けれど、「こんな命令が、PADのアクションとして表示されているんだ」ということが少しだけわかってきたんじゃないでしょうか。

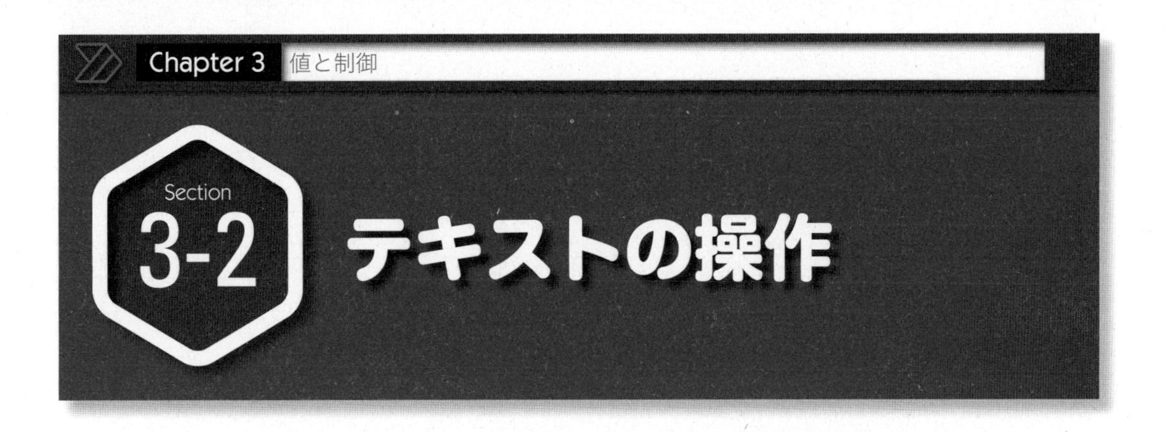

Section 3-2 テキストの操作

テキストの変数

数値の次は、テキストの値についてです。テキストも値ですから、数値などのように式の中で利用することができます。実際に簡単なサンプルを作って、テキストの値を使った式を書いてみましょう。

今回は、新しいフローを用意することにします。「Power Automate」ウィンドウにある「新しいフロー」をクリックして、「テキストフロー 1」という名前のフローを新しく作成しましょう。なお、これまで使った「変数フロー 1」のウィンドウは閉じてしまって構いません。

図3-13　新しく「テキストフロー 1」を作成する。

テキストを入力する

では、フローに「メッセージボックス」から「入力ダイアログを表示」アクションをドラッグ＆ドロップして配置しましょう。そして以下のように設定しておきます。

入力ダイアログのタイトル	入力
入力ダイアログメッセージ	テキストを入力：
既定値	（空のまま）
入力ダイアログを常に手前に表示する	OFF

なお、生成された変数は「UserInput」のみ利用します。「ButtonPressed」は今回使わないのでOFFにしておいて構いません。

これで入力されたテキストを使ってメッセージを表示させてみることにしましょう。

図3-14 「入力ダイアログの表示」の設定。

テキストを使った式を用意する

では、入力したテキストを使ったメッセージを変数に作成しましょう。「変数」から「変数の設定」アクションをドラッグ＆ドロップします。そして設定パネルで設定を行います。

まず、「設定」ですが、これは変数名のところをクリックし、「str1」と名前を設定しておきましょう。

続いて、「宛先」です。ここでは、入力ダイアログで入力されたテキストを使い、「こんにちは、○○さん！」というメッセージを作成してみます。

普通に考えれば、このような場合は「宛先」に以下のように値を入力しておくでしょう。

```
こんにちは、%UserInput%さん！
```

これで、全く問題はありません。テキストと変数を組み合わせてメッセージを作る場合、こんな具合にテキストの中に%○○%という形で変数を埋め込むことができます。こうすることで、%○○%の部分に、記述した式の結果が値としてはめ込まれるようになります。

図3-15 「変数の設定」の設定。

式を使ってテキストを作る

こうした「テキストの中に変数を埋め込む」という方法の他に、「テキストも値として含めた式を用意する」方法もあります。

例えば、先ほどの「宛先」の値を以下のように書き換えてみましょう。

```
%'こんにちは、' + UserInput + 'さん！'%
```

これでも、全く同じ働きをします。ここでは、テキスト全体が%の内部に用意されています。そして各テキストの値は、'○○'というように前後にシングルクォートをつけて書かれ、それぞれの値を＋記号で演算しています。

テキストの値は、このように+を使って一つにつなげることができます。'A' + 'B'とすれば、'AB'というテキストが作成できるわけです。これを利用し、テキストの値と変数を＋記号でつなげていけば、思い通りのテキストを作成できるのです。

図3-16 式を使ってテキストを一つにつなげる。

メッセージを表示する

　最後に、「メッセージボックス」から「メッセージを表示」アクションを追加して、結果を表示しましょう。アクションの設定は以下のように行います。

メッセージボックスのタイトル	結果
表示するメッセージ	%str1%
メッセージボックスアイコン	情報
メッセージボックスボタン	OK
既定のボタン	最初のボタン
メッセージボックスを常に手前に表示する	OFF
メッセージボックスを自動的に閉じる	OFF

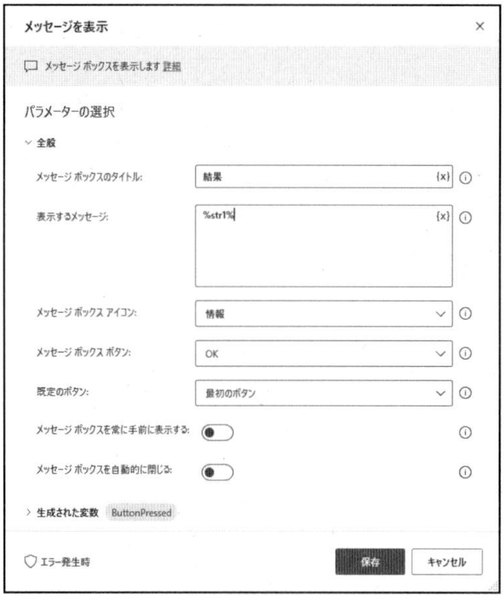

図3-17　「メッセージを表示」アクションの設定。

実行しよう！

　では、作成できたらフローを保存し、実行しましょう。まず入力ダイアログが現れるので、ここで名前を記入して下さい。すると、「こんにちは、○○さん！」とメッセージを表示します。入力したテキストを使って文章を作成しているのがよくわかるでしょう。

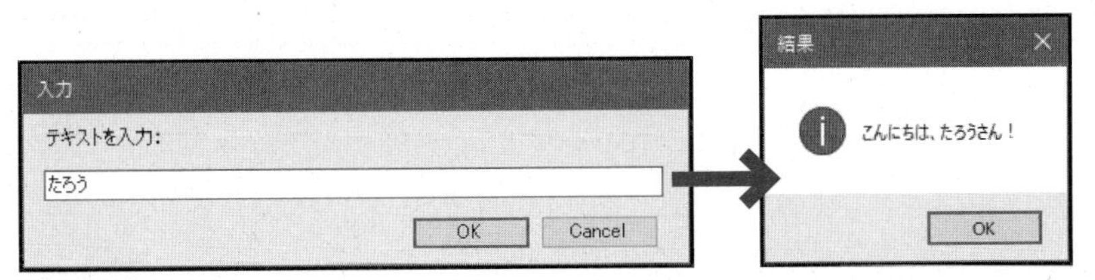

図3-18 名前を入力すると「こんにちは、〇〇さん！」とメッセージが表示される。

テキストに行を追加

テキストの値は、複数行に渡る長いものも作れます。ただし、そのためには「どうやってテキストを改行していくのか」も知らないといけません。

が、実はアクションを使えば、簡単に複数行のテキストを作ることができます。テキストの値に、新しい行のテキストを追加するアクションが用意されているのです。それが「テキストに行を追加」というアクションです。

このアクションは、「アクション」ペインにある「テキスト」という項目の中に用意されています。テキスト関係のアクションは、この「テキスト」の中にまとめられています。

では、これを使ってみましょう。フローの「変数の設定」アクションの下に、「テキスト」内にある「テキストに行を追加」アクションをドラッグ&ドロップしましょう。そして設定パネルを以下のように入力します。

元のテキスト	元になるテキストです。{x}をクリックし、str1変数を選択します。
追加するテキスト	新しい行として追加するテキストです。{x}をクリックし、str1変数を選択します。
生成された変数	テキストを追加して作られた値を保管する変数を設定するものです。クリックすると変数の設定が現れます。{x}を選択してstr1変数を選択し、str1に値が再設定されるようにします。

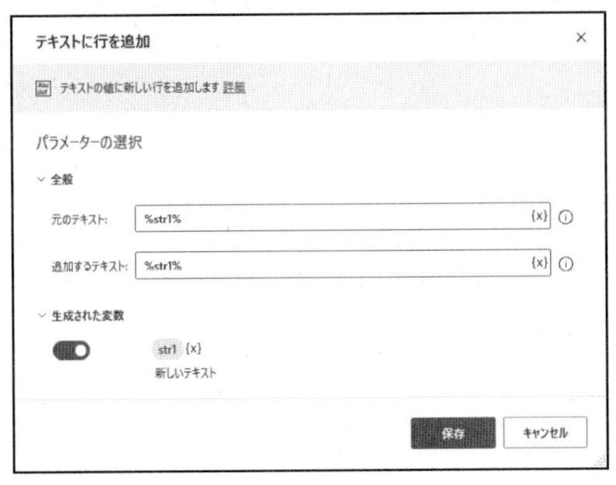

図3-19 「テキストに行を追加」の設定。

これで、str1の値を更に追加して2行になったものがstr1に再設定されます。このように、「テキストに行を追加」を使えば、テキストに新しい行をどんどん追加できます。

このアクションは、「変数の設定」と「メッセージを表示」の間に配置します。正しい場所に追加されているか確認しておきましょう。

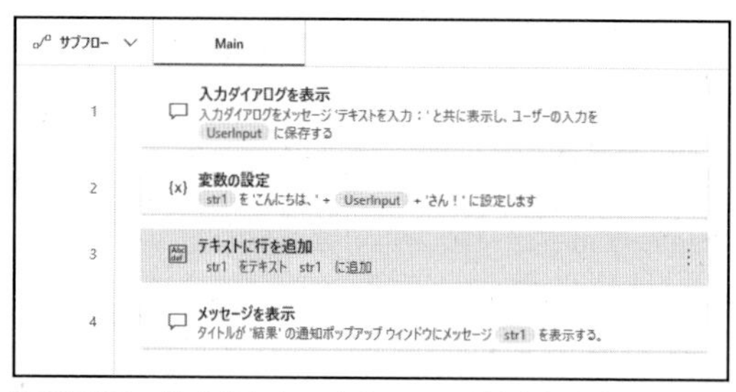

図3-20 作成されたアクション。順番をよくチェックする。

テキストを置換する

もう一つ、汎用性の高いアクションとして「テキストを置換する」も使ってみましょう。これも「アクション」ペインの「テキスト」内にあります。今作成した「テキストに行を追加」アクションの下に、「テキストを置換する」アクションをドラッグ＆ドロップしましょう。

このアクションには、かなり多くの設定が用意されています。

解析するテキスト	調べる対象となるテキストをここで指定します。今回は、{x}をクリックして、str1変数を選択します。
検索するテキスト	検索するテキストです。今回は「こんにちは、」としておきます。
検索と置換に正規表現を使う	「正規表現」という機能を使って検索置換を行うものです。今回はOFFのままにしておきます。
大文字と小文字を区別しない	半角アルファベットで大文字小文字を同じ文字として検索します。これもOFFにしておきます。
置き換え先のテキスト	置換するテキストです。今回は「ハロー、」としておきました。
エスケープシーケンスをアクティブ化	テキストの制御記号などを記述できるようにするためのものです。今回はOFFのままにします。
生成された変数	置換されたテキストを保管する変数を設定します。クリックすると、変数の設定が現れます。今回は、{x}をクリックしてstr1変数を選択しておきます。

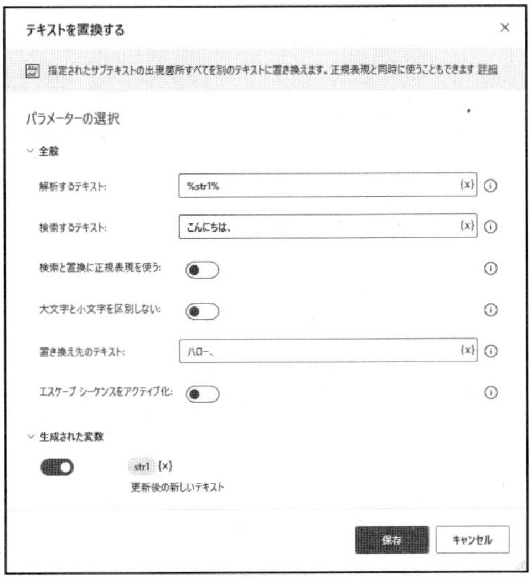

図3-21 「テキストを置換する」の設定。

これで、テキストを置換するアクションが用意できました。これは、「テキストに行を追加」と「メッセージを表示」の間に配置されます。アクションの順番をよく確認して下さい。

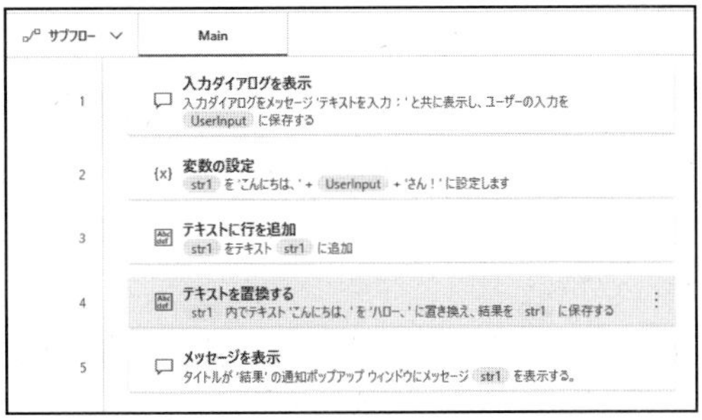

図3-22 アクションの流れをチェックする。

実行しよう！

フローを保存し、実行してみましょう。入力ダイアログで名前を入力すると、「ハロー、○○さん！」というメッセージが2行表示されます。「テキストに行を追加」と「テキストを置換する」が問題なく動作していることがわかるでしょう。

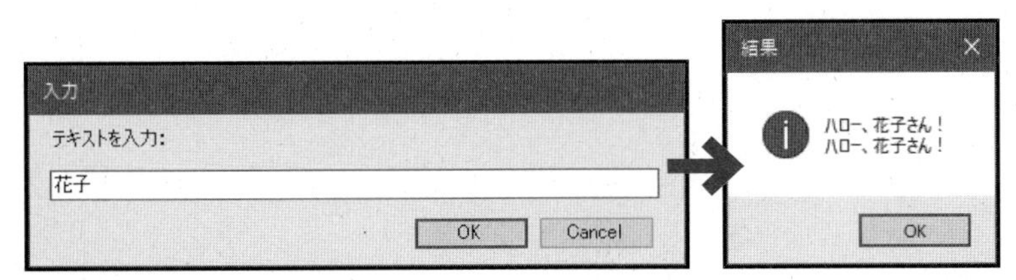

図3-23 名前を入力すると、「ハロー、○○さん！」というメッセージが2行繰り返して表される。

Chapter 1
Chapter 2
Chapter 3
Chapter 4
Chapter 5
Chapter 6
Chapter 7
Addendum

正規表現について

「テキストを置換する」では、「検索と置換に正規表現を使う」という設定がありました。「正規表現」は、複数の文字が並んだものを、パターンと呼ばれるものを使って表現する仕組みです。パターンは、あらかじめ用意されている記号を使って作成され、これにより表現された文字の並びに合致するものを探し出します。

例えば、「\d+」とすると、1文字以上の半角数字が並んだパターンを表します。これで、例えば10や123や9876といった数字をすべて検索できます。

正規表現は、使えるようになるとテキストの高度な検索置換が可能になります。かなり使いこなすのが難しい機能ですが、現在、ほとんどのプログラミング言語やマクロなどでサポートされている機能ですから、覚えれば非常に大きな力となります。本書では、正規表現については特に触れないので、興味ある人は別途学習して下さい。

Robinコード テキストを置換する

ここで作成したテキスト置換を行うフローがどうなっているか、Robinコードを覗いてみましょう。するとこのようになります。

リスト3-2

```
Display.InputDialog \
  Title: $'''入力''' \
  Message: $'''テキストを入力：''' \
  InputType: Display.InputType.SingleLine \
  IsTopMost: False \
  UserInput=> UserInput

SET str1 TO 'こんにちは、' + UserInput + 'さん！'

Text.AppendLine Text: str1 \
  LineToAppend: str1 Result=> str1

Text.Replace Text: str1 \
  TextToFind: $'''こんにちは、''' \
  IsRegEx: False IgnoreCase: False \
  ReplaceWith: $'''ハロー、''' \
  ActivateEscapeSequences: False \
  Result=> str1

Display.ShowMessageDialog.ShowMessage \
  Title: $'''結果''' Message: str1 \
```

```
Icon: Display.Icon.Information \
Buttons: Display.Buttons.OK \
DefaultButton: Display.DefaultButton.Button1 \
IsTopMost: False \
ButtonPressed=> ButtonPressed
```

これをテキストエディタに記述し、フローデザイナーにペーストすれば、「テキストフロー 1」のアクションが作成されます。では、ここで使っているテキスト操作のための命令を整理してみましょう。

●テキストに行を追加

```
Text.AppendLine Text:元のテキスト LineToAppend:追加テキスト Result=>結果を保管する変数
```

●テキストを置換

```
Text.Replace Text:元のテキスト TextToFind:検索テキスト ReplaceWith:置換テキスト
```

今回は、テキストに行を追加したり、置換したりする命令を使っています。これらは、いずれもText.○○という名前になっていますね。テキスト操作のための命令は、このようにすべて「Text.」で始まるようになっています。Robinコードで、「Text. ~」という文があったら、「ここでテキストを何か操作しているんだな」と考えていいでしょう。

覚えておきたいテキスト用アクション 

この他にも、非常に便利なアクションが「テキスト」には多数用意されています。その中から、覚えておきたい基本的なテキスト操作のアクションをまとめておきましょう。

「サブテキストの取得」

あるテキストの中から一部分を取り出すためのものです。取り出す位置と長さを指定することで、テキストの一部を変数に取り出します。設定パネルには以下のような項目が用意されています。

元のテキスト	テキストを取り出す対象となるテキストです。
開始インデックス	どこから取り出すかを指定します。「テキストの先頭」か、「文字の位置」のいずれかを選びます。
文字の位置	開始インデックスで「文字の位置」を選んだときに使います。先頭から何文字目から取り出すかを整数で指定します。
長さ	取り出すテキストの長さを指定します。「テキストの末尾」なら、テキストの終わりまでを取り出します。「文字数」では、下の文字数で指定しただけ取り出します。
文字数	長さで「文字数」を選んだときに使います。ここで指定した文字数だけを取り出します。
生成された変数	取り出したサブテキストを保管する変数を指定するものです。

図3-24 「サブテキストの取得」アクションの設定。

「テキストをパディング」

これは、テキスト前後に文字を付け足すことでテキストを指定の文字数にしたものを作成するアクションです。例えば、テキストで表のようなものを作成するときなど、テキストの後にスペースなどを追加して同じ文字数となるように調整したりしますね。このようなときに利用します。

設定パネルには以下のような項目が用意されます。

パディングするテキスト	元になるテキストです。このテキストを加工します。
パディング	テキストの左と右(最初と最後)のどちらに文字を追加するかを選びます。

パディングするテキスト	追加するテキストを指定します。
合計長	取り出すテキストの長さ(文字数)を指定します。
生成された変数	パディングされたテキストが保管される変数を指定します。

「パディングするテキスト」という項目が二つあるので、使ってみないとよくわからないでしょう。一つ目のパディングするテキストに元のテキストを用意し、二つ目には追加する文字を指定します。例えば、簡単な例をあげておきましょう。

一つ目のパティングするテキスト	Power Automate
パディング	左
二つ目のパティングするテキスト	*
合計長	20

これで、「******Power Automate」というテキストが得られます。「Power Automate」の左側に、20文字になるように「*」が追加されるのです。

図3-25 「テキストをパディング」の設定。

「テキストのトリミング」

テキストの前後にある、表示されない文字(スペースや制御記号など)を削除するものです。これは以下の設定が用意されています。

トリミングするテキスト	元のテキストを指定します。
トリミング対象	どこをトリミングするかを選びます。先頭、末尾、両方のいずれかを指定します。
生成された変数	トリミングされたテキストが保管される変数を指定します。

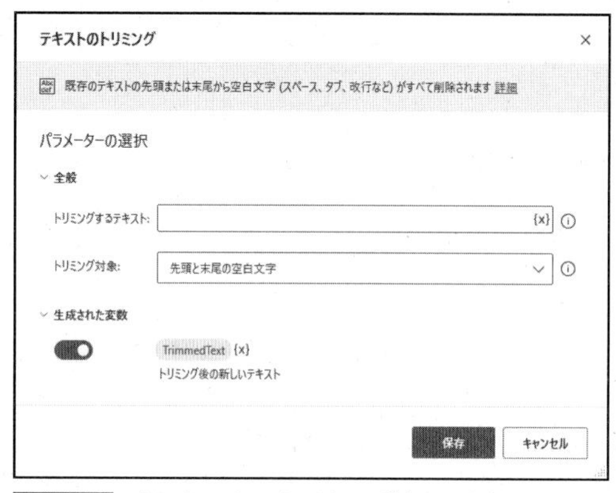

図3-26 「テキストのトリミング」の設定。

「テキストを反転」

テキストを逆順に並べ替えます。例えば「あいうえお」が「おえういあ」となるわけですね。設定には以下の項目が用意されます。

反転させるテキスト	元のテキストを指定します。
生成された変数	反転したテキストが保管される変数を指定します。

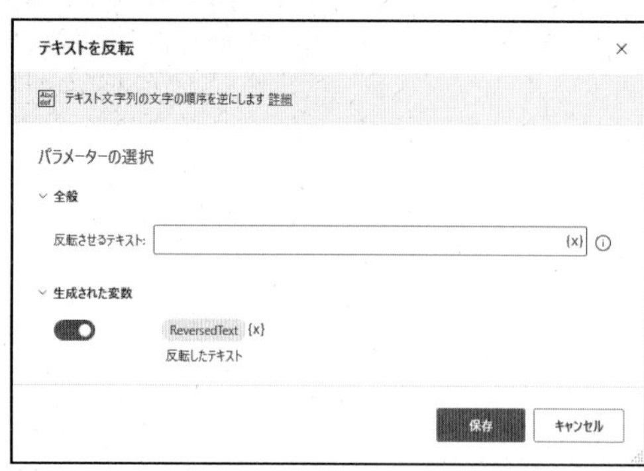

図3-27 「テキストを反転」の設定。

「テキストの文字の大きさを変更」

半角英文字を大文字・小文字に変換したり、スタイル付きテキストでタイトルや本文のテキストサイズに設定するものです。以下の設定項目が用意されています。

変換するテキスト	元になるテキストを用意します。
変換先	変換の方法を選びます。大文字、小文字、タイトルのサイズ、本文のサイズといった選択肢があります。
生成された変数	変換したテキストが保管される変数を指定します。

図3-28 「テキストの文字の大きさを変更」アクションの設定。

Section 3-3 日時の操作

「日時の値」とは？

数値やテキストと並んで多用される値が「日時」です。日時というのは、プログラミングや表計算などを使う経験がないとなかなか「値」としてうまく認識できないでしょう。

「日時のテキスト」ならば、イメージできます。「2022年1月1日」という日付は、「テキストの値」として理解できます。しかし「2022年1月1日を表す日時の値」というのはなかなかイメージしにくいものがあります。しかしコンピュータの世界では、「日時の値」はごく普通に使われています。

では、例えば「2022年1月1日という日付の値」は、「2022年1月1日というテキスト」と何が違うのでしょうか。

日時の値は「計算できる」という点が違います。「2022年1月1日」というテキストは、ただのテキストですから、例えば「30日後は何日か計算する」といったことはできません。

しかし日時の値は、「2022年1月1日を示す値」に30日を足して30日後がいつなのか計算することができます。

日時の値の操作

日時の値に関するアクションは、「アクション」ペインの「日時」というところにまとめられています。ただし、これがすべてではありません。

日時の値は、テキストではありません。ですから、その値を画面に表示したりする場合はテキストの値に変換する必要があります。こうした機能は、「テキスト」のところに用意されています。

新しいフローを用意

では、説明を始める前に、新しいフローを用意しておきましょう。これまで使っていたフローは保存してウィンドウを閉じ、「Power Automate」ウィンドウの「新しいフロー」をクリックして「日時フロー 1」という名前のフローを作成しておきましょう。

図3-29 新しく「日時フロー 1」を作成する。

現在の日時を取得する

では、実際に日時の値を使ってみましょう。まずはもっとも基本的な機能として「現在の日時」を取り出してみます。

これは、「アクション」ペインの「日時」にある「現在の日時を取得します」というアクションを使います。このアクションを編集エリアまでドラッグ&ドロップしましょう。画面に設定パネルが開かれます。

取得	どの値を取得するかを選びます。「現在の日時」と「現在の日付のみ」のいずれかを選びます。
タイムゾーン	取り出す日時のタイムゾーンを指定します。「システムタイムゾーン」と「特定のタイムゾーン」があります。システムタイムゾーンでは、パソコンのシステムの設定をそのまま使います。「特定のタイムゾーン」を選ぶと、下に「国/地域」という項目が追加され、そこからタイムゾーンを指定する国や地域を選ぶことができます。
生成された変数	現在の日時の値が保管される変数を指定します。デフォルトでは「CurrentDateTime」という名前の変数に保管されます。

とりあえず、すべてデフォルトのまま使ってみましょう。これで、現在の日時がCurrentDateTime変数に取り出されます。

図3-30 「現在の日時を取得します」アクションの設定。

日時を表示する

では、取得した日時を表示しましょう。「メッセージボックス」から「メッセージを表示」アクションをドラッグ&ドロップして配置して下さい。そして以下のように設定をしておきます。

メッセージのタイトル	結果
表示するメッセージ	{x}をクリックし、「CurrentDateTime」変数を選択

(※その他の項目はデフォルトのまま)

これで、CurrentDateTimeの値がそのまま表示されるようになります。

図3-31 「メッセージを表示」アクションの設定。

フローを実行する

作成したらフローを保存し、実行しましょう。すると画面に現在の日時が表示されます。ごく簡単なアクションで日時が扱えることがわかりますね。

図3-32 実行すると現在の日時が表示される。

日時をテキストに変換する

表示された日時を見ると、「2022/01/23 12:34:56」というようなシンプルな表示になっていますね。これは、日時の値をテキストとして表示する際に自動的に生成される形式です。このままでもいいのですが、日付はやはり「2022年01月23日」といった形で表示されたほうが見やすいでしょう。

これには、日時の値をテキストに変換するアクションを利用します。「アクション」ペインの「テキスト」の中に、「datetimeをテキストに変換」というアクションがあります。これをドラッグし、編集エリアの「現在の日時を取得します」と「メッセージを表示」の間にドロップしましょう。

画面に設定パネルが現れます。ここには以下のような項目が用意されています。

変換するdatetime	元になる日時の値を指定します。ここでは、{x}をクリックして「CurrentDateTime」変数を選択しておきましょう。
使用する形式	変換する際に用いる表示形式を指定します。あらかじめ用意されている形式を使いたければ「標準」を選びます。自分で表示形式をカスタマイズしたい場合は「カスタム」を選択します。今回は「標準」のままでいいでしょう。
標準形式	「標準」を選んだ場合、ここに形式がリスト表示されます。今回は「長い日付形式」を選んでおきましょう。これで「2021年 01月23日」といったスタイルで日付が表示されるようになります。
カスタム形式	使用する形式で「カスタム」が選択されていた場合、標準形式の代りに表示されます。ここに日付の形式を表すパターンを直接記述します。
サンプル	選択した形式で日時を表した場合のサンプルです。
生成された変数	生成された日時のテキストが保管される変数を設定します。今回は、変数名を「ResultDateTime」と変更しておきましょう。

datetime をテキストに変換

指定されたカスタム形式を使って、datetime 値をテキストに変換します 詳細

パラメーターの選択

変換する datetime: %CurrentDateTime%

使用する形式: 標準

標準形式: 長い日付形式

サンプル 2020年5月19日

生成された変数

ResultDateTime {x}

テキスト値として形式設定された datetime

保存 キャンセル

図3-33 「datetimeをテキストに変換」の設定。

「メッセージを表示」の修正

これで日時の値は指定の形式に変換され、ResultDateTime変数に保管されました。後は「メッセージを表示」アクションで、表示する変数を変更するだけです。

「メッセージを表示」アクションをダブルクリックして開き、「表示するメッセージ」の値を削除して下さい。そして右端の{x}をクリックし、「ResultDateTime」変数を選択します。

図3-34 表示するメッセージをResultDateTime変数に変更する。

修正したら、フローの内容をチェックしておきましょう。今回作成した「datetimeをテキストに変換」アクションは、「現在の日時を取得します」と「メッセージを表示」の間に配置されます。アクションの並び順が間違っていないか確認しましょう。

サブフロー　Main

1 現在の日時を取得します
現在の日時を取得して、CurrentDateTime に保存します

2 datetime をテキストに変換
形式 長い日付形式 を使って datetime CurrentDateTime を変換し、ResultDateTime に保存する

3 メッセージを表示
タイトルが '結果' の通知ポップアップ ウィンドウにメッセージ ResultDateTime を表示する。

図3-35　アクションの並びを確認する。

フローを実行する

フローを保存し、実行しましょう。今度は、「○○年○○月○○日」という形式で今日の日付が表示されます。

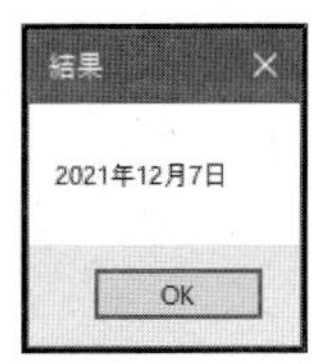

図3-36　「○○年○○月○○日」という形式で今日の日付が表示される。

日時の計算を行う

「日時」の中には、日時を加算減算するためのアクションが用意されています。「加算する日時」と「日時の減算」です。これらを使って日時の計算が行えるのです。

計算の前に、入力ダイアログを追加しておきましょう。「メッセージボックス」にある「入力ダイアログを表示」アクションを、編集エリアに配置されているアクションの一番上にドラッグ&ドロップして配置して下さい。そして以下のように設定を行います。

入力ダイアログのタイトル	入力
入力ダイアログメッセージ	日数を入力：
既定値	0

（※その他はデフォルトのまま）

図3-37 「入力ダイアログを表示」を追加する。

「加算する日時」アクション

では、日付の加算から行ってみましょう。これは、例えば「今日から100日後はいつか？」を計算したりするものです。日時の値に一定の日数や時間数などを足した日時を計算します。

この日時の加算は、「日時」内にある「加算する日時」というアクションで行います。では、このアクションをドラッグし、編集エリアにある「現在の日時を取得します」の下にドロップして配置しましょう。

画面に設定パネルが現れます。ここには以下のような項目が用意されています。

日時	元になる日時の値を指定します。{x}をクリックし、「CurrentDateTime」変数を選択します。
加算	加算する値を指定します。{x}をクリックし、「UserInput」変数を選択します。
時間単位	加算する値の単位を指定します。ここでは「日」を選びます。
生成された変数	計算した結果の値が代入される変数です。{x}をクリックし、「CurrentDateTime」変数を設定しておきましょう。

このアクションでは、「加算」に用意した数値を「時間単位」の単位の値として「日時」に加算します。例えば加算が10、時間単位が「日」なら、10日を日時に足す(つまり10日後の日時が得られる)わけです。

今回は、入力ダイアログで入力した値を使い、その日数だけCurrentDateTimeに加算しています。加算した結果は、CurrentDateTime変数に再設定しています。

加算する日時

日時の値に、指定した秒、分、時間、または日数を加算 (または減算) します 詳細

パラメーターの選択

全般

日時: %CurrentDateTime%

加算: %UserInput%

時間単位: 日

生成された変数

CurrentDateTime {x}

新しい、変更された日時の値

保存 キャンセル

図3-38 「加算する日時」で加算の設定をする。

実行しよう！

では、フローを保存して実行しましょう。最初に日数を入力するダイアログが現れるので、整数値を入力して下さい。すると、今日から入力した日数だけ経過した日付を表示します。

このように、日時の値に足し算するのは非常に簡単に行えます。「今日より前の日付はどうするんだ？」と思った人もいるでしょうが、この場合はマイナスの数値を加算すればOKです。例えば入力ダイアログで「-100」と記入すれば、今日から100日前の日付を表示します。

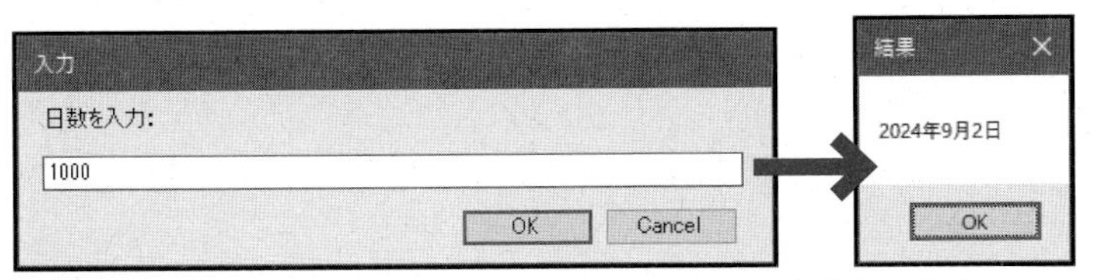

図3-39 日数を入力すると、その日数だけ経過した日付を表示する。

日時の差分計算

日時のもう一つの計算は、「差分の計算」でしょう。例えば、「今日から○○年○○月○○日まで何日あるか？」といった計算です。二つの日時の差を計算するのです。

これは、「日時」内にある「日付の減算」というアクションを使って行えます。では、実際にやってみましょう。

ここまで作ったフローをそのまま再利用することにします。フローデザイナーの「ファイル」メニューから「名前を付けて保存」メニューを選んで下さい。そして入力のパネルが現れたら、「日時フロー2」と入力して保存して下さい。これで「日時フロー1」のコピーが「日時フロー 2」として開かれます。これを修正して使うことにしましょう。

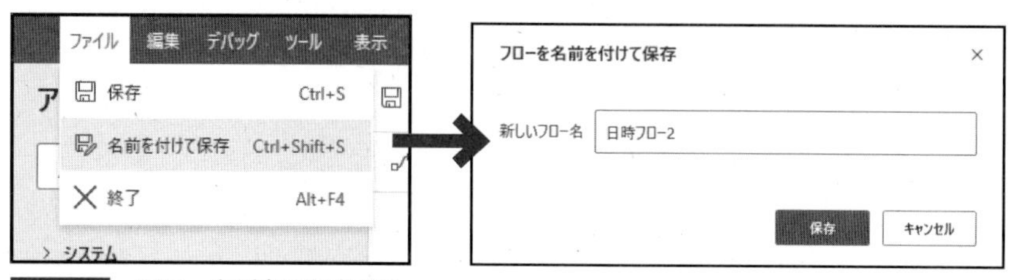

図3-40 フローを別名で保存する。

入力ダイアログの修正

まず、最初にある「入力ダイアログを表示」アクションをダブルクリックして開いて下さい。そして、以下のように設定を修正します。

入力ダイアログのタイトル	入力
入力ダイアログメッセージ	日付を入力：
既定値	2022/01/01

(※その他はデフォルトのまま)

ここでは日付を入力するように修正してあります。既定値には、日付の書き方がわかるようなサンプルの日付を用意しておきましょう。

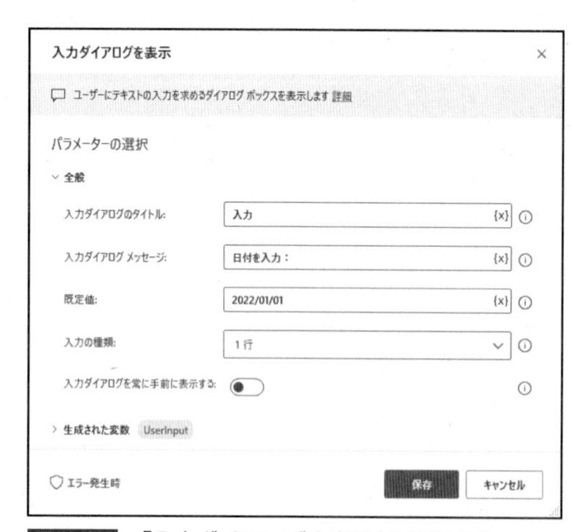

図3-41 「入力ダイアログを表示」を修正する。

不要なアクションを削除する

続いて、使わないアクションを削除しましょう。以下の二つのアクションを選択し、Deleteキーで削除して下さい。

「加算する日時」
「datetimeをテキストに変換」

なお、この二つを削除すると、下にエラーメッセージが表示されますが、これは後ほど修正して解消するので、今は気にしないで下さい。

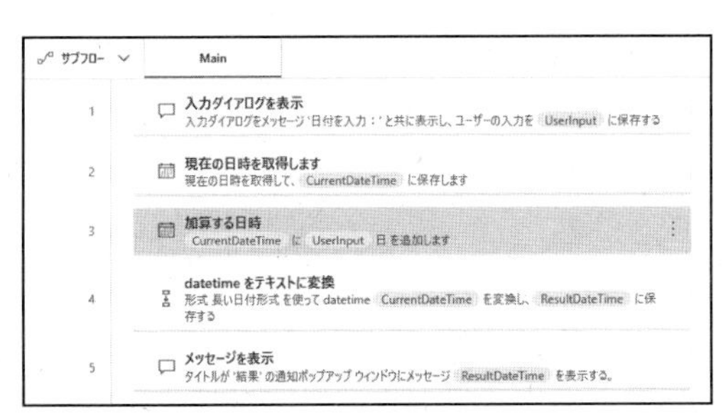

図3-42 不要なアクションを削除する。

「日付の減算」アクション

では､差分計算を行わせましょう。「日時」内にある「日付の減算」アクションをドラッグし、「現在の日時を取得します」アクションの下にドロップして下さい。

設定パネルが現れます。ここには以下のような項目が用意されています。

元となる日付	計算する元の日時を指定します。ここでは、{x}をクリックし、「UserInput」変数を選択して下さい。
日付の減算	もととなる日付から引く日時を指定します。{x}をクリックし、「CurrentDateTime」変数を選択します。
差異を次の単位で取得	差分をどの単位で換算するかを指定します。「日」を選択して下さい。
生成された変数	計算結果の値が代入される変数です。デフォルトでは「TimeDifference」という変数が設定されています。これはデフォルトのままでいいでしょう。

これで、UserInputの日付からCurrentDateTimeの日付を引き算し、結果を日数換算してTimeDifference変数に取り出す、という計算ができました。

Chapter 1
Chapter 2
Chapter 3
Chapter 4
Chapter 5
Chapter 6
Chapter 7
Addendum

日付の減算
指定された2つの日時の時間差を、日、時間、分、秒で求めます 詳細
パラメーターの選択
全般
元となる日付: %UserInput%
日付の減算: %CurrentDateTime%
差異を次の単位で取得: 日
生成された変数 TimeDifference
保存 キャンセル

図3-43 「日付の減算」を設定する。

端数を切り捨てる

この「日付の減算」の計算結果は、実数で返されます。つまり、「10」といった整数値ではなく、「10.2345...」といった端数を持った値になるのです。そこで、端数を切り捨てて整数値を取り出すようにしましょう。

「アクション」ペインの「変数」内から「数値の切り捨て」アクションをドラッグし、「日付の減算」の下にドロップして下さい。そして以下のように設定をします。

切り捨てる数値	TimeDifference
操作	整数部分を取得
生成された変数	{x}をクリックし、「TimeDifference」変数を選択

これで、TimeDifferenceの値の端数を切り捨てて、整数値を再びTimeDifferenceに再設定します。

図3-44 TimeDifferenceの端数を切り捨てる。

表示メッセージを修正する

最後に、「メッセージを表示」をダブルクリックして開き、メッセージを修正しましょう。今回は「表示するメッセージ」の値を以下のようにします。

```
今日から%UserInput%までは、%TimeDifference%日あります。
```

これで差分計算の結果が表示できるようになりました。では、試してみましょう。

メッセージを表示
メッセージ ボックスを表示します 詳細
パラメーターの選択
全般
メッセージ ボックスのタイトル: 結果
表示するメッセージ: 今日から%UserInput%までは、%TimeDifference%日あります。
メッセージ ボックス アイコン: いいえ
メッセージ ボックス ボタン: OK
既定のボタン: 最初のボタン
メッセージ ボックスを常に手前に表示する:
メッセージ ボックスを自動的に閉じる:
生成された変数 ButtonPressed
エラー発生時 保存 キャンセル

図3-45　メッセージの表示内容を修正する。

フローを実行しよう！

フローを実行すると、日付を入力するダイアログが現れます。ここで、「年/月/日」という形で日付を入力します。すると、今日からその日付までの日数を計算して表示します。

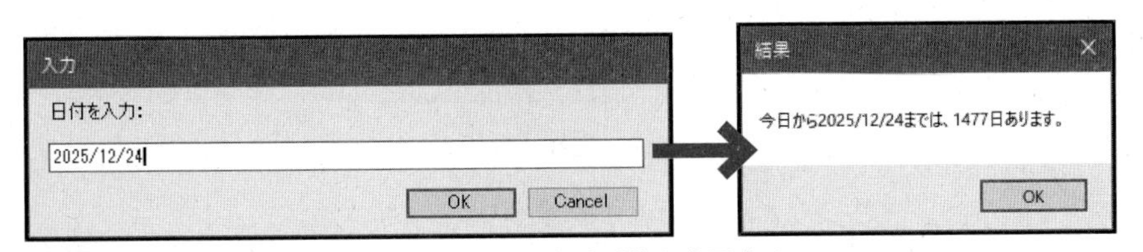

図3-46　日付を入力すると、今日からの日数を計算し表示する。

日付を選択するダイアログ

これでだいぶ日時の計算も使えるようになりました。ただ、入力する日付の書き方を間違えるとエラーになってしまいます。例えば、「2022年1月1日」というように全部を全角文字で書いてしまったりすると、途中でエラーになってしまいます。

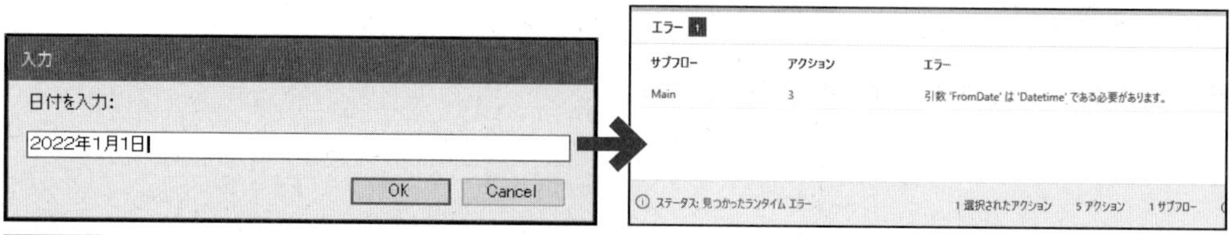

図3-47　正しい日時を入力しないとエラーになる。

では、もっと確実に日時を入力できる方法はないのでしょうか？ 実は、あります。「メッセージボックス」に用意されている日時の選択ダイアログを使うのです。これを利用すれば、確実に日時の値を入力できます。これを使ってみましょう。

では、最初にある「入力ダイアログを表示」アクションを選択し、Deleteキーで削除しましょう。下にエラーが表示されますが、これは後で修正するので気にする必要はありません。

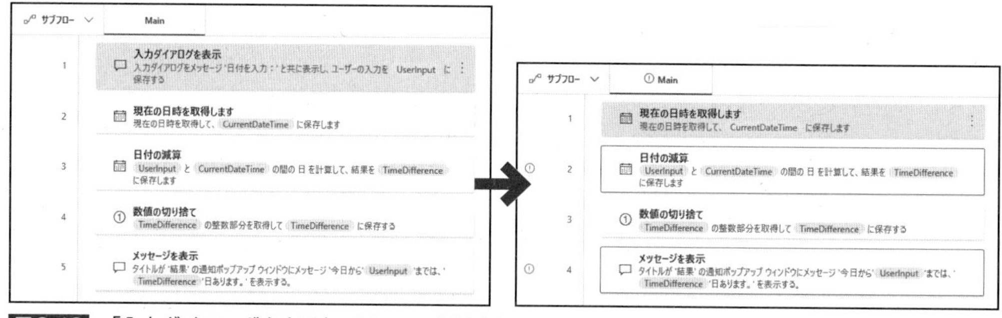

図3-48　「入力ダイアログを表示」アクションを削除する。

「日付の選択ダイアログを表示」アクション

では、「アクション」ペインの「メッセージボックス」内から「日付の選択ダイアログを表示」というアクションをドラッグして、編集エリアの一番上にドロップして下さい。これが日時の入力を行うダイアログのアクションです。

画面に表示される設定パネルには以下のような項目が表示されます。

ダイアログのタイトル	タイトルのテキストです。ここでは「入力」としておきます。
ダイアログメッセージ	ダイアログに表示するメッセージです。「日付を選択:としておきましょう。
ダイアログの種類	どのような日付の選択をするかを選びます。「一つの日付」と「日付範囲(二つの日付)」があります。ここでは「一つの日付」にしておきます。
次のプロンプト	設定する項目の指定です。「日付のみ」と「日付と時刻」があります。ここでは「日付のみ」を選びます。
既定値	デフォルトの値です。これは空欄のままでいいでしょう。
生成された変数	選択された日時が保管される変数です。デフォルトでは「SelectedDate」という変数に設定されます。これもそのままにしておきましょう。なおボタン名の変数(ButtonPressed2)は今回も使わないのでOFFにして構いません。

図3-49 「日付の選択ダイアログを表示」の設定。

「日付の減算」の修正

後は、入力された変数に応じて修正を行うだけです。まず、「日付の減算」アクション。これを開いて、「もととなる日付」の値を削除し、{x}から「SelectedDate」を選択しましょう。

図3-50 「日付の減算」を修正する。

表示メッセージの修正

もう一つ、修正があります。「メッセージを表示」アクションを開き、「表示するメッセージ」を以下のように修正します。

```
今日から%SelectedDate%までは、%TimeDifference%日あります。
```

「今日から%SelectedDate%までは」というように、SelectedDateの値を表示するように修正してあります。

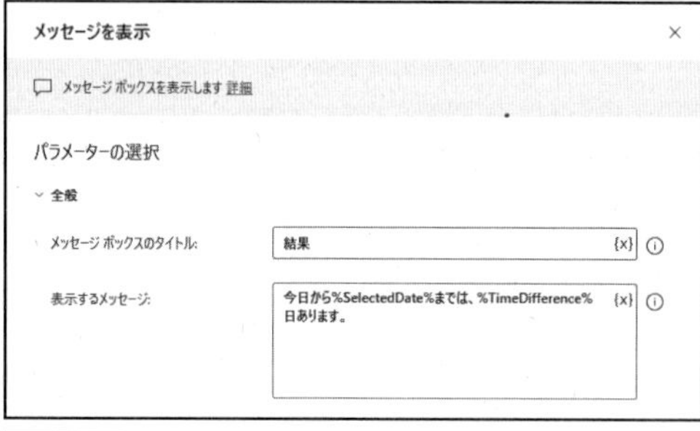

図3-51 「メッセージを表示」を修正する。

動作を確認する

修正できたらフローを保存し、動作を確認しましょう。実行すると、入力ダイアログら表示されますが、フィールドの右端にあるアイコンをクリックすると、カレンダーがプルダウンして現れ、日付を選択できます。ここで日付を選んでOKすれば、今日からその日付までの日数を計算します。

これで、日時の入力も簡単に行えるようになりましたね！

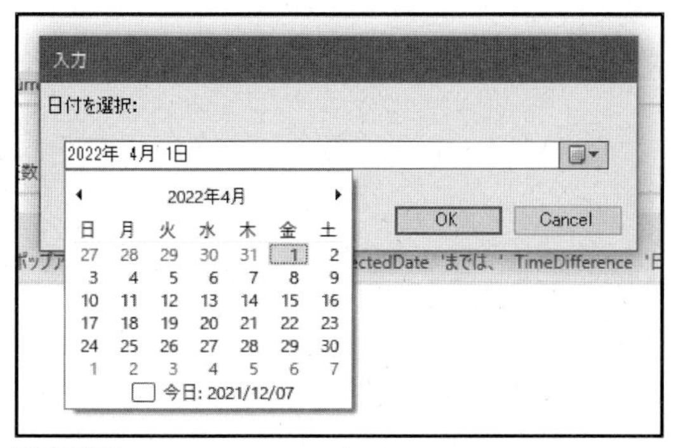

図3-52 実行すると入力ダイアログで日付を選択できる。

Robinコード 時間の計算をする

ここで作成した時間の差分計算を行うフローがどうなっているのか、Robinコードを見てみましょう。

リスト3-3

```
Display.SelectDateDialog.SelectDate \
  Title: $'''入力''' \
  Message: $'''日付を選択：''' \
  DateDialogFormat: Display.DateDialogFormat.DateOnly \
  IsTopMost: False \
  SelectedDate=> SelectedDate

DateTime.GetCurrentDateTime.Local \
  DateTimeFormat: DateTime.DateTimeFormat.DateAndTime \
  CurrentDateTime=> CurrentDateTime

DateTime.Subtract FromDate: SelectedDate \
  SubstractDate: CurrentDateTime \
  TimeUnit: DateTime.DifferenceTimeUnit.Days \
  TimeDifference=> TimeDifference

Variables.TruncateNumber.GetIntegerPart \
  Number: TimeDifference Result=> TimeDifference

Display.ShowMessageDialog.ShowMessage \
  Title: $'''結果''' \
  Message: $'''今日から%SelectedDate%までは、%TimeDifference%日あります。
''' \
```

```
  Icon: Display.Icon.None \
  Buttons: Display.Buttons.OK \
  DefaultButton: Display.DefaultButton.Button1 \
  IsTopMost: False ButtonPressed=> ButtonPressed
```

結果を表示するメッセージはすでに使ったことがありますが、その他はすべて初めて登場したものですね。簡単にまとめましょう。

●日時のダイアログを表示

```
Display.SelectDateDialog.SelectDate Title:タイトル Message:メッセージ \
  SelectedDate=>結果を保管する変数
```

●現在の日時を調べる

```
DateTime.GetCurrentDateTime.Local CurrentDateTime=>結果を保管する変数
```

●日時の差分計算

```
DateTime.Subtract FromDate:元になる日時 SubstractDate:引き算する日時 \
  TimeUnit: 結果の単位 TimeDifference=>結果を保管する変数
```

●整数の値を取り出す

```
Variables.TruncateNumber.GetIntegerPart Number:数値 Result=>結果を保管
する変数
```

日時関係の命令が使われているのが何となくわかりますね。DateTime.○○という命令が、日時に関するものです。日時は、数字などとは違って、処理の仕方も専用の命令を使わないといけないことがこれでわかります。

Chapter 1
Chapter 2
Chapter 3
Chapter 4
Chapter 5
Chapter 6
Chapter 7
Addendum

Section 3-4 フローの制御

 フローの制御アクションについて 

フローは、基本的に「並べたアクションを上から順に実行していく」というものです。しかし場合によっては、すべてを順に実行するのではなく、状況に応じて実行するアクションを変更したいこともあるでしょう。また、用意したアクションを必要に応じて何度も繰り返し実行したいことだってあります。

こうした「フローの流れ」を制御するためのアクションというものも用意されています。これら制御用のアクションについて説明していきましょう。

分岐と繰り返し

制御のためのアクションは、大きく二つに分かれます。それは「分岐」と「繰り返し」です。これらは以下のようなものです。

分岐のアクション	条件をチェックし、それに応じて異なる処理を実行するものです。これは「アクション」ペインの「条件」というところにまとめられています。
繰り返しのアクション	必要に応じて処理を繰り返し実行するためのものです。これは「アクション」ペインの「ループ」というところにまとめられています。

これらは一つしかないわけではありません。「条件」と「ループ」には、それぞれ複数のアクションがあり、複数の分岐と繰り返しが用意されています。

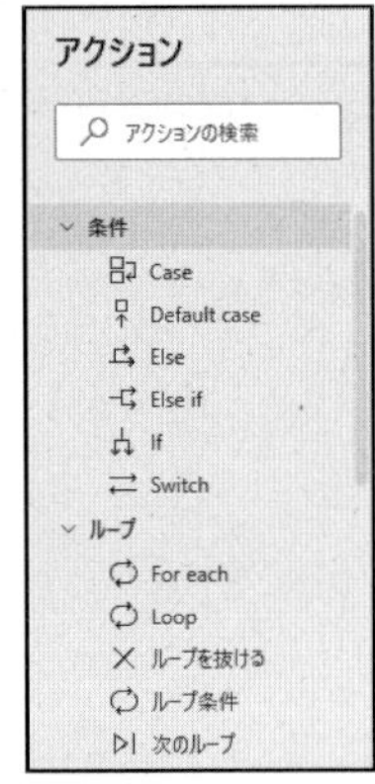

図3-53 「条件」と「ループ」に制御のためのアクションがまとめられている。

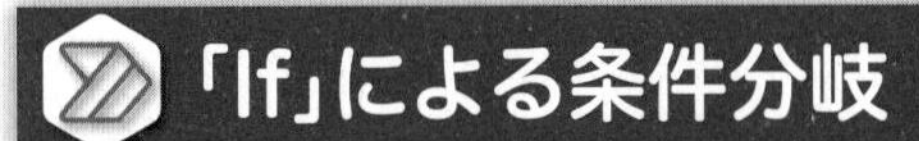

「If」による条件分岐

まずは、条件による分岐から説明しましょう。分岐の基本は「If」というアクションです。これは条件を設定し、その条件が成立すると処理を実行するというものです。

この「If」アクションには、条件を設定するための項目が以下のように用意されています。

最初のオペランド	条件に使う一つ目の値を指定します。
演算子	二つの値を比較する方法を指定します。等しいか等しくないか、どちらが大きいか小さいかといった値の比較の仕方が用意されています。
2番目のオペランド	条件に使う二つ目の値を指定します。

条件は、二つの値を比較して設定します。例えば「変数A」「と等しい」「変数B」と三つの項目を設定すれば、変数Aと変数Bが等しいなら処理を実行するようになります。

図3-54 「If」に用意されている設定。

この「If」は、これまで使ってきたアクションとは異なる表示をします。このアクションを追加すると、「If ○○ then」という項目と「End」という項目が表示されます。この二つの項目の間にアクションをドロップして組み込めるようになっているのです。

このように「If」は、アクションの内部に、更に実行するアクションを組み込んで使います。

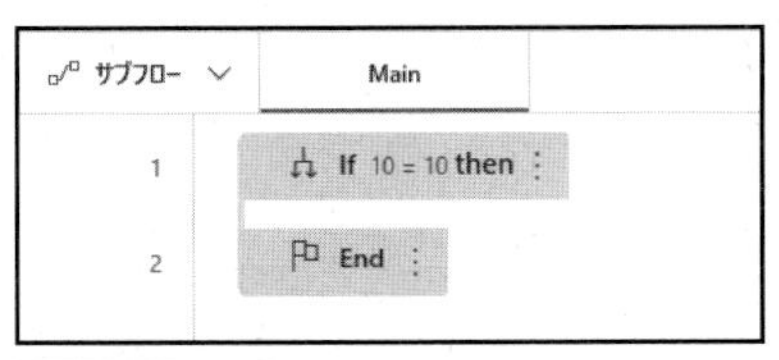

図3-55 「If」と「End」の間にアクションを組み込んで使う。

「Else」による設定

この「If」を使うとき、合わせて覚えておきたいのが「Else」というアクションです。これは「If」アクションに組み込んで利用するものです。

「If」は、条件が成立したら処理を実行するものですが、「成立しなかったときは別の処理を実行したい」ということもあります。そのようなときに「Else」を使います。

これは、設定などはありません。「If」の中に「Else」を組み込むと、「If」の後と「Else」の後の二つの場所にアクションが組み込めるようになります。

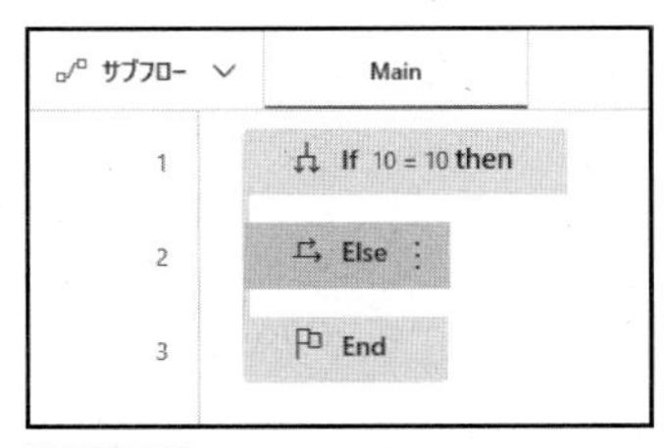

図3-56 「Else」を使うと2ヶ所にアクションが組み込めるようになる。

日付か時刻のどちらかを表示する

では、実際に「If」を利用した簡単なフローを作ってみましょう。先ほどまでのフローは保存してフローデザイナーのウィンドウを閉じておいて下さい。そして「Power Automate」ウィンドウの「新しいフロー」をクリックし、「制御フロー 1」という名前でフローを作成しましょう。

ここでは、現在の日付か時刻を表示するフローを作ります。メッセージボックスで選ぶボタンによって、どちらを表示するか決めるようにします。

図3-57 「制御フロー 1」を作成する。

「メッセージを表示」アクション

最初に、「メッセージボックス」内にある「メッセージを表示」アクションをドラッグ&ドロップして配置しましょう。

メッセージボックスのタイトル	入力
表示するメッセージ	日付を表示しますか (Yes = 日付、No = 時刻)
メッセージボックスボタン	はい - いいえ

(※その他はデフォルトのまま)

ここでは「メッセージボックスボタン」という項目で「はい - いいえ」を選びました。これにより、メッセージボックスには「はい」「いいえ」というボタンが表示されるようになります。

Chapter 1 Chapter 2 Chapter 3 Chapter 4 Chapter 5 Chapter 6 Chapter 7 Addendum

メッセージを表示
メッセージ ボックスを表示します 詳細
パラメーターの選択
全般
メッセージ ボックスのタイトル: 入力
表示するメッセージ: 日付を表示しますか（Yes = 日付、No = 時刻）
メッセージ ボックス アイコン: いいえ
メッセージ ボックス ボタン: はい - いいえ
既定のボタン: 最初のボタン
メッセージ ボックスを常に手前に表示する:
メッセージ ボックスを自動的に閉じる:
生成された変数 ButtonPressed
エラー発生時　保存　キャンセル

図3-58　「メッセージボックスを表示」を設定する。

「現在の日時を取得します」アクション

続いて、「日時」から「現在の日時を取得します」アクションをドラッグ&ドロップで配置しましょう。そして以下のように設定をします。

取得	現在の日時
タイムゾーン	システムタイムゾーン
生成された変数	CurrentDateTime（デフォルトのまま）

現在の日時を取得します
現在の日付または現在の日時を取得します 詳細
パラメーターの選択
全般
取得: 現在の日時
タイム ゾーン: システム タイム ゾーン
生成された変数 CurrentDateTime
エラー発生時　保存　キャンセル

図3-59　「現在の日時を取得します」アクションの設定。

「If」アクションを配置する 

では、「条件」から「If」アクションをドラッグ&ドロップで配置しましょう。そして、現れた設定パネルで以下のように設定を行います。

最初のオペランド	{x}をクリックし「ButtonPressed」変数を選択
演算子	と等しい(=)
2番目のオペランド	Yes

これで、メッセージボックスでクリックしたボタンが「Yes」ならば処理を実行する「If」が用意できました。

メッセージボックスでは「はい」「いいえ」というボタンを表示するようにしています。が、これで選んだボタンの値は「Yes」「No」というように英単語になります。

図3-60 「If」の条件を設定する。

配置されたアクションをチェックする

これで、「If」アクションが配置されました。配置された「If」を見ると、「ButtonPress = 'Yes'」と条件が表示されているのがわかります。

この「If」と、下にある「End」の間に、実行するアクションを追加していくのです。

図3-61 配置された「If」アクション。

「datetimeをテキストに変換」アクション

では、「If」内で実行するアクションを追加しましょう。ここでは「テキスト」内から「datetimeをテキストに変換」アクションをドロップします。

これは日時の値をテキストに変換するものでしたね。設定パネルでは以下のように設定をしておきましょう。

変換するdatetime	{x}をクリックし、「CurrentDateTime」変数を選択
使用する形式	標準
標準形式	長い日付形式
生成された変数	FormattedDateTime（デフォルトのまま）

これで、現在の日時であるCurrentDateTimeを「長い日付形式」のテキストに変換したものが変数FormattedDateTimeに設定されるようになります。

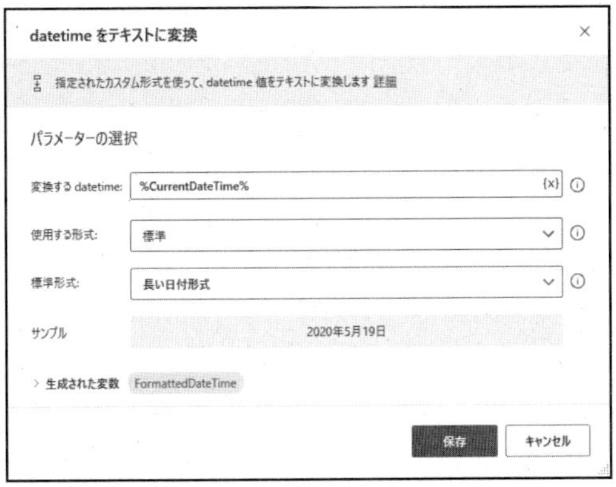

図3-62 「datetimeをテキストに変換」の設定。

「Else」アクションを作る

これで「If」の条件が成立したときに実行する処理ができました。続いて、条件が成立しないときの処理を作りましょう。

「条件」内にある「Else」というアクションをドラッグし、「End」の手前のところにドロップして下さい。これで、「If」「End」の中に「Else」が組み込まれます。

「Else」を組み込むと、「If」で条件が成立したときには「Else」の手前までの処理が実行されるようになります。そして「Else」の下にアクションを組み込むと、条件が成立しないときにそれが実行されるようになります。

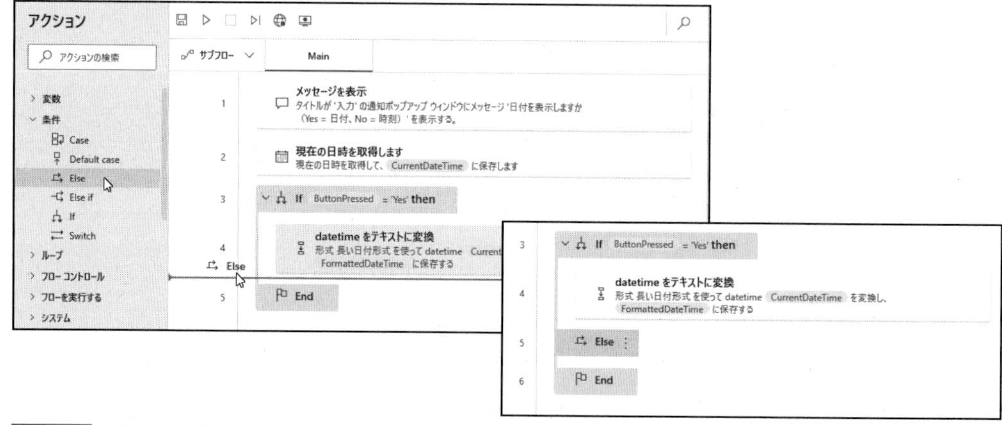

図3-63 「Else」を「End」の上にドロップして組み込む。

「Else」で実行する処理を用意する

では、「Else」の下にアクションを追加しましょう。「テキスト」内から「datetimeをテキストに変換」アクションをドラッグし、「Else」の下にドロップして下さい。そして開かれた設定パネルで以下のように設定をします。

変換するdatetime	{x}をクリックし、「CurrentDateTime」変数を選択
使用する形式	標準
標準形式	長い時刻形式
生成された変数	FormattedDateTime ({x}をクリックして変更する)

ここでは「長い時刻形式」を使って現在の日時をテキストに変換し、「FormattedDateTime」変数に設定しています。「If」のあとにあるアクションでは日付に変換しましたが、この「Else」

のあとでは時刻に変換しているのですね。

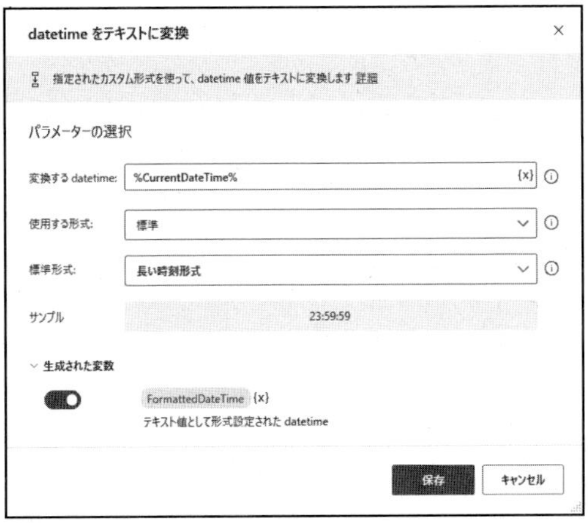

図3-64 「Else」の後ではCurrentDateTimeを時刻のテキストに変換する。

設定を閉じたら、「If」の構造を確認しましょう。「If」の後に一つ目の「datetimeを～」があり、「Else」の後に二つ目の「datetimeを～」が並び、その下に「End」が来て「If」のアクションが完了します。

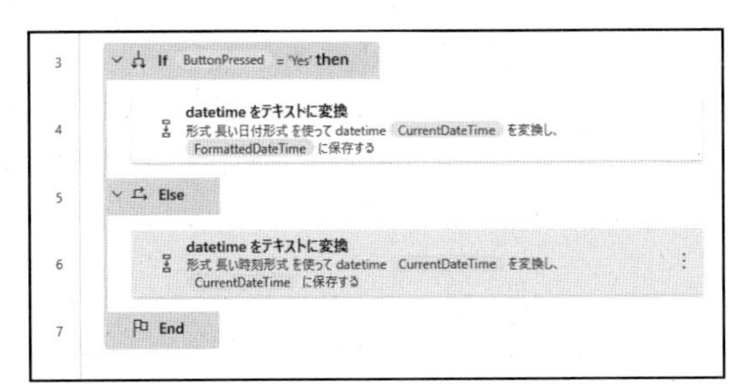

図3-65 完成した「If」のアクション。

結果を表示する

後は、「If」内で作成された変数の値を表示するだけです。「メッセージボックス」内から「メッセージを表示」をフローの最後(「End」の下)にドロップして配置しましょう。そして以下のように設定を行います。

メッセージボックスのタイトル	結果
表示するメッセージ	{x}をクリックし「FormattedDateTime」変数を選択

(※その他はデフォルトのまま)

図3-66 「メッセージを表示」アクションを設定する。

フロ一を実行する

これでフローは完成です。保存したらフローを実行して動作を確認しましょう最初に「入力」アラートが表示され、何を表示するか尋ねてきます。「はい」を選ぶと今日の日付が表示されます。「いいえ」を選ぶと現在の時刻が表示されます。選ぶボタンによって表示内容が変わることがわかるでしょう。

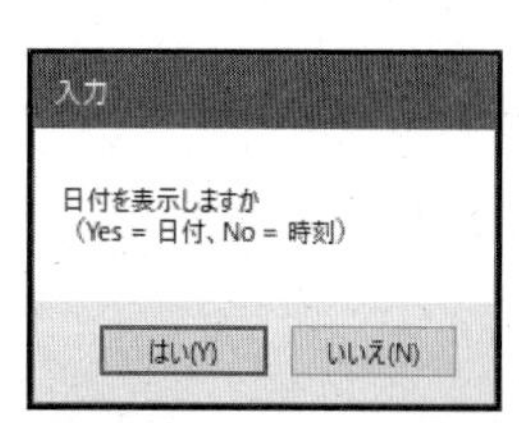

図3-67 アラートで選ぶボタンによって表示される結果が変わる。

Robinコード 条件分岐のコード

今回、作成したIfによる条件分岐のRobinコードがどうなっているのか見てみましょう。全部掲載すると少し長いので、Ifの条件分岐のところだけピックアップして掲載しましょう。

リスト3-4

```
IF ButtonPressed = $'''Yes''' THEN
  Text.ConvertDateTimeToText.FromDateTime \
    DateTime: CurrentDateTime \
    StandardFormat: Text.WellKnownDateTimeFormat.LongDate \
    Result=> FormattedDateTime
ELSE
  Text.ConvertDateTimeToText.FromDateTime \
    DateTime: CurrentDateTime \
    StandardFormat: Text.WellKnownDateTimeFormat.LongTime \
    Result=> FormattedDateTime
END
```

ここで使っている「IF」を使った条件分岐がどうなっているのか見てみると、こんな形になっているのがわかります。

●条件をチェックし分岐する

```
IF チェックする条件 THEN
```

●条件が成立しないときの処理

```
ELSE
```

●分岐の終わり

```
END
```

後は、IF ~ ELSE ~ ENDの間に、条件に応じて実行する命令が書かれているのです。Robinコードがわかると、条件による分岐がどうなっているのかよくわかりますね。

「Switch」アクションによる多数分岐

「If」は、基本的に「条件が成立するかどうか」という二者択一の条件チェックを行うものです。ですから、二つ以上に分岐した処理を用意することはできません(「Else If」という次の条件を追加するアクションはあります)。

しかし、場合によっては三つ以上に分岐処理を行いたいことはあります。例えばじゃんけんのフローを作りたかったら、「グー」「チョキ」「パー」の三つの分岐が必要となるでしょう。

こういう「二つ以上の分岐」を作成したいときに使われるのが「条件」内にある「Switch」というアクションです。Switchは、変数などの値をチェックし、その結果に応じて分岐を作成できます。

この「Switch」アクションには「チェックする値」という設定項目が用意されています。ここに変数などを設定しておき、その値がいくつかによって実行する処理が変更されます。

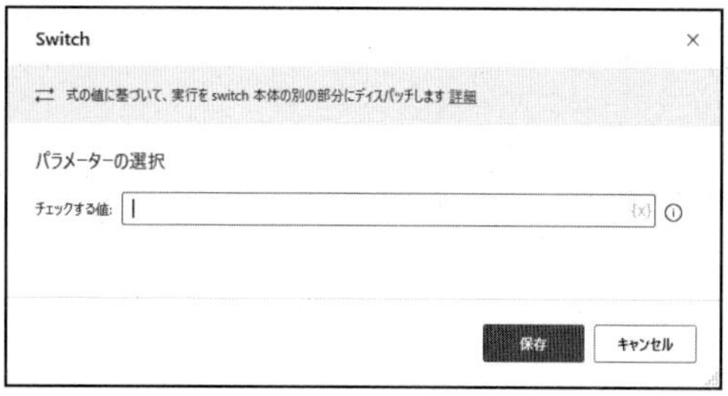

図3-68 「Switch」アクションには、チェックする値を用意できる。

「Switch」の分岐は、この内部に「Case」というアクションを追加することで設定されます。各「Case」には、「Switch」の「チェックする値」がいくつだったら実行するかを指定することができます。この「Case」を必要なだけ用意しておくことで、多数の分岐を作成できるのです。

また、どのCaseにも当てはまらない場合、「Default case」というアクションも用意されています。これは、どのCaseにも当てはまらないときに実行する処理を用意するものです。

このように、「Switch」～「End」の間に、「Case」や「Default case」といったアクションを追加し、それぞれで実行する処理を作っていくことでSwitchの分岐は作成されます。

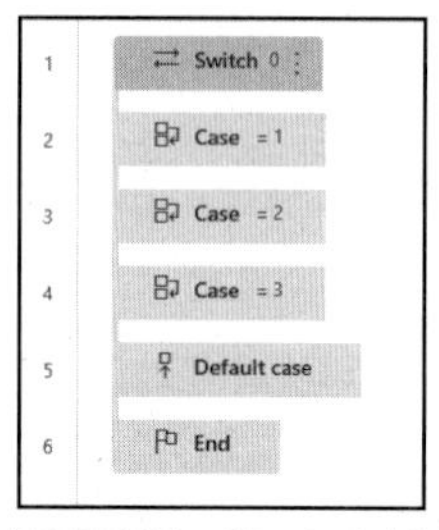

図3-69 「Switch」内にはいくつもの「Case」と「Default case」が用意できる。

フローの作成

では、これもフローを作りながら説明しましょう。ここまで使ったフローを保存してウィンドウを閉じ、「Power Automate」ウィンドウの「新しいフロー」をクリックして「制御フロー2」という名前で作成をしましょう。

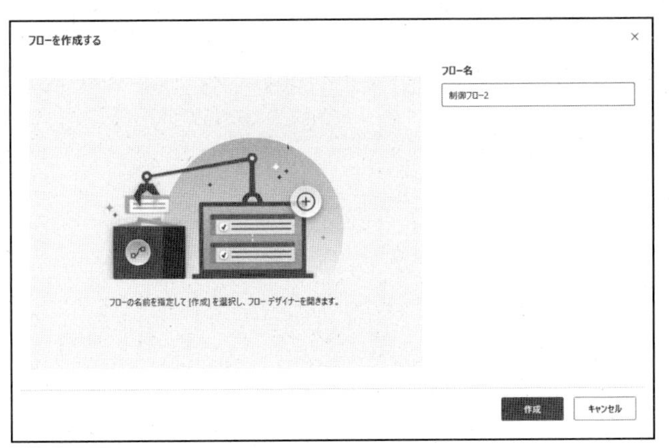

図3-70 新しい「制御フロー 2」を作成する。

「入力ダイアログを表示」アクション

ではフローを作成しましょう。まず最初に「メッセージボックス」内にある「入力ダイアログを表示」アクションをドラッグして編集エリアに配置しましょう。そして以下のように設定を行います。

入力ダイアログのタイトル	入力
入力ダイアログメッセージ	月の数字を入力(1 ～ 12)
既定値	1

(※その他はデフォルトのまま)

ここでは、1 ～ 12までの数字を入力してもらいます。この値を元に、メッセージを表示させることにします。

入力ダイアログを表示

ユーザーにテキストの入力を求めるダイアログ ボックスを表示します 詳細

パラメーターの選択

全般

入力ダイアログのタイトル: 入力

入力ダイアログ メッセージ: 月の数字を入力（1～12）

既定値: 1

入力の種類: 1行

入力ダイアログを常に手前に表示する:

生成された変数 UserInput ButtonPressed

エラー発生時 保存 キャンセル

図3-71 「入力ダイアログを表示」の設定。

「Switch」で季節ごとに分岐する

では、「条件」内から「Switch」アクションをドラッグ＆ドロップで配置しましょう。配置したら、「チェックする値」の{x}をクリックし、「UserInput」変数を選択します。

これで、UserInputの値をチェックして分岐を行うSwitchが用意されました。

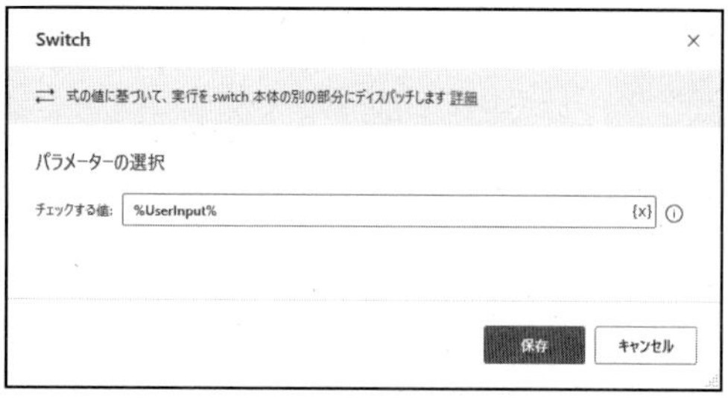

図3-72 「Switch」アクションを用意する。

まだ、アクションは「Switch」「End」の二つが用意されているだけです。この中に、条件をチェックする「Case」とそこで実行するアクションを追加していきます。

図3-73 「Switch 「End」が配置された。

「Case」を追加する

では「Switch」と「End」の間に、「条件」内にある「Case」をドロップして追加しましょう。現れた設定パネルで、以下のように設定をします。

演算子	以下である(<=)
比較する値	2

これで、Switchに設定した値が2より小さければ、この「Case」にある処理を実行するようになります。

図3-74　「Case」の設定を行う。

設定パネルを閉じると、「Switch」「Case」「End」と並んで表示されるのがわかります。この「Case」の下に実行するアクションを追加していくわけです。

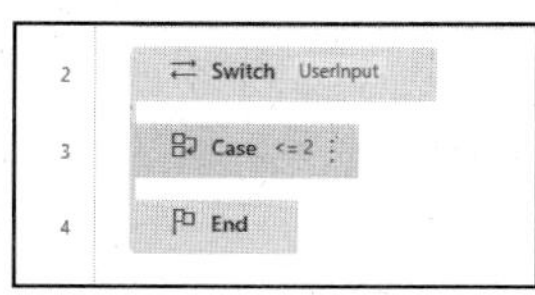

図3-75　「Switch」と「End」の間に「Case」が追加された。

「メッセージを表示」アクション

では、「Case」の下に「メッセージを表示」アクションをドロップして追加しましょう。これは以下のように設定を行います。

メッセージボックスのタイトル	結果
表示するメッセージ	%UserInput%月は、「冬」です。

（※その他はデフォルトのまま）

これで、Switchの値が2以下のときのCaseで、このメッセージが表示されるようになります。

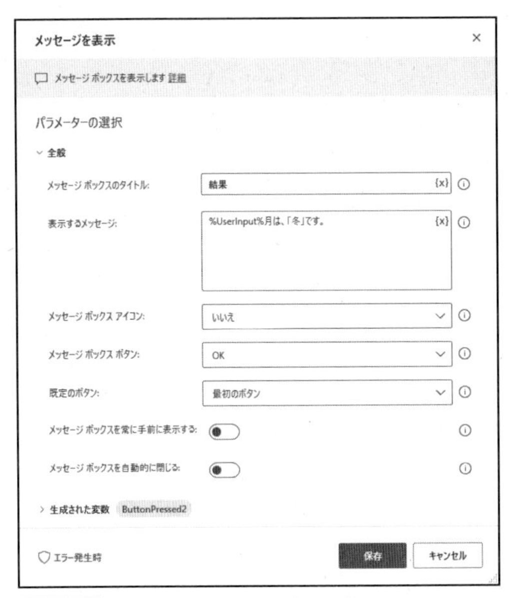

図3-76 「メッセージを表示」の設定。

設定パネルを閉じると、「Case」の下に「メッセージを表示」アクションが組み込まれているのがわかるでしょう。このようにして、Caseで実行するアクションを追加していきます。

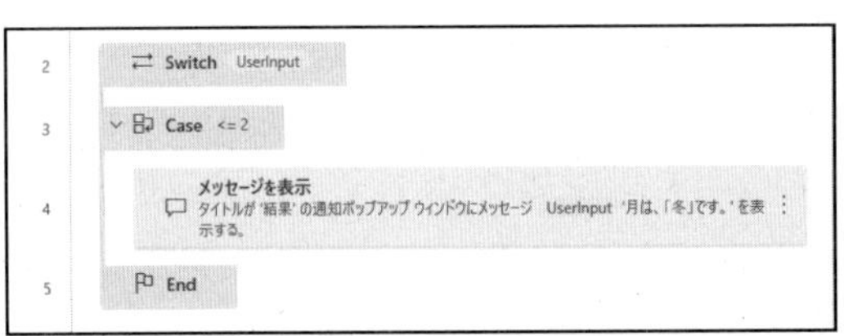

図3-77 「Case」の下に「メッセージを表示」が追加されている。

必要なだけ「Case」を用意

「Case」の追加の手順がわかったら、必要なだけ次々とCaseと処理を作成していきましょう。今回は以下のように「Case」を作成します。

1. 「Case <= 2」(作成済み)
   「メッセージを表示」のメッセージ　%UserInput% 月は、「冬」です。
2. 「Case <= 5」
   「メッセージを表示」のメッセージ　%UserInput% 月は、「春」です。
3. 「Case <= 8」
   「メッセージを表示」のメッセージ　%UserInput% 月は、「夏」です。

4. 「Case <= 11」
   「メッセージを表示」のメッセージ　　%UserInput% 月は、「秋」です。
5. 「Case <= 12」
   「メッセージを表示」のメッセージ　　%UserInput% 月は、「冬」です。

「Case」は比較する値が違うだけです。また「メッセージを表示」もメッセージのテキストが違うだけです。

注意してほしいのは、Caseの並び順です。Switchでは、上にあるCaseから順にチェックをしていきます。ですから、例えば一番最後にある「Case <= 12」が一番上にあると、すべてこのCaseが呼び出されるようになってしまい、それ以降のCaseは使われなくなります。「Caseは上から順にチェックしていく」という点をよく頭に入れてCaseを並べましょう。

2
Switch UserInput
3
Case <= 2
4
メッセージを表示
タイトルが '結果' の通知ポップアップ ウィンドウにメッセージ UserInput '月は、「冬」です。' を表示する。
5
Case <= 5
6
メッセージを表示
タイトルが '結果' の通知ポップアップ ウィンドウにメッセージ UserInput '月は、「春」です。' を表示する。
7
Case <= 8
8
メッセージを表示
タイトルが '結果' の通知ポップアップ ウィンドウにメッセージ UserInput '月は、「夏」です。' を表示する。
9
Case <= 11
10
メッセージを表示
タイトルが '結果' の通知ポップアップ ウィンドウにメッセージ UserInput '月は、「秋」です。' を表示する。
11
Case = 12
12
メッセージを表示
タイトルが '結果' の通知ポップアップ ウィンドウにメッセージ UserInput '月は、「冬」です。' を表示する。
13
End

図3-78　必要なだけCaseを追加していく。

「Default case」の追加

これで基本的には完成ですが、最後に「Default case」も用意しておきましょう。これは、すべての「Case」に合致しなかった場合に実行される処理を用意するもので、一番最後に用意しておきます。

ここでは、「メッセージを表示」アクションを使って「よくわかりません。」と表示させておくことにしましょう。

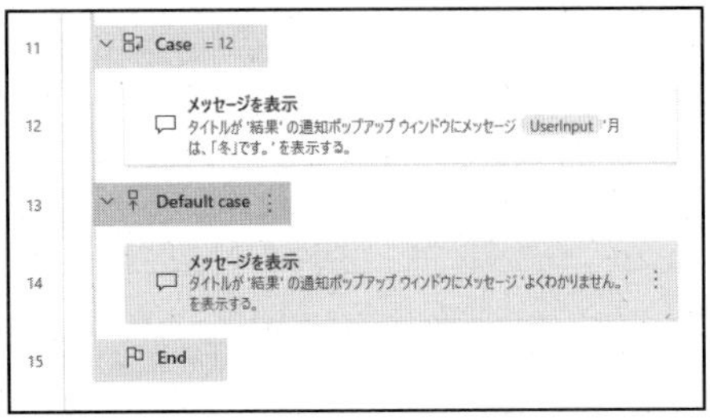

図3-79 「Default case」でその他の場合の処理を用意する。

「Case <= 0」も必要？

これで一通りのCaseが用意できましたが、実を言えばもう一つ、用意したほうがいいCaseがあります。それは「Case <= 0」です。

ここでは、最初のCaseで<= 2をチェックしていますが、これは「1～12の数字を入力する」からです。しかし、これを無視してゼロやマイナスの値を入力する人もいるかも知れません。そこで、最初に「Case <= 0」を用意し、エラーメッセージを表示させると良いでしょう。

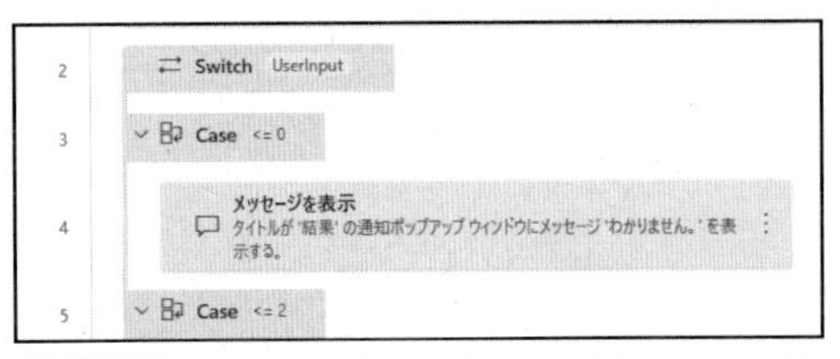

図3-80 最初に「Case <= 0」を追加しておくと更に良い。

動作をチェックしよう

フローを保存し、実行してみましょう。最初に月の値を尋ねてくるので1～12の整数を入力します。すると、入力した数字に応じて季節のメッセージが表示されます。数字に応じてSwitchのCaseが呼び出されていることがよくわかるでしょう。

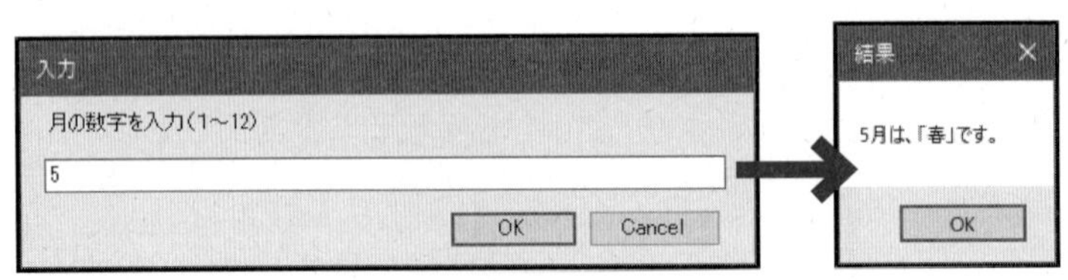

図3-81 月の値を入力すると季節が表示される。

「Loop」による繰り返し 

続いて、繰り返しの処理です。繰り返しの基本は、「ループ」内にある「Loop」というアクションです。このアクションは、「ループカウンター」という変数の値を少しずつ増やしながら処理を繰り返し実行します。

この「Loop」アクションには、以下のような設定が用意されます。

開始値	ループカウンターの初期値を指定します。
終了	いくつになったら終了するかを指定します。
増分	繰り返すごとに増やす値を指定します。

この「Loop」アクションは、最初にループカウンターの変数に「開始値」を設定します。そして繰り返すごとに「増分」の値をループカウンターに足していきます。そしてループカウンターの値が「終了」になったら（あるいはそれ以上になったら）、「Loop」を抜けて次のアクションに進みます。

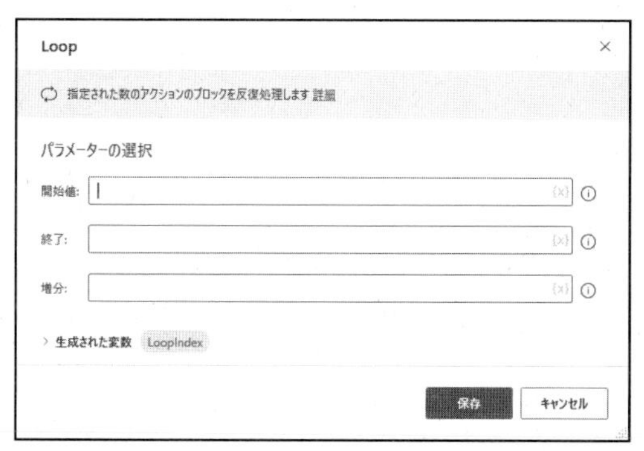

図3-82 「Loop」アクションにはループカウンターに関する設定が用意されている。

新しいフローを作る

では、「Loop」を利用したフローを作成してみましょう。開いているフローを保存してウィンドウを閉じ、「Power Automate」ウィンドウの「新しいフロー」をクリックして「制御フロー3」という名前でフローを作成して下さい。

このフローでは、整数を入力すると、ゼロからその数字までの合計を計算して表示させてみましょう。

図3-83 新たに「制御フロー 3」を作る。

「入力ダイアログを表示」アクション

最初に、整数値を入力するための入力ダイアログを表示させましょう。「メッセージボックス」内から「入力ダイアログを表示」アクションをドラッグ&ドロップして配置します。そして以下のように設定しましょう。

入力ダイアログのタイトル	入力
入力ダイアログメッセージ	整数を入力：
既定値	0

（※その他はデフォルトのまま）

図3-84 「入力ダイアログを表示」の設定。

「変数の設定」アクション

数字を合計していくための変数を用意します。「変数」内から「変数の設定」アクションをドロップして配置して下さい。設定は以下のようにしておきます。

設定	「Total」と変数名を変更
宛先	0

これで変数Totalが用意できました。これに繰り返しを利用して数字をどんどん足していくことにしましょう。

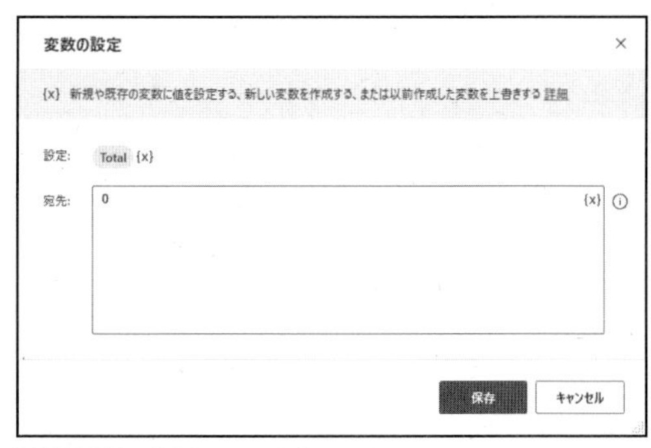

図3-85 「変数の設定」の設定。

「Loop」で繰り返し数字を加算する

では、繰り返し処理を作りましょう。「ループ」内にある「Loop」アクションをドロップして配置して下さい。そして現れた設定パネルで以下のように値を入力します。

開始値	0
終了	%UserInput * 1%
増分	1

これで、ループカウンターの値がゼロからUserInputまで繰り返しを行うようになります。繰り返すごとにループカウンターの値は1ずつ増えていきます。

「生成された変数」のところにはデフォルトで「LoopIndex」と変数名が設定されており、これがループカウンターの変数となります。この変数を見れば、現在、何回目の繰り返しかがわかるわけです。

Loop
指定された数のアクションのブロックを反復処理します 詳細
パラメーターの選択
開始値: 0
終了: %UserInput * 1%
増分: 1
生成された変数 LoopIndex
保存 キャンセル

図3-86 「Loop」の設定を行う。

設定を保存してパネルを閉じると、フローに「Loop」「End」といった項目が追加されているのがわかります。この間に、繰り返し実行するアクションを追加していけばいいのですね。

図3-87 「Loop」「End」が追加されている。

コラム %UserInput * 1%の秘密 Column

ここでは「Loop」の終了に%UserInput * 1%というように設定をしてあります。UserInputに1をかけた値を設定しているのですね。

UserInputは、入力ダイアログで入力した値です。つまりこれは、数字ではなくテキストの値なのです。「終了」には数値を指定しなければいけないので、そのままではエラーになります。そこで1をかけて、数字として認識されるようにしているのです。

「変数を大きくする」アクション

では、繰り返し実行する処理を用意しましょう。「変数」から「変数を大きくする」アクションをドラッグし、「Loop」と「End」の間にドロップして下さい。そして以下のように設定をします。

変数名	{x}をクリックし「Total」変数を選択
大きくする数値	{x}をクリックし「LoopIndex」変数を選択

これで、変数Totalにループカウンターである LoopIndexの値が加算されます。このLoopIndexの値はゼロからUserInputまで1ずつ増えていきますから、繰り返これを足すことでゼロからUserIndexまでのすべての整数を加算できます。

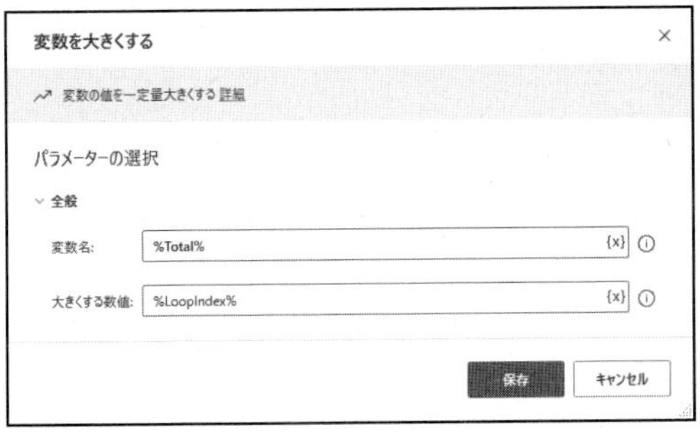

図3-88 「変数を大きくする」の設定。

設定を閉じたら、アクションの並びを確認しておきましょう。「Loop」と「End」の間に「変数を大きくする」アクションが組み込まれます。この形をよく頭に入れて配置を確認して下さい。

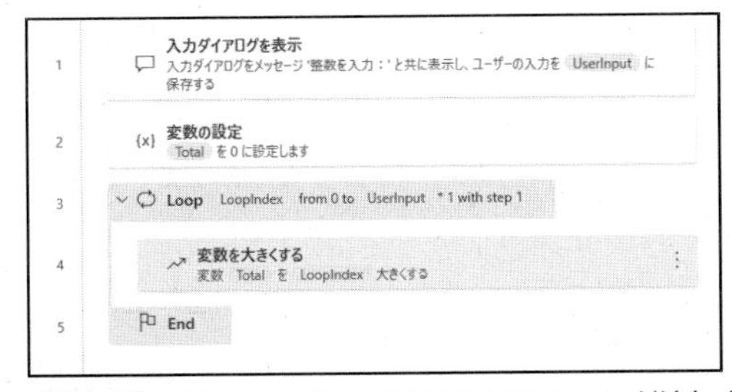

図3-89 「Loop」と「End」の間にアクションが追加されている。

合計を表示する

最後に、繰り返しを抜けたところで合計を表示させましょう。「メッセージボックス」内の「メッセージを表示」アクションを「End」の下にドロップして下さい。そして以下のように設定をします。

メッセージボックスのタイトル	結果
表示するメッセージ	%UserInput%までの合計は、「%Total%」です。

（※その他はデフォルトのまま）

これで、「Loop」で計算した合計を表示するようになります。これは必ず「End」の下に配置する、という点を忘れないで下さい。

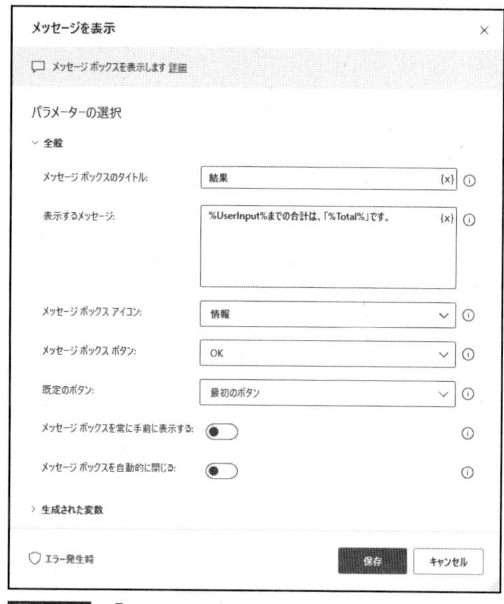

図3-90 「メッセージを表示」で結果を表示する。

実行してみよう！

では、フローを保存して実行してみましょう。画面に整数を入力するダイアログが現れるので、適当に整数値を入力して下さい。OKすると、ゼロからその数値までの合計を計算して表示します。

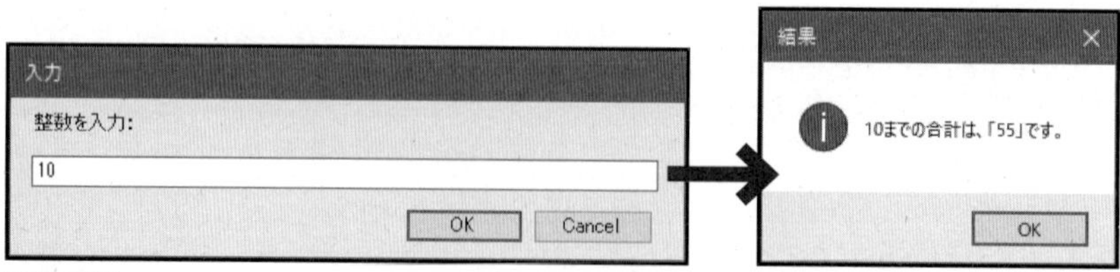

図3-91 整数を入力すると、その値までの合計を表示する。

Robinコード 繰り返し構文の処理

今回作成した繰り返し処理のRobinコードがどうなっているのか見てみましょう。

リスト3-5

```
Display.InputDialog \
  Title: $'''入力''' \
  Message: $'''整数を入力：''' \
  DefaultValue: 0 \
  InputType: Display.InputType.SingleLine \
  IsTopMost: False \
  UserInput=> UserInput \
  ButtonPressed=> ButtonPressed

SET Total TO 0

LOOP LoopIndex FROM 0 TO UserInput * 1 STEP 1
    Variables.IncreaseVariable \
      Value: Total IncrementValue: LoopIndex \
      IncreasedValue=> Total
END

Display.ShowMessageDialog.ShowMessage \
  Title: $'''結果''' \
  Message: $'''%UserInput%までの合計は、「%Total%」です。''' \
  Icon: Display.Icon.Information \
  Buttons: Display.Buttons.OK \
  DefaultButton: Display.DefaultButton.Button1 \
  IsTopMost: False
```

繰り返しの処理を行う構文の部分は、こんな文になっていることがわかります。

●繰り返しの始まり

```
LOOP 変数 FROM 値 TO 値 STEP 値
```

●繰り返しの終わり

```
END
```

このLOOP ～ ENDの間に、繰り返し実行する命令が書かれていることがわかりますね。繰り返しの処理は、Robinではこんな具合になっていたのです。

コラム 繰り返しがとにかく遅い！ Column

実際に試してみると、「Loop」による繰り返しがひたすら遅いことに気がつくでしょう。10ぐらいなら許容できるでしょうが、100を入力したら100回繰り返さないといけません。これは相当な時間がかかります。

では、もっと早く動かすことはできないのか？ もちろん、できます。フローデザイナーのウィンドウを閉じ、「Power Automate」ウィンドウで表示されているフローの「実行」アイコンをクリックして実行すればいいのです。

フローデザイナーで実行すると、それは「デバッグ」モードで動きます。リアルタイムにどのアクションが表示されているか、変数の値はどうなっているか、といった情報がリアルタイムにやり取りされながら動いているのです。このため、各アクションの実行にかかる時間がかなりあります。

フローデザイナーのウィンドウを閉じ、「Power Automate」ウィンドウから直接実行すると、フローはデバッグモードではなく、通常の速度で実行されます。余計なやり取りをしない分、実行速度は格段に速くなります。特に変数の操作などのようにUI要素を一切使わない処理は結構高速です。

とはいえ、本格的なプログラミング言語などと比べると相当に遅いのは確かです。あまり複雑で高度な計算は、Power Automate for Desktokpでは行わないほうがいいでしょう。

リストを処理する「For each」

繰り返しには、もう一つ別のアクションがあります。「For each」というものです。これは「Loop」と同じ処理を繰り返し実行するものですが、少し特殊な働きをします。

この「For each」は、「リスト」を使った繰り返しを行うものです。リストとは、複数の値をまとめて扱う特殊な値です。これについては、次の章で説明する予定なので、現時点では「For each」の使い方もよくわからないでしょう。「こういう繰り返しもある」ということだけ簡単に説明しておくことにします。

この「For each」は、「反復処理を行う値」という設定項目を一つ持っています。ここで、多数の値をまとめたリストが保管されている変数などを設定すると、そこから一つずつ値を取り出して繰り返し処理を行うのです。取り出した値は、下の「生成された変数」に保管されます。

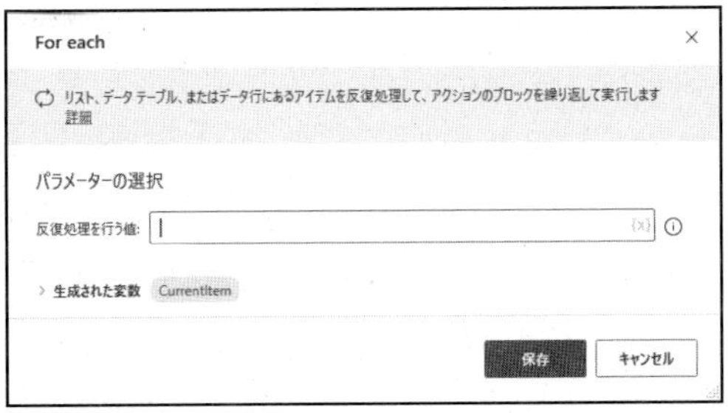

図3-92 「For each」では、リストから値を順に取り出して処理をする。

「For each」はリストをマスターしてから！

PADでは、単純なテキストや数字といった値だけでなく、多数の情報を持つデータを処理することもあります。こういう「多数の値を処理する」というとき、「For each」や、これで使われる「リスト」というものがとても役に立ちます。

リストについては次のChapterで説明をします。その際に、「For each」についても説明を行います。

Chapter

4

データ処理とExcelの利用

多量のデータを扱う場合、PADでは「リスト」「データテーブル」といった値を使います。またデータの処理に多用される「Excel」も、PADから操作することができます。こうした「多数のデータの扱い」についてここでまとめて説明しましょう。

Section 4-1 リストの利用

 データの扱いはどうする？ 

前章で、数値・テキスト・日時といった基本的な値の利用について説明をしました。しかし、Power Automate for Desktop（PAD）では、その他にも非常に重要な役割を果たす値がいくつかあります。それらは、数値やテキストのような単独の値ではなく、多数の値をまとめて扱うためのものです。

コンピュータで業務をしている場合、「一つの数字」や「一つのテキスト」だけしか値を使わないことは稀でしょう。多くの場合、多数の数字やテキストが使われます。スプレッドシートでデータの処理をすることを考えれば、どれだけ多くの値を扱っているのか想像がつくでしょう。

こうした多数の値からなるデータをPADで使う場合に用いられるのが「リスト」と「データテーブル」です。この二つの値を使えるようになれば、多量のデータをPADで処理できるようになります。

「リスト」について 

まずは、「リスト」から説明をしていきましょう。リストとは、「複数の値をひとまとめにして管理できるようにしたもの」です。リストの中には多数の値が項目として保管されています。各項目には、最初に追加されたものから順に「インデックス」と呼ばれる通し番号が割り振られており、この番号を使って値を取り出したりできます。

リストは、「アクション」ペインの「変数」内に用意されているアクションを使って基本的な操作を行えます。では、リストの基本操作のためのアクションについて簡単にまとめておきましょう。

「新しいリストの作成」

リストを使うには、まずこのアクションで新しいリストを作成します。このアクションには「生成された変数」の項目だけが用意されており、この変数にリストが設定されます。

図4-1 「新しいリストの作成」の設定。

「項目をリストに追加」

リストに項目を追加します。既にリストに値がある場合は、一番最後に値を付け足します。このアクションには以下の二つの設定が用意されています。

項目の追加	リストに追加する値を記入します。
追加先リスト	値を追加するリストを指定します。

図4-2 「項目をリストに追加」の設定。

「リストから項目を削除」

リストに保管されている値を削除します。リストにある値を、何という値か、または何番目の値かを指定して削除します。

項目の削除基準	「インデックス」「値」のいずれかを指定します。この値により、下の項目の役割が変わります。
インデックス/値	削除する値の番号か、値をここに記入します。
削除元リスト	削除するリストを指定します。

図4-3 「リストから項目を削除」の設定。

「リストのクリア」

リストに保管されている値をすべて消去します。このアクションには、「クリアするリスト」という設定項目だけが用意されており、これで消去するリストを指定します。

このアクションは、リストの中にある値を消去するもので、リストそのものを消去するわけではありません。実行すると、「空のリスト」が残ります。

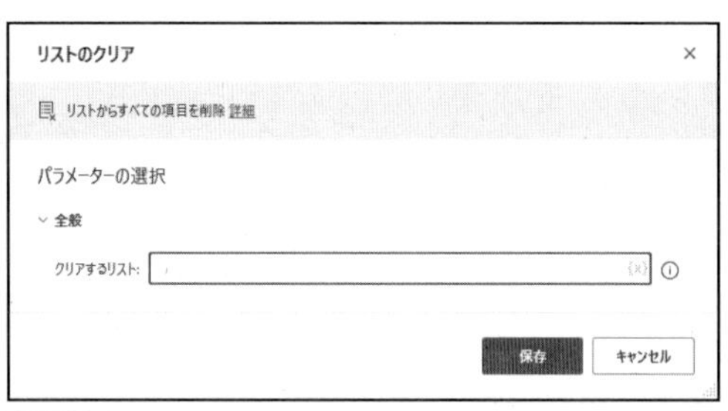

図4-4 「リストのクリア」の設定。

リストを作成してみる

では、実際にリストを作ってみましょう。まず、新しいフローを用意します。「Power Automate」ウィンドウの「新しいフロー」をクリックし、「リストフロー1」という名前で新しいフローを作成してください。

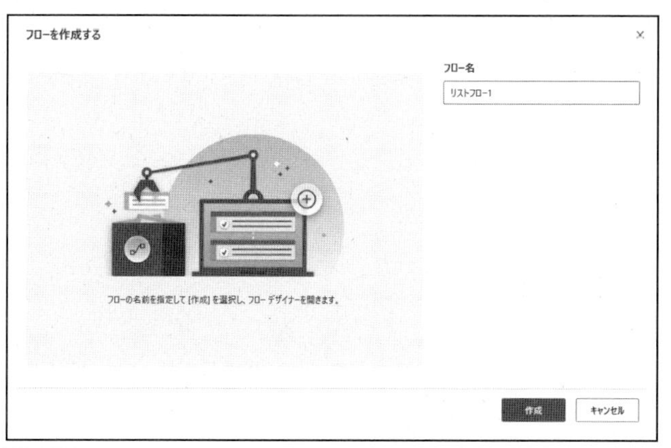

図4-5　新しく「リストフロー 1」を作る。

「新しいリストの作成」アクション

では、新しいリストを作成しましょう。「アクション」ペインの「変数」内から「新しいリストの作成」というアクションを探し、編集エリアにドラッグ&ドロップしてください。これで設定パネルが開かれるので、「生成された変数」の変数名をクリックし、「MyList」と設定しておきましょう。

図4-6　「新しいリストの作成」でMyList変数を作成する。

「項目をリストに追加」アクション

まだ、この段階では、MyListリストには何の値も保管されていません。これに値を追加しましょう。「変数」内にある「項目をリストに追加」アクションをドラッグ&ドロップしてください。そして設定パネルで以下のように値を用意します。

項目の追加	(適当に値を用意する。サンプルでは「山田太郎」)
追加先リスト	{x}をクリックし、「MyList」変数を選択

追加する値は、それぞれで適当に記入して構いません。サンプルでは、名前を追加していくことにしました。

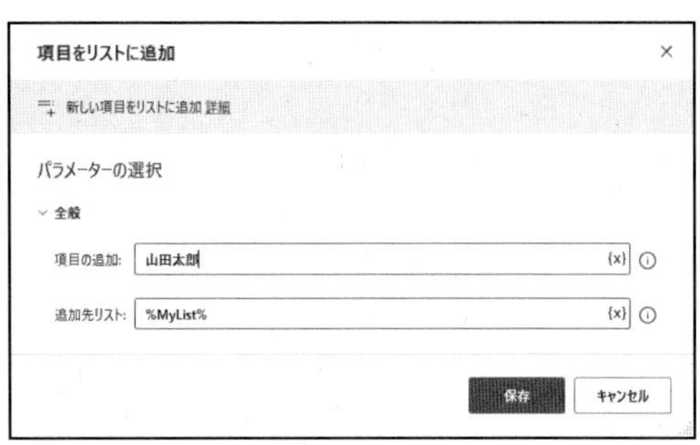

図4-7 「項目をリストに追加」で値を追加する。

いくつかの値を追加する

やり方がわかったら、更にいくつか「項目をリストに追加」アクションを用意して、複数の値をMyListに追加しておきましょう。リストは複数の値が保管されていないと働きがよくわからないものですから。

図4-8 複数の項目をリストに追加する。

フローを実行する

では、フローを保存し、実行してみましょう。ここまでのフローは、何かを操作したりするアクションはありません。ですから、実行しても何も変化はありません。ただMyListにリストを作成するだけです。

では、フローの実行が終わったら、右側の「変数」ペインで変数を確認しましょう。「フロー変数」のところに、「MyList」が表示されています。これが、作成されたMyList変数です。この中にリストが保管されています。

図4-9　フロー変数に「MyList」が表示される。

リストの内容を確認する

　では、この「MyList」をダブルクリックして開いてみましょう。すると画面にパネルが現れ、変数の中身が表示されます。追加した項目が一覧リストになって表示されるのがわかるでしょう。

　このリストでは、左側に通し番号が割り振られています。これが、各項目のインデックスになります。リストの内部では、このようにインデックスによって項目が順番に並べられ管理されていることがわかります。

　このインデックスは、ゼロから順に割り振られます。途中にある項目を削除したり、途中に新しい項目を追加したりしても、瞬時に番号が更新され、常に順番に数字が並ぶようになります。

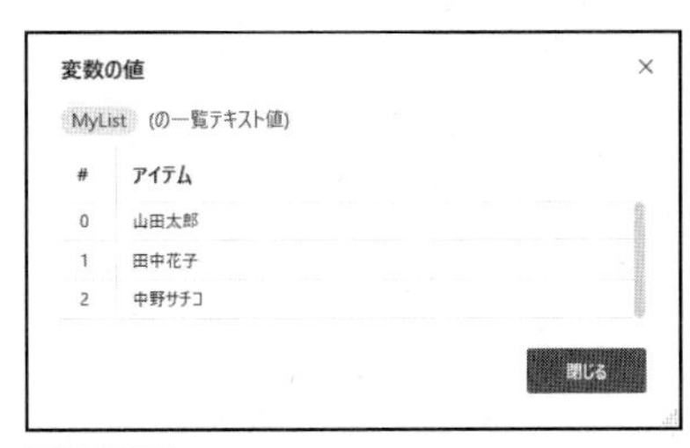

図4-10　MyListの中身を表示する。

「変数の設定」によるリストの作成

　これでリストの作成はできるようになりましたが、いくつかの項目を持ったリストを作るだけに多数のアクションを用意する必要があり、正直、「面倒くさいなぁ」と思った人も多いことでしょう。もっと簡単に、いくつかの項目を持ったリストをパッと作れたら便利ですね。

　実は、これは可能です。どうするのかというと、「変数の設定」を使うのです。「変数の設定」は、変数に値を設定するものでしたね。そして値は、%記号を使うことで数値や式を直接記すことができました。

　この機能を利用し、%でリストの値を直接記述してしまえばいいのです。リストの値は、以下のような形で記述します。

```
%[ 値1, 値2, ……]%
```

[]の中に、値をカンマで区切って記述します。テキストの場合は、'○○'というように各値の前後をシングルクォートでくくって記述をします。こうして用意した値を変数に設定すれば、多数の項目からなるリストを一つのアクションだけで作ることができます。

「変数の設定」アクションを追加

では、実際にやってみましょう。フローの一番下に、「変数」内から「変数の設定」アクションをドラッグ&ドロップして追加してください。そして以下のように設定をしましょう。

設定	「MyList2」と変数名を入力
宛先	%['Jiro', 'Ichiro', 'Yoko', 'Mamiko']%

宛先には、四つの項目からなるリストの値を用意してあります。これで、MyList2変数に宛先のリストが設定されます。

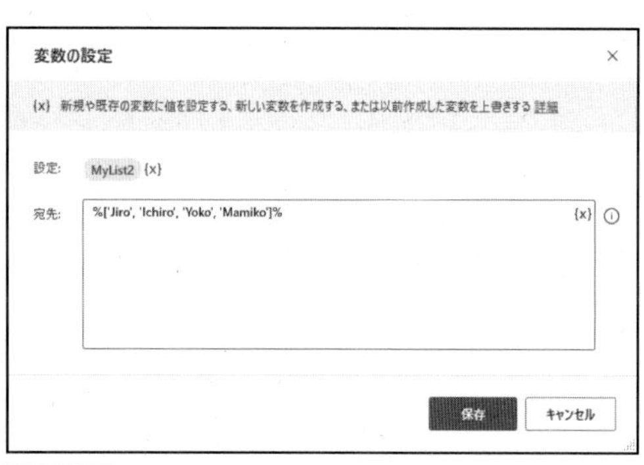

図4-11 「変数の設定」でリストを値に記入する。

フローを実行する

では、フローを保存して実行しましょう。そして実行が終わったら、「変数」ペインの「フロー変数」をみてください。新たに「MyList2」という変数が追加されていることがわかるでしょう。

図4-12　フロー変数に「MyList2」が追加された。

このMyList2をダブルクリックして開いてみると、「Jiro」「Ichiro」「Yoko」「Mamiko」といった四つの項目が保管されていることがわかります。「変数の設定」だけで四つの項目を持つリストが作成できました。

図4-13　MyList2には四つの項目が用意されている。

テキストからリストを作る

リストを作る方法は、もう一つあります。それは、リストにまとめる項目を一つのテキストとして用意しておき、それを分割してリストに変換するというものです。

これは、「テキストの分割」というアクションを使います。これが、テキストからリストを作成するアクションです。

このアクションは、テキストを決まった区切り文字で切り離し、分かれた一つ一つのテキストをリストにまとめます。これを使うことで、テキストから簡単にリストが作成できるようになります。

「テキストの分割」アクション

では、実際に使ってみましょう。「アクション」ペインの「テキスト」内から「テキストの分割」アクションをドラッグ&ドロップして追加してください。そして現れた設定パネルで、以下のように設定を行います。

分割するテキスト	東京 大阪 名古屋 札幌 仙台
区切り記号の種類	標準
標準の区切り記号	スペース
回数	1
生成された変数	TextList（デフォルトのまま）

「分割するテキスト」に、元になるテキストを記述しておきます。これは、あらかじめ区切り記号を使っていくつかに分かれた形で記述しておく必要があります。今回は半角スペースを区切り文字に使うので、この例のように半角スペースで一つ一つのテキストが分かれるように値を記述しておきます。

区切り文字は、自由に設定することができますが、一般的によく使われる記号は「区切り記号の種類」の「標準」にまとめられています。これを選ぶと、下の「標準の区切り記号」のところで「スペース」「タブ」「新しい行」といった項目が選べるようになります。

それ以外の区切り記号を使いたいときは、「区切り記号の種類」で「カスタム」を選択します。すると、下に「カスタム区切り記号」という項目が用意されるので、ここに記号を入力します。

図4-14 「テキストの分割」の設定。

フローを実行する

アクションを追加したら、フローを実行しましょう。そして「変数」ペインの「フロー変数」に「TextList」が追加されるのを確認しましょう。

図4-15　フロー変数に「TextList」が追加される。

追加された「TextList」をダブルクリックして開いてください。「東京」「大阪」「名古屋」「札幌」「仙台」といった項目がリストに保管されています。「テキストの分割」アクションで、テキストからリストが作成されるのがこれでわかるでしょう。

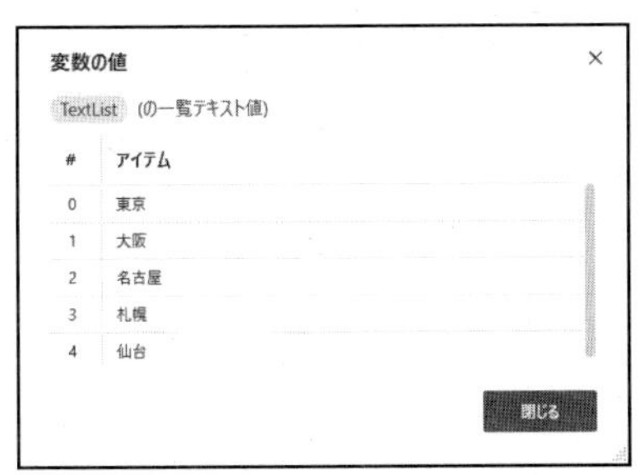

図4-16　TextListを開くと値が確認できる。

リストから値を取り出す

リストには多数の値が保管されており、インデックスという番号が割り振られています。リスト内から特定の値を取り出したい場合は、このインデックスを使って指定します。これは、以下のような書き方をします。

```
リスト [ 番号 ]
```

これは式ですから、利用の際には前後に%をつけて、%MyList[0]%といった形で記述することになるでしょう。この方法が、現時点ではもっとも簡単な方法でしょう。

PADには、リスト内の特定の項目を取り出したり値を変更したりするアクションは用意されていないのです。従って、特定の値を利用したければ、このようにインデックスで値を指定する形で式を記述するしかありません。

「入力ダイアログを表示」アクション

では、実際にリストから特定の項目を取り出し利用してみましょう。ここでは入力ダイアログを使ってインデックスの番号を入力してもらい、その番号の値を取り出すことにします。

では、「メッセージボックス」から「入力ダイアログを表示」アクションをドラッグ&ドロップして編集エリアに配置してください。そして設定パネルで以下のように設定を行います。

入力ダイアログのタイトル	入力
入力ダイアログメッセージ	整数値を入力：
既定値	0

(※その他はすべてデフォルトのまま。生成された変数は「ButtonPressed」は使わないのでOFFにしておいてもOK)

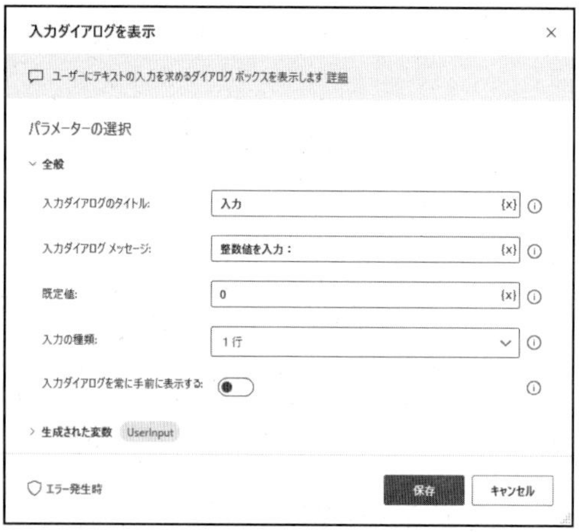

図4-17 「入力ダイアログを表示」の設定。

「テキストを数値に変換」アクション

入力ダイアログで入力された値は、テキストです。リストのインデックスとして利用する場合、これを数値の値として取り出さないといけません。

以前、入力された値を数値にするのに1をかけるというやり方をしていましたが、今回はきちんと数値に変換して使ってみましょう。

「アクション」ペインの「テキスト」項目の中に、「テキストを数値に変換」というアクションが用意されています。これを編集エリアにドロップしてください。設定パネルには以下のような項目が表示されます。

変換するテキスト	ここに記入したテキストを数値に変換します。{x}をクリックし、「UserInput」変数を選択してください。
生成された変数	変換された数値を保管する変数です。今回は「n」という変数名に変更しておきましょう。

これで、入力ダイアログで記入した値が数値に変換され、「n」という変数に保管されるようになりました。

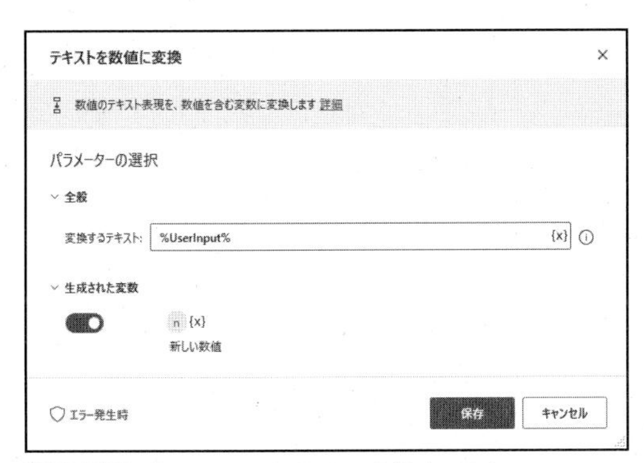

図4-18 「テキストを数値に変換」の設定。

「メッセージを表示」アクション

では、リストから値を取り出しメッセージとして表示しましょう。「メッセージボックス」内にある「メッセージを表示」アクションをドラッグ&ドロップして配置してください。そして以下のように設定をします。

メッセージボックスのタイトル	結果
表示するメッセージ	%MyList[n] + ', ' + MyList2[n] + ', ' + TextList[n]%

(※その他はデフォルトのまま)

ここでは、MyList、MyList2、TextListの各リストからn番目の値を取り出し、一つのテキストにまとめて表示しています。MyList[n]というように、変数名の後に[番号]という形でインデックスを指定すれば、その番号の値が取り出せます。

メッセージを表示
メッセージ ボックスを表示します 詳細
パラメーターの選択
全般
メッセージ ボックスのタイトル: 結果
表示するメッセージ: %MyList[n] + ', ' + MyList2[n] + ', ' + TextList[n]%
メッセージ ボックス アイコン: 情報
メッセージ ボックス ボタン: OK
既定のボタン: 最初のボタン
メッセージ ボックスを常に手前に表示する:
メッセージ ボックスを自動的に閉じる:
生成された変数 ButtonPressed
エラー発生時
保存 キャンセル

図4-19 「メッセージを表示」の設定。

フローを実行する

では、フローを保存し、実行してみましょう。まず番号を尋ねてくるので、ここで整数値を入力してください。OKすると、そのインデックス番号の値が画面に表示されます。

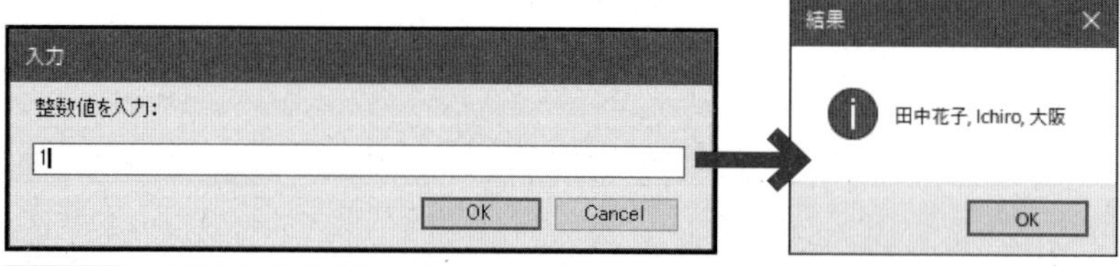

図4-20 番号を入力すると、そのインデックスの値が表示される。

実際にいろいろと数字を入力して試してみましょう。すると、保管している項目数以上の値を入力すると、下に「エラー」という表示が現れ、「インデックス'n'は範囲外です」というエラーメッセージが表示されます。リストでは、[n]で値を取り出すとき、指定した番号の値がないと、このようなエラーが発生します。

リストを利用する場合、もっともよく起こるエラーが、この「範囲外のインデックスを指定した場合」のエラーです。例えば、10個の値が保管されていたら、インデックスは0～9で割り振られます。[10]を指定すると、インデックスの範囲外というエラーになるので注意してください。

図4-21 範囲外のインデックスを指定するとエラーになる。

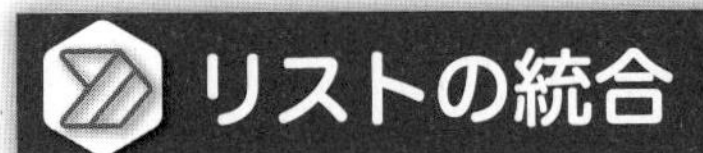

リストの統合

リストに値を追加するのは「項目をリストに追加」で行えました。では、リストにリストを追加したいときはどうするのでしょうか。

これは、「項目をリストに追加」ではできません。このアクションで、追加する項目にリストの値を記述しても、二つのリストを一つにつなげることはできないのです(リストの最後に、リストを値として追加してしまいます)。

二つのリストを一つにまとめたいときは、「変数」内にある「リストの統合」というアクションを使います。これをドラッグし、「メッセージを表示」の上にドロップしましょう。画面にいかのような設定パネルが現れます。

最初のリスト	統合する一つ目のリストを指定します。{x}をクリックして、「MyList」を選択しておきましょう。
2番目のリスト	統合する二つ目のリストを指定します。{x}をクリックし、「MyList2」を選択しておきましょう。
生成された変数	二つのリストを一つにまとめたものを、ここに指定した変数に保管します。デフォルトでは「OutputList」という名前になっています。これはそのまま使いましょう。

このアクションは、最初のリストの後に2番目のリストをつなげる形で統合します。例えば、こういうことです。

```
最初：['A', 'B', 'C']、2番目：['X', 'Y', 'Z'] → ['A', 'B', 'C', 'X', 'Y',
'Z']
```

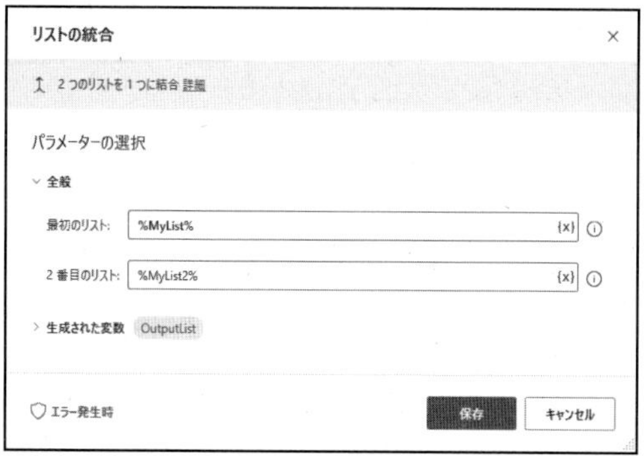

リストの統合
2つのリストを1つに結合 詳細
パラメーターの選択
全般
最初のリスト: %MyList%
2番目のリスト: %MyList2%
生成された変数 OutputList
エラー発生時
保存 キャンセル

図4-22 「リストの統合」でMyListとMyList2を一つにまとめる。

メッセージを修正する

最後の「メッセージを表示」を開いて、表示するメッセージを修正しましょう。「表示するメッセージ」の値を以下のように書き換えてください。

```
%UserInput + '番目の値は、「' + OutputList[n] + '」です。'%
```

統合したOutputListから値を取り出すようにしました。

図4-23 「メッセージを表示」を修正する。

フローを実行する

ではフローを保存し、実行しましょう。整数値を入力すると、統合したOutputListから値を取り出して表示します。何度か実行して、二つのリストの値がまとめられているのを確認しましょう。

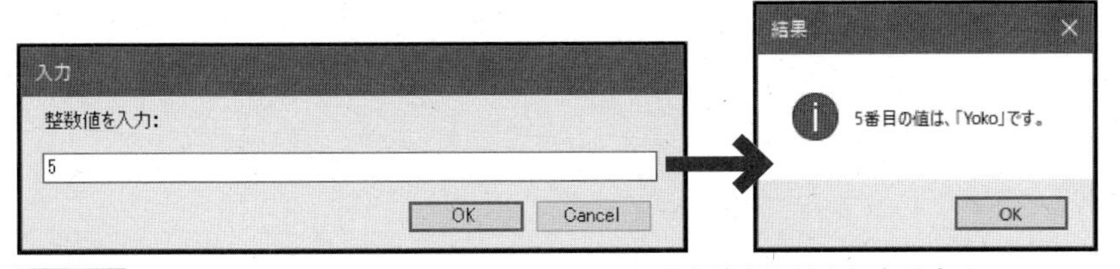

図4-24 番号を入力すると、統合したOutputListから値を取り出し表示する。

動作を確認できたら、「変数」ペインの「フロー変数」をみてください。そこに「OutputList」という項目が追加されています。これをダブルクリックして開くと、MyListとMyList2の内容がすべて保管されているのが確認できます。

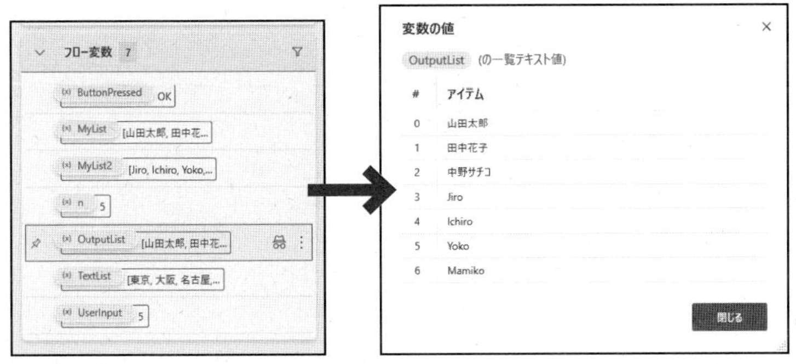

図4-25 フロー変数の「OutputList」をダブルクリックすると、二つのリストの項目がすべて保管されているのがわかる。

リストを繰り返し処理する

リストは、インデックスを使って特定の項目を取り出して利用するよりも、「リスト内のすべての項目について処理をする」という使い方をするほうが多いでしょう。

リスト内のすべての項目の処理は、「ループ」に用意されているアクションを使って行えます。前章で簡単に触れましたが、「For each」というアクションです。

この「For each」は、設定したリストから順に項目を取り出し、「生成された変数」に用意した変数に保管します。リストの最初の項目(インデックス = 0のもの)から順に値を取り出していき、最後の項目まで変数に取り出し処理すると、このアクションを抜けて次へと進みます。

不要なアクションを削除する

では、「For each」を使ってリストの項目すべてを処理してみましょう。まず、フローから不要となるアクションを削除しましょう。

では、「入力ダイアログを表示」「テキストを数値に変換」の二つのアクションを選択し、Deleteキーで削除してください。下にエラーメッセージが表示されますが、後で修正するので今は無視して構いません。

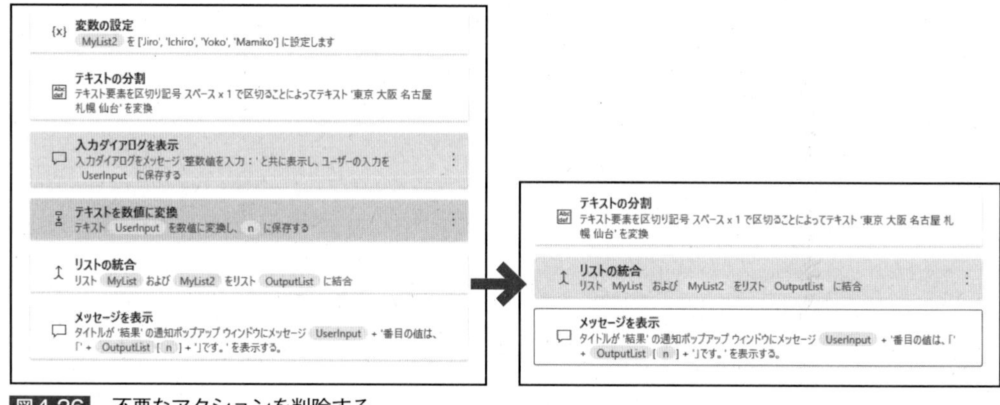

図4-26　不要なアクションを削除する。

「For each」アクション

では、「アクション」ペインの「ループ」内から「For each」アクションをドラッグし、「メッセージを表示」アクションの上にドロップして追加してください。そして現れた設定パネルで以下のように設定をします。

反復処理を行う値	{x}をクリックし、「OutputList」を選択する
生成された変数	CurrentItem（デフォルトのまま）

これで、「反復処理を行う値」に設定されたリストから順に値が取り出され、「生成された変数」のCurrentItemという変数に設定されるようになります。

For each ×

リスト、データ テーブル、またはデータ行にあるアイテムを反復処理して、アクションのブロックを繰り返して実行します 詳細

パラメーターの選択

反復処理を行う値: %OutputList% {x}

› 生成された変数 CurrentItem

保存 キャンセル

図4-27 「For each」の設定を行う。

For eachでメッセージを表示する

設定パネルを閉じると、「For each」「End」という項目がフローに追加されているのがわかります。その下の「メッセージを表示」アクションをドラッグし、「For each」と「End」の間にドロップしましょう。これで、繰り返すごとに「メッセージを表示」が呼び出されるようになります。

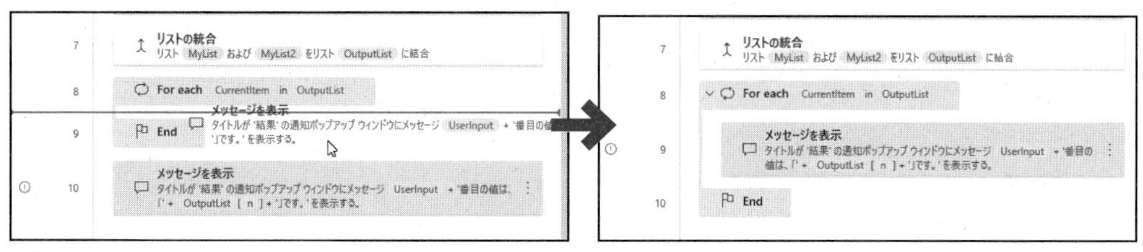

図4-28 「メッセージを表示」を「For each」と「End」の間にドロップする。

メッセージを修正する

では、移動した「メッセージを表示」をダブルクリックして開いてください。「表示するメッセージ」の値の右端にある{x}をクリックして、「CurrentItem」を選択します。これで、OutputListから順に取り出した値が表示されるようになります。

メッセージを表示 ×

メッセージ ボックスを表示します 詳細

パラメーターの選択

⌄ 全般

メッセージ ボックスのタイトル: 結果 {x}

表示するメッセージ: %CurrentItem% {x}

図4-29 メッセージの表示内容を修正する。

Chapter 1
Chapter 2
Chapter 3
Chapter 4
Chapter 5
Chapter 6
Chapter 7
Addendum

フローを実行する

では、フローを保存して実行しましょう。するとOutputListから順に項目を取り出してメッセージボックスで表示していきます。すべての項目がインデックス番号0から順に取り出されていくのがわかるでしょう。

図4-30 インデックス番号0から順に値が表示される。

リストとFor eachの基本をしっかり覚えよう

これでリストの全項目を処理することもできるようになりましたね。リストは、通常の値とはかなり使い方が異なっています。また内部に多数の値を持つなど構造が複雑なので、どう操作したらいいのかはじめのうちは戸惑うでしょう。

まずは、「変数の設定」「項目をリストに追加」を使ってリストを作成すること、そして「For each」でリスト内の全項目を処理すること、この2点をしっかりと理解しましょう。これらが使えれば、リストの基本的な操作は行えるようになります。

Robinコード リストを繰り返し処理する

今回作成したリスト操作の最終形はRobinのコードにすると以下のようになります。ちょっと長いですが、頑張って読んでください。

リスト4-1

```
Variables.CreateNewList \
  List=> MyList
Variables.AddItemToList \
  Item: $'''山田太郎''' \
  List: MyList NewList=> MyList
Variables.AddItemToList \
  Item: $'''田中花子''' \
  List: MyList NewList=> MyList
Variables.AddItemToList \
  Item: $'''中野サチコ''' \
```

```
  List: MyList NewList=> MyList

SET MyList2 TO ['Jiro', 'Ichiro', 'Yoko', 'Mamiko']

Text.SplitText.Split \
  Text: $'''東京 大阪 名古屋 札幌 仙台''' \
  StandardDelimiter: Text.StandardDelimiter.Space \
  DelimiterTimes: 1 Result=> TextList

Variables.MergeLists \
  FirstList: MyList SecondList: MyList2 \
  OutputList=> OutputList

LOOP FOREACH CurrentItem IN OutputList
    Display.ShowMessageDialog.ShowMessage \
      Title: $'''結果''' Message: CurrentItem \
      Icon: Display.Icon.Information \
      Buttons: Display.Buttons.OK \
      DefaultButton: Display.DefaultButton.Button1 \
      IsTopMost: False ButtonPressed=> ButtonPressed
END
```

ここでは、リストを作り、テキストをリストに分割したりその逆をしたり、繰り返しでリストの処理をしたり……リスト関係で様々な処理を行っています。ポイントとなる命令を以下に整理しておきましょう。

●リストを作成する

```
Variables.CreateNewList List=>作成したリストを保管する変数
```

●リストに項目を追加する

```
Variables.AddItemToList Item: 追加する値 List:元のリスト \
  Result=>新しいリストを保管する変数
```

●リストを変数に設定

```
SET 変数TO [値1, 値2, ……]
```

●テキストをリストに分割

```
Text.SplitText.Split Text:テキスト StandardDelimiter:区切り文字 Result=>
結果を保管する変数
```

●リストをテキストにまとめる

```
Variables.MergeLists FirstList:最初のリスト  SecondList:追加するリスト \
  OutputList=>作成されたリストを保管する変数
```

●リストの繰り返し

```
LOOP FOREACH 変数 IN リスト
  ……取り出した変数を使って処理……
END
```

リストの操作は、VariablesというところにあるCreateNewList, AddItemToListといった命令を使っています。またテキストをリストにするにはText.SplitText.Split、リストをテキストにするにはVariables.MergeListsといった命令を使います。リスト関係は、だいたいVariables.○○という命令として用意されているのがわかりますね。

Section 4-2 データテーブルについて

データテーブルは「リストのリスト」

多数の値を扱うリストは、データ処理の基本となる値です。しかし、リストだけですべてのデータが簡単に処理できるわけではありません。

多量のデータを扱う場合、多くの人は例えばExcelのような表計算ソフトなどを利用するでしょう。こうしたソフトでは、データは縦横にずらっと並んだ形でまとめられます。縦か横に1行だけしかデータがない、というケースは稀でしょう。通常は、何列何行にも渡って値が記述されているはずです。

こうしたデータは、リストのように「多数の値を一つのインデックスで管理する」というようなものではうまく整理するのが難しいのです。それよりも、縦横にずらりとデータを保管し、「縦○○番、横○○番」というようにして値を指定できたほうがはるかに直感的に操作できます。

こうした複雑なデータを扱うために用意されたのが「データテーブル」という値です。リストが「1次元のデータ」を扱うものなら、データテーブルは「2次元のデータ」を扱うものといえます。縦横にずらりと並んだデータを一つにまとめて管理するのです。

※リストのデータ

0	1	2
987	654	321

※データテーブルのデータ

0	1	2
東京	987	876
大阪	765	654
名古屋	543	432

図4-31 リストとデータテーブルの違い。リストは1次元のデータだが、データテーブルは2次元のデータ。

新しいフローの用意

では、これもフローを作りながら説明していきましょう。「Power Automate」ウィンドウの「新しいフロー」をクリックして、フローを作成してください。名前は「テーブルフロー 1」としておきましょう。

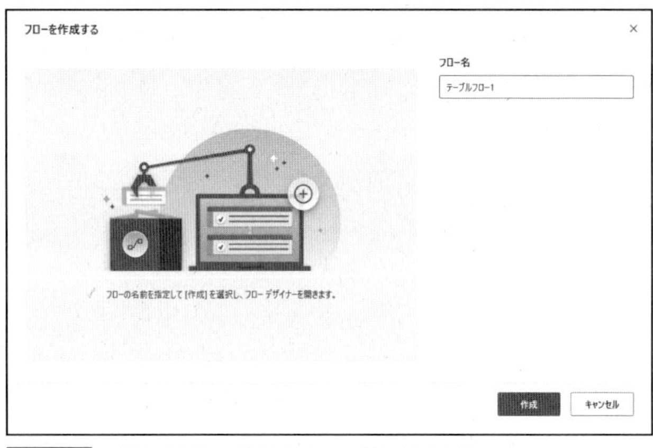

図4-32 新しく「テーブルフロー 1」を用意する。

データテーブルを作成する

このデータテーブルは、他の値とは大きく異なる点があります。それは、「データテーブルを扱うためのアクションがない」という点です。では、どうするのか？ それは、「変数の設定」でリストを作成したのと同じやり方をします。つまり、%を使って直接データテーブルの値を記述し、変数に設定するのです。

データテーブルは、大きく二つの部分から構成されています。それは「ヘッダー」と「行データ」です。

これは、Excelなどの表計算ソフトでテーブルを作成する場合を想像してみるとわかるでしょう。テーブルのデータは、例えばこんな形をしていますね。

支店名	前期	後期
東京	987	876
大阪	765	654

一番上に「支店名」「前期」「後期」などのように各列の名前が表示されています。これが「ヘッダー」の行です。そして次の行から、各データが1行ずつ記述されていきます。

データテーブルも、これと同じような形になっています。最初にヘッダーがあり、その後に行単位でデータが追加されていくようなイメージで考えればいいでしょう。

「変数の設定」でデータテーブルを作る

では、データテーブルを作成しましょう。「変数」内にある「変数の設定」アクションをドラッグ&ドロップして配置してください。そして以下のように設定を行いましょう。

設定	NewVar（デフォルトのまま）
宛先	%{['A', 'B', 'C'], [10, 20, 30], [100, 200, 300] }%

これで、ごく簡単なデータテーブルが変数NewVarに作成されます。宛先に書いた内容はこの後で説明するので、まずはアクションを作成してしまいましょう。

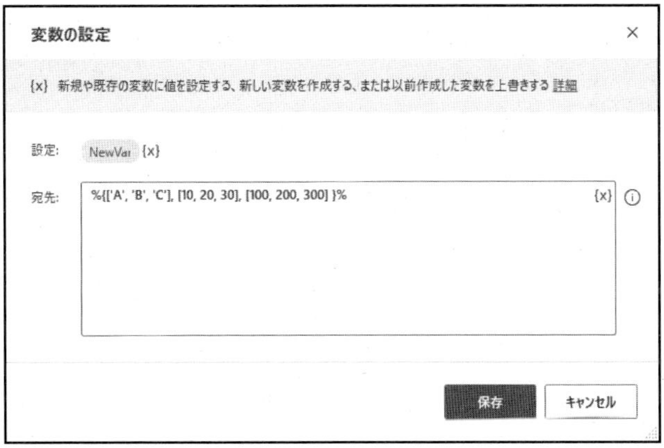

図4-33 「変数の設定」でデータテーブルを作る。

実行してテーブルをチェック！

アクションができたら、フローを実行しましょう。すると、「変数」ペインの「フロー変数」のところに「NewVar」という項目が作成されます。これが、アクションで作られた変数です。

図4-34　フロー変数にNewVarが作られる。

この「NewVar」をダブルクリックして開いてみてください。画面にパネルが現れ、変数に保管されているデータテーブルの内容が表示されます。ごく簡単なものですが、ちゃんとデータテーブルが作成されているのがわかるでしょう。

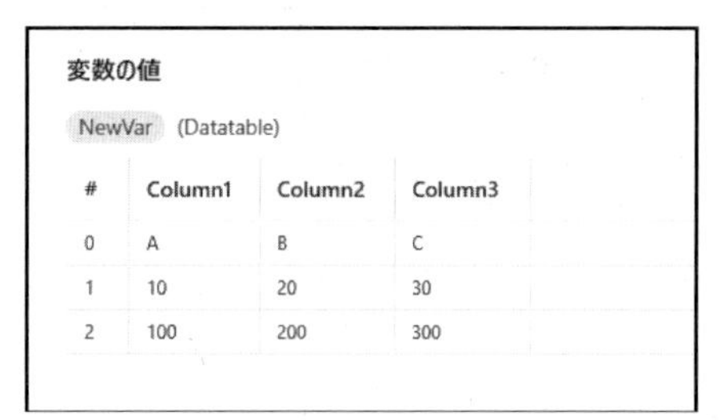

変数の値

NewVar (Datatable)

#	Column1	Column2	Column3
0	A	B	C
1	10	20	30
2	100	200	300

図4-35　NewVarにデータテーブルが作られている。

データテーブルとヘッダーの記述

では、データテーブルの値はどのように記述されるのでしょうか。データテーブルは、以下のような形で記述されます(前後の%は省略しています)。

```
{ リスト , リスト , リスト , ……}
```

{}という記号の中に、各行のデータをリストにまとめたものをカンマで区切って記述していくのです。先ほどのアクションで宛先に記述した内容を思い出してください。

```
%{['A', 'B', 'C'], [10, 20, 30], [100, 200, 300] }%
```

ここでは、{}の中に三つのリストが書かれていることがわかります。このようにしてリストを必要なだけ用意すれば、もうそれだけでデータテーブルが作成されるのです。

ヘッダーを作成する

しかし、今作成したNewVarは、データだけであり、ヘッダーがありません。NewVarの中身を開いてみると、一番上には「#」「Column1」「Column2」「Column3」と表示されていました。これは、ヘッダーがないので仮のラベルを付けて表示していたのですね。

これでは、データの内容などもわかりにくくなってしまいます。そこで、先ほどの「変数の設定」アクションを書き換えて、ヘッダーを作成することにしましょう。アクションをダブルクリックして開き、以下のように設定を変更してください。

設定	「header」と変数名を設定する
宛先	%{ ^['支店', '前期', '後期'] }%

これで、「header」という変数にヘッダーだけのデータテーブルが作成されます。

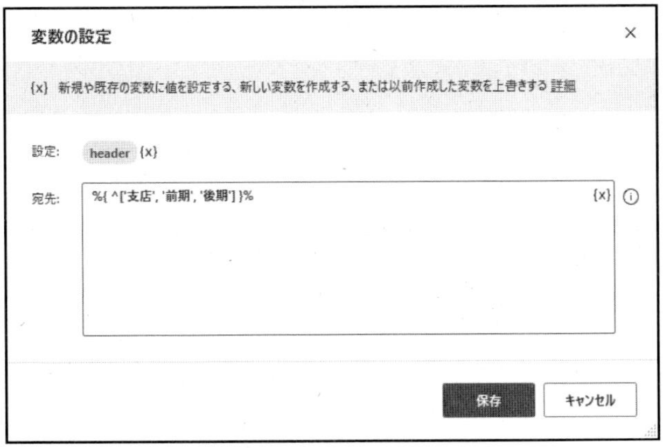

変数の設定

{x} 新規や既存の変数に値を設定する、新しい変数を作成する、または以前作成した変数を上書きする 詳細

設定: header {x}

宛先: %{ ^['支店', '前期', '後期'] }%

保存 キャンセル

図4-36 「変数の設定」でデータテーブルを作る。

ヘッダーの書き方

今回の宛先の内容は、先ほど説明した「データテーブルの値の書き方」とはちょっと違っていますね。これは、以下のような形をしています。

```
{ ^リスト }
```

{}の中にリストがあるという点は同じですが、['支店', '前期', '後期']というリストの前に^という記号が付けられています。これは、「このリストがヘッダーの情報である」ということを示す記号です。{}内のリストの冒頭に^がつけられていると、それがヘッダーとして扱われるのです。

これで、「支店」「前期」「後期」という三つのヘッダーからなるリストができました。実際にフローを実行して、作成された「header」変数を開いてみましょう。ヘッダーだけのデータテーブルが作成されているのがわかります。

図4-37 NewVar変数にヘッダーだけのリストが作られている。

データを用意しよう

では、データテーブルに追加するデータを用意していきましょう。これも「変数の設定」で作成します。一度にまとめて作ってもいいのですが、今回は1行ずつデータを作成していくことにします。

では、「変数の設定」を三つ配置してください。そしてそれぞれを以下のように設定しましょう。

●一つ目のアクション

設定	「row1」と変数名を設定
宛先	%['Tokyo', 987, 789]%

●二つ目のアクション

設定	「row2」と変数名を設定
宛先	%['Osaka', 765, 567]%

●三つ目のアクション

設定	「row3」と変数名を設定
宛先	%['Nagoya', 543, 345]%

これで3行のデータが作成できました。いずれも三つの項目からなるリストで、一つ目が

支店名、残る二つが前期と後期の売上データになっています。これは、headerに作成したヘッダーの内容と同じ並び順であることがわかるでしょう。

図4-38　三つの行データをrow1, row2, row3に設定する。

ヘッダーと行データをデータテーブルにまとめる

では、用意したヘッダーと行データをまとめてデータテーブルを作成しましょう。「変数の設定」アクションを作成し、以下のように設定をしてください。

設定	「MyTable」と変数名を設定
宛先	%header + row1 + row2 + row3%

ここでは、MyTableという変数に、header, row1, row2, row3の変数をすべて足し算した値を設定しています。これで、すべてのデータが追加されたデータテーブルが作成されます。

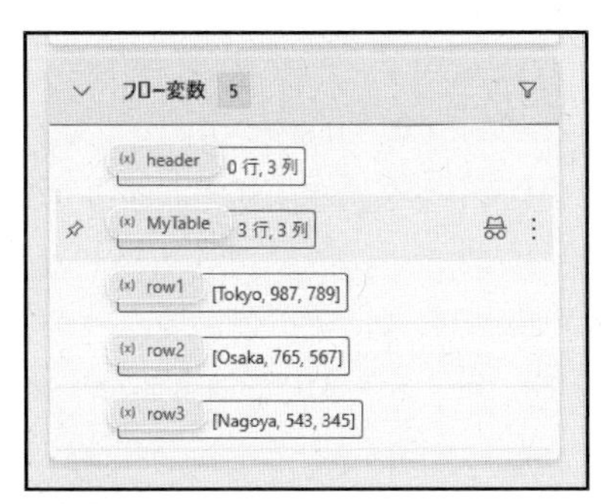

図4-39　「変数の設定」でヘッダーとデータを一つにまとめる。

設定ができたら、フローを実行してみましょう。そして「変数」ペインの「フロー変数」から「MyTable」という項目をダブルクリックして開いてください。そこに完成したデータテーブルが表示されます。

このように、ヘッダーと行データを用意してまとめることで、データテーブルが作成できました。

変数の値

MyTable (Datatable)

#	支店	前期	後期
0	Tokyo	987	789
1	Osaka	765	567
2	Nagoya	543	345

図4-40 MyTableにデータテーブルが作成されている。

データテーブル+リスト=データテーブル

ここで記述した内容を見て、「リストを足し算するとデータテーブルになるのか」と思った人もいるかも知れません。それは間違いです。

リストとリストを足し算すると、2番目のリストを最初のリストに項目として追加します。ですから、最初のリストが普通のリストの場合、データの不整合が起こる可能性があります。例えば、こういうことです。

```
['A','B'] + ['C', 'D'] → ['A', 'B', ['C', 'D']]
```

これではデータテーブルとしては機能しません。では、どうするのか。一つ目を空のリストにするか、あるいは「リストが入ったリスト」にすればいいのです。

```
[['A','B']] + ['C', 'D'] → [['A', 'B'], ['C', 'D']]
```

これは、データテーブルとして機能します。{}を使っておらず、リストの中にリストがある形になっていますが、問題ありません。このように「リストを多数まとめたリスト」であれば、それはデータテーブルとして扱えるのです。

ただし、リストのリストはデータテーブルそのものではありません。何が違うのか? というと、リストのリストにはヘッダーがありません。またデータリストでは全体を{}でまとめていますが、リストは[]でまとめます。

ヘッダーとデータテーブル

では、今回作成したMyTableはどうなっていたでしょうか。このような式を設定していましたね。

```
header + row1 + row2 + row3
```

ここで思い出してほしいのは、header変数です。これは以下のような値が設定されていました。

```
{ ^['支店', '前期', '後期'] }
```

ヘッダーで^記号がついていて、リストではなく{}の中に入っていますが、これは構造的に見れば明らかに「リストのリスト」といえます。「リストのリスト」に、リストを足していたのですね。

こんな具合に、データテーブルの扱いは、「データテーブル＝リストのリスト」と考えると理解しやすいのです。データテーブルという特別な値ではなく、「リストの仲間なんだ」と考えましょう。

「For each」でデータテーブルを処理する

データテーブルは、多数のデータを行ごとにまとめて管理しています。こうしたデータは、必要に応じて全データを順に計算していくなどの操作を行うことが多いでしょう。

こうした「全データ処理」には、「For each」による繰り返し処理を使います。これは、リストを扱うための繰り返しでしたね。

データテーブルは、構造的には「リストを保管するリスト」と考えることができますから、For eachを使うことで、データテーブルから各行のデータを出して処理できるのです。

では、やってみましょう。「ループ」内にある「For each」アクションをドラッグ&ドロップして配置してください。そして以下のように設定を行いましょう。

反復処理を行う値	{x}をクリックし「MyTable」変数を選択
生成された変数	CurrentItem（デフォルトのまま）

これで、MyTableから各行のデータをCurrentItem変数に取り出し処理することができます。

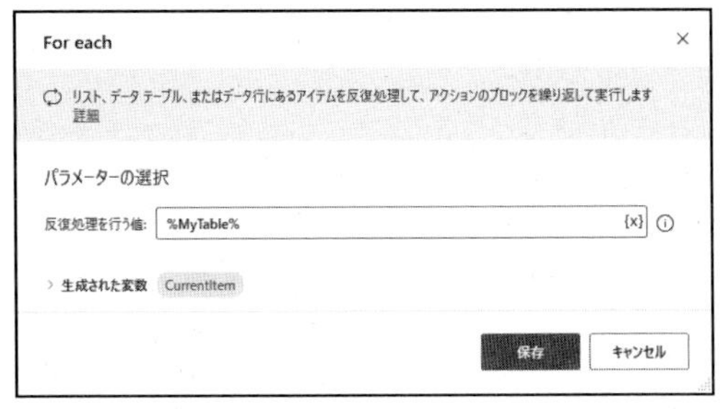

図4-41　「For each」を設定する。

メッセージを表示する

では、CurrentItemに取り出した行データを処理しましょう。といっても、今回はデータから各値を取り出した表示するだけにします。

「メッセージボックス」から「メッセージを表示」を「For each」と「End」の間にドラッグ&ドロップして配置してください。そして以下のように設定をします。

メッセージボックスのタイトル	行データ
表示するメッセージ	%CurrentItem[0] + '支店　前期：' + CurrentItem[1] + '、後期：' + CurrentItem[2]%

(※その他はデフォルトのまま)

ここでは、表示するメッセージに変数を使って行データの各値をテキストにまとめて表示しています。ここでは、CurrentItem[0]というようにして値を取り出していますね。CurrentItemに取り出される行データはリストになっていますから、[0]というように変数名の後にインデックスを指定すれば中から特定の値を取り出すことができます。

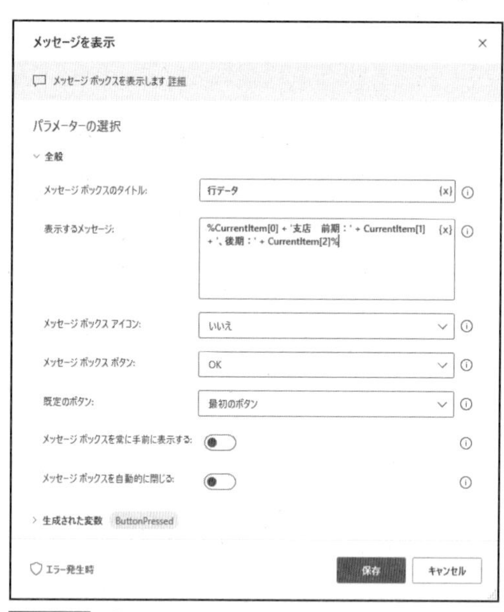

図4-42 「メッセージを表示」の設定を行う。

フローを実行しよう

では、フローを保存して実行しましょう。するとMyTableに保管されている行データが1行ずつ順にメッセージボックスで表示されます。データを一つずつ取り出せていることがわかりますね。

実際に試してみると気がつくのは、「ヘッダーは表示されない」という点でしょう。データテーブルからFor eachでデータを取得する際には、ヘッダー部分は無視され、行データの部分だけが取り出されていくのです。実に合理的ですね！

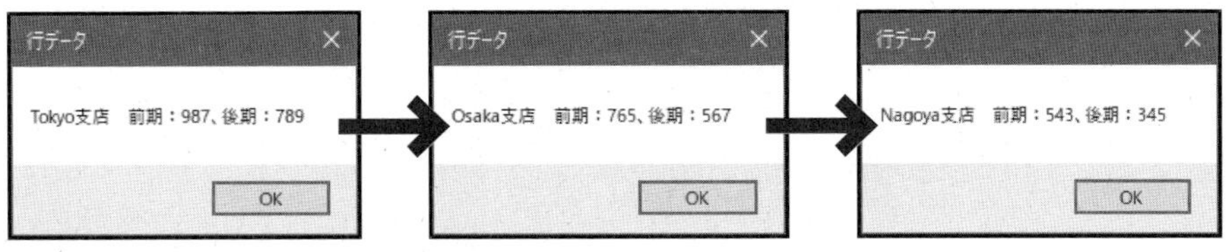

図4-43　MyTableのデータが順に表示されていく。

Robinコード　データテーブルの処理

今回作成したデータテーブルを操作するRobinコードがどうなっているのか見てみましょう。

リスト4-2

```
SET header TO { ^['支店', '前期', '後期'] }
SET row1 TO ['Tokyo', 987, 789]
SET row2 TO ['Osaka', 765, 567]
SET row3 TO ['Nagoya', 543, 345]
SET MyTable TO header + row1 + row2 + row3

LOOP FOREACH CurrentItem IN MyTable
    Display.ShowMessageDialog.ShowMessage \
      Title: $'''行データ''' \
      Message: CurrentItem[0] + '支店 前期：' + \
        CurrentItem[1] + '、後期：' + CurrentItem[2] \
      Icon: Display.Icon.None \
      Buttons: Display.Buttons.OK \
      DefaultButton: Display.DefaultButton.Button1 \
      IsTopMost: False ButtonPressed=> ButtonPressed
END
```

変数のSET TOなどはもうだいぶ見慣れてきましたね。では、この中からデータテーブル関係の部分についてピックアップして整理してみましょう。

●ヘッダーを持つデータテーブルを作成

```
SET 変数 TO { ^[……ヘッダー情報……] }
```

●データテーブルにデータを追加

```
SET データテーブル TO データテーブル + リスト
```

●データテーブルの繰り返し処理

```
LOOP FOREACH 変数 IN データテーブル
```

データテーブルの扱いは、リストに似ていますが微妙に違うところもありますね。そして、アクションの設定で書いた「%～%」という記述が、これらの命令の中で使われていることに気づいたかも知れません。例えば、メッセージを表示するアクションで、こんな文を書いていました。

```
%CurrentItem[0] + '支店 前期：' + CurrentItem[1] + '、後期：' +
CurrentItem[2]%
```

これの前後にある%を取り除くと、Display.ShowMessageDialog.ShowMessageのMessageという引数に書いてある文と全く同じです。

あの%～%という書き方は、実は「Robinの式や文を直接書く」ためのものだったのですね。実は、既に私たちはアクションの記述の中でRobinのコードを少しだけ使っていたのです。

Excelを利用する

Excelを操作しよう

ここまでデータテーブルの扱い方について説明をしましたが、これは他の値の種類とは扱いが違っていました。データテーブルの操作に関するアクションなどがほとんど用意されておらず、すべて%で式を書いて処理をしていました。

実を言えば、このデータテーブルは、ここまでやったように手作業でデータを変数に設定して利用するようなことはあまりないのです。では、どういうときに使うのか？ それは、他のアプリなどでデータを扱うときです。その代表的なものが「Excel」です。

Excelでは、多くのデータをワークシートに記述します。このデータをPADから利用するとき、取り出される値として使われるのがデータテーブルなのです。いわばデータテーブルは「Excelなどのデータを扱うために用意された値」といってもよいでしょう。

ここまでの説明で、データテーブルの基本的な使い方はわかりました。では実際にExcelを使ってデータを処理する中でデータテーブルを活用していきましょう。

Excelのファイルを用意する

では、Excelを起動してください。そして、新しいワークブックを用意しましょう(サンプルでは、名前を「PADサンプル.xlsx」としておきました)。これにデータを読み書きしていくことにします。

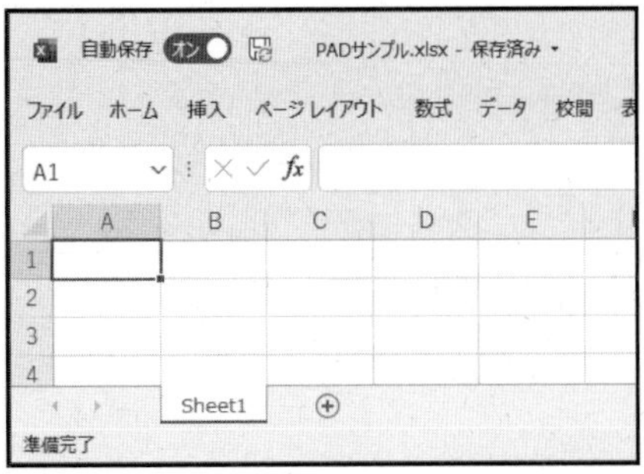

図4-44　新たに「PADサンプル.xlsx」をExcelで作成する。

フローを用意する

続いて、PAD側で新しいフローを用意しましょう。「Power Automate」ウィンドウの「新しいフロー」をクリックし、「Excelフロー1」という名前でフローを作成してください。

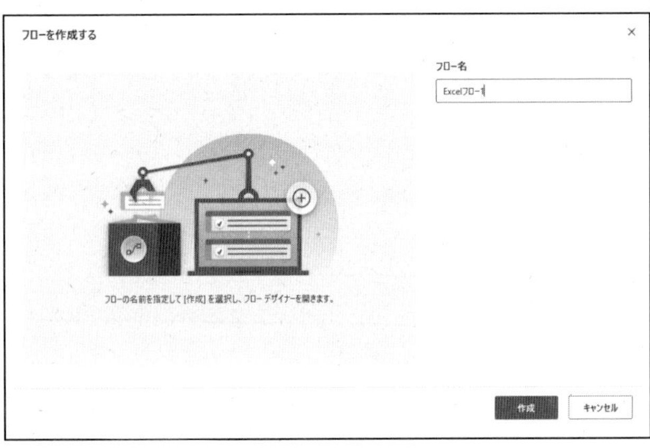

図4-45　新しいフローを作成する。

Excelインスタンスを取得する

Excelを操作するには、まず「Excelインスタンス」という値を取得する必要があります。Excelインスタンスは、起動しているExcelアプリケーションを示す値です。PADでは、こうしたアプリケーションなどもすべて「値」として用意し、利用します。Excelアプリケーションの値が「Excelインスタンス」というわけです。

このExcelインスタンスをPADで用意するには、いくつかの方法があります。Excel関係のアクションは、すべて「アクション」ペインの「Excel」というところにまとめられています。

ここから使いたいアクションを探していきます。

ではExcelインスタンスを所得する基本的な方法として二つのアクションをあげておきましょう。

「Excelの起動」

Excelアプリケーションを起動して、そのExcelインスタンスを取得するアクションです。このアクションには「Excelの起動」という設定があり、そこで「空のドキュメントを使用」と「次のドキュメントを開く」という値が用意されています。

「空のドキュメントを使用」は、単純にExcelを起動して空のワークシートが表示されるだけです。「次のドキュメントを開く」を選んだ場合は、下に以下のような項目が追加表示されます。

ドキュメントパス	開くファイルを指定するものです。右側のファイルアイコンをクリックすると、ファイルのオープンダイアログが現れ、ファイルを選択できます。
読み取り専用として開く	開いたファイルを書き込み不可にして開きます。

この他、「インスタンスを表示する」という設定も用意されており、これで起動したExcelアプリを表示するかどうか指定できます。

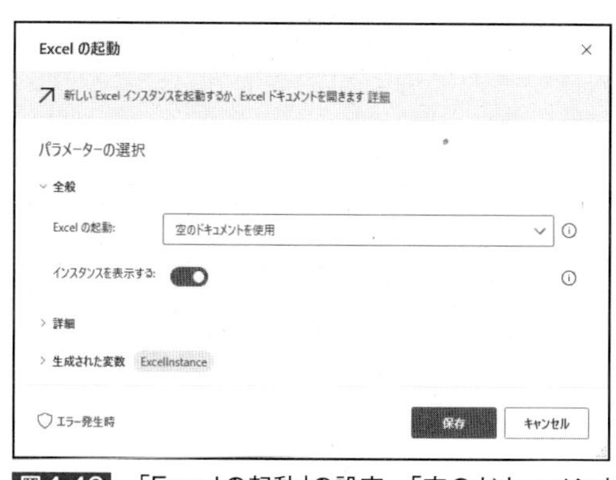

図4-46 「Excelの起動」の設定。「空のドキュメントを使用」と「次のドキュメントを開く」で設定が変わる。

「実行中のExcelに添付」

既にExcelアプリケーションが起動している場合、このExcelアプリの値を取得するためのものです。設定として「ドキュメント名」という項目が用意されており、ここで起動しているExcelアプリからワークブックファイルを選択できます。これは、複数のワークブックが開かれている場合にどれを使うか指定できるようにするするもので、必ず使うワークブックを指定してください。

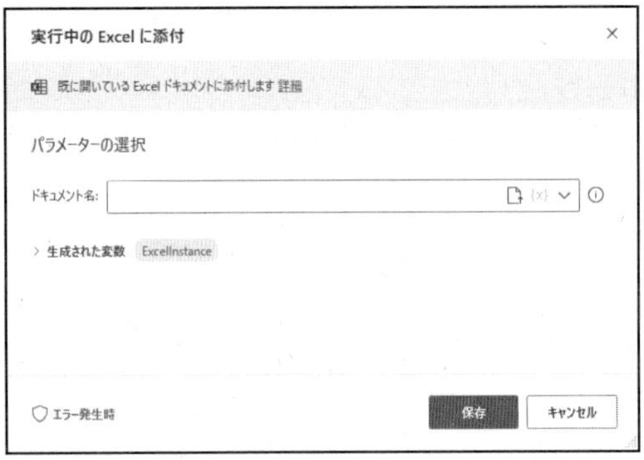

図4-47 「実行中のExcelに添付」の設定。

コラム オブジェクトとインスタンス Column

Excelアプリケーションの値は、単純な数値やテキストなどとはかなり違います。その中に様々なデータや複雑な機能などを持った値なのです。こうした複雑な値は、一般に「オブジェクト」と呼ばれます。

プログラムの世界では、こうした複雑な値は「クラス」と呼ばれるものとして定義されています。そしてこのクラスという定義をもとに作られている値のことを「インスタンス」と呼んでいます。

「Excelインスタンス」というのは、Excelというクラスを元に作られた値だ、という意味だったのですね。クラスやインスタンスというものは、PADでは全く登場しないのですが、この「Excelインスタンス」のようにオブジェクトの呼び方として使われることはあります。「インスタンス＝オブジェクトの一種」という程度に考えてください。

Excelインスタンスを取得する

では、実際にExcelインスタンスを取り出してみましょう。今回は「実行中のExcelに添付」を使うことにします。先ほどExcelを起動してワークブックを用意しましたね？ そのままExcelは終了せず、起動した状態にしておいてください。

そしてPADのフローに、「Excel」内から「実行中のExcelに添付」アクションを探してドラッグ&ドロップしてください。Excelでサンプルに用意したファイル(「PADサンプル.xlsx」ファイル)を開いてあれば、アクションの「ドキュメント名」から「PADサンプル.xlsx」を選択することができます(ワークブックのファイル名が違う場合は、自分で設定した名前のファイルを選択してください)。

生成された変数は、デフォルトの「ExcelInstance」のままでいいでしょう。

実行中の Excel に添付
既に開いている Excel ドキュメントに添付します 詳細
パラメーターの選択
ドキュメント名: PADサンプル.xlsx
生成された変数 ExcelInstance
エラー発生時 保存 キャンセル

図4-48 「実行中のExcelに添付」を設定する。

実行して変数を確認

アクションを用意できたら、フローを実行してみてください。まだExcelインスタンスを取得するだけなので何も表示は変わりませんが、「変数」ペインの「フロー変数」のところに「ExcelInstance」という変数が作成されているのが確認できるでしょう。

これをダブルクリックして内容を確認すると、ExcelInstanceの右側に、(Excelインスタンス)と表示されているのがわかります。Excelインスタンスが変数に取り出せたことがこれで確認できました。

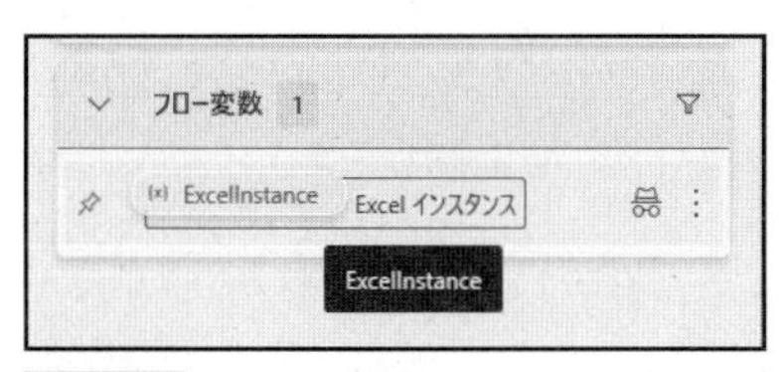

変数の値
ExcelInstance (Excel インスタンス)

プロパティ	値
.Handle	39454298

図4-49 フロー変数ExcelInstanceの内容を確認する。

Excelのデータを利用する

では、Excelに保管されているデータを利用しましょう。まずはExcel側にデータを用意します。Excelの「PADサンプル.xlsx」の最初のシート(「Sheet 1」シート)のA1列から以下のようにデータを記述しましょう。

支店名	前期	後期
東京	987	876
大阪	765	654
名古屋	543	432
ロンドン	234	345
パリ	456	567

ごく単純なデータですね。このデータを元にデータのやり取りについて説明していくことにします。

	A	B	C	D
1	支店名	前期	後期	
2	東京	987	876	
3	大阪	765	654	
4	名古屋	543	432	
5	ロンドン	234	345	
6	パリ	456	567	
7				

図4-50　シートにデータを記述する。

テーブルの設定

このままではちょっとわかりにくいので、記述した範囲を選択し、「挿入」メニューから「テーブル」を選んでテーブルにしておきましょう。

	A	B	C	D
1	支店名	前期	後期	
2	東京	987	876	
3	大阪	765	654	
4	名古屋	543	432	
5	ロンドン	234	345	
6	パリ	456	567	
7				

図4-51　データをテーブルにしておく。

Excelからデータを読み取る

では、Excelに記述したデータをPADから取得してみましょう。これには、「Excel」内にある「Excelワークシートから読み取り」というアクションを使います。これをドラッグ＆ドロップして配置してください。

このアクションには、以下のような設定が用意されています。

Excelインスタンス	使用するExcelインスタンスを指定します。{x}をクリックし、「ExcelInstance」変数を選択しましょう。
取得	Excelインスタンスからどのようなデータを取得するかを指定します。以下のような項目が用意されています。

単一セルの値	指定したセルの値を取得します。これを選ぶと「先頭列」「先頭行」という設定が現れ、これで列と行の値を指定します。
セル範囲の値	指定した範囲の値を取得します。これを選ぶと、「先頭列」「先頭行」「最終列」「最終行」という設定が現れ、ここで範囲の左上セルと右下セルの列・行の値を指定します。
選択範囲の値	現在、開かれているワークシートで選択されている範囲の値を取得します。
ワークシートに含まれる使用可能なすべての値	現在、開かれているワークシートに記述されている全セルの値を取得します。
セルの内容をテキストとして取得	セルの値をすべてテキストとして取り出します。
範囲の最初の行に列名が含まれています	取り出すセル範囲の最初の行を列名として扱います。
生成された変数	Excelから取得したデータを保管する変数です。

この中で重要なのは、「取得」の設定です。あらかじめ取得するセルがわかっている場合は「単一セルの値」「セル範囲の値」を使えばいいでしょう。また現在の状況に応じて処理したいときは「選択範囲の値」を使います。

今回は「ワークシートに含まれる使用可能なすべての値」を選んでください。これは、サンプルのようにシート内にテーブルのデータだけが書かれているような場合に便利です。記述されているデータをすべて取り出してくれます。ただし、他のセルに余計な値が書かれているとうまく取り出せないので注意しましょう。

また、「範囲の最初の行に列名が含まれています」のスイッチをONにしておくのも忘れないようにしましょう。これで1行目を列名が書かれているヘッダーとして処理してくれます。生成された変数もデフォルトのExcelDataのままにしておきましょう。

Excel ワークシートから読み取り

Excel インスタンスのアクティブなワークシートからセルまたはセル範囲の値を読み取ります 詳細

パラメーターの選択

全般

Excel インスタンス: %ExcelInstance%

取得: ワークシートに含まれる使用可能なすべての値

詳細

セルの内容をテキストとして取得:

範囲の最初の行に列名が含まれています:

生成された変数 ExcelData

エラー発生時

保存 キャンセル

図4-52 「Excelワークシートから読み取り」を設定する。

フローを実行する

では、フローを実行してみましょう。これでExcelのデータが変数に取り出せているはずです。実行が終了したら、「変数」ペインから「フロー変数」をチェックしてください。「ExcelData」という変数に値が設定されています。

これをダブルクリックして開くと、Excelにあったデータがそのまま取り出せていることがわかります。変数名の横には、(Database)と表示がありますね。これが、Databaseという種類の値であることがわかります。しかし、下に表示されているデータは、最初に各列名を表示するヘッダーがあり、それ以降にデータが並ぶデータテーブルと同じ形をしているのがわかるでしょう。

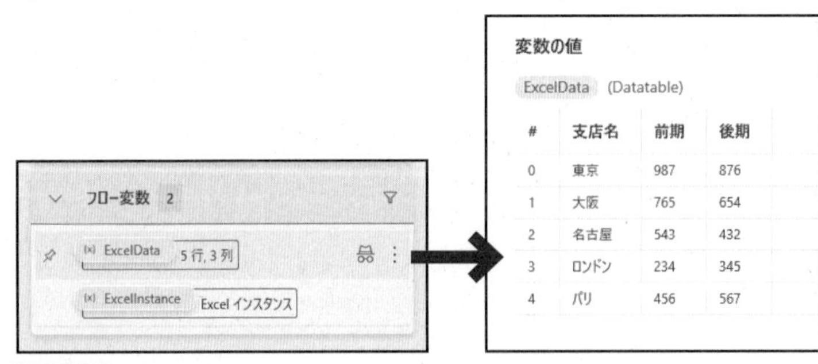

図4-53 作成されたExcelData変数の内容を確認する。

Excelの各行を表示する

では、取り出したデータを行単位で処理してみましょう。これは、先にデータテーブルでも行いました。あれと基本的には同じやり方です。

では、「ループ」内から「For each」アクションをドラッグ＆ドロップで配置してください。そして以下のように設定を行います。

反復処理を行う値	{x}をクリックし「ExcelData」変数を選択
生成された変数	CurrentItem（デフォルトのまま）

これで、ExcelData変数から行ごとにデータをCurrentItemに取り出していきます。

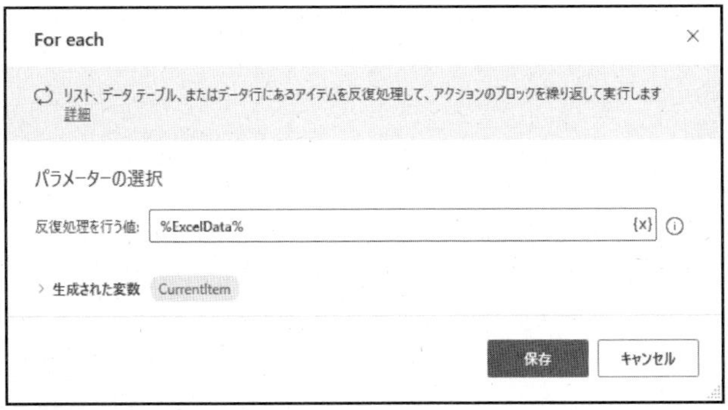

図4-54　「For each」の設定を行う。

「メッセージを表示」アクション

では、取り出した行データをメッセージとして表示しましょう。「メッセージボックス」から「メッセージを表示」アクションをドラッグし、「For each」と「End」の間にドロップしてください。

そして以下のように設定を行いましょう。

メッセージボックスのタイトル	行データ
表示するメッセージ	%CurrentItem%

（※その他はデフォルトのまま）

先ほど、データテーブルから行データを取り出して表示するときは、CurrentItem[0]というようにインデックスで各値を取り出して処理しました。個々の値を扱うときはこれが基本です。が、今回は「行ごとにデータが取り出せた」ということがわかればいいので、CurrentItem変数をそのままメッセージに設定しています。こうすると、メッセージボックスで表示する際、自動的に行データのリストがテキストに変換されて表示してくれます。

図4-55　「メッセージを表示」の設定。

実行しよう

では、フローを保存して実行してみましょう。すると、各行のデータがメッセージボックスで順に表示されていきます。For eachでExcelの行データが順に処理できることがこれでわかりました。

また、この場合も最初にある列名が表示されている行(ヘッダー)は表示されません。ヘッダー部分は無視してデータの部分だけが処理されることがわかります。

図4-56　行データがメッセージボックスで表示される。

Robinコード Excelを利用するコード

Excelのようにアプリケーションを利用したフローもRobinコードとして取り出すことができます。ここまで作成したフローのRobinコードはどうなっているか見てみましょう。

リスト4-3

```
Excel.Attach \
  DocumentName: $'''PADサンプル.xlsx''' \
  Instance=> ExcelInstance

Excel.ReadFromExcel.ReadAllCells \
  Instance: ExcelInstance \
  ReadAsText: False FirstLineIsHeader: True \
  RangeValue=> ExcelData

LOOP FOREACH CurrentItem IN ExcelData
    Display.ShowMessageDialog.ShowMessage \
      Title: $'''行データ''' Message: CurrentItem \
      Icon: Display.Icon.None \
      Buttons: Display.Buttons.OK \
      DefaultButton: Display.DefaultButton.Button1 \
      IsTopMost: False ButtonPressed=> ButtonPressed
END
```

この中から、Excelを利用している部分だけピックアップしてみましょう。するとこんな感じになります。

●Excelインスタンスを得る

```
Excel.Attach DocumentName: 使用するブック名 \
  Instance=>取得したExcelインスタンスを保管する変数
```

●Excelからデータを取り出す

```
Excel.ReadFromExcel.ReadAllCells Instance:Excelインスタンス \
  RangeValue=>取得したExcelインスタンス変数
```

その後のLOOP FOREACH以後は、取り出したデータを順に表示している部分になります。

Excel関係の命令は、「Excel.○○」というような形になっていることがわかります。Robinの文で、Excel.～で始まるものがあれば、「これはExcelを操作しているな」とわかりますね。

Excelに新しいデータを追加する

データの取得はできました。次は「データの書き込み」でしょう。PADのような自動処理を行うツールでデータを書き込むケースというのは、「新しいデータを追加する」あるいは「既にあるデータを更新する」という場合でしょう。

まずは、「新しいデータを追加する」ということをやってみましょう。これは、「Excel」内にある「Excelワークシートに書き込み」というアクションを使います。これには以下のよう設定が用意されています。

Excelインスタンス	使用するExcelインスタンスを選択します。
書き込む値	書き込む値をデータテーブルとして用意します。
書き込みモード	どこに書き込むかを指定します。これは以下の二つの値が用意されています。

指定したセル上	下に「列」「行」という値が追加されます。これらで書き込むセルの位置を指定します。
現在のアクティブなセル上	現在、選択されているセルに書き込みます。

データを書き込む場合、どのようにして書き込む値を用意するかが重要になります。ここで、先に説明した「データテーブル」が登場します。書き込むデータは、データテーブルとして用意するのです。

また、値を書き込む場所は、書き込むデータテーブルの「左上のセル」位置になります。指定されたセルを起点としてデータが書き出されていきます。

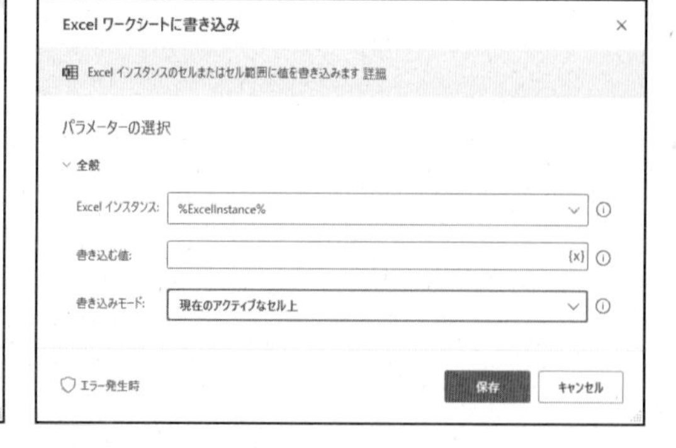

図4-57 「Excelワークシートに書き込み」の設定。

新しいフローに「実行中のExcelに添付」アクション

では、これもフローを作成して利用してみましょう。「Power Automate」ウィンドウの「新しいフロー」をクリックしてフローを作成してください。名前は「Excelフロー2」としておきましょう。

作成できたら、まずExcelインスタンスを取得するアクションを用意します。「Excel」内から「実行中のExcelに添付」アクションをドラッグ&ドロップで配置してください。そして「ドキュメント名」から「PADサンプル.xlsx」を選択しておきましょう。生成される変数はデフォルトのまま(ExcelInstance)でいいでしょう。

図4-58 「実行中のExcelに添付」を設定する。

「入力ダイアログを表示」アクション

続いて、新しい項目の値を入力してもらうため、「メッセージボックス」内にある「入力ダイアログを表示」アクションを配置します。ここでは以下の項目を設定します。

入力ダイアログのタイトル	入力
入力ダイアログメッセージ	支店名を入力：
既定値	(空のまま)

(※その他はすべてデフォルトのまま。生成された変数は「UserInput」のみ使うので、ButtonPressedはOFFにしてもOK)

入力ダイアログを表示

ユーザーにテキストの入力を求めるダイアログ ボックスを表示します 詳細

パラメーターの選択

全般

入力ダイアログのタイトル: 入力

入力ダイアログ メッセージ: 支店名を入力：

既定値:

入力の種類: 1行

入力ダイアログを常に手前に表示する:

生成された変数 UserInput

エラー発生時 保存 キャンセル

図4-59 「入力ダイアログを表示」の設定。

「Excelワークシートから最初の空の行や列を取得」アクション

次に行うのは、データを書き出す行を調べる作業です。これには、「Excel」内にある「Excelワークシートから最初の空の行や列を取得」というアクションを使います。

このアクションは、ワークシートの左上からデータが書かれているとき、データの後の何も入力されていない行や列を調べるためのものです。これをドラッグ&ドロップで配置すると、「Excelインスタンス」を設定する項目だけが表示されます。ここで「v」をクリックして「ExcelInstance」変数を指定すると、このExcelで開いているワークシートの空き行・空き列を調べます。

調べた結果は、生成された変数に保管されます。通常、これは「FirstFreeColumn」「FirstFreeRow」といった名前になります。

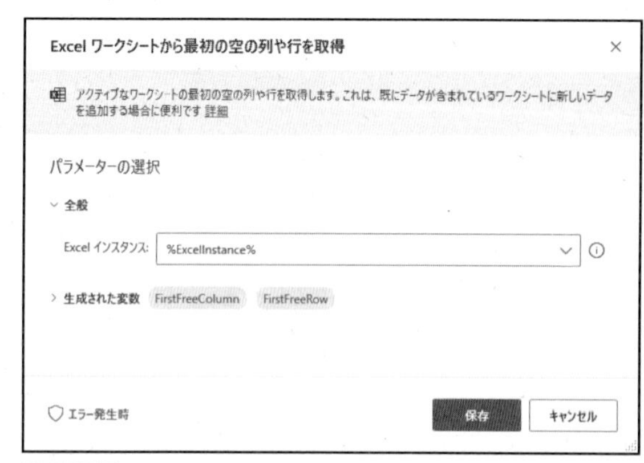

図4-60 「Excelワークシートから最初の空の行や列を取得」の設定。

「乱数の生成」アクション

今回は、入力ダイアログで支店名を入力してもらい、残る前期・後期の値は乱数で設定しましょう。「変数」内にある「乱数の生成」アクションをドラッグ&ドロップで配置してください。

これは指定した範囲内で乱数を指定の数だけ作成するものです。これには以下のような設定があります。

最小値	乱数で発生させる最小値を指定します。これは「0」でいいでしょう。
最大値	ライス腕発生させる最大値を指定します。ここでは「999」としておきます。
複数の数詞を生成	これをONにすると、同時に複数の乱数を作成します。これはONにしてください。
数値の数	「複数の数詞を生成」をONにすると、いくつの乱数を作成するか指定する項目が現れます。ここでは「2」にしておきます。
重複を許可	同じ値が生成されることを許可します。今回はOFFにしておきます。
生成された変数	デフォルトで「RandomNumbers」となっています。これはこのままでいいでしょう。

図4-61 「乱数の生成」を設定する。

「Excelワークシートに書き込み」アクション

では、Excelにデータを書き込みましょう。「Excel」内から「Excelワークシートに書き込み」アクションをドラッグ&ドロップで配置します。そして以下のように設定をしてください。

Excelインスタンス	%ExcelInstance%
書き込む値	%{ [UserInput, RandomNumbers[0], RandomNumbers[1]] }%
書き込みモード	指定したセル上
列	1
行	%FirstFreeRow%

書き込む値には、[UserInput, RandomNumbers[0], RandomNumbers[1]]というリストを値に持つデータテーブルを用意してあります。{}の中にリストが書かれているのがわかるでしょう。ただのリストではうまくデータを書き出せません。必ず{}の中にリストを用意し、データテーブルの形にしてください。

また書き込む行は、FirstFreeRowで空き行を指定しておきます。

図4-62 「Excelワークシートに書き込み」を設定する。

フローを実行しよう

フローができたら、実際に実行してみましょう。入力ダイアログが出たら支店の名前を入力しOKすると、そのデータがExcelのワークシートに追加されます。

試してみるとわかりますが、追加されたデータは、ちゃんとテーブルの一部になっています。Excelではテーブルの最下行の下にデータを追加すると、このように自動的にテーブルが拡張されるのですね。

これで、PADを使ってデータをテーブルに蓄積できるようになります。

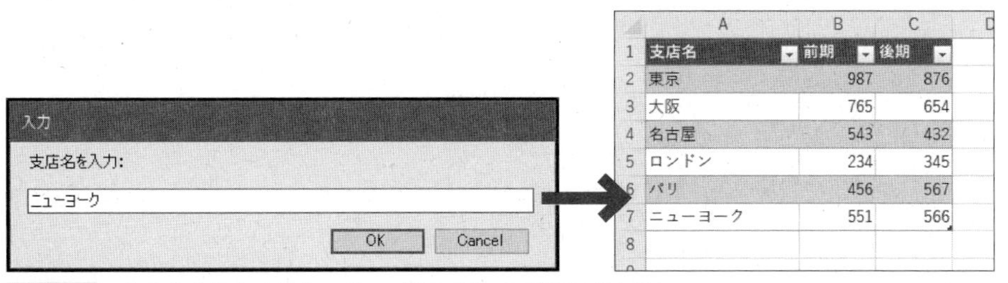

図4-63　支店名を入力すると、テーブルにデータが追加される。

テーブルのデータを削除する

続いて、データの削除を行いましょう。PADには、Excelの行を追加・削除するためのアクションが用意されています。これを利用することで、不要なデータを削除できます。

「Excelワークシートに行を挿入」

Excelインスタンスで開かれているワークシートで、指定の場所に新しい行を追加します。「行インスタンス」で、挿入する行の番号を指定します。

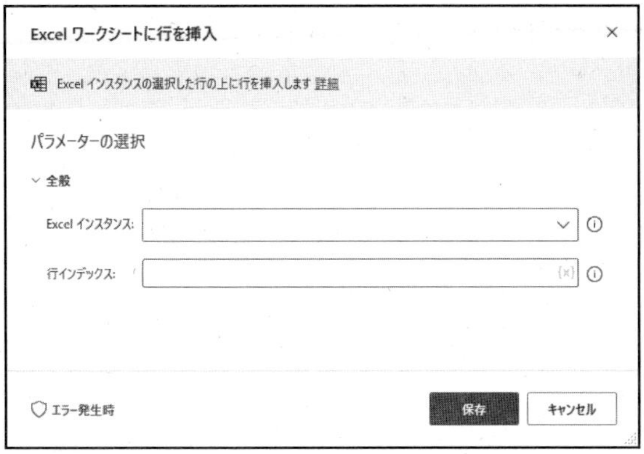

図4-64　「Excelワークシートに行を挿入」の設定。

「Excelワークシートから行を削除」

Excelインスタンスで開かれているワークシートで、指定の行を削除します。「行の削除」設定で削除する行の番号を指定します。

図4-65 「Excelワークシートから行を削除」の設定。

新しいフローに「実行中のExcelに添付」アクション

では、新しいフローを用意しましょう。今回は「Excelフロー3」としておきます。そして作成されたフローに「Excel」内から「実行中のExcelに添付」アクションを配置しましょう。「ドキュメント名」では「PADサンプル.xlsx」を選択しておきます。

図4-66 「実行中のExcelに添付」アクション」の設定。

「入力ダイアログを表示」アクション

続いて、削除する行を入力する「入力ダイアログを表示」アクションを配置します。ここでは以下の項目を設定します。

入力ダイアログのタイトル	入力
入力ダイアログメッセージ	削除する行番号：

既定値	0

（※その他はすべてデフォルトのまま。生成された変数はUserInputのみ使うのでButtonPressedはOFFにしてもOK）

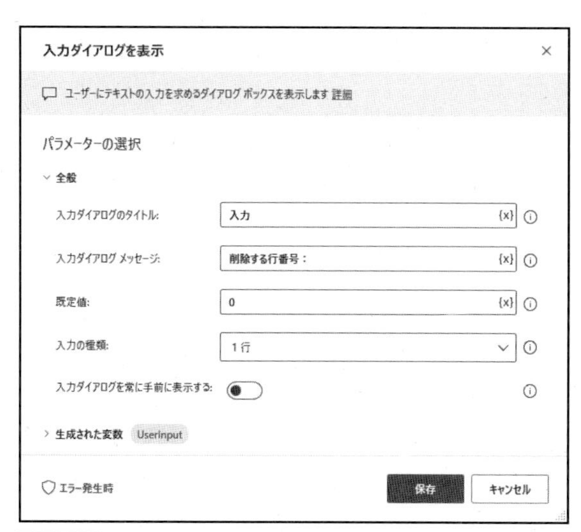

図4-67 「入力ダイアログを表示」の設定。

「Excelワークシートから行を削除」アクション

これで削除の準備ができました。では、「Excel」内の「詳細」から「Excelワークシートから行を削除」アクションをドラッグ&ドロップで配置してください。そして以下のように設定をしておきます。

Excelインスタンス	{x}をクリックし「ExcelInstance」変数を選択
行の削除	{x}をクリックし「UserInput」変数を選択

これで、入力ダイアログで入力した番号の行を削除します。

Excel ワークシートから行を削除

Excel インスタンスから選択した行を削除します 詳細

パラメーターの選択

全般

Excel インスタンス: %ExcelInstance%

行の削除: %UserInput%

エラー発生時　保存　キャンセル

図4-68 「Excelワークシートから行を削除」の設定。

Chapter 1
Chapter 2
Chapter 3
Chapter 4
Chapter 5
Chapter 6
Chapter 7
Addendum

フローを実行

できたらフローを実行しましょう。入力ダイアログが現れたら削除する行の番号を記入し、OKします。これで入力した行のデータが削除されます。非常に簡単ですが削除したデータは元には戻らないので慎重に利用しましょう。

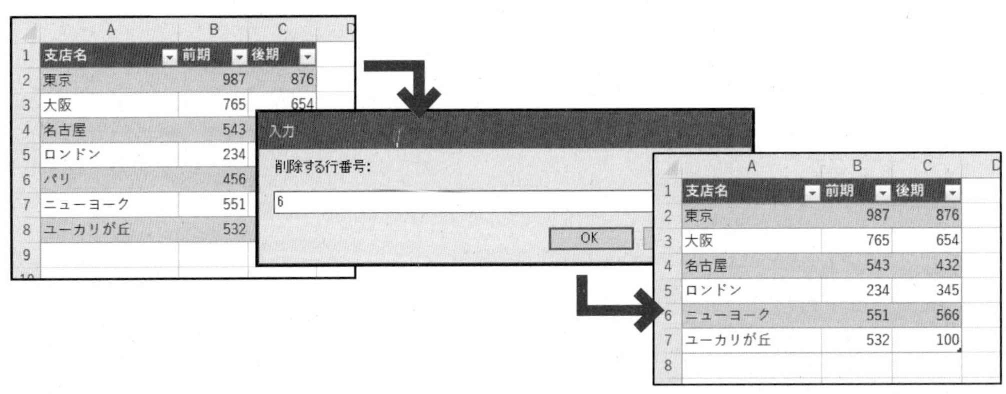

図4-69 入力ダイアログで行番号を記入すると、その行が削除される。

データを検索するには？

多量のデータを扱う場合、追加や削除の他に「データの検索」が行えると非常に便利です。PADのExcel関係の機能にも、検索に関するアクションが用意されています。以下のアクションです。

「Excelワークシート内のセルを検索して置換する」

名前からすると置換を実行するもののように見えますが、これは検索と置換の療法に対応しているアクションです。このアクションには以下のような設定項目が用意されています。

Excelインスタンス	使用するExcelインスタンスです。
検索モード	「検索」「検索して置換」のいずれかを選びます。
すべての一致	ONにすると一致するすべてのセルを検索置換します。OFFだと最初のセルのみを検索置換します。
検索するテキスト	検索するテキストを指定します。
置換するテキスト	検索モードを「検索して置換」にすると表示されます。置換するテキストを指定します。
一致するサポート案件	半角英文字で大文字と小文字を区別するかどうかを指定します。
セルの内容が完全に一致する	セルのテキストと検索テキストが完全一致するものののみ検索します(検索テキストを含むものは除外する)
検索条件	行ごとに検索するか、列ごとに検索するかを指定します。
生成された変数	検索した行・列の値を指定します。「すべての一致」をONにした場合は検索したセルすべての行列の値を一つのリストにまとめます。

「検索モード」の指定により、検索するだけか、値を置換するかを設定できます。「検索して置換」にすると、Excelのワークシートの値を直接書き換えてしまうので注意してください。

Excel ワークシート内のセルを検索して置換する
テキストを検索し、Excel インスタンスのアクティブなワークシート内の別のテキストに置換する 詳細
パラメーターの選択
全般
Excel インスタンス: %ExcelInstance%
検索モード: 検索
すべての一致:
検索するテキスト:
一致するサポート案件:
セルの内容が完全に一致する:
検索条件: 行
生成された変数 FoundColumnIndex2 FoundRowIndex2
エラー発生時 保存 キャンセル

図4-70 「Excelワークシート内のセルを検索して置換する」アクションの設定。

特定の支店のデータを表示する

では検索の利用例として、支店名を入力すると、その支店のデータを検索し表示する、というフローを作ってみましょう。

「Power Automate」ウィンドウで「新しいフロー」をクリックし、新たにフローを作成してください。名前は「Excelフロー4」としておきます。そして順にアクションを組み込んでいきます。

まず最初に用意するのは「実行中のExcelに添付」アクションです。設定パネルでは、「ドキュメント名」に「PADサンプル.xlsx」を指定しておきます。

図4-71 「実行中のExcelに添付」アクションの設定。

「Excelワークシートから読み取り」アクション

続いて、Excelのワークシートのデータを取得します。「Excel」内から「Excelワークシートから読み取り」アクションをドラッグ&ドロップで配置し、以下のように設定ください。

Excelインスタンス	「v」をクリックし「ExcelInstance」変数を選択。
取得	「ワークシートに含まれている使用可能なすべての値」を選択。
セルの内容をテキストとして取得	OFF
範囲の最初の行に列名が含まれています	ON
生成された変数	ExcelData（デフォルトのまま）

Excel ワークシートから読み取り
Excel インスタンスのアクティブなワークシートからセルまたはセル範囲の値を読み取ります 詳細
パラメーターの選択
全般
Excel インスタンス: %ExcelInstance%
取得: ワークシートに含まれる使用可能なすべての値
詳細
セルの内容をテキストとして取得:
範囲の最初の行に列名が含まれています:
生成された変数 ExcelData
エラー発生時
保存 キャンセル

図4-72 「Excelワークシートから読み取り」の設定。

「入力ダイアログを表示」アクション

Excelが用意できたら、検索のためのテキストを入力します。「メッセージボックス」から「入力ダイアログを表示」アクションをドラッグ&ドロップして配置してください。そして以下のように設定します。

入力ダイアログのタイトル	検索
入力ダイアログのメッセージ	検索するテキスト：

(※他の設定はデフォルトのまま。生成された変数はButtonPressedは使わないのでOFFにしてもOK)

入力ダイアログを表示
ユーザーにテキストの入力を求めるダイアログ ボックスを表示します 詳細
パラメーターの選択
全般
入力ダイアログのタイトル: 検索
入力ダイアログ メッセージ: 検索テキストを入力：
既定値:
入力の種類: 1 行
入力ダイアログを常に手前に表示する:
生成された変数 UserInput
エラー発生時
保存 キャンセル

図4-73 「入力ダイアログを表示」アクションの結果。

「Excelワークシート内のセルを検索して置換する」アクション

では、検索を実行しましょう。検索は、「Excel」内の「詳細」というところに用意されています。この中から「Excelワークシート内のセルを検索して置換する」というアクションをドラッグ&ドロップで配置してください。そして以下のように設定をします。

Excelインスタンス	「v」をクリックし「ExcelInstance」変数を選択。
検索モード	検索
すべての一致	OFF
検索するテキスト	{x}をクリックし「UserInput」変数を選択。
一致するサポート案件	OFF
セルの内容が完全に一致する	OFF
検索条件	行
生成された変数	「FoundColumnIndex」「FoundRowIndex」

これで、入力したテキスト(UserInput変数)のテキストをデータから検索します。

図4-74 「Excelワークシート内のセルを検索して置換する」アクションの設定。

「メッセージを表示」アクション

データが検索できたら、その内容をメッセージで表示しましょう。「メッセージボックス」内にある「メッセージを表示」をドラッグ&ドロップして配置しましょう。そして以下のように設定をしておきます。

メッセージボックスのタイトル	結果
表示するメッセージ	%ExcelData[FoundRowIndex - 2]%

ここでは、ワークシートのデータを取り出してあるExcelDataから、検索した行のデータだけを抜き出して表示します。検索された行は、FoundRowIndex変数に保管されていますから、ExcelData[FoundRowIndex - 2]として取り出します(FoundRowIndexは最初のデータが1になりますが、ExcelDataのインデックスはゼロから割り振られます。更にExcelDataにはヘッダーの行がないため、2を引いています)。

図4-75 「メッセージを表示」の設定。

フローを実行する

では、完成したらフローを保存し実行してみましょう。入力ダイアログで支店名を入力しOKすると、その支店のデータが表示されます。これで検索もできるようになりました！

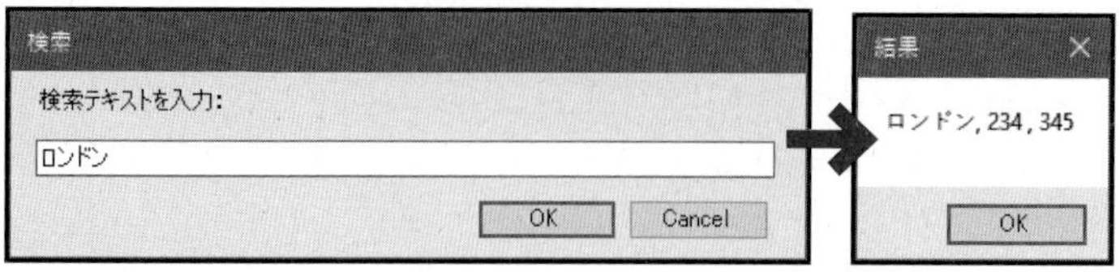

図4-76　支店名を入力するとそのデータが表示される。

支店名のリストから項目を選ぶ

検索は、支店名がわからないと行えません。また正しく支店名を入力する必要もあります。もっと簡単確実にデータを取り出したければ、支店名のリストから見たい項目を選んで表示するようなこともできます。PADには、リストをもとにプルダウンメニューを作成して表示するメッセージボックスも用意されています。これを利用すれば、確実にデータを取り出せるようになります。

では、やってみましょう。先ほどのフローを修正して使うことにします。配置してある「入力ダイアログを表示」「Excelワークシート内のセルを検索して置換する」のアクションを順に選択し、Deleteキーで削除してください。

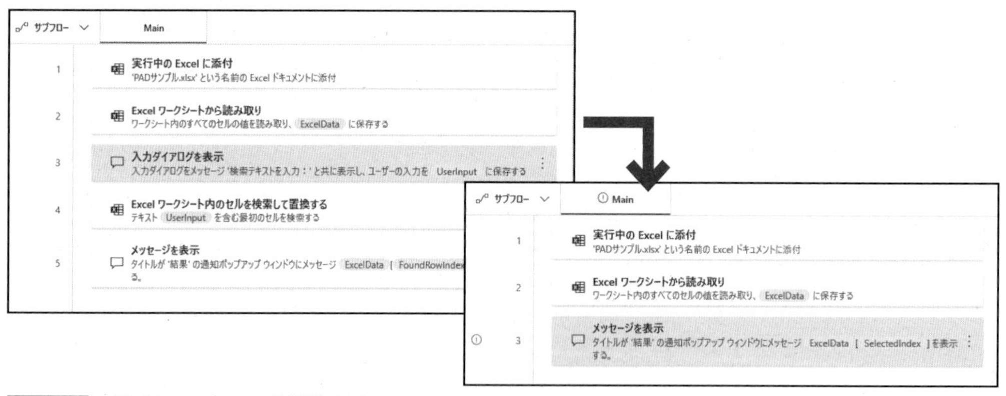

図4-77　不要なアクションを削除する。

「データテーブル行をリストに取得」アクション

今回は、データテーブルの中から「支店名」の列データをリストとして取り出し利用します。これは、「アクション」ペインの「変数」のところにある「データテーブル行をリストに取得」というアクションを使います。

これをドラッグし、「Excelワークシートから読み取り」アクションの下に配置してください。以下のような設定が表示されます。

Chapter 1
Chapter 2
Chapter 3
Chapter 4
Chapter 5
Chapter 6
Chapter 7
Addendum

データテーブル	データを取得するデータテーブルを指定します。{x}をクリックし、「ExcelData」変数を選択してください。
列名またはインデックス	取得する列の番号か名前を指定します。ここでは「支店名」と入力しておきましょう。

これで、「支店名」のデータがリストとして「ColumnAsList」変数に取り出されます。これを利用してメッセージボックスを表示します。

図4-78 「データテーブル行をリストに取得」の設定。

「リストから選択ダイアログを表示」アクション

リストをもとに選択肢をプルダウンメニューで表示するダイアログは、「メッセージボックス」内にある「リストから選択ダイアログを表示」というアクションを使います。これをドラッグし、先ほどの「データテーブル行をリストに取得」アクションの下にドロップします。これで以下のように設定が現れます。

ダイアログのタイトル	タイトルの指定です。「選択」と記入しておきましょう。
ダイアログメッセージ	ダイアログに表示するメッセージです。「支店を選択：」と記入しておきます。
選択元のリスト	ここで、選択肢として使うリストを指定します。{x}をクリックし、「ColumnAsList」変数を選択してください。
選択ダイアログを常に手前に表示する	ダイアログを一番手前に表示します。これはOFFでいいでしょう。
リストに制限	リスト以外の値の入力を許可するかどうかです。ONにして許可しないようにします。

空の選択を許可	何も選択していない状態を許可するかどうかです。OFFにして、許可しないようにします。
複数の選択を許可	複数項目を選択できるようにするかです。OFFにしておきます。

(※その他はデフォルトのまま。生成された変数では、ButtonPressedは使ってないのでOFFにしてもOK)

これでColumnAsListをもとにリストを表示するダイアログが作成されます。選択した項目は、「SelectedItem」「SelectedIndex」でそれぞれ選んだ項目名とインデックス番号が渡されます。

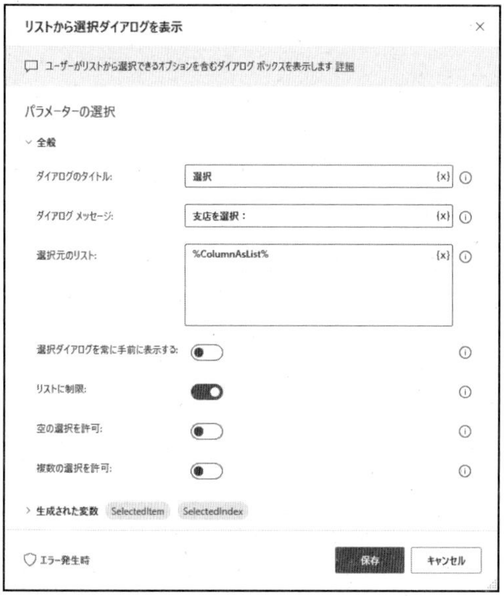

図4-79 「リストから選択ダイアログを表示」の設定。

「メッセージを表示」の修正

最後に、「メッセージを表示」アクションの修正を行いましょう。「表示するメッセージ」の値を以下のように変更してください。

```
%ExcelData[SelectedIndex]%
```

これで、選択ダイアログで選択した支店のデータがExcelDataから取り出され表示されるようになります。

メッセージを表示

メッセージ ボックスを表示します 詳細

パラメーターの選択

全般

メッセージ ボックスのタイトル: 結果

表示するメッセージ: %ExcelData[SelectedIndex]%

図4-80 「メッセージを表示」の「表示するメッセージ」を修正する。

フローを実行しよう

では、フローを保存し、実行しましょう。まず支店名を選択するダイアログが現れるので、ここで支店を選択し、OKします。すると、その支店のデータが表示されます。

このように、列データをリストとして取り出し利用できるようにすると、非常に簡単にデータを取り出せるようになります。ただし、この方法は、行データ数がそれほど多くない場合にのみ有効です。データ数が数百数千といった数になると、それをリストから選択するのはかなり大変です。このような場合は、検索を使ったほうが便利でしょう。

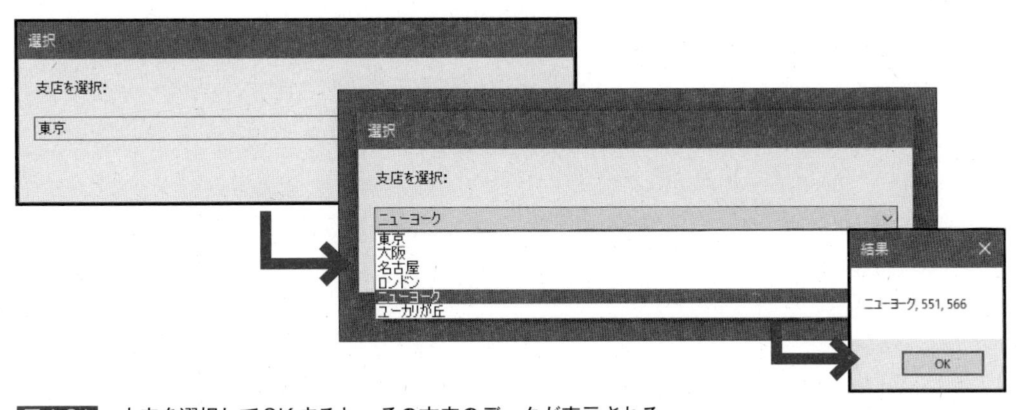

図4-81 支店を選択してOKすると、その支店のデータが表示される。

その他のデータ操作

これで、Excelを利用する基本的なアクションはだいたい説明しました。この他にも、覚えておくと便利なアクションは多数あります。以下に主なものを簡単に整理しておきましょう。

「新しいワークシートの追加」

Excelインスタンスにワークシートを作成します。Excelインスタンスの設定の他、以下のような項目が設定として用意されています。

新しいワークシート名	新たに作成するワークシートの名前です。
名前をつけてワークシートを追加	ワークシートをどこに追加するか指定します。「最初のワークシート」「最後のワークシート」のいずれかを選びます。

図4-82 「新しいワークシートの追加」アクションの設定。

「Excelの保存」

使用しているExcelのワークブックファイルを保存するためのものです。Excelインスタンスの他、「保存モード」という設定が用意されており、これでそのまま保存するか、名前を付けて保存するか指定できます。

図4-83 「Excelの保存」アクションの設定。

「Excelワークシートを削除」

Excelのワークシートを削除するためのものです。Excelインスタンスの他、以下の設定が用意されています。

次とともにワークシートを削除	削除するワークシートを「名前」「インデックス」のどちらで指定するかを選びます。
ワークシート名/ワークシートインデックス	削除するワークシートの名前またはインデックスを指定します。これは「次とともにワークシートを削除」でどちらを選んだかで表示される項目が変わります。

図4-84 「Excelワークシートを削除」アクションの設定。

「選択したセル範囲をExcelワークシートから取得」

現在、選択されているセルの範囲を調べるためのものです。設定はExcelインスタンスしかありません。これを実行すると、デフォルトで以下のような変数に値が取り出されます。

FirstColumnIndex	最初の列番号
FirstRowIndex	最初の行番号
LastColumnIndex	最後の列番号
LastRowIndex	最後の行番号

図4-85 「選択したセル範囲をExcelワークシートから取得」アクションの設定。

「Excelワークシートからセルをコピー」

開いているワークシートから特定のセルをコピーします。Excelインスタンスの他、以下のような設定が用意されています。

コピーモード	どのセルをコピーするかを指定します。「単一セルの値」「セル範囲の値」「選択範囲の値」「ワークシートに含まれる使用可能なすべての値」のいずれかを選びます。
先頭列／先頭行／最終列／最終行	「単一セルの値」「セル範囲の値」を選ぶと、コピーするセルの位置や範囲を指定するための項目が表示されます。

このアクションは、セルの値をクリップボードにコピーするものです。指定したセルの値を変数などで取り出すわけではありません。

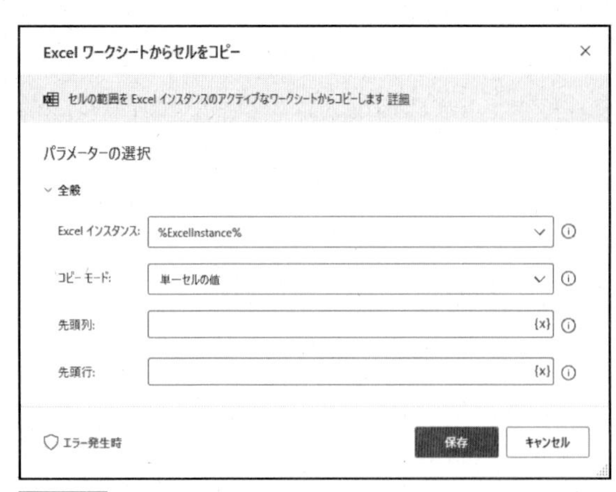

図4-86 「Excelワークシートからセルをコピー」アクションの設定。

「Excelワークシートにセルを貼り付け」

指定視された場所にクリップボードのセルの値をペーストします。Excelインスタンス以外に以下の設定項目が用意されています。

貼り付けモード	どこにペーストするかを指定します。「指定したセル上」「現在のアクティブなセル上」のいずれかを選びます。
列/行	「指定したセル上」を選ぶと、セルの列と行の番号を入力する項目が表示されます。

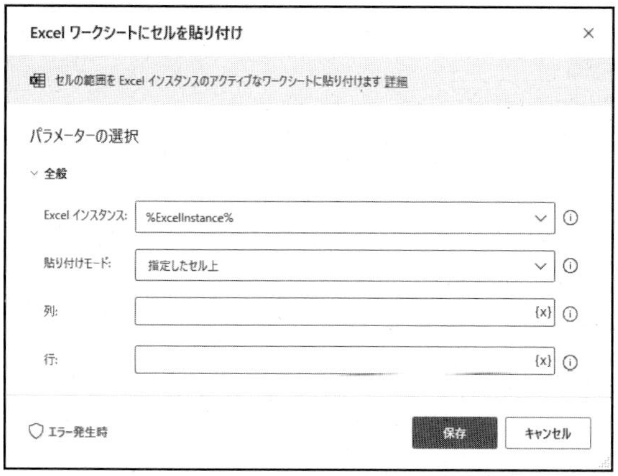

図4-87 「Excelワークシートにセルを貼り付け」アクションの設定。

「Excelワークシートから削除する」

ワークシートにあるセルを削除するものです。Excelインスタンスの他、以下の設定項目があります。

取得	削除するセルの指定です。「単一セルの指定」「セル範囲の指定」のいずれかを選びます。
先頭列/先頭行/最終列/最終行	「単一セルの値」「セル範囲の値」のいずれを選ぶかにより、セルの位置や範囲を指定するための項目が表示されます。
方向をシフトする	セルを削除したら、横方向と縦方向のどの方向のセルを削除部分に移動するかを指定します。「左」「上へ」のいずれかを指定します。

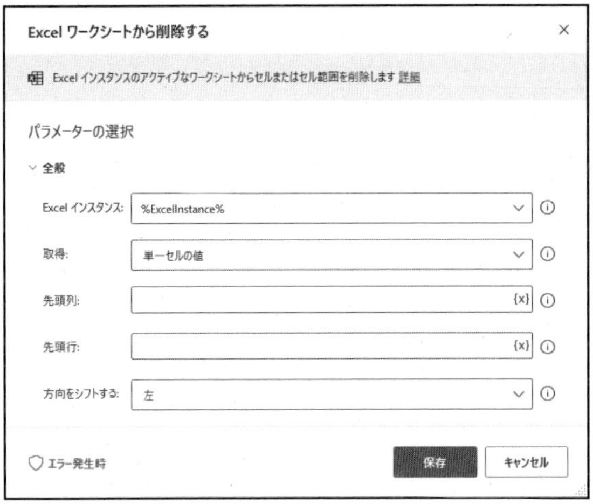

Excel ワークシートから削除する

Excel インスタンスのアクティブなワークシートからセルまたはセル範囲を削除します 詳細

パラメーターの選択

全般

Excel インスタンス: %ExcelInstance%

取得: 単一セルの値

先頭列: {x}

先頭行: {x}

方向をシフトする: 左

エラー発生時　保存　キャンセル

図4-88 「Excelワークシートから削除する」アクションの設定。

Excel利用のポイントは「データテーブルの利用」

以上、Excelのデータを扱う基本について一通り説明をしました。「Excelのデータを利用する」というのは、「データテーブルを利用する」ということです。

ワークシートに保存されているデータをデータテーブルとして取り出し、いかに利用するか、それが最大のポイントといえます。データテーブルを自在に扱えるようになることが、Excelを活用するためにもっとも必要なことだといえるでしょう。

PADを使うとワークシートの値を自由に操作できますが、それはすなわち「自分が気づかないうちに勝手に値が書き換わる」ということです。

便利であるだけでなく、その危険性もよく理解してください。下手をすると重要なデータが無残な形に書き換えられてしまう可能性もあるのですから。どの値をどう書き換えるかをしっかりと把握して操作を行うようにしてください。

Excelの利用はこれでひとまず終わりですが、これから先、何かのデータを扱う場合には、「Excelにデータを保存し利用する」という方法を採ることになるでしょう。Excelは、データ保管の基本としてPADでは活用されます。

「あまりExcelは使ってないから関係ない」とは考えず、Excelのデータ操作の基本はここでしっかり理解しておきましょう。今後、必ず使うことになりますから。

Chapter

5

ファイルとフォルダーの利用

パソコンの操作でもっとも「自動化できると便利」なものは、ファイル操作でしょう。ここでは、ファイルとフォルダーの基本的な操作について説明します。またテキストファイルやCSVファイル、PDFやZipなどのファイルの利用についても触れておきましょう。

Section 5-1

ファイルを操作する

ファイルを選択する

「パソコンでやる面倒くさい作業」として誰しも思い浮かぶのは、ファイルやフォルダーに関するものでしょう。例えば必要なファイルをフォルダーにまとめたり、多数のファイルに番号を割り振ったり、といったことですね。こうしたファイルとフォルダーの扱いについて説明をしていきましょう。

ファイルを扱う場合、最初に覚えるべきは、「ファイルの選択方法」でしょう。ファイルやフォルダーは、パスを使って指定することができます。が、ファイルのパスは正確に記述しなければうまくファイルを指定することができません。またファイルパスを直接値として指定しておくと、ファイルを移動したりファイル名を変更したりするだけでフローが動かなくなります。

こうしたことを考えると、フローではファイルを選択して利用するようなやり方を取るべきでしょう。

ファイルの選択ダイアログについて

ファイルの選択は、「メッセージボックス」に用意されている「ファイルの選択ダイアログを表示」というアクションを使います。これは以下のような設定項目を持っています。

ダイアログのタイトル	ファイルの選択ダイアログのタイトルを指定します。
初期フォルダー	ダイアログで最初に開かれているフォルダーを指定します。
ファイルフィルター	特定の種類のファイルのみを表示させるためのフィルターを設定します。
ファイル選択ダイアログを常に手前に表示する	ダイアログを一番手前に表示します。
複数の選択を許可	複数のファイルを選択できるかどうかを指定します。
ファイルが存在するかどうかを確認	ファイルが存在するか常に確認します。

これらを設定して実行すると、ファイルの選択ダイアログが現れ、そこで選択したファイルが「SelectedFile」という変数に取り出されます(デフォルトの場合)。

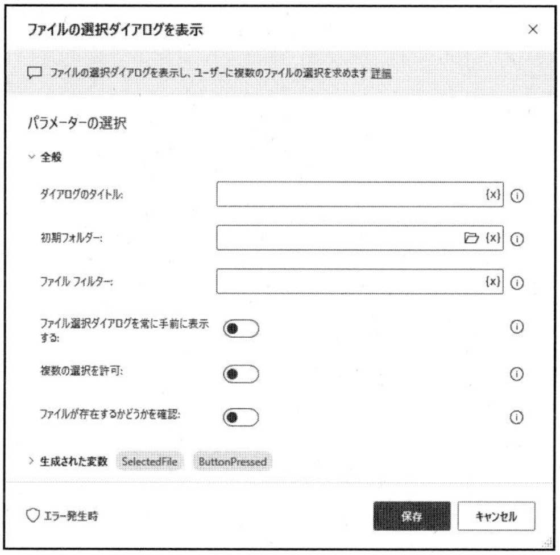

図5-1　「ファイルの選択ダイアログを表示」アクションの設定。

選択ダイアログを使う

では、実際にアクションを使ってみましょう。まずは、新しいフローを用意しましょう。「Power Autoamte」ウィンドウから「新しいフロー」をクリックし、「ファイルフロー1」という名前でフローを作成してください。

そして、「メッセージボックス」内から「ファイルの選択ダイアログを表示」アクションをドラッグ&ドロップして配置します。設定は以下のようにしておきましょう。

ダイアログのタイトル	ファイルを選択
初期フォルダー	「ファイル」アイコンをクリックし、デスクトップを選択
ファイルフィルター	*.txt

「ファイルフィルター」は、選択ダイアログに表示するファイルを設定するものです。「*.txt」というのは、ファイル名の末尾が.txtのものを示します(*はワイルドカードといってどんな文字でも当てはまります)。これで「○○.txt」という名前のファイルだけが選択できるようになります。

ファイルの選択ダイアログを表示
ファイルの選択ダイアログを表示し、ユーザーに複数のファイルの選択を求めます 詳細
パラメーターの選択
全般
ダイアログのタイトル: ファイルを選択
初期フォルダー: D:\tuyan\Desktop
ファイル フィルター: *.txt
ファイル選択ダイアログを常に手前に表示する:
複数の選択を許可:
ファイルが存在するかどうかを確認:
生成された変数 SelectedFile ButtonPressed
エラー発生時
保存 キャンセル

図5-2 「ファイルの選択ダイアログを表示」を設定する。

フローを実行する

では、フローを保存して実行しましょう。するとファイルを選択するダイアログが現れるので、ここでファイルを選びます。まだダイアログを呼び出すだけなので何も起こりませんが、エラーなく動作するでしょう。

図5-3 ファイルを選択するダイアログが現れる。

「ファイル」オブジェクトについて

フローを実行したら、「変数」ペインから「フロー変数」を見てみましょう。ここに二つの変数が用意されているのがわかります。

「ButtonPressed」は、選択したボタン名が入っている変数です。そして「SelectedFile」という変数が、選択したファイルの値になります。

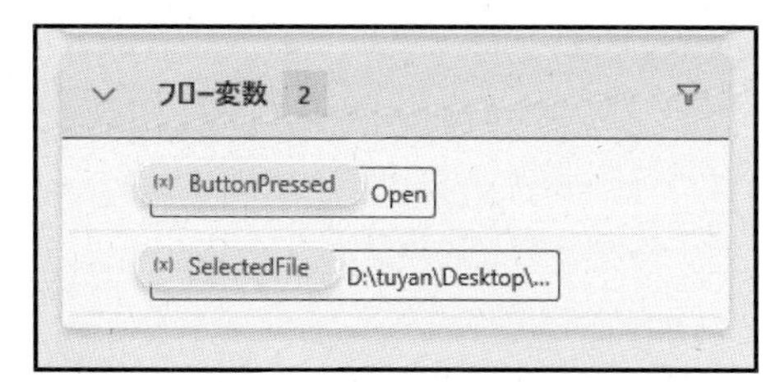

図5-4　フロー変数が二つ追加されている。

「ファイル」オブジェクトの内容

この「SelectedFile」という変数をダブルクリックして開いてみましょう。すると、その中に多数の値が表示されるのがわかるでしょう。

このSelecedFileに設定されている値は、選択したファイルのパスを示すテキストなどではありません。これは「ファイル」というオブジェクトです。このオブジェクトは、ファイルに関する情報をまとめて管理する特別な値なのです。

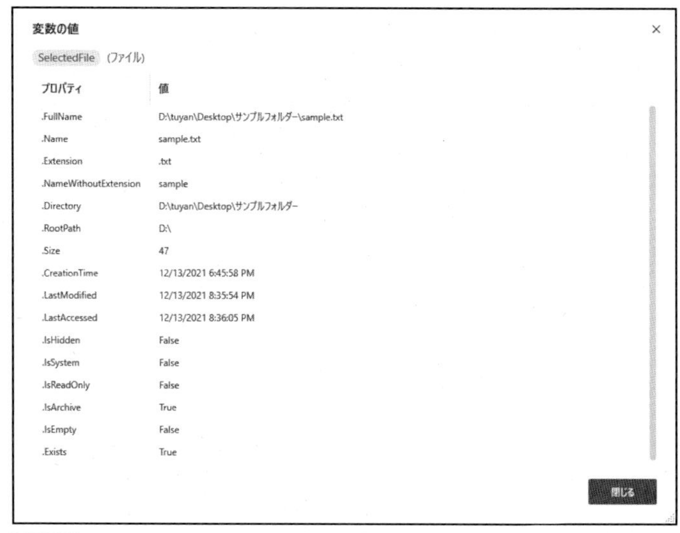

図5-5　SelectedFileには「ファイル」というオブジェクトが保管されている。

データをExcelに出力する

「ファイル」オブジェクトから、ファイルのさまざまな情報を取り出してみましょう。ここでは取り出した情報を保管しておくのにExcelを利用することにします。まず「Excelに出力」というフローを作成し、これをファイルフロー1から呼び出して使うことにしましょう。

では、「Power Automate」ウィンドウから「新しいフロー」をクリックし、「Excelに出力」という名前で作成してください。

フローができたら、最初に入力変数を用意します。「変数」ペインの「入出力変数」にある「+」をクリックし、「入力」を選びます。設定パネルが現れたら、以下のように記入します。

変数名	data
外部名	data

(※他はデフォルトのまま)

図5-6 入力変数を新たに作成する。

アクションの作成

では、アクションを作成していきましょう。以下に記述する順番にアクションを作成してください。なお、今回はExcelで「PADサンプル.xlsx」ファイルを使いますので、あらかじめこのファイルをExcelで開いた状態にしておきましょう。

1.「テキストの分割(「テキスト」内)

分割するテキスト	{x}をクリックし「data」を選択
区切り記号の種類	カスタム
カスタム区切り記号	,(半角カンマ記号)
正規表現である	OFF
生成された変数	TextList

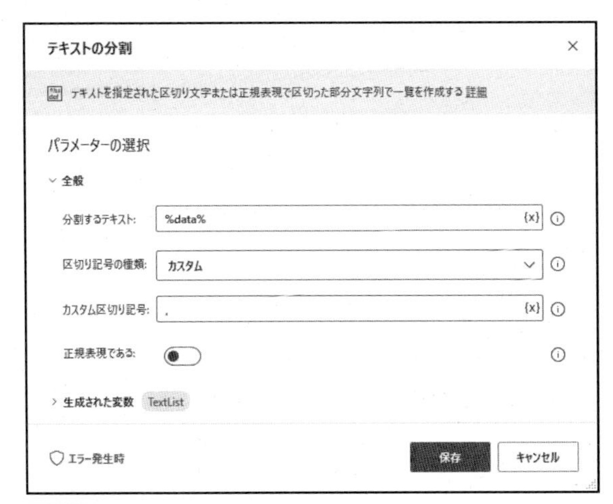

図5-7　「テキストの分割」の設定。

●2.「実行中のExcelに添付」(「Excel」内)

ドキュメント名	(Excelで「PADサンプル.xlsx」を開き、これを選択)
生成された変数	ExcelInstance

図5-8　「実行中のExcelに添付」の設定。

●3.「Excelワークシートから最初の空の列や行を取得」

Excelインスタンス	ExcelInstance
生成された変数	「FirstFreeColumn」「FirstFreeRow」

Excel ワークシートから最初の空の列や行を取得

アクティブなワークシートの最初の空の列や行を取得します。これは、既にデータが含まれているワークシートに新しいデータを追加する場合に便利です 詳細

パラメーターの選択

全般

Excel インスタンス: %ExcelInstance%

生成された変数 FirstFreeColumn FirstFreeRow

エラー発生時 保存 キャンセル

図5-9 「Excelワークシートから最初の空の列や行を取得」の設定。

●4.「Excelワークシートに書き込み」

Excelインスタンス	ExcelInstance
書き込む値	%{ TextList }%
書き込みモード	指定したセル上
列	1
行	{x}をクリックし「FirstFreeRow」を選択

図5-10 「Excelワークシートに書き込み」の設定。

アクションの並びをチェック

これでフローは完成です。全部で四つのアクションが用意されます。それぞれの並び順と、設定項目の内容をよく確認してください。

サブフロー　Main

1 テキストの分割
テキスト要素を区切り記号 ',' で区切ることによってテキスト data を変換

2 実行中の Excel に添付
'PADサンプル.xlsx' という名前の Excel ドキュメントに添付

3 Excel ワークシートから最初の空の列や行を取得
インスタンスが ExcelInstance に保存されている Excel ドキュメントのアクティブなワークシート内の最初の空の列/行を取得

4 Excel ワークシートに書き込み
Excel インスタンス ExcelInstance の列 1 および行 FirstFreeRow のセルに値 {TextList} を書き込み

図5-11　完成したフロー。四つのアクションが並ぶ。

 選択したファイル情報をExcelに出力 

では、「ファイルフロー 1」に戻って、選択ダイアログから取得したファイルの情報をまとめてExcelに出力させましょう。

では、「ファイルの選択ダイアログを表示」アクションの下に、「変数」内にある「変数の設定」アクションをドロップして追加してください。そして以下のように設定しましょう。

設定	NewVar
宛先	%[SelectedFile.FullName, SelectedFile.Name, SelectedFile.CreationTime, SelectedFile.LastAccessed, SelectedFile.Size]%

ここでは、宛先のところにSelectedFile変数から取り出した値をリストにまとめたものを用意してあります。ファイルのオブジェクトに保管されている値(プロパティといいます)は、「ファイル.プロパティ」という形で記述することで取り出せます。例えば、SelectedFile.FullNameという記述は、SelectedFile変数の中にあるFullNameというプロパティの値を示します。

このようにして、ここでは以下の項目の値をリストにまとめています。

FullName	フルパス
Name	ファイル名
CreationTime	作成日時
LastAccessed	最後にアクセスした日時
Size	ファイルサイズ(バイト単位)

この他にも多数の値がプロパティとして保管されていますが、とりあえずこれぐらい使えるようになれば、いろいろと役に立つでしょう。

図5-12 「変数を設定」でファイルの情報を変数に取り出す。

その他のファイル情報

ここで使った値以外にもファイルにはさまざまな値がプロパティとして用意されています。以下にそれ以外の値について簡単にまとめておきます。

Extension	拡張子
NameWithoutExtention	拡張子以外のファイル名部分
Directory	ファイルが置かれているフォルダーのパス
RootPath	ルートのパス(C:\ など)
LastModified	最終更新日時
IsHidden	非表示か否か(真偽値)
IsSystem	システムフォルダーか否か(真偽値)
IsReadOnly	読み取りのみ、書き込み不可か(真偽値)
IsArchive	アーカイブファイルか否か(真偽値)
IsEmpty	空か否か(真偽値)
Exists	存在するファイルか否か(真偽値)

これらの中には「真偽値」という値のものがありますが、これは「正しいか、正しくないか」を表わす二者択一の値です。具体的には「True (正しい)」「False (正しくない)」のいずれかの値が設定されます。

「テキストの結合」アクション

フローの作成に戻りましょう。続いて、作成したリストをテキストに変換する処理を用意します。「テキスト」内から「テキストの結合」アクションをドラッグ&ドロップしてください。そして以下のように設定します。

結合するリストを指定	{x}で「NewVar」を選択
リスト項目を区切る区切り文字	カスタム
カスタム区切り文字	,（半角カンマ記号）
生成された変数	JoinedText

これでリストにまとめた情報を一つのテキストにできました。できたらフローを保存しておきましょう。後は、これを使ってフローを呼び出すだけです。

図5-13 「テキストの結合」の設定。

「Desktop フローを実行」アクション

では、「Excelに出力」フローを呼び出しましょう。これは「フローを実行する」というところにある「Desktop フローを実行」アクションで行います。これをドラッグ&ドロップし、以下のように設定してください。

Desktop フロー	Excelに出力

●入力変数

data	{x}をクリックし「JoinedText」を選択

これで、「Excelに出力」フローが実行されるようになります。これで、フローは完成です！

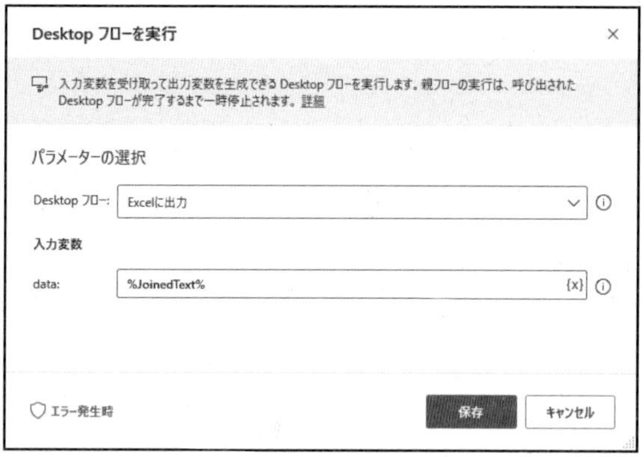

Desktop フローを実行

入力変数を受け取って出力変数を生成できる Desktop フローを実行します。親フローの実行は、呼び出された Desktop フローが完了するまで一時停止されます。詳細

パラメーターの選択

Desktop フロー: Excelに出力

入力変数

data: %JoinedText%

エラー発生時　保存　キャンセル

図5-14 「Excelに出力」を設定する。

フローを実行する

では、「ファイルフロー 1」を使ってみましょう。実行前に、Excelで「PADサンプル.xlsx」が開かれていることを確認してください。そして新しいシートを開き、一番上の行に以下のように項目を記述しておきましょう。

```
FullName Name  Createed     Accessed     Size
```

	A	B	C	D	E	F
1	FullName	Name	Createed	Accessed	Size	
2						

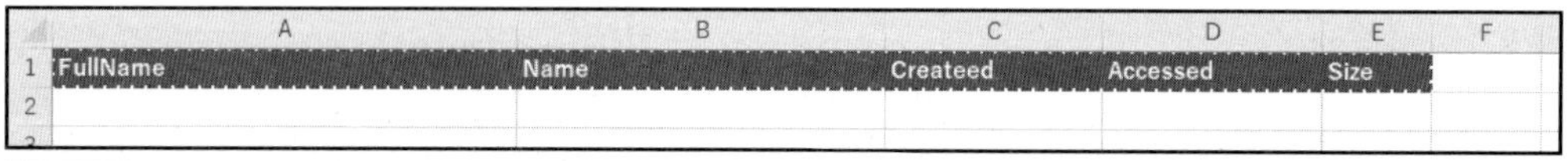

図5-15 シートの冒頭に列名を記入しておく。

準備ができたら、「ファイルフロー 1」を実行します。まずファイルの選択ダイアログがあら合われるのでファイルを選択しましょう。すると、Excelのシートに、選択したファイルの情報が出力されます。

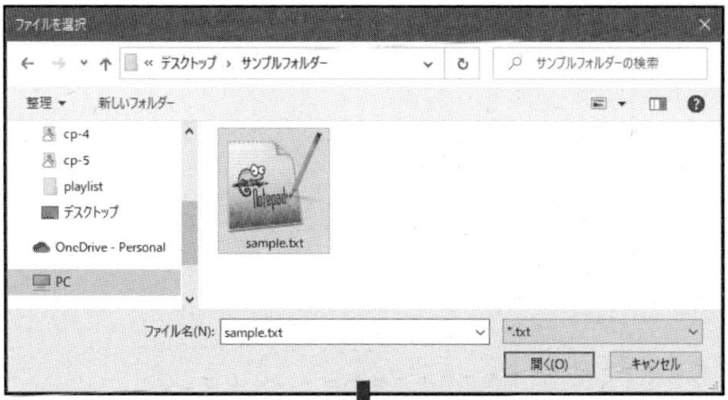

	A	B	C	D	E	F
1	FullName	Name	Createed	Accessed	Size	
2	D:¥tuyan¥Desktop¥サンプルフォルダー¥sam	sample.txt	2021/12/13 18:45	2021/12/13 20:36	47	
3						

図5-16 選択ダイアログからファイルを選ぶと、その情報がExcelに出力される。

ファイルの基本操作アクション

これでファイルを選択してオブジェクトとして取り出し利用する、という基本がわかりました。では、ファイルを操作するためのアクションにはどのようなものがあるでしょうか。主なアクションと設定を以下にまとめておきましょう。

「ファイルのコピー」

コピーするファイル	コピーする元のファイルを指定します。これはオブジェクトでもファイルパスのテキストでも構いません。また複数をコピーしたいときはリストにまとめて渡せます。
宛先フォルダー	コピー先のフォルダーを指定します。これは「フォルダー」というオブジェクトか、あるいはフォルダーのパスを指定します。
ファイルが存在する場合	既に同名のファイルがある場合どうするかを指定します。「何もしない(コピーをキャンセルする)」「上書き」から選びます。
生成される変数	コピーされたファイルのオブジェクトが保管される変数です。デフォルトでは「CopiedFiles」になっています。

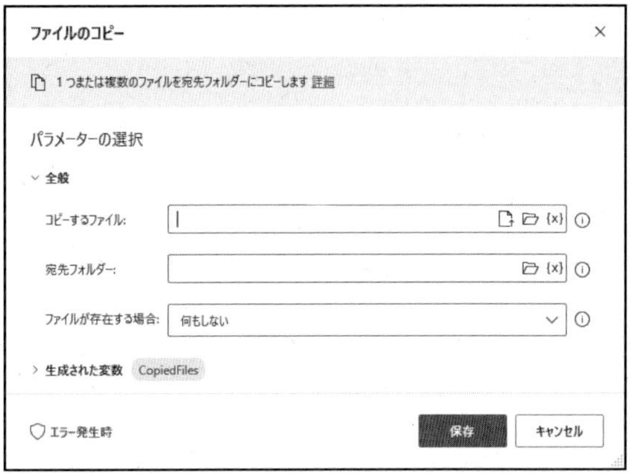

図5-17 「ファイルのコピー」アクションの設定。

「ファイルの移動」

移動するファイル	移動するファイルを指定します。オブジェクトまたはファイルパスのテキストを指定します。複数を移動する場合はリストにまとめて渡します。
宛先フォルダー	移動先のフォルダーを指定します。これはフォルダーか、またはフォルダーのパスを指定します。
ファイルが存在する場合	既に同名のファイルがある場合どうするかを指定します。「何もしない」「上書き」から選びます。
生成された変数	コピーされたファイルのオブジェクトが保管される変数です。デフォルトでは「MovedFiles」になります。

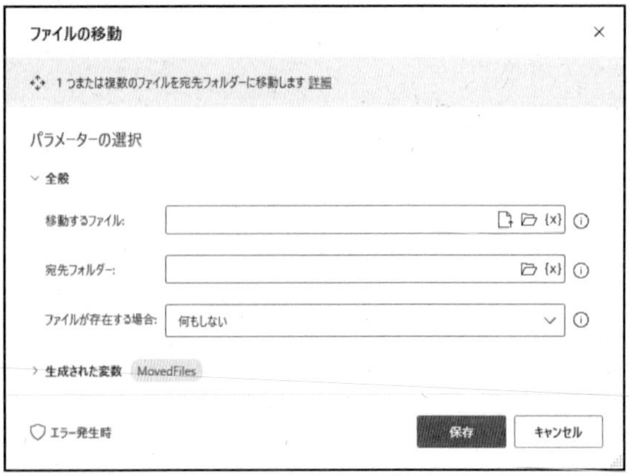

図5-18 「ファイルの移動」アクションの設定。

「ファイルの削除」

削除するファイル	削除するファイルまたはファイルパスを指定します。複数のファイルを削除する場合はリストにまとめます。

図5-19 「ファイルの削除」アクションの設定。

「ファイルの名前を変更する」

名前を変更するファイル	名前を変更するファイルを指定します。
名前の変更の方法	どのようにして新しい名前を設定するか指定します。通常は「新しい名前を設定する」でいいのですが、テキストや拡張子、日時、連番などをファイル名に追加する設定も用意されています。
新しいファイル名、他	名前の変更の方法で「新しい名前を設定する」を選ぶと、「新しいファイル名」という項目が表示されます。それ以外の項目が選ばれた場合は、選んだ項目に応じてファイル名に追加する値を入力する項目が用意されます。
拡張子を保持する	名前を変更しても最後にかならず拡張子が付けられるようにします。
ファイルが存在する場合	ファイルが既にある場合、上書きするか、何もしないかを選びます。
生成された変数	変更されたファイルのオブジェクトが変数に保管されます。デフォルトでは「RenamedFiles」となっています。

図5-20 「ファイルの名前を変更する」アクションの設定。

ファイルをバックアップする

では、ごく簡単な利用例として、選択したファイルを指定のフォルダーにバックアップするフローを作りましょう。新しいフロー「ファイルフロー2」を作成してください。そして以下の二つのアクションを作成します。

●1.「ファイルの選択ダイアログを表示」(「メッセージボックス」内)

ダイアログのタイトル	ファイルを選択
初期フォルダー	ファイルのアイコンをクリックしてデスクトップを選択
ファイルフィルター	(空のまま)
複数の選択を許可	ON
生成された変数	「SelectedFiles」「ButtonPressed」

(※その他はデフォルトのまま)

ファイルの選択ダイアログを表示
ファイルの選択ダイアログを表示し、ユーザーに複数のファイルの選択を求めます 詳細
パラメーターの選択
全般
ダイアログのタイトル: ファイルを選択
初期フォルダー: D:\tuyan\Desktop
ファイル フィルター:
ファイル選択ダイアログを常に手前に表示する:
複数の選択を許可:
ファイルが存在するかどうかを確認:
生成された変数 SelectedFiles ButtonPressed
エラー発生時 保存 キャンセル

図5-21 「ファイルの選択ダイアログを表示」の設定。

●2.「ファイルのコピー」(「ファイル」内)

コピーするファイル	{x}をクリックし「SelectedFiles」変数を選択
宛先フォルダー	フォルダーのアイコンをクリックし、コピー先を選択
ファイルが存在する場合	何もしない
生成された変数	「CopiedFiles」

「宛先フォルダー」は、ファイルを保存するフォルダーをそれぞれで用意して選択してください。サンプルではデスクトップに「バックアップ」というフォルダーを用意し、これを指定しておきました。

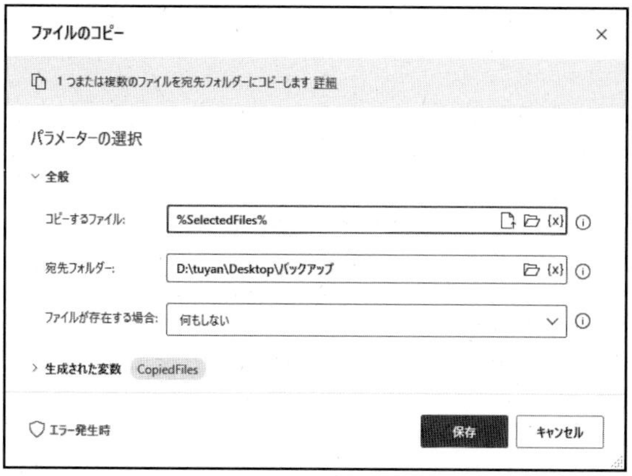

ファイルのコピー
1つまたは複数のファイルを宛先フォルダーにコピーします 詳細
パラメーターの選択
全般
コピーするファイル: %SelectedFiles%
宛先フォルダー: D:\tuyan\Desktop\バックアップ
ファイルが存在する場合: 何もしない
生成された変数 CopiedFiles
エラー発生時 保存 キャンセル

図5-22 「ファイルのコピー」の設定。

フローを実行する

では、フローを実行しましょう。ファイルの選択ダイアログが現れるので、ここでバックアップするファイルを選択します。ファイルはShiftキー+クリックなどで複数を選択できます。ファイルを選んでOKすると、選択したファイルがすべてバックアップ用に指定したフォルダーにコピーされます。

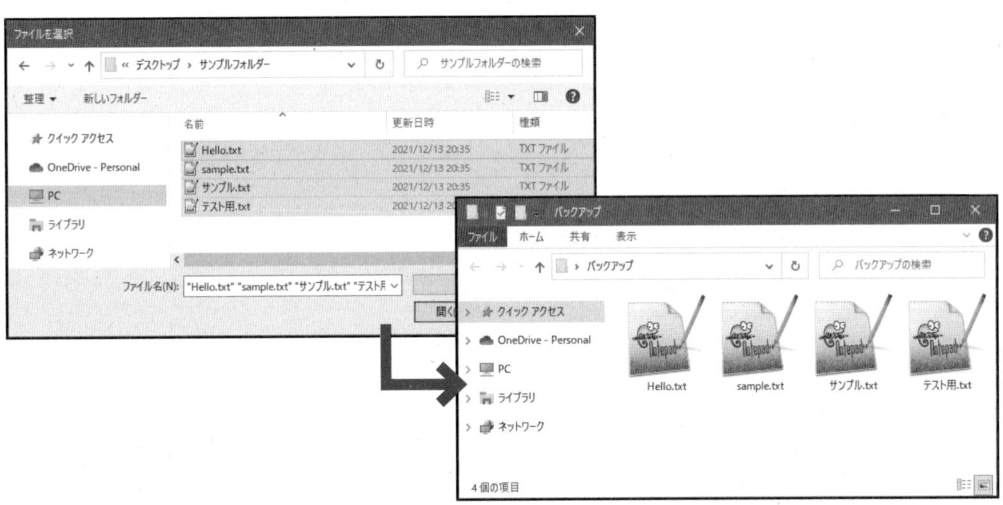

図5-23 ファイルを選択するとバックアップ用フォルダーにコピーされる。

Robinコード ファイルのバックアップ

ファイルを選択してバックアップフォルダーにコピーするフローのRobinコードを見てみましょう。なお、実際にペーストして使うときは、**デフォルトのフォルダーパス**と**コピー先のフォルダーパス**には、それぞれ設定してあるパスを記述してください。

リスト5-1

```
Display.SelectFileDialog.SelectFiles \
  Title: $'''ファイルを選択''' \
  InitialDirectory: $'''デフォルトのフォルダーパス''' \
  IsTopMost: False CheckIfFileExists: False \
  SelectedFiles=> SelectedFiles \
  ButtonPressed=> ButtonPressed

File.Copy Files: SelectedFiles \
  Destination: $'''コピー先のフォルダーパス''' \
  IfFileExists: File.IfExists.DoNothing \
  CopiedFiles=> CopiedFiles
```

ここで利用しているのは、ダイアログとファイル操作の命令二つだけです。

●フォルダー選択ダイアログの表示

```
Display.SelectFileDialog.SelectFiles Title:タイトル InitialDirectory:
初期フォルダーパス \
  SelectedFiles=>選択したファイルのリストを保管する変数
```

●ファイルのコピー

```
File.Copy Files:コピーするファイル Destination:コピー先のフォルダーパス \
  CopiedFiles=>コピーしたファイルのリストを保管する変数
```

ファイルのコピーは、File.Copyという命令です。ファイルを操作する命令は他にもたくさんありますが、基本的にはすべてFile.○○という形になっています。この形の命令があったら、「ここでファイルを操作しているんだな」とわかりますね！

Section 5-2 フォルダーを操作する

 フォルダーの利用について 

ファイルの選択と利用の基本はわかりましたが、では「フォルダー」はどうでしょうか。

フォルダーも、利用の際はパスを指定するか、フォルダーの選択ダイアログを使って指定をします。これは、「メッセージボックス」の中にある「フォルダーの選択ダイアログを表示」というアクションを使って行えます。

では、新しいフロー（ここでは「ファイルフロー 3」とします）を作成し、「フォルダーの選択ダイアログを表示」アクションを選択してみましょう。以下のような設定パネルが現れます。

ダイアログの説明	フォルダー選択のダイアログに表示する説明テキストです。ここでは「フォルダーを選択」と記入しておきましょう。
初期フォルダー	最初に選択されるフォルダーを指定します。これはフォルダーのアイコンをクリックし、「デスクトップ」を選んでおきます。
フォルダー選択ダイアログを常に手前に表示する	ONにすると、すべてのウィンドウの一番手前に表示されます。
生成された変数	選択したフォルダーと、クリックしたボタン名が変数に設定されます。デフォルトでは「SelectedFolter」「ButtonPressed」と設定されます。

「ファイルの選択ダイアログを表示」アクションと基本的な使い方は同じです。実行するとダイアログを開き、選択したフォルダーのオブジェクトが変数に保管されます。ただし、複数のフォルダーの選択やフィルターの設定などはできません。

フォルダーの選択ダイアログを表示

フォルダーの選択ダイアログを表示し、ユーザーにフォルダーの選択を求めます 詳細

パラメーターの選択

全般

ダイアログの説明: フォルダーを選択

初期フォルダー: D:\tuyan\Desktop

フォルダー選択ダイアログを常に手前に表示する:

生成された変数 SelectedFolder ButtonPressed

エラー発生時 保存 キャンセル

図5-24 「フォルダーの選択ダイアログを表示」アクション

フローを実行する

では、実際にアクションをフローに配置し、実行してみましょう。画面にフォルダーを選択するダイアログが現れるので、ここでフォルダーを選んでOKします。これでそのフォルダーのオブジェクトが変数に取得されます。

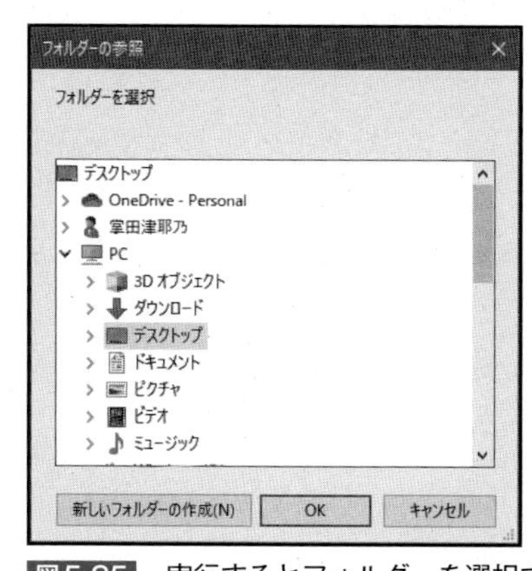

図5-25 実行するとフォルダーを選択するダイアログが現れる。

「フォルダー」オブジェクトについて

フローの実行後、「変数」ペインから「フロー変数」の値をチェックしてください。「SelectedFolder」という変数が作成されているのがわかるでしょう。ここに、選択したフォルダーのオブジェクトが設定されています。

これをダブルクリックして開くとオブジェクト内に多数の値がプロパティとして用意されていることがわかります。

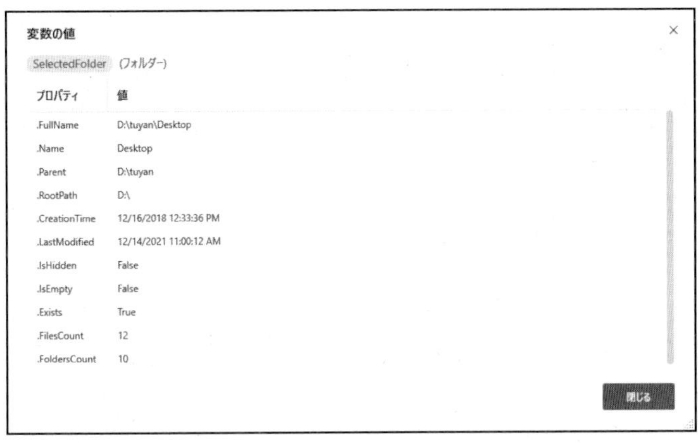

図5-26 SelectedFolderには多数のプロパティが用意されている。

フォルダーのプロパティ

では、フォルダーのオブジェクトにはどのようなプロパティが用意されているのでしょうか。以下に簡単にまとめておきましょう。

FullName	フォルダーのフルパス
Name	フォルダー名
Parent	このフォルダーが置かれている場所のパス
RootPath	ルートのパス(C:\ など)
CreationTime	作成日時
LastModified	最終更新日時
IsHidden	非表示か否か(真偽値)
IsEmpty	空か否か(真偽値)
Exists	存在するファイルか否か(真偽値)
FilesCount	フォルダー内にあるファイル数
FolderCount	フォルダー内にあるフォルダー数

これらの値は、ファイルの場合と同様に、フォルダーのオブジェクトが保管されている変数名の後にドットを付けてプロパティ名を記述します。例えば、SelectedFolder.FullNameとすれば、SelectedFolder変数に入っているフォルダーのフルパスが得られます。

フォルダー操作のアクション

フォルダーには、ファイルと同じようにさまざまな操作のためのアクションが用意されています。これらについても以下にまとめておきましょう。なお、掲載していない項目はすべてデフォルトのままでOKです。

「フォルダーの作成」

新しいフォルダーを次の場所に作成	フォルダーを作る場所のフォルダーまたはパス
新しいフォルダー名	フォルダーの名前
生成された変数	作成したフォルダーが保管される変数 (デフォルトでは「NewFolder」)

図5-27 「フォルダーの作成」アクションの設定。

「フォルダーをコピー」

コピーするフォルダー	コピーする元のフォルダーまたはパス
宛先フォルダー	コピーする場所を示すフォルダーまたはパス
フォルダーが存在する場合	既に同名のフォルダーがあるときの処理
生成された変数	コピーしたフォルダーが保管される (デフォルトでは「CopiedFolder」)

フォルダーをコピー
フォルダーを宛先フォルダーにコピー 詳細
パラメーターの選択
全般
コピーするフォルダー:
宛先フォルダー:
フォルダーが存在する場合: 何もしない
生成された変数 CopiedFolder
エラー発生時
保存
キャンセル

図5-28 「フォルダーをコピー」アクションの設定。

「フォルダーを移動」

移動するフォルダー	フォルダーまたはパス。このフォルダーを移動する
宛先フォルダー	移動先のフォルダーまたはパス

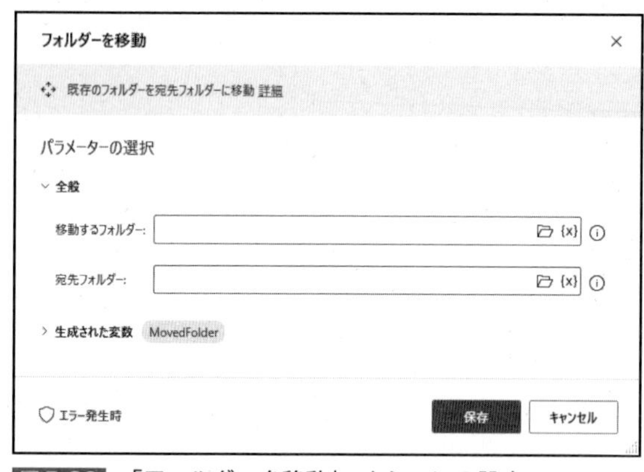

図5-29 「フォルダーを移動」アクションの設定。

「フォルダーの削除」

削除するフォルダー	削除するフォルダーまたはパス

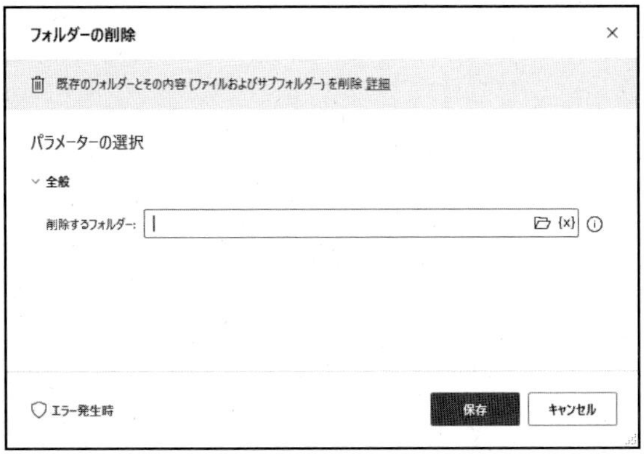

フォルダーの削除

既存のフォルダーとその内容 (ファイルおよびサブフォルダー) を削除 詳細

パラメーターの選択

全般

削除するフォルダー:

エラー発生時 保存 キャンセル

図5-30 「フォルダーの削除」アクションの設定。

「フォルダーの名前を変更」

名前を変更するフォルダー	変更するフォルダーまたはそのパス
新しいフォルダー名	新たにつけるフォルダー名
生成された変数	名前が変更されたフォルダーが保管される変数。デフォルトでは「RenamedFolder」。

フォルダーの名前を変更

フォルダーの名前を変更 詳細

パラメーターの選択

全般

名前を変更するフォルダー:

新しいフォルダー名:

生成された変数 RenamedFolder

エラー発生時 保存 キャンセル

図5-31 「フォルダーの名前を変更」アクションの設定。

「フォルダーを空にする」

空にするフォルダー	フォルダーまたはパス。ここで指定したフォルダーの中身をすべて削除する。

フォルダーを空にする
フォルダー自体を削除せずに、フォルダー (ファイルとサブフォルダー) の内容をすべて削除 詳細
パラメーターの選択
全般
空にするフォルダー:
エラー発生時
保存
キャンセル

図5-32 「フォルダーを空にする」アクションの設定。

Chapter 1
Chapter 2
Chapter 3
Chapter 4
Chapter 5
Chapter 6
Chapter 7
Addendum

 フォルダー内のすべてを操作する 

フォルダーの操作では、フォルダーそのものをコピーや移動することもあるでしょうが、それ以上に多いのは「フォルダー内にあるすべてのファイルを操作する」というものでしょう。

「アクション」ペインの「フォルダー」には、フォルダー内にあるファイルやフォルダーを取得するためのアクションが用意されています。以下のものです。

「フォルダー内のファイルを取得」

指定したフォルダーの中にあるすべてのファイルをリストとして取り出すものです。設定により、ファイルだけでなくフォルダーも取り出すことができます。用意されている設定は以下の通りです。

設定	説明
フォルダー	対象となるフォルダー。フォルダーのオブジェクトまたはフォルダーのパスを指定します。
ファイルフィルター	対象となるファイルを絞り込むためのフィルター設定。「*.txt」とすれば、拡張子がtxtのファイルだけが対象となります。
サブフォルダーを含める	ONにするとフォルダーも含めます。
サブフォルダーへのアクセスが拒否されたときは失敗	ONにすると、サブフォルダーにアクセスできない場合はエラーになり中断します。
並べ替え基準	取得するリストの並べ替えを設定するものです。第1～第3基準まで用意されています。「降順」をONにすると逆順に並べられます。
生成された変数	取得されたファイルのリストが保管されます。デフォルトでは「Files」になっています。

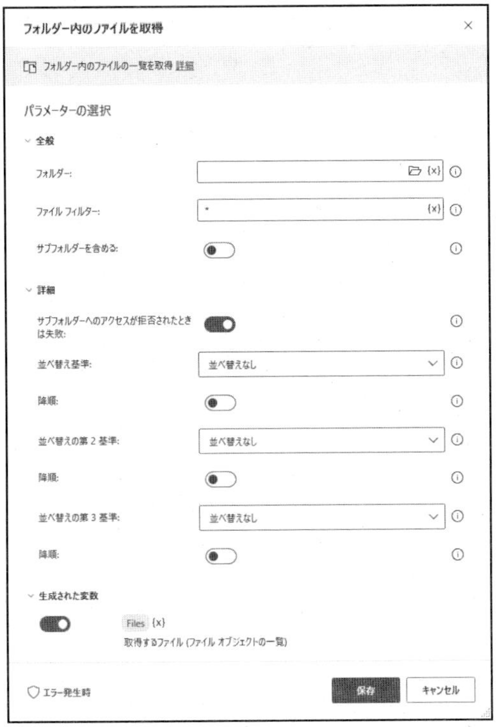

図5-33 「フォルダー内のファイルを取得」アクションの設定。

「フォルダー内のサブフォルダーを取得」

指定したフォルダーの中にあるフォルダー（サブフォルダー）をリストとして取り出します。設定として以下の項目が用意されています。基本的な使い方は「フォルダー内のファイルを取得」とほぼ同じです。

フォルダー	対象となるフォルダー。フォルダーのオブジェクトまたはフォルダーのパスを指定します。
フォルダーフィルター	対象となるフォルダーを絞り込むためのフィルター設定。
サブフォルダーを含める	ONにするとフォルダーの更に内部にあるフォルダーも含めます。
サブフォルダーへのアクセスが拒否されたときは失敗	ONにすると、サブフォルダーにアクセスできない場合はエラーになり中断します。
並べ替え基準	取得するリストの並べ替えを設定するものです。第1～第3基準まで用意されています。「降順」をONにすると逆順に並べられます。
生成された変数	取得されたフォルダーのリストが保管されます。デフォルトでは「Folders」になっています。

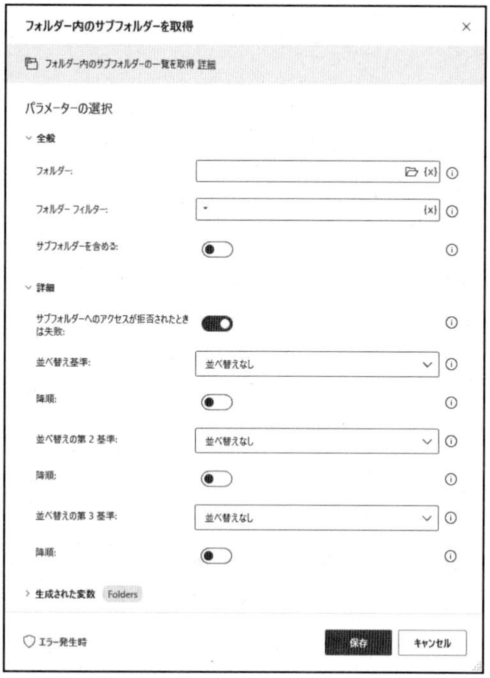

フォルダー内のサブフォルダーを取得 ×

フォルダー内のサブフォルダーの一覧を取得 詳細

パラメーターの選択

全般

フォルダー: {x}

フォルダー フィルター: * {x}

サブフォルダーを含める:

詳細

サブフォルダーへのアクセスが拒否されたときは失敗:

並べ替え基準: 並べ替えなし

降順:

並べ替えの第 2 基準: 並べ替えなし

降順:

並べ替えの第 3 基準: 並べ替えなし

降順:

生成された変数 Folders

エラー発生時　保存　キャンセル

図5-34 「フォルダー内のサブフォルダーを取得」アクションの設定。

フォルダー内のファイル情報を出力する

では、これらを使った例を作成しましょう。先ほど作った新フロー（「ファイルフロー 3」）を書き換えてもいいですし、新たにフローを作成しても構いません。以下の順にアクションを作成していきましょう。

1.「フォルダーの選択ダイアログを表示」

ダイアログの説明	フォルダーを選択
初期フォルダー	フォルダーアイコンをクリックしてデスクトップを選択
生成された変数	「SelectedFolder」「ButtonPressed」（デフォルトのまま）

図5-35 「フォルダーの選択ダイアログを表示」の設定。

2.「フォルダーの作成」(「フォルダー」内)

新しいフォルダーを次の場所に作成	{x} をクリックし「SelectedFolder」変数を選択
新しいフォルダー名	新しいフォルダー
生成された変数	NewFolder（デフォルトのまま）

図5-36 「フォルダーの作成」の設定。

3.「フォルダー内のファイルを取得」

フォルダー	{x} をクリックし「SelecedFolder」変数を選択
ファイルフィルター	(デフォルトの「*」のまま)
サブフォルダーを含める	OFF
生成された変数	「Files」(デフォルトのまま)

(※その他はデフォルトのまま)

フォルダー内のファイルを取得
フォルダー内のファイルの一覧を取得 詳細
パラメーターの選択
全般
フォルダー: %SelectedFolder%
ファイル フィルター: *
サブフォルダーを含める:
詳細
生成された変数 Files
エラー発生時
保存 キャンセル

図5-37 「フォルダー内のファイルを取得」の設定。

4.「For each」(「ループ」内)

反復処理を行う値	{x}をクリックし「Files」変数を選択
生成された変数	「CurrentItem」(デフォルトのまま)

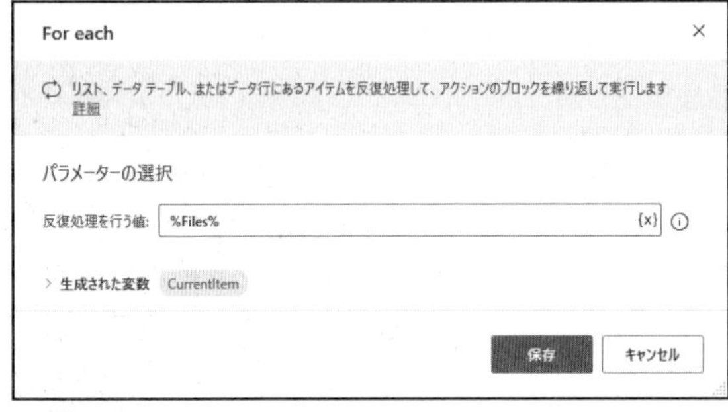

図5-38 「For each」の設定。

※これ以降は「For each」内に配置する。

5.「変数の設定」(「変数」内)

設定	NewVar(デフォルトのまま)
宛先	%[CurrentItem.FullName, CurrentItem.Name, CurrentItem.CreationTime, CurrentItem.LastAccessed, CurrentItem.Size]%

変数の設定

{x} 新規や既存の変数に値を設定する、新しい変数を作成する、または以前作成した変数を上書きする 詳細

設定: NewVar {x}

宛先: %[CurrentItem.FullName, CurrentItem.Name, CurrentItem.CreationTime, CurrentItem.LastAccessed, CurrentItem.Size]%

保存 キャンセル

図5-39 「変数の設定」の設定。

6.「テキストの結合」(「テキスト」内)

結合するリストを指定	{x}をクリックし「NewVar」変数を選択
リスト項目を区切る区切り記号	カスタム
カスタム区切り記号	,(半角カンマ記号)
生成された変数	JoinedText(デフォルトのまま)

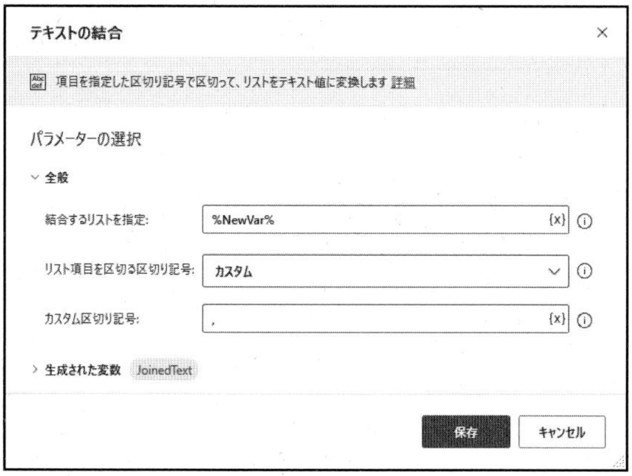

テキストの結合

項目を指定した区切り記号で区切って、リストをテキスト値に変換します 詳細

パラメーターの選択

全般

結合するリストを指定: %NewVar%

リスト項目を区切る区切り記号: カスタム

カスタム区切り記号: ,

生成された変数 JoinedText

保存 キャンセル

図5-40 「テキストの結合」の設定。

7.「Desktopフローを実行」(「フローを実行する」内)

デスクトップフロー	「Excelに出力」を選択

●入力変数

data	{x}をクリックし「JoinedText」変数を選択

Desktop フローを実行

入力変数を受け取って出力変数を生成できる Desktop フローを実行します。親フローの実行は、呼び出された Desktop フローが完了するまで一時停止されます。詳細

パラメーターの選択

Desktop フロー: Excelに出力

入力変数

data: %JoinedText%

エラー発生時　保存　キャンセル

図5-41　「Desktopフローを実行」の設定。

フローを確認

これでフローは完成です。全部で7つのアクションがあり、そのうち三つは「For each」の内部に組み込まれている必要があります。アクションの並び順が間違っていないかよく確認してください。

また、「Desktopフローを実行」では、「Excelに出力」フローを呼び出しています。このフローは、Excelで「PADサンプル.xlsx」ファイルが開かれていないとエラーになるので注意してください。

サブフロー　Main

1 フォルダーの選択ダイアログを表示
フォルダーの選択ダイアログを説明 'フォルダーを選択' で表示し、選択したフォルダーを SelectedFolder に保存する

2 フォルダーの作成
フォルダー '新しいフォルダー' を SelectedFolder に作成

3 フォルダー内のファイルを取得
'*' に一致するフォルダー SelectedFolder 内のファイルを取得し、Files に保存する

4 For each CurrentItem in Files

5 変数の設定
NewVar を [CurrentItem.FullName, CurrentItem.Name, CurrentItem.CreationTime, CurrentItem.LastAccessed, CurrentItem.Size] に設定します

6 テキストの結合
リスト NewVar の項目を ',' で区切って結合する

7 Desktop フローを実行
名前を指定してフローを実行: Excelに出力

8 End

図5-42　完成したフロー。

フローを実行しよう

では、フローを実行しましょう。フォルダーを選択するダイアログが現れたら、適当なフォルダーを選択してください(フローの実行には時間がかかるので、あまりファイル数が多くないフォルダーを選んでおきましょう)。これで、選択したフォルダー内にあるファイルの情報が「PADサンプル.xlsx」のワークシートに出力されます。

フォルダーを選択するだけで、その内部にある全ファイルを操作できるのは、PADの大きな特徴と言って良いでしょう。ここではファイル情報を出力するだけですが、Files変数をそのまま使って「ファイルをコピー」や「ファイルを移動」を実行すれば、簡単なバックアップツールが作れます。いろいろな応用が可能ですので、それぞれで使い道を考えてみましょう。

	A	B	C	D	E
1	FullName	Name	Createed	Accessed	Size
2	D:¥tuyan¥Desktop¥サンプルフォルダー¥sam	sample.txt	2021/12/13 18:45	2021/12/13 20:36	47
3	D:¥tuyan¥Desktop¥サンプルフォルダー¥Hel	Hello.txt	2021/12/14 11:02	2021/12/14 16:55	2013
4	D:¥tuyan¥Desktop¥サンプルフォルダー¥サン	サンプル.txt	2021/12/14 11:02	2021/12/14 16:55	202
5	D:¥tuyan¥Desktop¥サンプルフォルダー¥テス	テスト用.txt	2021/12/14 11:02	2021/12/14 16:55	488
6					

図5-43 フォルダー内にあるファイル情報がExcelシートに書き出される。

テキストファイルの利用

Chapter 1
Chapter 2
Chapter 3
Chapter 4
Chapter 5
Chapter 6
Chapter 7
Addendum

テキストファイルの読み込み

「アクション」ペインの「ファイル」には、ファイルを操作するアクションが一通り用意されていますが、実はそれだけではありません。ファイルにテキストを読み書きするためのアクションも用意されているのです。これを利用することで、PADのフロー内からテキストファイルにアクセスすることが可能です。

これまで、データの保存はExcelのワークシートに出力するなどしてきました。しかしテキストファイルが読み書きできれば、ちょっとしたデータの利用はテキストファイルを使えるようになります。Excelは、読み書きする際にはExcelのアプリケーションでワークブックファイルを開いておかなければいけませんが、テキストファイルは直接読み書きできるためよりシンプルに処理を作れます。

「ファイルからテキストを読み取ります」アクション

まずは、テキストファイルの読み込みから行いましょう。これは「ファイル」内にある「ファイルからテキストを読み取ります」というアクションを使います。これには以下のような設定項目が用意されています。

ファイルパス	読み込むファイルのオブジェクトあるいはパスのテキストを指定します。
内容の保存方法	ファイルの内容をどう取り出すかを指定します。
エンコード	テキストのエンコーディング方式を指定します。

「内容の保存方法」は、単純にテキストを読み込むだけなら「単一のテキスト値」を選択します(他に「リスト」として読み込む方法も用意されていますが、これは後ほど使います)。「エンコード」は、主なエンコーディングは一通り用意されていますが、最近のテキストファイルであれば大抵は「UTF-8」で読み込めるでしょう。

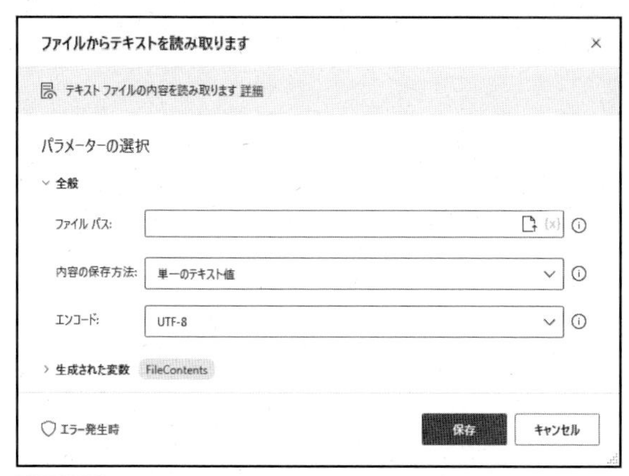

図5-44 「ファイルからテキストを読み取ります」アクションの設定。

テキストファイルを読み込んで表示する

では、実際にテキストファイルを読み込むフローを作ってみましょう。新しいフローを作成してください。ここでは「テキストファイルフロー1」としておきます。そして、以下の順にアクションを作成していきましょう。

1.「ファイルの選択ダイアログを表示」(「メッセージボックス」内)

ダイアログのタイトル	ファイルを選択
初期フォルダー	フォルダーアイコンをクリックし、デスクトップを選択
ファイルフィルター	*.txt
生成された変数	「SelectedFile」「ButtonPressed」(デフォルトのまま)

(※それ以外はデフォルトのままにしておく)

ファイルの選択ダイアログを表示
ファイルの選択ダイアログを表示し、ユーザーに複数のファイルの選択を求めます 詳細
パラメーターの選択
全般
ダイアログのタイトル: ファイルを選択
初期フォルダー: D:\tuyan\Desktop
ファイル フィルター: *.txt
ファイル選択ダイアログを常に手前に表示する:
複数の選択を許可:
ファイルが存在するかどうかを確認:
生成された変数 SelectedFile ButtonPressed
エラー発生時 保存 キャンセル

図5-45 「ファイルの選択ダイアログを表示」の設定。

2.「ファイルが存在する場合」(「ファイル」内)

「ファイル」内にあるこのアクションは、指定したファイルがそこに存在するかチェックするものです。例えば誤ってフォルダーが選択されていたり、フロー実行中にファイルが移動や削除されていたりしたらファイルにアクセスできません。このアクションは、ファイルが存在するのを確認して処理を実行するのに利用します。

配置したら以下の設定を行っておきましょう。

ファイルが次の場合	存在する
ファイルパス	{x}をクリックし「SelectedFile」変数を選択

「ファイルが次の場合」では、ファイルが存在するか存在しないか、どちらの場合の処理を作成するか選びます。ここでは「存在する」を選び、ファイルがある場合の処理を作成します。

Chapter 1 Chapter 2 Chapter 3 Chapter 4 Chapter 5 Chapter 6 Chapter 7 Addendum

ファイルが存在する場合
ファイルが存在するかどうかに基づいて、アクションの条件ブロックの開始位置を示します 詳細
パラメーターの選択
全般
ファイルが次の場合: 存在する
ファイル パス: %SelectedFile%
保存 キャンセル

図5-46 「ファイルが存在する場合」の設定。

※これ以降は「ファイルが存在する場合」内に配置する。

3.「ファイルからテキストを読み取ります」(「ファイル」内)

選択ダイアログで選択したファイルからテキストを読み込みます。ここでは以下のように設定を行います。

ファイルパス	{x}をクリックし「SelectedFile」変数を選択
内容の保存方法	単一のテキスト値
エンコード	UTF-8
生成された変数	FileContents（デフォルトのまま）

これで、SelectedFileのファイルからテキストを読み込み、FileContents変数に保管します。

ファイルからテキストを読み取ります
テキスト ファイルの内容を読み取ります 詳細
パラメーターの選択
全般
ファイル パス: %SelectedFile%
内容の保存方法: 単一のテキスト値
エンコード: UTF-8
生成された変数 FileContents
エラー発生時
保存 キャンセル

図5-47 「ファイルからテキストを読み取ります」の設定。

4.「メッセージを表示」(「メッセージボックス」内)

メッセージボックスのタイトル	結果
表示するメッセージ	{x}をクリックし「FileContents」変数を選択

(※他はデフォルトのまま)

図5-48 「メッセージを表示」の設定。

フローの内容をチェック

これでフローは完成です。今回は、「ファイルが存在する場合」というアクションを使い、その中に二つのアクションを組み込む形で作成しています。それぞれの並びをよく確認しておきましょう。

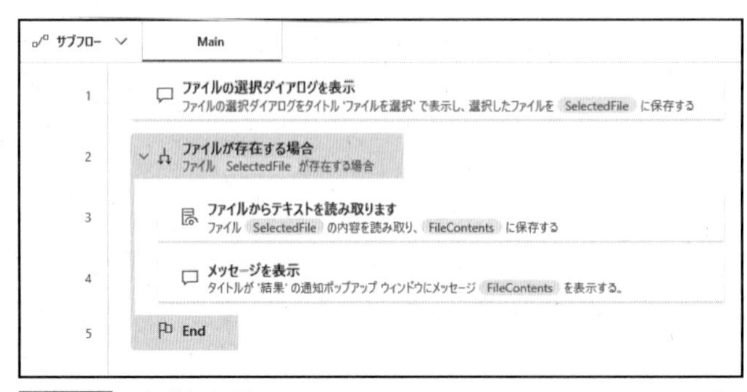

図5-49 完成したフロー。

フローを実行する

では、フローを保存して実行しましょう。まずファイル選択ダイアログでファイルを選択します。するとそのファイルに書かれているテキストを読み込んで画面に表示します。

ダイアログボックスを使って表示しているので、あまり多量のテキストが書かれているファイルは表示しきれないでしょう。短いテキストを書いたファイルを開いて試してみてください。

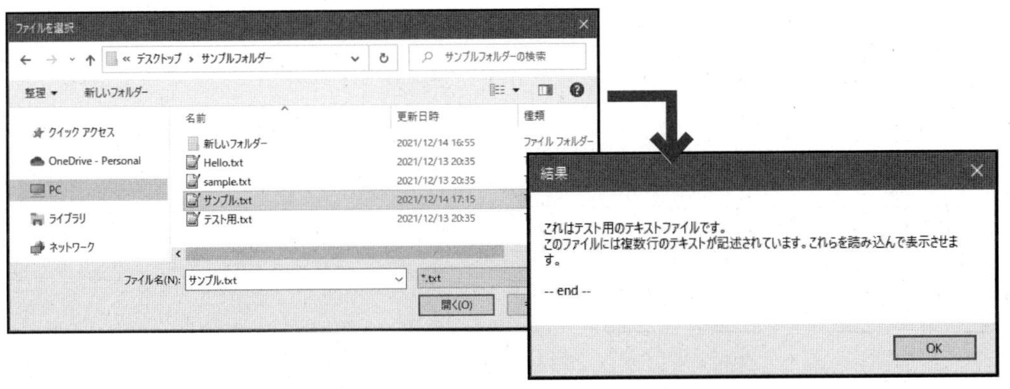

図5-50 ファイルを選択すると、その内容を表示する。

Robinコード テキストファイルを読み込んで表示する

では、ファイル選択ダイアログで選んだテキストファイルを読み込んで表示するフローのRobinコードを見てみましょう。実際に使うときは、**デフォルトのパス**にデフォルトで表示する場所のパスを指定してください。

リスト5-2

```
Display.SelectFileDialog.SelectFile \
  Title: $'''ファイルを選択''' \
  InitialDirectory: $'''デフォルトのパス''' \
  FileFilter: $'''*.txt''' IsTopMost: False \
  CheckIfFileExists: False \
  SelectedFile=> SelectedFile \
  ButtonPressed=> ButtonPressed

IF (File.IfFile.Exists File: SelectedFile) THEN
    File.ReadTextFromFile.ReadText \
      File: SelectedFile \
      Encoding: File.TextFileEncoding.UTF8 \
      Content=> FileContents
```

```
    Display.ShowMessageDialog.ShowMessage \
      Title: $'''結果''' Message: FileContents \
      Icon: Display.Icon.None \
      Buttons: Display.Buttons.OK \
      DefaultButton: Display.DefaultButton.Button1 \
      IsTopMost: False ButtonPressed=> ButtonPressed2
END
```

ファイルを選択するDisplay.SelectFileDialog.SelectFileの後にIFの構文があって、この中にテキストファイルを読み込む処理が用意してあります。ここで使っている命令はこんなものです。

●ファイルが存在するかチェック

```
File.IfFile.Exists File:ファイルパス
```

●ファイルからテキストを読み込む

```
File.ReadTextFromFile.ReadText File:ファイルパス \
  Content=>読み込んだテキストを保管する変数
```

ファイル関係は、やっぱりFile.○○という名前になっているのがわかりますね。

テキストをファイルに書き出す

続いて、テキストをファイルに書き出す処理についてです。これは「ファイル」内にある「テキストをファイルに書き込みます」というアクションを使います。これは以下のような設定項目を持っています。

ファイルパス	書き出し先のファイルをオブジェクトやファイルのパスで指定します。
書き込むテキスト	出力するテキストを用意します。
新しい行を追加する	最後に改行コードを出力して改行した状態にしておくかどうかを指定します。
ファイルが存在する場合	既に指定されたファイルが存在する場合、上書きするか追記するかをここで選びます。
エンコード	テキストのエンコーディング方式を指定します。

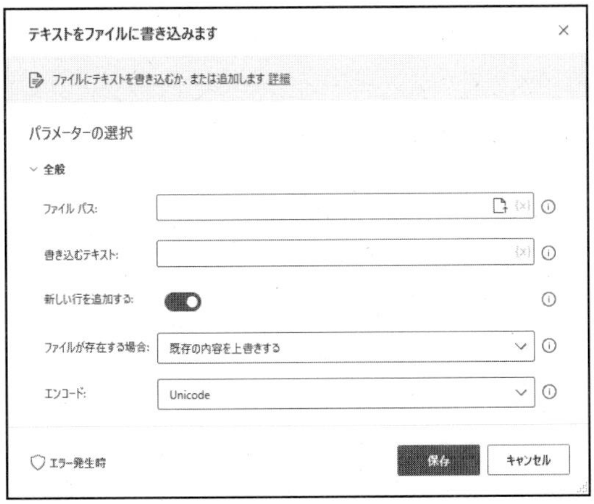

テキストをファイルに書き込みます
ファイルにテキストを書き込むか、または追加します 詳細
パラメーターの選択
全般
ファイル パス:
書き込むテキスト:
新しい行を追加する:
ファイルが存在する場合: 既存の内容を上書きする
エンコード: Unicode
エラー発生時
保存 キャンセル

図5-51 「テキストをファイルに書き込みます」アクションの設定。

メッセージをファイルに追記する

では、実際の利用例として、ユーザーが入力したメッセージをどんどんファイルに追記していくフローを作ってみましょう。

新しいフロー（「テキストファイルフロー2」）を作成し、以下の手順でアクションを作成していってください。

●1.「特別なフォルダーを取得」（「フォルダー」内）

これは、初めて登場しました。このアクションは、システムによって設定されている特別なフォルダーのパスを取り出すものです。例えば「スタートメニュー」や「プログラム(Program Files)」などのシステムが管理するフォルダーや、ユーザーフォームやデスクトップ、「ドキュメント」フォルダーなどユーザーごとに用意される特別な役割を持ったフォルダーなどのパスを得るのに使います。

このアクションには以下の設定項目が用意されています。

特別なフォルダーの名前	ここに、取得可能なフォルダー名がポップアップメニューとして用意されています。ここでは「デスクトップ」を選んでおきましょう。
特別なフォルダーのパス	「特別なフォルダーの名前」でフォルダーを選ぶと、そのパスがここに表示されます。
生成された変数	選択したフォルダーのパスが保管される変数です。デフォルトでは「SpecialFolderPath」となっています。

これで、デスクトップのパスが変数SpecialFolderPathに取り出されます。

特別なフォルダーを取得

☆ Windows の特別なフォルダー (デスクトップ、マイ ピクチャ、インターネット キャッシュなど) のパスを取得します 詳細

パラメーターの選択

特別なフォルダーの名前: デスクトップ

特別なフォルダーのパス: D:\tuyan\Desktop

> 生成された変数 SpecialFolderPath

保存 キャンセル

図5-52 「特別なフォルダーを取得」アクションの設定。

Chapter 1 Chapter 2 Chapter 3 Chapter 4 Chapter 5 Chapter 6 Chapter 7 Addendum

●2.「入力ダイアログを表示」(「メッセージボックス」内)

入力ダイアログのタイトル	入力
入力ダイアログメッセージ	メッセージを入力：
生成される変数	「UserInput」「ButtonPressed」

(※他はデフォルトのまま)

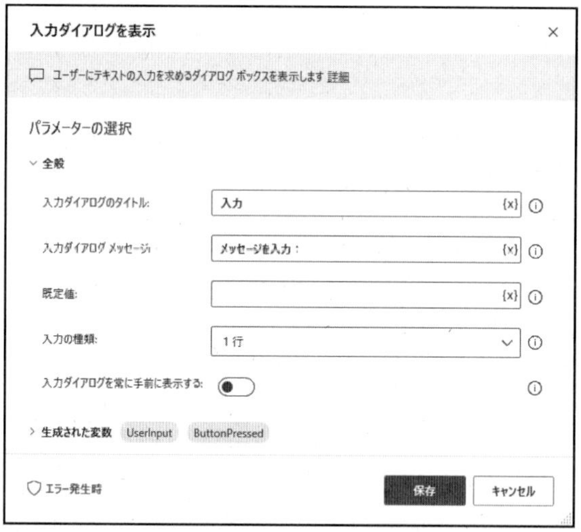

入力ダイアログを表示

ユーザーにテキストの入力を求めるダイアログ ボックスを表示します 詳細

パラメーターの選択

全般

入力ダイアログのタイトル: 入力

入力ダイアログ メッセージ: メッセージを入力：

既定値:

入力の種類: 1行

入力ダイアログを常に手前に表示する:

> 生成された変数 UserInput ButtonPressed

エラー発生時 保存 キャンセル

図5-53 「入力ダイアログを表示」の設定。

●3.「現在の日時を取得します」(「日時」内)

メッセージを出力する際、最後に書き出した日時を追記しておくことにします。アクションを配置し、設定はすべてデフォルトのままにしておきます。

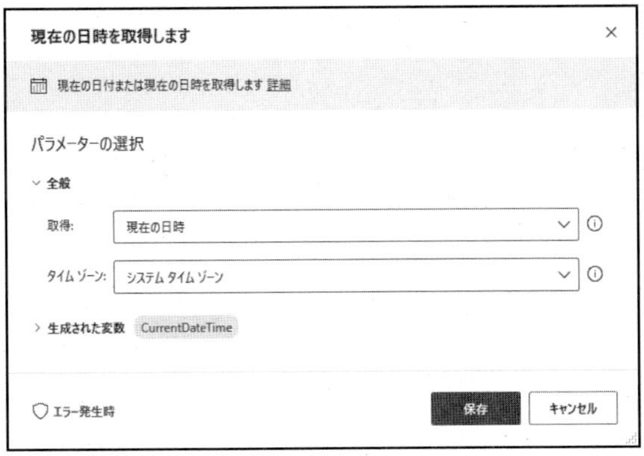

現在の日時を取得します ×

現在の日付または現在の日時を取得します 詳細

パラメーターの選択

全般

取得: 現在の日時

タイム ゾーン: システム タイム ゾーン

生成された変数 CurrentDateTime

エラー発生時 保存 キャンセル

図5-54 「現在の日時を取得します」の設定。

●4.「テキストをファイルに書き込みます」(「ファイル」内)

後は、ファイルにテキストを出力するだけです。ここでは、デスクトップにある「メッセージ.txt」というファイルにメッセージを追記していくことにします。以下のように項目を設定してください。

ファイルパス	%SpecialFolderPath + '\\メッセージ.txt'%
書き込むテキスト	%UserInput + ' (' + CurrentDateTime + ')'%
新しい行を追加する	ON
ファイルが存在する場合	内容を追加する
エンコード	Unicode

テキストをファイルに書き込みます ×

ファイルにテキストを書き込むか、または追加します 詳細

パラメーターの選択

全般

ファイル パス: %SpecialFolderPath + '\\メッセージ.txt'%

書き込むテキスト: %UserInput + ' (' + CurrentDateTime + ')'%

新しい行を追加する:

ファイルが存在する場合: 内容を追加する

エンコード: Unicode

エラー発生時 保存 キャンセル

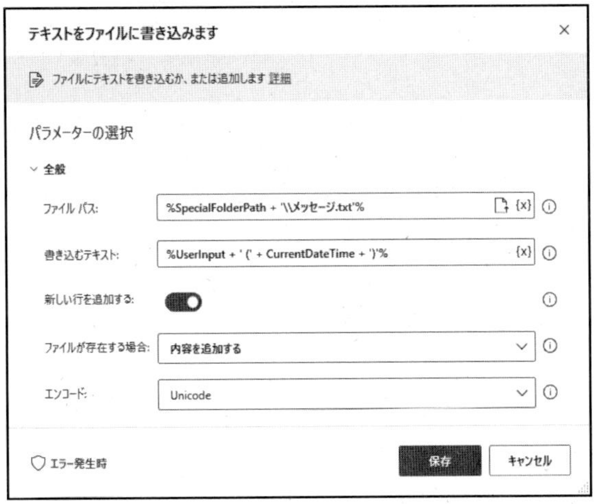

図5-55 「テキストをファイルに書き込みます」の設定。

フローを実行する

では、フローを保存し、実行しましょう。実行するとメッセージを入力するダイアログが現れるので、テキストを記入しOKします。これで、その内容がデスクトップの「メッセージ.txt」ファイルに追加されます。

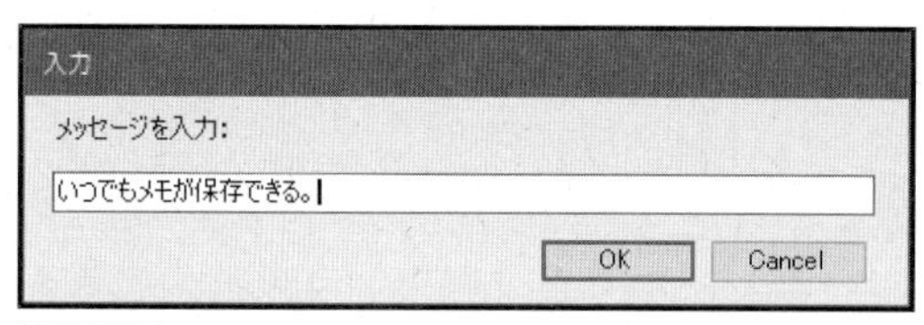

図5-56 実行するとメッセージを入力するダイアログが現れる。

何度かフローを実行し、いくつかのメッセージを追加したら、「メッセージ.txt」ファイルがどうなっているか開いてみてみましょう。入力したメッセージの後に日時がつけられ順に記録されていることがわかるでしょう。

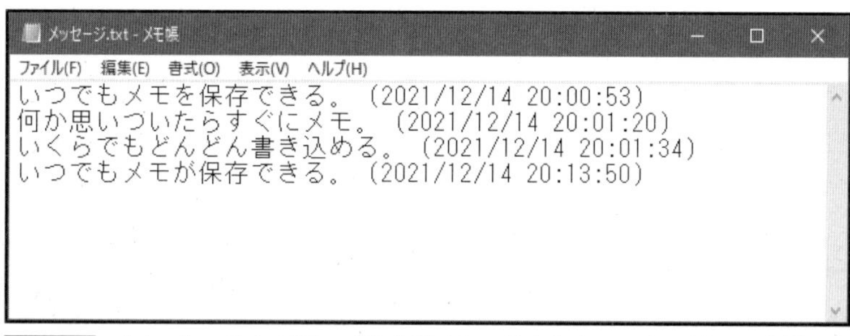

メッセージ.txt - メモ帳
ファイル(F) 編集(E) 書式(O) 表示(V) ヘルプ(H)
いつでもメモを保存できる。 (2021/12/14 20:00:53)
何か思いついたらすぐにメモ。 (2021/12/14 20:01:20)
いくらでもどんどん書き込める。 (2021/12/14 20:01:34)
いつでもメモが保存できる。 (2021/12/14 20:13:50)

図5-57 「メッセージ.txt」ファイルを開くと、入力したメッセージに日時がつけられて保管されているのがわかる。

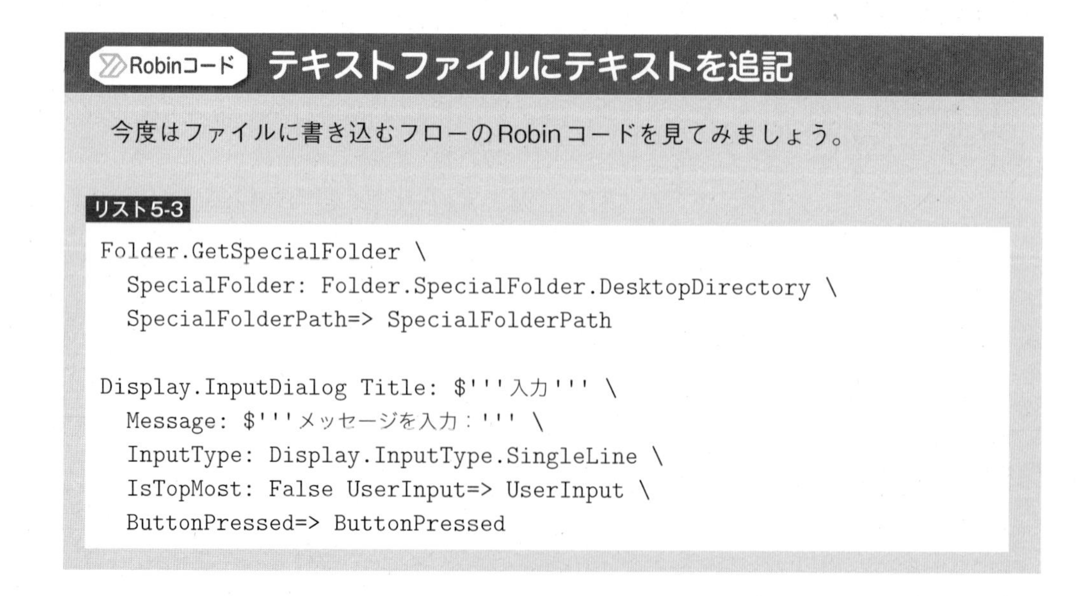

Robinコード テキストファイルにテキストを追記

今度はファイルに書き込むフローのRobinコードを見てみましょう。

リスト5-3

```
Folder.GetSpecialFolder \
  SpecialFolder: Folder.SpecialFolder.DesktopDirectory \
  SpecialFolderPath=> SpecialFolderPath

Display.InputDialog Title: $'''入力''' \
  Message: $'''メッセージを入力：''' \
  InputType: Display.InputType.SingleLine \
  IsTopMost: False UserInput=> UserInput \
  ButtonPressed=> ButtonPressed
```

```
DateTime.GetCurrentDateTime.Local \
  DateTimeFormat: DateTime.DateTimeFormat.DateAndTime \
  CurrentDateTime=> CurrentDateTime

File.WriteText File: SpecialFolderPath + '\\メッセージ.txt' \
  TextToWrite: UserInput + ' (' + CurrentDateTime + ')' \
  AppendNewLine: True \
  IfFileExists: File.IfFileExists.Append \
  Encoding: File.FileEncoding.Unicode
```

今回は、デスクトップのフォルダーを選択する命令や現在日時を得る命令なども使っています。実行している命令を順に整理しましょう。

●特殊なフォルダーのパスを得る

```
Folder.GetSpecialFolder SpecialFolder:特殊なフォルダーのパス \
  SpecialFolderPath=>得られたフォルダーのパスを保管する変数
```

●ファイルにテキストを追記する

```
File.WriteText File:ファイルパス AppendNewLine:追記テキスト
```

だいぶプログラムっぽくなってきました。命令の最初の単語を見ると、Folder, Display, DateTime, Fileとさまざまな機能が呼び出されていることがわかりますね！

テキストをリストとして読み込む

テキストファイルは、そのままテキストとして読み書きするだけでなく、「リスト」として取り出し利用することもできます。「ファイルからテキストを読み取ります」アクションには、「内容の保存方法」という設定があります。これを「リスト」にすることで、ファイルに保存されているテキストを各行ごとにまとめたリストとして取り出すことができます。

では、これも利用例をあげましょう。新しいフロー（「テキストファイルフロー3」）を作成してください。そして以下の手順でアクションを作成していきましょう。

1.「特別なフォルダーを取得」(「フォルダー」内)

特別なフォルダーの名前	デスクトップ
生成された変数	SpecialFolderPath（デフォルトのまま）

特別なフォルダーを取得

Windows の特別なフォルダー (デスクトップ、マイ ピクチャ、インターネット キャッシュなど) のパスを取得します 詳細

パラメーターの選択

特別なフォルダーの名前: デスクトップ

特別なフォルダーのパス: D:\tuyan\Desktop

› 生成された変数 SpecialFolderPath

保存 キャンセル

図5-58 「特別なフォルダーを取得」の設定。

2.「ファイルからテキストを読み取ります」(「ファイル」内)

ファイルパス	%SpecialFolderPath + '\\メッセージ.txt'%
内容の保存方法	リスト(それぞれがリストアイテム)
エンコード	UTF-8
生成された変数	FileContents（デフォルトのまま）

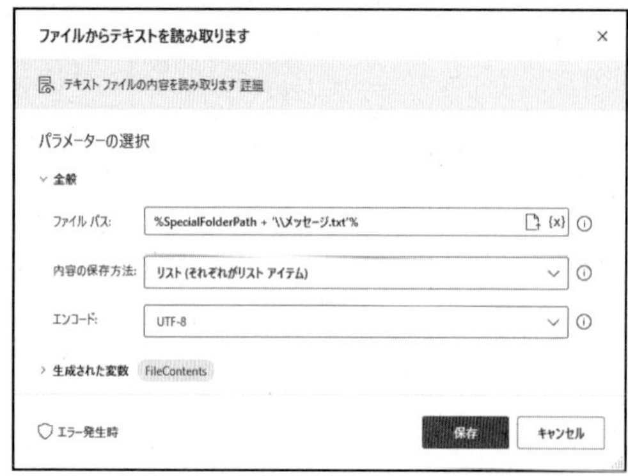

図5-59 「ファイルからテキストを読み取ります」の設定。

3.「実行中のExcelに添付」(「Excel」内)

ドキュメント名	PADサンプル.xlsx
生成された変数	ExcelInstance

図5-60 「実行中のExcelに添付」の設定。

4.「変数の設定」(「変数」内)

設定	NewVar
宛先	%{ ^['data'] }%

図5-61 「変数の設定」の設定。

5.「For each」(「ループ」内)

反復処理を行う値	{x}をクリックし「FileContents」変数を選択

図5-62 「For each」の設定。

※次のアクションは「For each」内に配置する。

6.「変数の設定」

設定	NewVar
宛先	%NewVar + [CurrentItem]%

図5-63 「変数の設定」の設定。

※以後は「For each」の後に追加する。

7.「Excelワークシートから最初の空の列や行を取得」(「Excel」内)

Excelインスタンス	ExcelInstance
生成された変数	「FirstFreeColumn」「FirstFreeRow」

図5-64 「Excelワークシートから最初の空の列や行を取得」の設定。

8.「Excelワークシートに書き込み」

Excelインスタンス	ExcelInstance
書き込む値	{x}をクリックし「NewVar」変数を選択
書き込みモード	指定したセル上
列	1
行	{x}をクリックし「FirstFreeRow」変数を選択

図5-65 「Excelワークシートに書き込み」の設定。

フローを確認

これでアクションはすべてです。「For each」が途中にあり、この中に一つだけアクションが用意されてまた繰り返し以降にもアクションが並んでいるので、並び順が間違っていないかよく確認しておきましょう。

サブフロー　Main

1 特別なフォルダーを取得
フォルダー デスクトップ のパスを取得し、SpecialFolderPath に保存する

2 ファイルからテキストを読み取ります
ファイル SpecialFolderPath + '\メッセージ.txt' の内容を読み取る

3 実行中の Excel に添付
'PADサンプル.xlsx' という名前の Excel ドキュメントに添付

4 変数の設定
NewVar を { ^['data'] } に設定します

5 For each CurrentItem in FileContents

6 変数の設定
NewVar を NewVar + [CurrentItem] に設定します

7 End

8 Excel ワークシートから最初の空の列や行を取得
インスタンスが ExcelInstance に保存されている Excel ドキュメントのアクティブなワークシート内の最初の空の列/行を取得

9 Excel ワークシートに書き込み
Excel インスタンス ExcelInstance の列 1 および行 FirstFreeRow のセルに値 NewVar を書き込み

図5-66　完成したフロー。

Excelワークシートの用意

フローが完成したら、出力するExcel側の設定をしましょう。「PADサンプル.xlsx」ファイルを開き、新しいワークシートを作成します。そしてA1セルに「data」と項目のタイトルを入力しておきましょう。

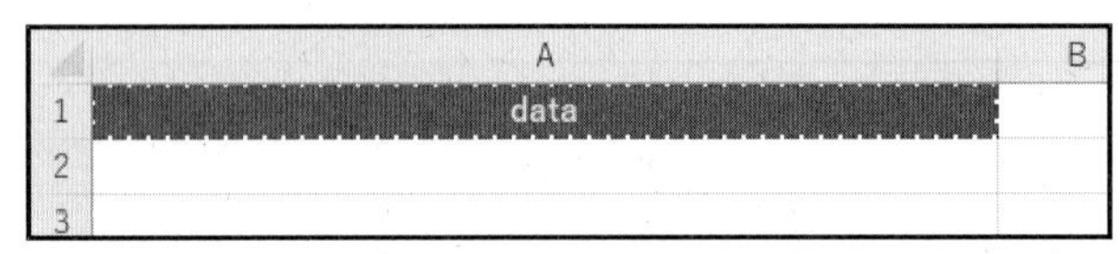

図5-67　Excelのワークシートに「data」という項目のみ記入しておく。

フローを実行する

では、ExcelのワークブックとPADのフローをそれぞれ保存し、フローを実行してみましょう。実行すると、デスクトップにある「メッセージ.txt」ファイルからテキストを読み込み、Excelの選択されているシートに書き出します。

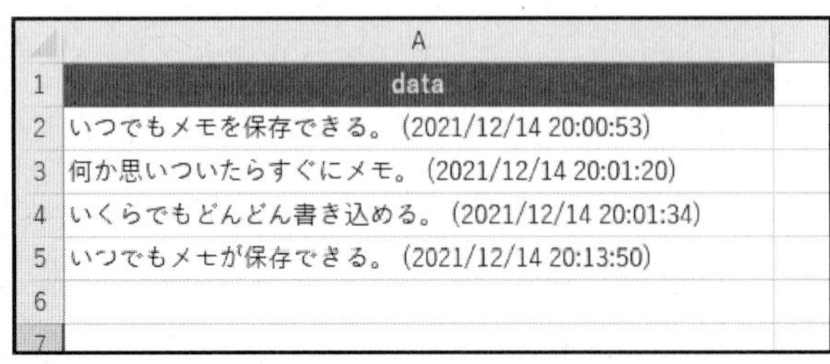

	A
1	data
2	いつでもメモを保存できる。(2021/12/14 20:00:53)
3	何か思いついたらすぐにメモ。(2021/12/14 20:01:20)
4	いくらでもどんどん書き込める。(2021/12/14 20:01:34)
5	いつでもメモが保存できる。(2021/12/14 20:13:50)
6	
7	

図5-68　実行すると、「メッセージ.txt」の内容をシート状に書き出す。

CSVファイルを操作する

CSVファイルへのアクセス

テキストファイルとは少し違いますが、PADでは「CSVファイル」も利用することができます。CSVファイルというのは「Comma-Separated Values」の略で、カンマと改行でデータを記述したものです。中身は、実はただのテキストです。アプリケーション間でデータをやり取りするのに多用されています。

「アクション」ペインの「テキスト」内には、CSVに関するアクションが以下のように用意されています。

「CSVファイルに書き込みます」

リストやデータテーブルの値をCSVファイルに出力するものです。以下のような設定が用意されています。

書き込む変数	ファイルに出力する値を指定します。通常、リストやデータテーブルが保管された変数を指定します。
ファイルパス	出力するCSVファイルのオブジェクトまたはパスを指定します。
エンコード	出力する際のエンコーディング方式を指定します。

Chapter 1
Chapter 2
Chapter 3
Chapter 4
Chapter 5
Chapter 6
Chapter 7
Addendum

CSV ファイルに書き込みます

Aa データ テーブル、データ行、またはリストを CSV ファイルに書き込みます 詳細

パラメーターの選択

全般

書き込む変数:

ファイル パス:

エンコード: UTF-8

詳細

エラー発生時　保存　キャンセル

図5-69 「CSVファイルに書き込みます」アクションの設定。

「CSVを読み取ります」

指定のCSVファイルからデータを読み込み、データテーブルとして変数に保管するものです。以下の設定が用意されています。

ファイルパス	読み込むCSVファイルのオブジェクトまたはパスを指定します。
エンコード	指定したファイルのエンコード方式を指定します。

図5-70 「CSVを読み取ります」アクションの設定。

Excelデータを CSV ファイルに書き出す

では、実際にCSVファイルを利用してみましょう。ここではExcelのワークシートにあるデータをCSVファイルに書き出すフローを作成してみます。新しいフロー（「CSVフロー1」）を作成し、以下の手順でアクションを追加してください。

1.「実行中のExcelに添付」（「Excel」内）

ドキュメント名	PADサンプル.xlsx
生成された変数	ExcelInstance

実行中の Excel に添付
既に開いている Excel ドキュメントに添付します 詳細
パラメーターの選択
ドキュメント名: PADサンプル.xlsx
生成された変数 ExcelInstance
エラー発生時
保存 キャンセル

図5-71 「実行中のExcelに添付」の設定。

2.「Excelワークシートから読み取り」

Excelインスタンス	ExcelInstance
取得	ワークシートに含まれる使用可能なすべての値
セルの内容をテキストとして取得	OFF
範囲の最初の行に列名が含まれています	OFF
生成された変数	ExcelData

Excel ワークシートから読み取り
Excel インスタンスのアクティブなワークシートからセルまたはセル範囲の値を読み取ります 詳細
パラメーターの選択
全般
Excel インスタンス: %ExcelInstance%
取得: ワークシートに含まれる使用可能なすべての値
詳細
セルの内容をテキストとして取得:
範囲の最初の行に列名が含まれています:
生成された変数 ExcelData
エラー発生時
保存 キャンセル

図5-72 「Excelワークシートから読み取り」の設定。

3.「ファイルの選択ダイアログを表示」(「メッセージボックス」内)

ダイアログのタイトル	ファイル名を入力
初期フォルダー	デスクトップを指定
ファイルフィルター	*.csv
生成された変数	「SelectedFile」「ButtonPressed」

(※他はデフォルトのまま)

図5-73 「ファイルの選択ダイアログを表示」の設定。

4.「ファイルが存在する場合」(「ファイル」内)

ファイルが次の場合	存在しない
ファイルパス	{x}をクリックし「SelectedFile」変数を選択

図5-74 「ファイルが存在する場合」の設定。

※次のアクションは「ファイルが存在する場合」内に配置。

5.「CSVファイルに書き込みます」

書き込む変数	{x}をクリックし「ExcelData」変数を選択
ファイルパス	{x}をクリックし「SelectedFile」変数を選択
エンコード	UTF-8

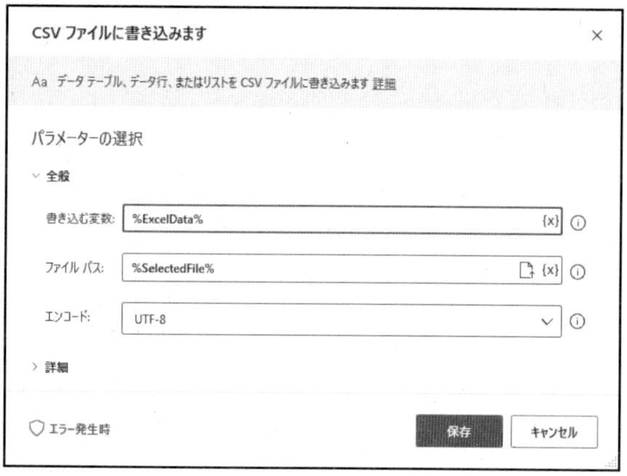

図5-75 「CSVファイルに書き込みます」の設定。

フローの内容をチェック

これでアクションはすべてです。全体のフローの並びを確認しておきましょう。最後の「CSVファイルに書き込みます」は、「ファイルが存在する場合」の中に組み込むことを忘れないでください。

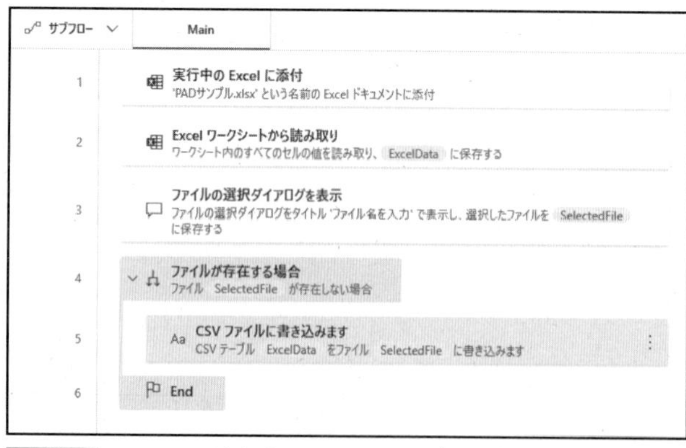

図5-76 フローの流れをチェックする。

フローを実行する

では、Excelで「PADサンプル.xlsx」ファイルを開き、出力したいワークシートを選択してください。そしてフローを実行し、現れたダイアログでファイル名を入力します。これで、そのファイルにデータが書き出されます。

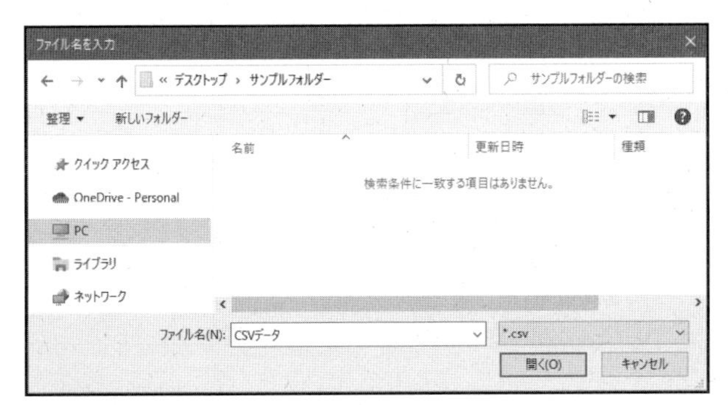

図5-77　出力するファイルの名前を入力する。

実行したら、保存したCSVファイルを開いて中身を見てみましょう。Excelで表示されてていたデータがそのままカンマと改行で区切られ書き出されているのがわかるでしょう。

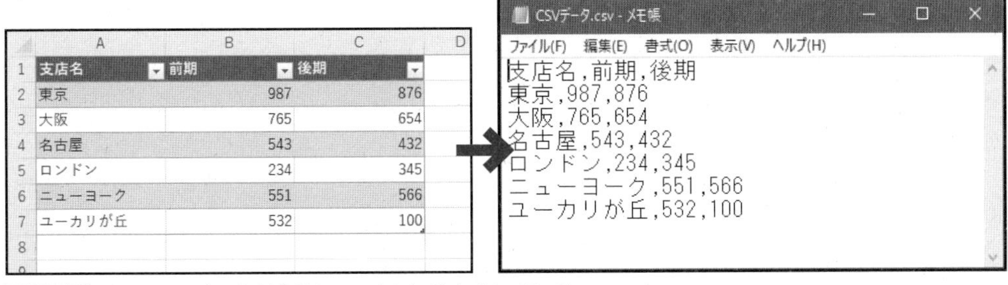

図5-78　ExcelのデータがCSVファイルに出力されている。

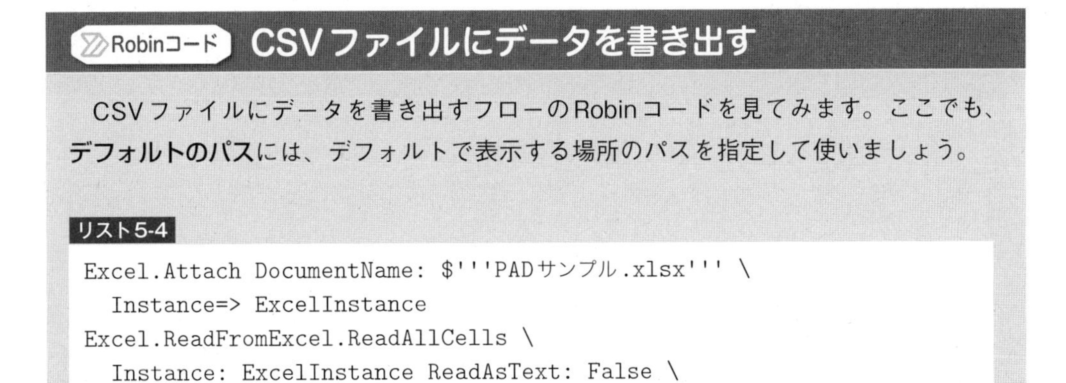

Robinコード　CSVファイルにデータを書き出す

CSVファイルにデータを書き出すフローのRobinコードを見てみます。ここでも、**デフォルトのパス**には、デフォルトで表示する場所のパスを指定して使いましょう。

リスト5-4

```
Excel.Attach DocumentName: $'''PADサンプル.xlsx''' \
  Instance=> ExcelInstance
Excel.ReadFromExcel.ReadAllCells \
  Instance: ExcelInstance ReadAsText: False \
  FirstLineIsHeader: False RangeValue=> ExcelData
```

Chapter 1
Chapter 2
Chapter 3
Chapter 4
Chapter 5
Chapter 6
Chapter 7
Addendum

```
Display.SelectFileDialog.SelectFile \
  Title: $'''ファイル名を入力''' \
  InitialDirectory: $'''デフォルトのパス''' \
  FileFilter: $'''*.csv''' IsTopMost: False \
  CheckIfFileExists: False SelectedFile=> SelectedFile \
  ButtonPressed=> ButtonPressed

IF (File.IfFile.DoesNotExist File: SelectedFile) THEN
    File.WriteToCSVFile.WriteCSV \
      VariableToWrite: ExcelData CSVFile: SelectedFile \
      CsvFileEncoding: File.CSVEncoding.UTF8 \
      IncludeColumnNames: False \
      IfFileExists: File.IfFileExists.Overwrite \
      ColumnsSeparator: File.CSVColumnsSeparator.SystemDefault
END
```

最初に、Excel.○○というもので、Excelからデータを取り出しています。そして、Display.～というものでファイル選択ダイアログでファイルを選択しています。CSVの操作は、IFの中で行っています。

●CSVファイルにデータを書き出す

```
File.WriteToCSVFile.WriteCSV VariableToWrite:書き出すリスト CSVFile:
ファイルパス
```

ずいぶんと引数が多くて複雑そうですが、これはデータの書き出しに関する設定がいろいろ用意されているからです。CSVの利用も、File.○○という命令になっていることがわかりますね。

CSVファイルを読み込みExcelに出力する

今度は、逆の操作です。CSVファイルを選択し、その内容を読み込んでExcelに出力させましょう。新しいフロー（「CSVフロー2」）を作成し、以下のようにアクションを作成していきます。

1.「ファイルの選択ダイアログを表示」(「メッセージボックス」内)

ダイアログのタイトル	ファイルを選択
初期フォルダー	デスクトップを指定
ファイルフィルター	*.csv
生成された変数	「SelectedFile」「ButtonPressed」

(※他はデフォルトのまま)

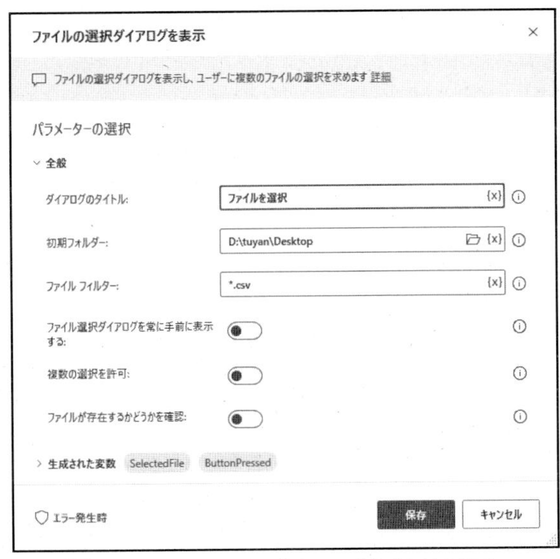

図5-79 「ファイルの選択ダイアログを表示」の設定。

2.「ファイルが存在する場合」(「ファイル」内)

ファイルが次の場合	存在する
ファイルパス	{x}をクリックし「SelectedFile」変数を選択

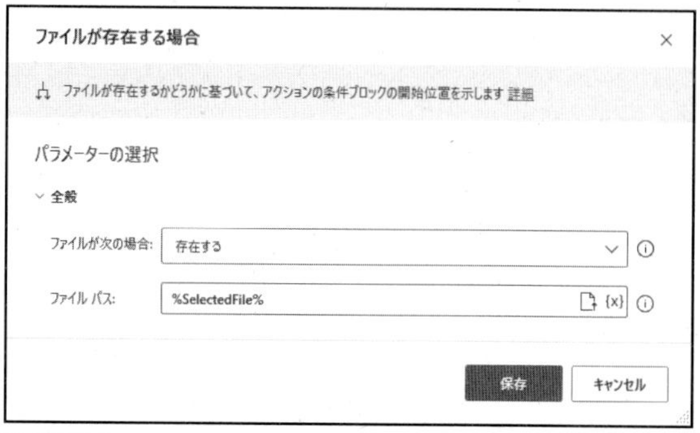

ファイルが存在する場合

ファイルが存在するかどうかに基づいて、アクションの条件ブロックの開始位置を示します 詳細

パラメーターの選択

全般

ファイルが次の場合: 存在する

ファイル パス: %SelectedFile%

保存 キャンセル

図5-80 「ファイルが存在する場合」の設定。

※以下、「ファイルが存在する場合」内にアクションを配置。

3.「CSVを読み取ります」

ファイルパス	{x}をクリックし「SelectedFile」変数を指定
エンコード	UTF-8
フィールドのトリミング	ON
最初の行に列名が含まれています	ON
列区切り記号	定義済み
区切り記号	システムの既定値
生成された変数	CSVTable

CSV を読み取ります

Aa CSV ファイルをデータ テーブルに読み込みます 詳細

パラメーターの選択

全般

ファイル パス: %SelectedFile%

エンコード: UTF-8

詳細

フィールドのトリミング:

最初の行に列名が含まれています:

列区切り記号: 定義済み

区切り記号: システムの既定値

生成された変数 CSVTable

エラー発生時 保存 キャンセル

図5-81 「CSVを読み取ります」の設定。

4.「実行中のExcelに添付」(「Excel」内)

ドキュメント名	PADサンプル.xlsx
生成された変数	ExcelInstance

図5-82 「実行中のExcelに添付」の設定。

5.「Excelワークシートに書き込み」

Excelインスタンス	ExcelInstance
書き込む値	{x}をクリックし「CSVTable」変数を選択
書き込みモード	指定したセル上
列	1
行	1

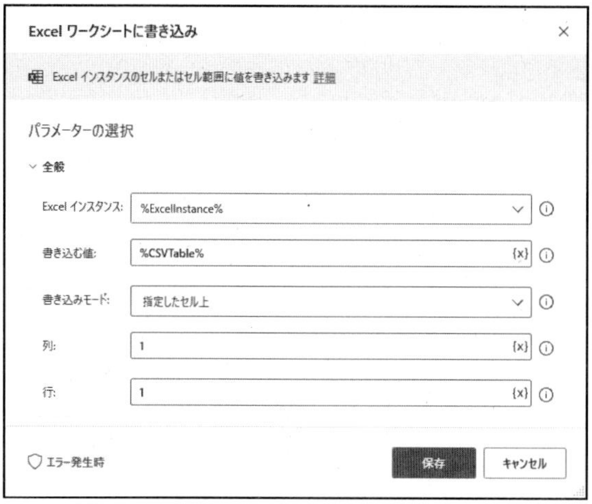

Excel ワークシートに書き込み

Excel インスタンスのセルまたはセル範囲に値を書き込みます 詳細

パラメーターの選択

全般

Excel インスタンス: %ExcelInstance%

書き込む値: %CSVTable%

書き込みモード: 指定したセル上

列: 1

行: 1

エラー発生時　保存　キャンセル

図5-83 「Excelワークシートに書き込み」の設定。

フローの内容を確認する

これで完成です。フローの並び順をよく確認しておきましょう。メイン部分は、「ファイルが存在する場合」の内部に組み込まれていますので間違えないように！

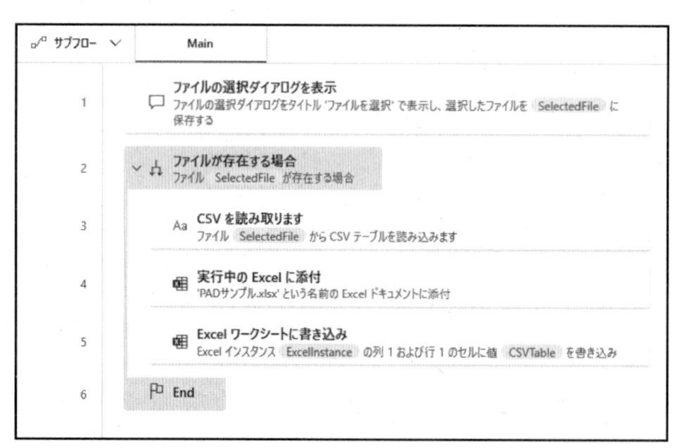

図5-84 完成したフロー。

フローを実行する

では、作成したフローを実行してみましょう。まず、Excelで「PADサンプル.xlsx」を開き、新しいシートを用意しておきましょう。

フローを実行するとファイルの選択ダイアログが開かれるので、CSVファイルを選択します。これでデータが読み込まれます。

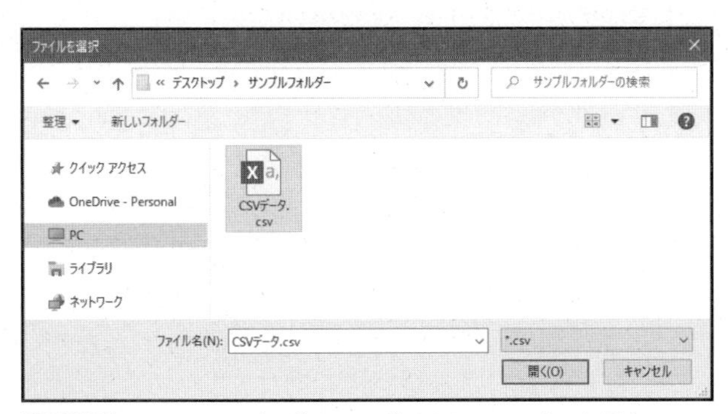

図5-85 ファイル選択ダイアログでCSVファイルを選ぶ。

フローが終了したら、Excelに切り替えてください。ワークシートにCSVファイルから読み込んだデータが書き出されます。CSVファイルの内容がどのように書き出されているか確認しましょう。

なお、出力されたワークシートには列名が表示されていません。これは「CSVを読み取ります」アクションで「最初の行に列名が含まれています」をONにしたためです。こうすると、1行目を列名として読み込むため、「Excelワークシートに書き込み」で出力される際にその部分が書き出されなくなります。「列名も出力したい」という場合は、「最初の行に列名が含まれています」をOFFにしておきましょう。

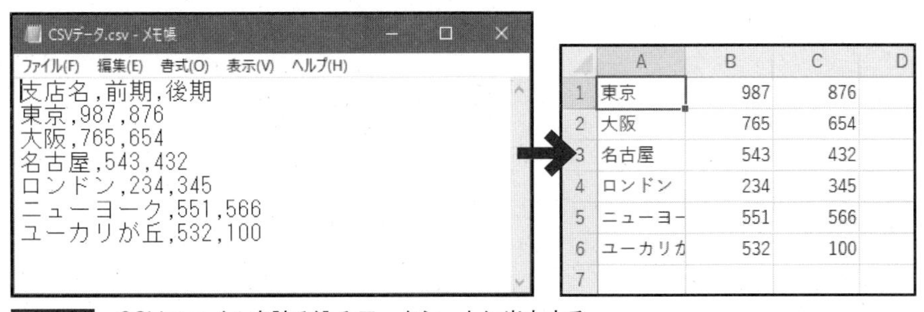

	A	B	C	D
1	東京	987	876	
2	大阪	765	654	
3	名古屋	543	432	
4	ロンドン	234	345	
5	ニューヨー	551	566	
6	ユーカリカ	532	100	
7				

図5-86 CSVファイルを読み込みワークシートに出力する。

Chapter 1
Chapter 2
Chapter 3
Chapter 4
Chapter 5
Chapter 6
Chapter 7
Addendum

その他のファイル操作(PDF、ZIP)

PDFファイルの利用

この他にもPADから利用できるファイルはあります。その一つが「PDF」ファイルです。PDFは、データからPDFファイルを生成したりすることはできないのですが、既にあるPDFからデータを取り出したり、複数のPDFを一つに統合したりすることができます。

以下「PDF」内に用意されているアクションをまとめておきましょう。

「PDFからテキストを抽出」

PDFファイルからテキストデータだけを取り出し変数に保管します。以下の設定項目が用意されています。

PDFファイル	読み込むPDFファイルのオブジェクトまたはパスを指定します。
抽出するページ	どのページからテキストを取り出すかを指定します。「すべて」は全ページから取り出します。「単一」「範囲」では、取り出すページ番号を別途入力できます。

図5-87 「PDFからテキストを抽出」アクションの設定。

「PDFから画像を抽出します」

PDFファイルから指定した名前の画像データを取り出しファイルに保存します。以下の設定が用意されています。

PDFファイル	読み込むPDFファイルのオブジェクトまたはパスを指定します。
抽出するページ	どのページから画像を取り出すかを指定します。「すべて」は全ページから取り出します。「単一」「範囲」では、取り出すページ番号を別途入力できます。
画像名	取り出す画像の名前を指定します。
保存先	画像を保存するファイルのパスを指定します。

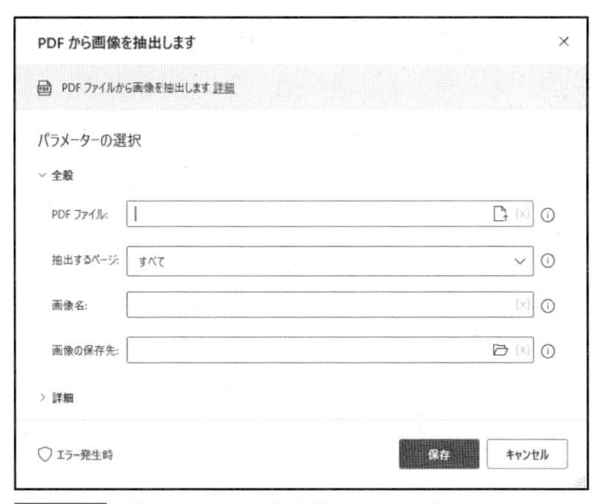

図5-88 「PDFから画像を抽出します」アクションの設定。

「新しいPDFファイルへのPDFページの抽出」

既にあるPDFファイルから特定のページを別のPDFファイルとして保存します。以下の設定が用意されます。

PDFファイル	読み込むPDFファイルのオブジェクトまたはパスを指定します。
ページ選択	取り出すページを指定します。ページ番号を記述します。「1-2」というように範囲を指定することもできます。
抽出されたPDFファイルのパス	取り出したページを保存するファイルのパスを指定します。ここで指定したファイルに書き出されます。
ファイルが存在する場合	既に同名のファイルがある場合、上書きするかしないか、あるいは名前に連番をつけて保存するかを指定します。

新しい PDF ファイルへの PDF ファイル ページの抽出

PDF ファイルから新しい PDF ファイルにページを抽出します 詳細

パラメーターの選択

全般

PDF ファイル:

ページ選択:

抽出された PDF ファイルのパス:

ファイルが存在する場合: 連番のサフィックスを追加します

詳細

生成された変数 ExtractedPDF

エラー発生時 保存 キャンセル

図5-89 「新しいPDFファイルへのPDFページの抽出」アクションの設定。

「PDFファイルを統合」

複数のPDFファイルを一つにまとめるものです。以下の設定が用意されています。

PDFファイル	読み込むすべてのPDFファイルのオブジェクトまたはパスを指定します。パスは前後をダブルクォートでくくり、それぞれを区切り文字で区切ってつなげて記述します。あるいはリストとしてまとめておくこともできます。
統合されたPDFのパス	すべてをまとめるPDFファイルのパスを指定します。このファイルに統合された内容が書き出されます。
ファイルが存在する場合	既に同名のファイルがある場合、上書きするかしないか、あるいは名前に連番をつけて保存するかを指定します。

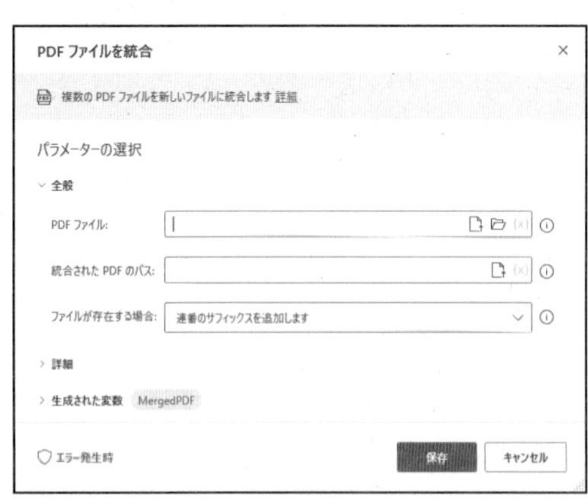

図5-90 「PDFファイルを統合」アクションの設定。

選択したPDFファイルを一つにまとめる

では、これらのアクションの利用例として、「選択した複数のPDFファイルを一つにまとめて保存する」というフローを作ってみましょう。新しいフロー(「PDFフロー1」)を作成し、以下の手順でアクションを追加してください。

1.「ファイルの選択ダイアログを表示」(「メッセージボックス」内)

ダイアログのタイトル	PDFファイルを選択
初期フォルダー	ファイルのアイコンをクリックしてデスクトップを選択
ファイルフィルター	*.pdf
複数の選択を許可	ON
生成された変数	「SelectedFiles」「ButtonPressed」

(※その他はデフォルトのまま)

図5-91 「ファイルの選択ダイアログを表示」の設定。

2.「一覧の並べ替え」(「変数」内)

これは初めて登場するアクションですね。このアクションは、オブジェクトがまとめられているリストを、オブジェクト内の特定のプロパティをもとに並べ替えるためのものです。

ここでは、「ファイルの選択ダイアログを表示」で取得したファイルのリストを名前で降順(逆順)に並べ替えます。「PDFファイルを統合」アクションでは、リストの最後にあるものから順に追加されていき、最初の項目が一番後に書き出されます。このため、降順(逆順)にしておくと、ファイル名の順に統合されます。

では、アクションの設定を以下にあげておきましょう。

並べ替えるリスト	{x}をクリックし「SelectedFiles」変数を選択
リスト項目のプロパティで並べ替える	ON
並べ替えの基準にする最初のプロパティ	Name
並べ替え	降順

(※以降の項目は設定しない)

図5-92 「一覧の並べ替え」の設定。

3.「ファイルの選択ダイアログを表示」

ダイアログのタイトル	保存するファイルを入力
初期フォルダー	ファイルのアイコンをクリックしてデスクトップを選択
ファイルフィルター	*.pdf
複数の選択を許可	OFF
生成された変数	「SelectedFile」「ButtonPressed2」

(※その他はデフォルトのまま)

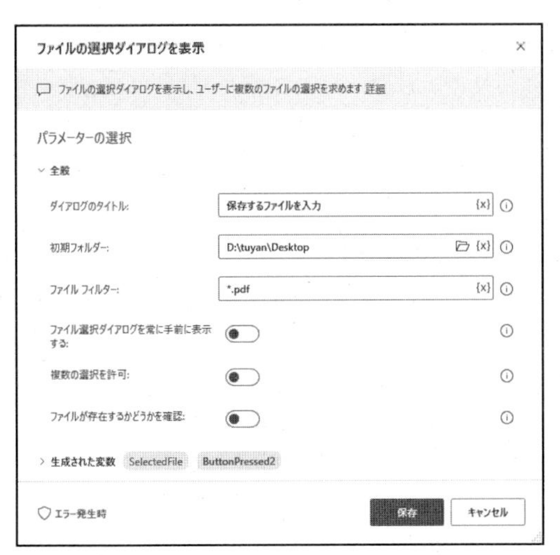

図5-93 「ファイルの選択ダイアログを表示」の設定。

4.「ファイルが存在する場合」(「ファイル」内)

ファイルが次の場合	存在しない
ファイルパス	{x}をクリックし「SelectedFile」変数を選択

ファイルが存在する場合
ファイルが存在するかどうかに基づいて、アクションの条件ブロックの開始位置を示します 詳細
パラメーターの選択
全般
ファイルが次の場合: 存在しない
ファイル パス: %SelectedFile%
保存
キャンセル

図5-94 「ファイルが存在する場合」の設定。

※以下は「ファイルが存在する場合」の内部に追加する。

5.「PDFファイルを統合」(「PDF」内)

PDFファイル	{x}をクリックし「SelectedFiles」変数を選択
統合されたPDFファイルのパス	{x}をクリックし「SelectedFile」変数を選択
ファイルが存在する場合	連番のサフィックスを追加します

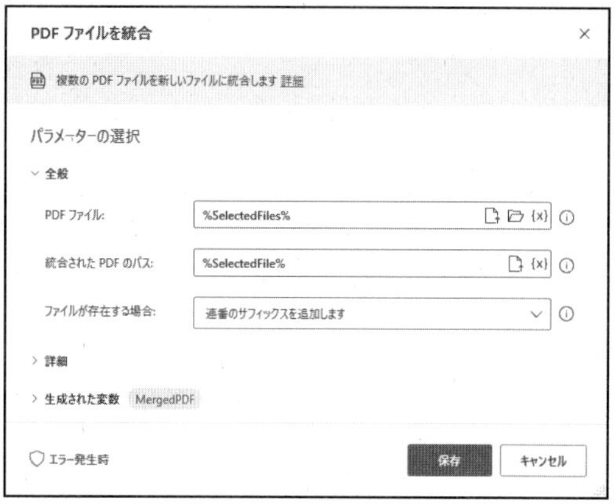

PDF ファイルを統合

複数の PDF ファイルを新しいファイルに統合します 詳細

パラメーターの選択

全般

PDF ファイル: %SelectedFiles%

統合された PDF のパス: %SelectedFile%

ファイルが存在する場合: 通番のサフィックスを追加します

詳細

生成された変数 MergedPDF

エラー発生時 保存 キャンセル

図5-95 「PDFファイルを統合」の設定。

フローを実行する

では、フローを実行しましょう。実行すると、まず統合するPDFファイルを尋ねてくるので、まとめたいPDFファイルをすべて選択します。次に、保存するPDFファイル名を尋ねてくるのでファイル名を記入します。これで、選択したファイルの内容がすべて一つのファイルにまとめられ保存されます。

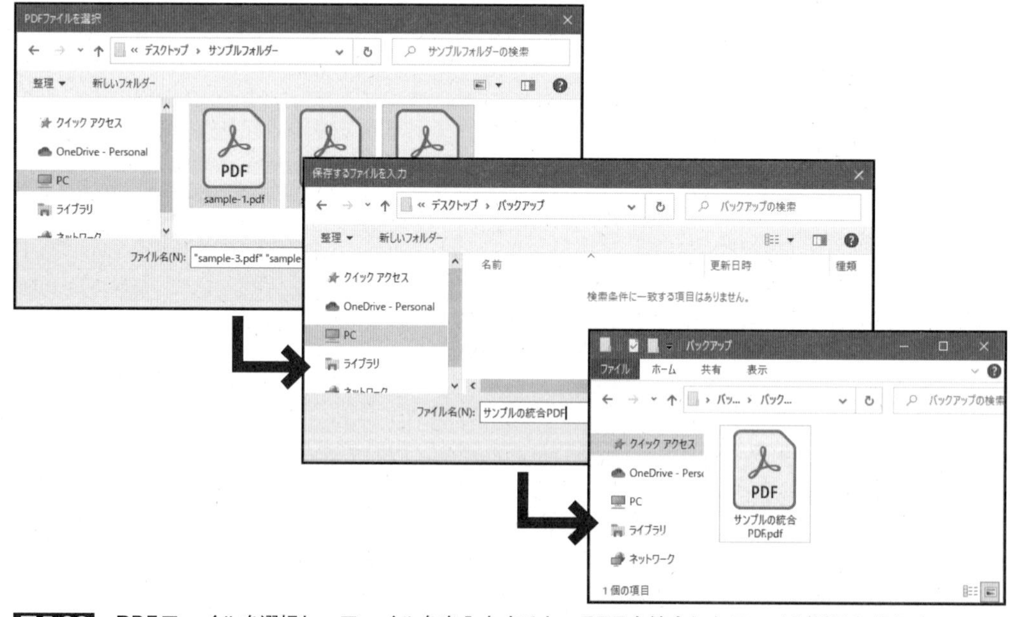

図5-96 PDFファイルを選択し、ファイル名を入力すると、PDFを統合したファイルが保存される。

Robinコード 「PDFフロー1」のRobinコード

PDFファイルをまとめるフローがどうなっているか、Robinコードを見てみましょう。**デフォルトのパス**には、デフォルトで開く場所のパスを指定してください。

リスト5-5

```
Display.SelectFileDialog.SelectFiles \
  Title: $'''PDFファイルを選択''' \
  InitialDirectory: $'''デフォルトのパス''' \
  FileFilter: $'''*.pdf''' IsTopMost: False \
  CheckIfFileExists: False SelectedFiles=> SelectedFiles \
  ButtonPressed=> ButtonPressed

Variables.SortList.SortListByProperty \
  List: SelectedFiles Property1: $'''Name''' \
  SortDirection1: Variables.SortDirection.Descending \
  SortDirection2: Variables.SortDirection.Ascending \
  SortDirection3: Variables.SortDirection.Ascending \
  SortedList=> SelectedFiles

Display.SelectFileDialog.SelectFile \
  Title: $'''保存するファイルを入力''' \
  InitialDirectory: $'''D:\\tuyan\\Desktop''' \
  FileFilter: $'''*.pdf''' IsTopMost: False \
  CheckIfFileExists: False SelectedFile=> SelectedFile \
  ButtonPressed=> ButtonPressed2

IF (File.IfFile.DoesNotExist File: SelectedFile) THEN
    Pdf.MergeFiles PDFFiles: SelectedFiles \
      MergedPDFPath: SelectedFile \
      IfFileExists: Pdf.IfFileExists.AddSequentialSuffix \
      PasswordDelimiter: $''',''' MergedPDF=> MergedPDF
END
```

今回はファイルダイアログ関係のもの、リストの操作に関するもの、PDF操作のものが使われています。ダイアログ関係は何度も出ていますから、それ以外のものをまとめておきましょう。

●リストをソートする

```
Variables.SortList.SortListByProperty List:リスト Property1～3:ソートの基準となる項目 \
  SortedList=>結果を保管する変数
```

●PDFファイルを統合する

```
Pdf.MergeFile PDFFiles:もとのファイルパス MergedPDFPath:追加するファイルパス
\
  MergedPDF=>統合されたファイルを保管する変数
```

PDFファイルを一つにまとめるというと難しそうですが、実は一つの命令を実行するだけでできてしまうんですね！

Zipファイルを利用する

もう一つ、「Zip」ファイルについても触れておきましょう。いわゆる圧縮ファイルのことですね。PADには、ファイルをZipに圧縮したり、Zipファイルを展開保存したりするためのアクションが「圧縮」内に用意されています。

「Zipファイル」

ファイルをまとめてZipファイルに保存するものです。ここでは以下のような設定項目が用意されています。

アーカイブパス	作成するZipファイルのパスを指定します。
圧縮するファイル	Zipファイルに圧縮するファイルを指定します。これはファイルのオブジェクトまたはパスをリストでまとめて用意します。あるいはパスの前後をダブルクォートでくくり、区切り文字でつなげたテキストで指定することもできます。
圧縮レベル	圧縮の速度とファイルサイズをどの程度に設定するかを選びます。デフォルトでは「速度と圧縮の最適なバランス」が選択されています。
パスワード	ファイルにパスワードを設定します。
アーカイブコメント	Zipファイルにつけるコメントです。
生成された変数	作成されたファイルのオブジェクトが保管されます。デフォルトでは「ZipFile」という名前になっています。

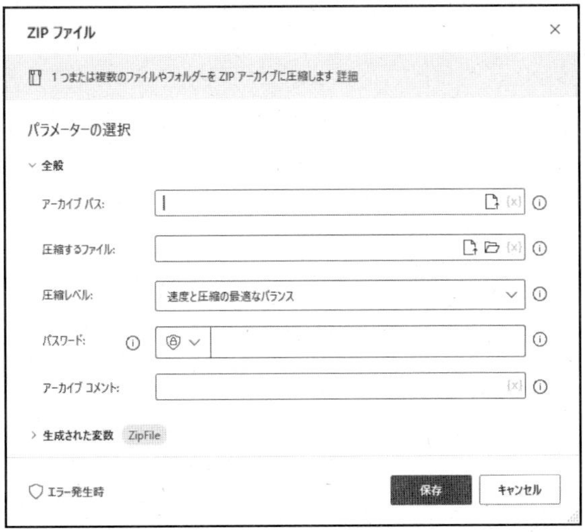

図5-97 「Zipファイル」アクションの設定。

「ファイルの解凍」

Zipファイルを展開し元の状態に戻すためのものです。これには以下の設定項目が用意されています。

アーカイブパス	展開するZipファイルのパスを指定します。
宛先フォルダー	ファイルを展開保存するフォルダーを指定します。
パスワード	Zipファイルのパスワードを指定します。これはファイルにパスワードが設定されている場合に使います。
包含マスク	展開するファイルを指定するフィルターです。例えば「*.txt」とすると、txt拡張子のファイルだけが展開保存されます。
除外マスク	展開しないファイルを指定するフィルターです。例えば「*.txt」とすると、txt拡張子のファイルだけが展開保存されません。

ファイルの解凍 ×

ZIP アーカイブに含まれている 1 つまたは複数のファイルやフォルダーを解凍します 詳細

パラメーターの選択

全般

アーカイブ パス:

宛先フォルダー:

パスワード:

包含マスク:

除外マスク:

エラー発生時　保存　キャンセル

図5-98 「ファイルの解凍」アクションの設定。

Chapter 1
Chapter 2
Chapter 3
Chapter 4
Chapter 5
Chapter 6
Chapter 7
Addendum

ファイルを圧縮するフロー

では、実際の利用例をあげておきましょう。まずは、ファイルの圧縮からです。ファイルを選択し、保存するファイル名を入力すると、選択したファイルを圧縮します。

新しいフロー（「Zip フロー 1」）を作成し、以下のアクションを用意しましょう。

1.「ファイルの選択ダイアログを表示」（「メッセージボックス」内）

ダイアログのタイトル	圧縮するファイルをすべて選択
初期フォルダー	ファイルのアイコンをクリックしてデスクトップを選択
ファイルフィルター	（空のまま）
複数の選択を許可	ON
生成された変数	「SelectedFiles」「ButtonPressed」

（※その他はデフォルトのまま）

図5-99 「ファイルの選択ダイアログを表示」の設定。

2.「ファイルの選択ダイアログを表示」

ダイアログのタイトル	Zipファイル名を入力
初期フォルダー	ファイルのアイコンをクリックしてデスクトップを選択
ファイルフィルター	*.zip
複数の選択を許可	OFF
生成された変数	「SelectedFile」「ButtonPressed2」

(※その他はデフォルトのまま)

図5-100 「ファイルの選択ダイアログを表示」の設定。

3.「ファイルが存在する場合」(「ファイル」内)

ファイルが次の場合	存在しない
ファイルパス	{x}をクリックし「SelectedFile」変数を選択

図5-101 「ファイルが存在する場合」の設定。

※以下は「ファイルが存在する場合」の内部に追加する。

4.「Zipファイル」(「圧縮」内)

アーカイブパス	{x}をクリックし「SelectedFile」変数を選択
圧縮するファイル	{x}をクリックし「SelectedFiles」変数を選択

(※他はデフォルトのまま)

図5-102 「Zipファイル」の設定。

フローを実行する

では、フローを実行しましょう。まず現れたファイルの選択ダイアログで圧縮したいファイルをすべて選択します。続いて作成するZipファイルの名前を入力します。これで、選択したファイルを圧縮したZipファイルが作成されます。

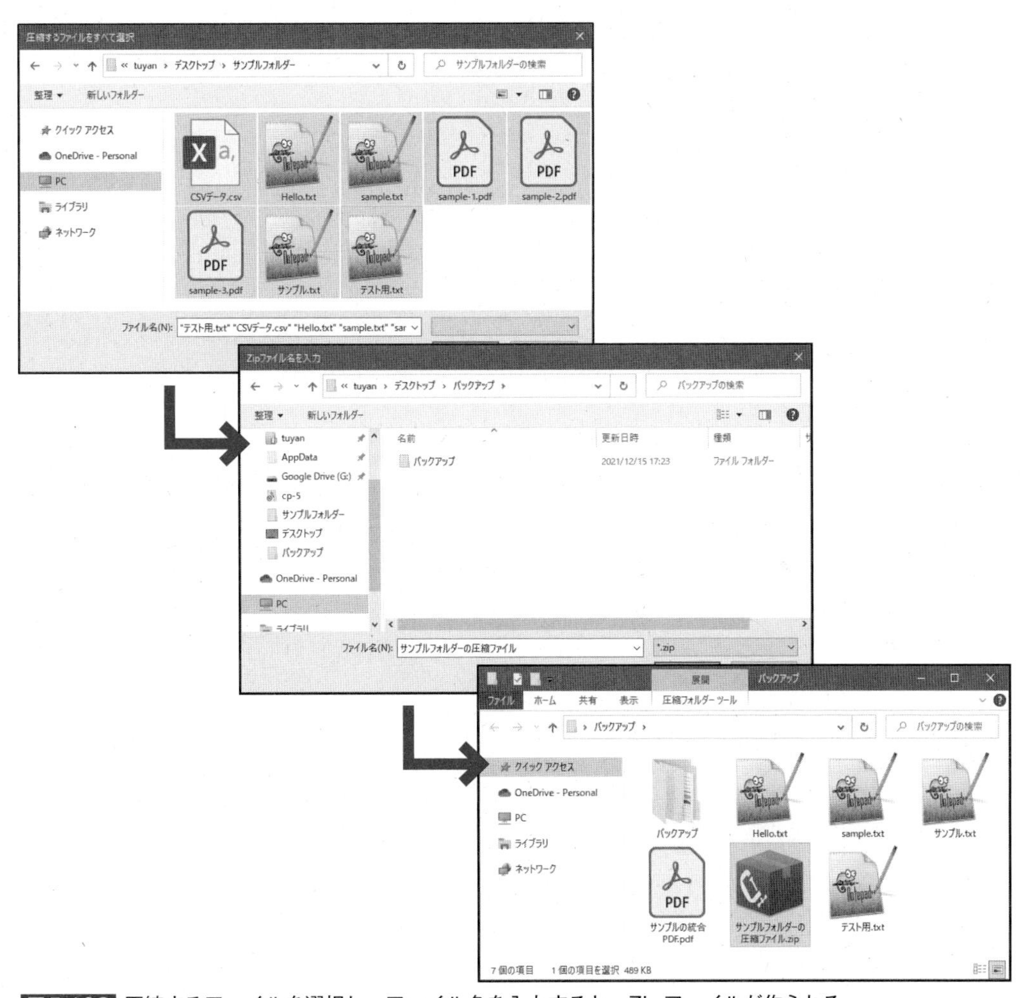

図5-103 圧縮するファイルを選択し、ファイル名を入力すると、Zipファイルが作られる。

Robinコード ファイルを圧縮する

ファイルをZipファイルに圧縮するフローもRobinコードを見てみましょう。**デフォルトのパス**には、デフォルトで開く場所のパスを指定してください。

リスト5-6

```
Display.SelectFileDialog.SelectFiles \
  Title: $'''圧縮するファイルをすべて選択''' \
  InitialDirectory: $'''デフォルトのパス''' \
  IsTopMost: False CheckIfFileExists: False \
  SelectedFiles=> SelectedFiles ButtonPressed=> ButtonPressed
Display.SelectFileDialog.SelectFile \
  Title: $'''Zipファイル名を入力''' \
  InitialDirectory: $'''デフォルトのパス''' \
  FileFilter: $'''*.zip''' IsTopMost: False \
  CheckIfFileExists: False SelectedFile=> SelectedFile \
  ButtonPressed=> ButtonPressed2

IF (File.IfFile.DoesNotExist File: SelectedFile) THEN
    Compression.ZipFiles ArchivePath: SelectedFile \
      FilesOrFoldersToZip: SelectedFiles \
      CompressionLevel: Compression.CompressionLevel.BestBalanceOfS
peedAndCompression \
      ArchiveComment: $'''''' ZipFile=> ZipFile
END
```

長く見えますが、実際にZipファイルを展開しているのは、IFの中にある命令一つだけです。以下の命令だけで簡単にファイルの圧縮ができてしまうんですね！

●Zipファイルを展開する

```
Compression.ZipFiles ArchivePath:圧縮ファイルのパス \
  FilesOrFoldersToZip:圧縮するファイルのリスト \
  ZipFile=>作成されたZipファイルを保管する変数
```

圧縮ファイルを展開するフロー

今度は、Zipファイルを展開保存するフローを作ってみましょう。新しいフロー（「Zipフロー2」）を作成し、以下の手順でアクションを作成してください。

1.「ファイルの選択ダイアログを表示」(「メッセージボックス」内)

ダイアログのタイトル	Zipファイル名を入力
初期フォルダー	ファイルのアイコンをクリックしてデスクトップを選択
ファイルフィルター	*.zip
複数の選択を許可	OFF
生成された変数	「SelectedFile」「ButtonPressed」

(※その他はデフォルトのまま)

図5-104 「ファイルの選択ダイアログを表示」の設定。

2.「フォルダーの選択ダイアログを表示」

ダイアログの説明	展開先
初期フォルダー	ファイルのアイコンをクリックしてデスクトップを選択
生成された変数	「SelectedFolder」「ButtonPressed2」

(※その他はデフォルトのまま)

フォルダーの選択ダイアログを表示
フォルダーの選択ダイアログを表示し、ユーザーにフォルダーの選択を求めます 詳細
パラメーターの選択
全般
ダイアログの説明: 展開先
初期フォルダー: D:\tuyan\Desktop
フォルダー選択ダイアログを常に手前に表示する:
生成された変数 SelectedFolder ButtonPressed
エラー発生時
保存 キャンセル

図5-105 「フォルダーの選択ダイアログを表示」の設定。

3.「ファイルの解凍」(「圧縮」内)

アーカイブパス	{x}をクリックし「SelectedFile」変数を選択
宛先フォルダー	{x}をクリックし「SelectedFolder」変数を選択

(※その他はデフォルトのまま)

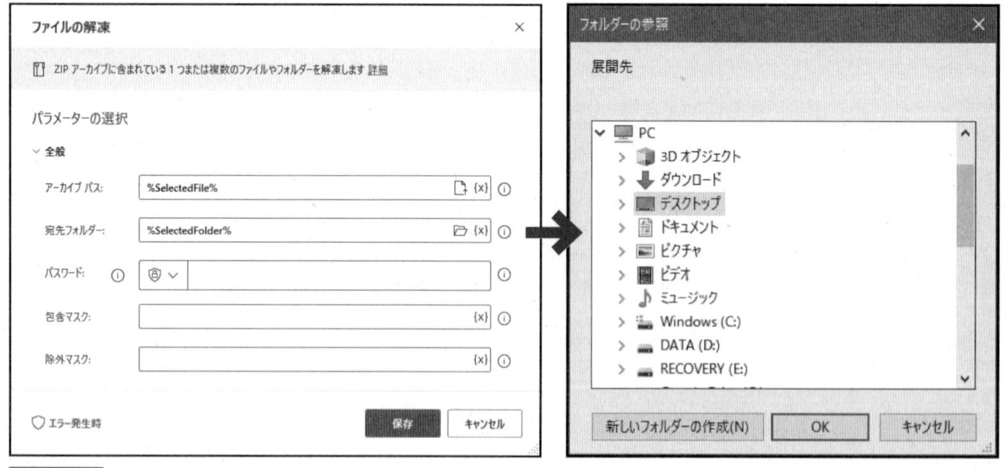

図5-106 「ファイルの解凍」の設定。

フローを実行する

では、実際にフローを動かしてみましょう。実行すると、まずZipファイルを選択するダイアログが現れます。続いて、展開保存するフォルダーを選択するダイアログが現れます。これらを入力すると、指定の場所にZipファイルの中身が展開保存されます。

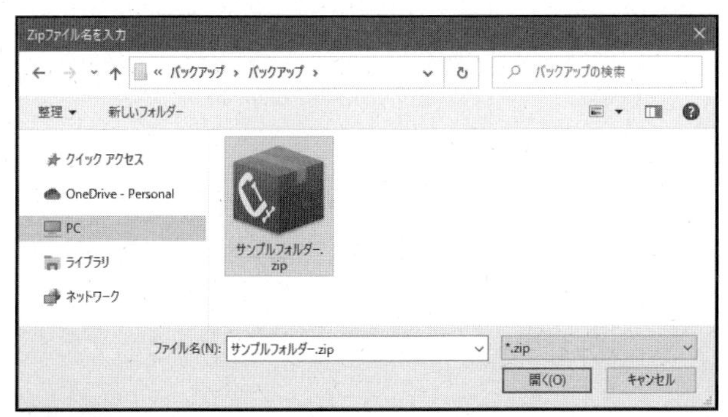

図5-107 Zipファイルとフォルダーを選択すると、指定の場所にZipファイルの中身が展開保存される。

ファイル利用のポイントは？

以上、ファイルの操作に関するものをまとめて説明しました。かなりたくさんの内容だったので、覚えきれない人も多かったことでしょう。

ファイル関連の機能は、「どういうことがわかれば役に立つフローが作れるか」を考え、覚えるべきアクションを選択していくのが良いでしょう。以下に、ポイントを整理しておきます。

1. 選択ダイアログは基本！

もっともよく使われるアクションは、実は「ファイル／フォルダーの選択ダイアログを表示」だったりします。ファイルやフォルダーを利用するには、まずこれらのダイアログでファイルを選択し、そのオブジェクトを変数に取り出す、というのが基本です。

2. 「ファイル」の重要アクション

「ファイル」に用意されているアクションのうち、もっとも重要なのは、ファイルのコピー、削除、移動といった基本的な操作に関するものでしょう。これらが扱えると、「ファイル操作をしている」という実感が味わえるようになります。パソコンの操作で、ファイルに関するものは、これらを覚えるだけでかなり自動化できるようになります。

3.「フォルダー」の重要アクション

「フォルダー」に用意されているアクションのうち、重要なものは、おそらく「特別なフォルダーを取得」でしょう。よく使われる場所(ホーム、デスクトップ、ドキュメントなど)のフォルダーを素早く取り出し利用するには、このアクションが必須です。

また、「フォルダー内のファイルを取得」は、フォルダーに入っている全ファイルを処理するのに多用されます。これは単体で使う他、「For each」と組み合わせて取り出した全ファイルを処理するようなことも多いでしょう。

とりあえず、これらのアクションを使えるようになれば、ちょっとしたファイル操作はフローを作って処理できるようになるでしょう。ファイル操作は非常に奥が深いものですから実際に簡単なフローを作りながら、少しずつマスターしていってください。

Chapter

6

Webと Webオートメーション

Webを利用する方法は、大きく二つに分かれます。「Webブラウザーを操作する」方法と、「指定のURLに直接アクセスしてデータを取得する」方法です。これらの基本についてここで説明しましょう。

Section 6-1 Webアクセスを操作する

Webブラウザーと拡張機能について

多くのソフトがWebに移行しつつある現在、自動化がもっとも必要なのは、パソコンのアプリケーションよりも「Webブラウザー」でしょう。ブラウザーからさまざまなWebサイトにアクセスし、サービスを利用する場合、その操作を自動化できればずいぶんと負担も軽減されます。

またサイトから直接データなどを取得し利用できれば、そもそもWebブラウザーで指定サイトにアクセスする必要もなくなり、作業も更に効率化できますね。

こうしたWebに関する自動化機能もPADには用意されています。第1章で、「レコーダー」を使ってWebアクセスを自動記録したのを思い出してください。Webの操作を自動記録できるということは、それをアクションで実装できるということです。

ただし、注意してほしいのは、「Webブラウザーを操作するためには、Webブラウザーに拡張機能プログラムをインストールしておく必要がある」という点です。1章でWebブラウザーの操作を記録する際に、Webブラウザー用の拡張機能をインストールしたはずですね。この拡張機能は、Webブラウザーごとに必要です。もし、まだインストールしていないWebブラウザーがあったなら、今すぐインストールしておいてください。

なお、この機能拡張は、2022年1月現在、Chrome, Edge、Firefoxのみ用意されています。それ以外のWebブラウザーについては拡張機能がないためWebページの操作は行えません。

Webブラウザーの起動

では、Webの操作について説明をしていきましょう。Webに関する操作のためのアクションは、「アクション」ペインの「ブラウザー自動化」というところにまとめられています。

Webの操作を行う場合、最初に行うのは「Webブラウザーの起動」でしょう。これは、ブラウザーごとに以下のアクションが用意されています。

「新しいInternet Explorerを起動する」
「新しいMicrosoft Edgeを起動する」
「新しいChromeを起動する」
「新しいFirefoxを起動する」

これらは、指定したWebブラウザーを開き、そのインスタンスを変数に取り出します。インスタンスというのは、既にExcelを利用する際に説明しましたね。アプリケーションのように複雑な内容のものを値として扱う際に用意するオブジェクトのことでした。Webブラウザーの操作は、まず「操作するWebブラウザーのインスタンスを用意する」ということから始まります。このWebブラウザーのインスタンスを使って、さまざまな操作を行うのです。

起動するブラウザーは違いますが、実は用意されている設定項目はすべて同じです。以下のような項目があります。

起動モード	Webブラウザーのインスタンスを得るためのものです。「新しいインスタンスを起動する」は、新たにWebブラウザーを起動しウィンドウを開きます。「実行中のインスタンスに接続する」は、既に起動してあるWebブラウザーを利用します。
初期URL	起動したWebブラウザーで最初に表示されるWebサイトのURLを指定します。
ウィンドウの状態	通常の状態か、最小化・最大化をした後の状態かを指定します。

※これ以降は「詳細」を展開した際に表示されます。

キャッシュをクリア	ONにすると、アクセスするWebページのキャッシュをクリアします。
Cookieをクリア	ONにすると、アクセスしたWebページのキャッシュを消去します。
ページが読み込まれるまで待機します	これをONにすると、ページの読み込みが完了するまでフローの実行を停止します。読み込みが完了したところで次のアクションへと進みます。
ポップアップダイアログが表示された場合	何らかの理由でダイアログが現れた場合、そのダイアログのボタンを押して次に進むようにします。
タイムアウト	タイムアウトで指定した時間が経過してもアクセスがサーバーから帰ってこない場合、そこでアクセスを中断し次に進みます。
生成された変数	作成されたWebブラウザーのオブジェクトが保管される変数です。デフォルトでは、「Browser」という名前になっています。

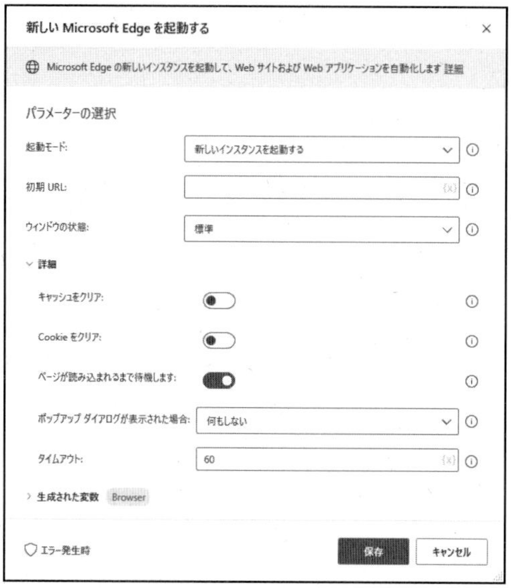

図6-1　Webブラウザーを起動するためのアクションの設定。

Edgeを起動する

では、実際にWebブラウザーを起動しましょう。まず、新しいフローを用意してください。名前は「Webフロー1」としておきます。

続いて、「ブラウザー自動化」内から「新しいMicrosoft Edgeの起動」アクションをドラッグ&ドロップして配置してください。これは、Edgeアプリケーションのオブジェクト(インスタンス)を得るためのものです。

このアクションの設定は以下のようになります。

起動モード	実行中のインスタンスに接続する
Microsoft Edgeをタブに接続する	(タイトルを使用)
タブのタイトル	新しいタブ
生成された変数	Browser(デフォルトのまま)

ここでは、Edgeで新しいタブを開いたときに表示される画面から操作をスタートするようにしました。

図6-2 「新しいMicrosoft Edgeの起動」を設定する。

指定のURLにアクセスする

次に、開いたタブで指定のURLにアクセスを行わせましょう。これは、「Webページに移動します」というアクションで行います。このアクションには以下のような項目が用意されています。

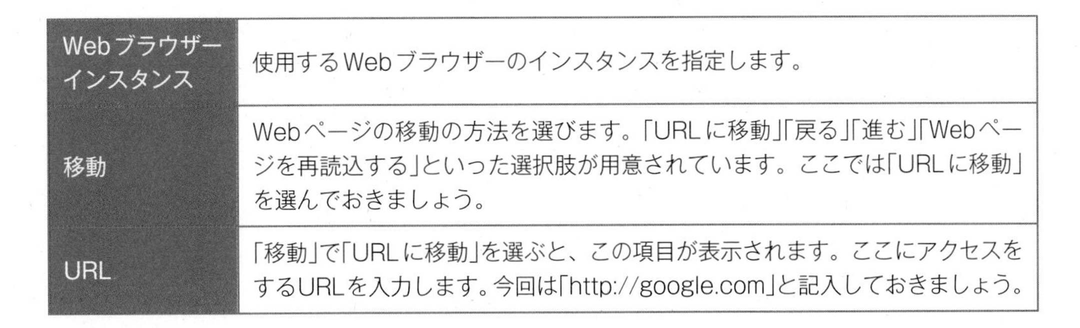

Webブラウザーインスタンス	使用するWebブラウザーのインスタンスを指定します。
移動	Webページの移動の方法を選びます。「URLに移動」「戻る」「進む」「Webページを再読込する」といった選択肢が用意されています。ここでは「URLに移動」を選んでおきましょう。
URL	「移動」で「URLに移動」を選ぶと、この項目が表示されます。ここにアクセスをするURLを入力します。今回は「http://google.com」と記入しておきましょう。

これで、開いたEdgeのタブでGoogleの検索サイトにアクセスするアクションができました。

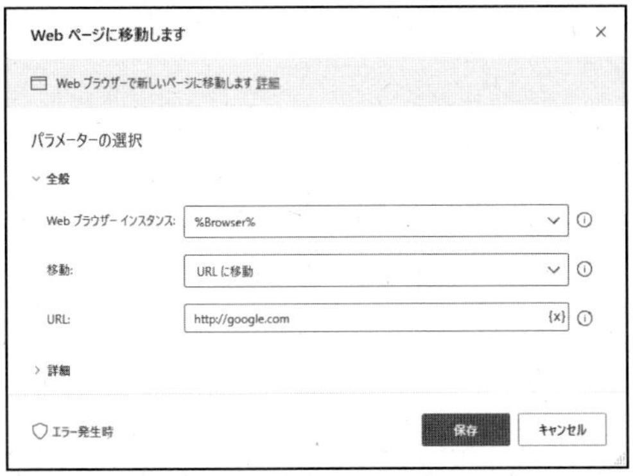

図6-3 「Webページに移動します」の設定。

フローを実行する

では、実際にフローを実行してみましょう。Edgeを起動して「新しいタブ」が表示された状態になっているのを確認してから実行をしてください。開いているタブでGoogleの検索サイトに移動します。

図6-4　フローを実行するとEdgeのタブでGoogleの検索サイトが表示される。

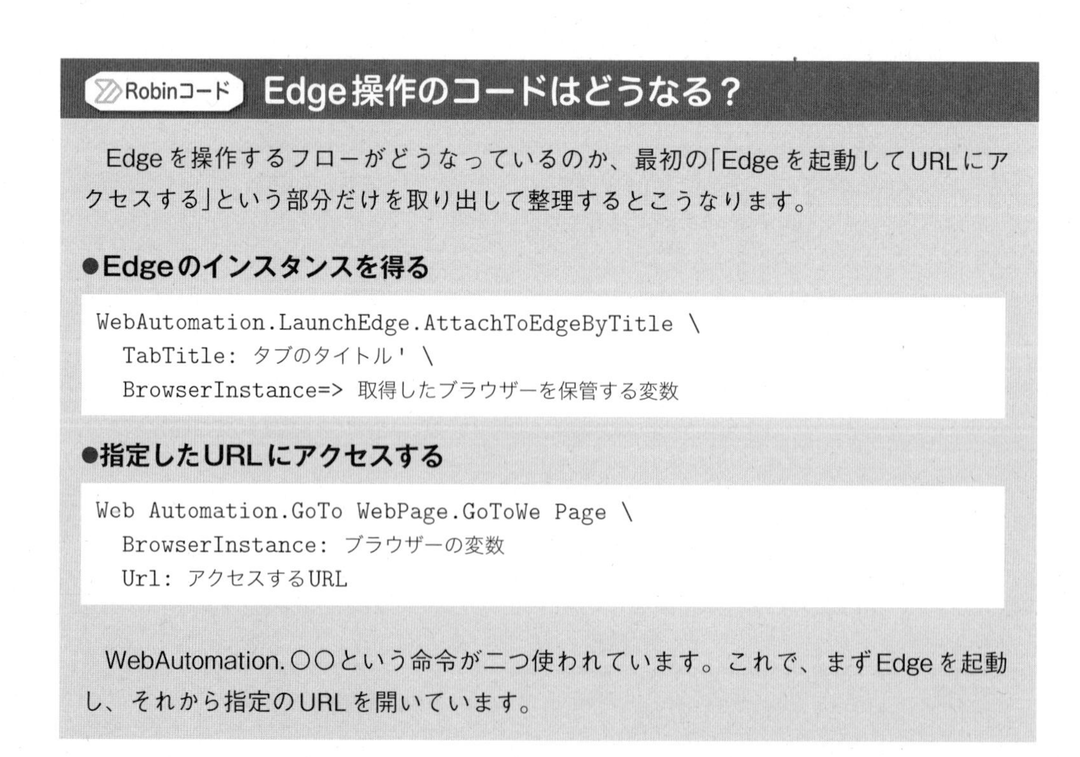

Robinコード　Edge操作のコードはどうなる？

Edgeを操作するフローがどうなっているのか、最初の「Edgeを起動してURLにアクセスする」という部分だけを取り出して整理するとこうなります。

●Edgeのインスタンスを得る

```
WebAutomation.LaunchEdge.AttachToEdgeByTitle \
  TabTitle: タブのタイトル' \
  BrowserInstance=> 取得したブラウザーを保管する変数
```

●指定したURLにアクセスする

```
Web Automation.GoTo WebPage.GoToWe Page \
  BrowserInstance: ブラウザーの変数
  Url: アクセスするURL
```

WebAutomation.○○という命令が二つ使われています。これで、まずEdgeを起動し、それから指定のURLを開いています。

Webブラウザーの操作でRobinコードを見られるとは、実はこの部分だけ。これから先、Webページの操作を行うフローを作っていきますが、これらは実際にフローをエディタにペーストすると、膨大な量のコードが書き出されてしまいます。これは、UI要素を使っているためです。

Webの操作も、UI要素を使う場合はRobinコードはとんでもない長さになってしまうので注意しましょう。

Webページの操作とUI要素

では、表示されているWebページの中を操作するにはどうすればいいのでしょうか。これは、操作するHTMLの要素を「UI要素」として登録し、それをアクションから利用します。

では、実際にやってみましょう。フローデザイナー右端にあるアイコンバーから「UI要素」のアイコンをクリックして表示を「UI要素」ペインに切り替えてください。そして「UI要素の追加」をクリックしましょう。

図6-5 「UI要素」ペインから「UI要素の追加」をクリックする。

画面に「追跡セッション」ウィンドウが現れます。ここで、登録したいWebページ内の要素をCtrlキー＋クリックで追加していきます。

図6-6　「追跡セッション」ウィンドウが現れる。

検索フィールドを登録する

では、先ほどGoogleの検索サイトを表示しましたが、このページにあるHTML要素を登録していきましょう。

まずは、検索フィールドです。マウスを検索フィールドの上に移動すると、赤枠に「<input:text>」という表示が現れます。これが、検索フィールドの<input type="text">が選択された状態です。このままCtrlキー＋クリックすると、このHTML要素が登録されます。

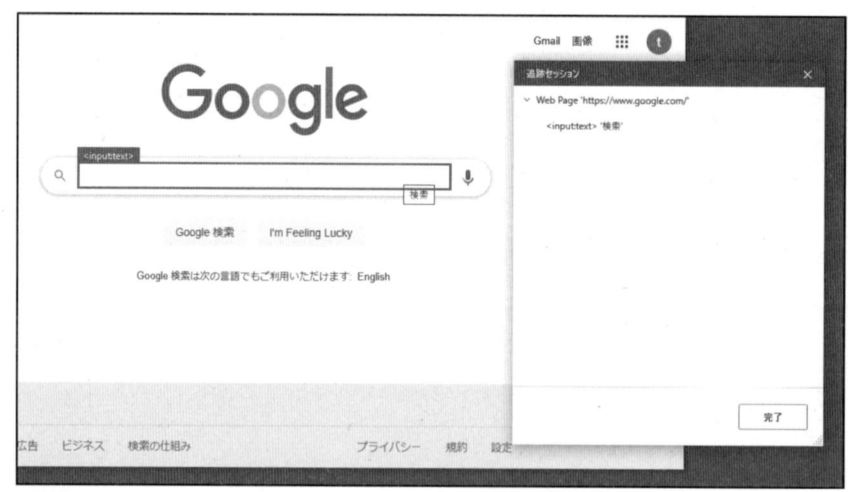

図6-7　検索フィールドを選択し、Ctrlキー＋クリックで登録する。

検索ボタンを登録する

続いて、検索フィールドの下にある「Google検索」のボタンを登録しましょう。この上にマウスポインタを移動し、赤枠に「<input:submit>」と表示されたら、Ctrlキー+クリックして登録をしてください。

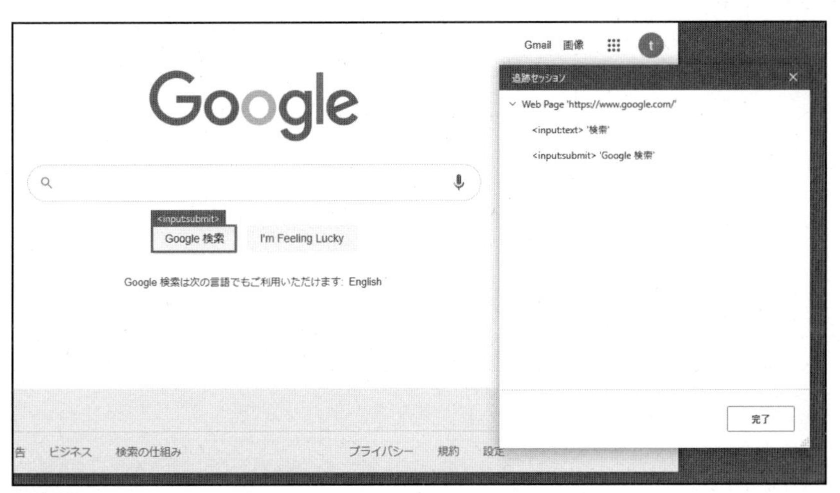

図6-8　検索ボタンを選択し、Ctrlキー+クリックで登録する。

登録したUI要素を確認

これで、入力フィールドと検索ボタンがUI要素として登録できました。「完了」ボタンを押すと、「追跡セッション」ウィンドウが閉じられ、フローデザイナーの「UI要素」ペインの表示に戻ります。

ここに、「Web Pages 'https://www.google.com/'」という項目が用意され、その中に登録した二つのUI要素が表示されているのが確認できます。

図6-9　「UI要素」ペインに、登録したUI要素が表示される。

検索フィールドに入力をする

では、Google検索を実行するアクションを作ってみましょう。まずは、検索フィールドにテキストを入力する操作です。

Webページにあるコントロール類(フィールドやボタン、リストなど)の操作は、「アクション」ペインの「ブラウザー自動化」内にある「Webフォーム入力」というところにアクションがまとめられています。

フィールドへの入力は、この中にある「Webページ内のテキストフィールドに入力する」というアクションを使って行います。これをドラッグ&ドロップして配置し、以下のように設定を変更しましょう。

Webブラウザーインスタンス	使用するWebブラウザーのインスタンスを指定します。{x}をクリックし、「Browser」変数を選択します。
UI要素	操作するUI要素を選択します。ここでは「<input:text '検索'>」という項目を選んでおきます。
テキスト	入力するテキストを用意します。ここでは「Power Automate for Desktop」と記入しておきましょう。
入力をエミュレートする	ONにすると、単にテキストを設定するのでなく、実際にキーから入力されたように振る舞います。

この他、「詳細」をクリックすると、更に以下のような項目が用意されています。なお、これらは今回はすべてデフォルトのままでOKです。設定を行う必要はありません。

テキストボックスへの入力後にフォーカスを移動する	値を設定後、次の入力コントロールにフォーカスを移動します。
ページが読み込まれるまで待機します	UI要素が表示されてすぐではなく、ページ全体が読み込まれるまで待ってから実行します。
ポップアップダイアログが表示された場合	何らかの理由でダイアログが表示されて先へ進めない場合の処理を指定します。「何もしない」「それを閉じる」「ボタンを押す」のいずれかを選びます。
フィールドが空白ではない場合	値を設定するUI要素に既に別の値が設定されていた場合の処理方法を選びます。「テキストを置換する」「テキストに追加する」があります。

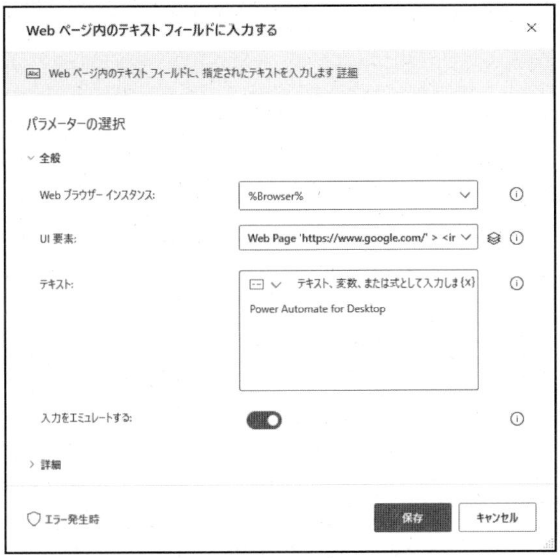

図6-10 「Webページ内のテキストフィールドに入力する」の設定。

検索ボタンをクリックする

続いて、検索ボタンをクリックする処理を作成しましょう。ボタンのクリックは、「Webフォーム入力」内にある「Webページのボタンを押します」アクションを使います。これを画面に配置すると、以下のような項目が表示されます。

Webブラウザーインスタンス	使用するWebブラウザーのインスタンスを指定します。{x}をクリックし、「Browser」変数を選択します。
UI要素	操作するUI要素を選択します。ここでは「<input:submit 'Google検索'>」という項目を選んでおきます。

この他、「詳細」をクリックすると更に以下の設定項目が現れ、設定を行えるようになります。

ページが読み込まれるまで待機します	UI要素が表示されてすぐではなく、ページ全体が読み込まれるまで待ってから実行します。
ポップアップダイアログが表示された場合	何らかの理由でダイアログが表示されて先へ進めない場合の処理を指定します。「何もしない」「それを閉じる」「ボタンを押す」のいずれかを選びます。

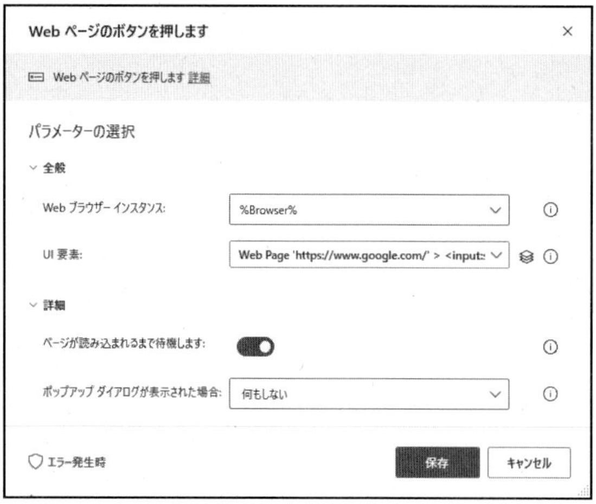

Webページのボタンを押します ×
Webページのボタンを押します 詳細
パラメーターの選択
全般
Webブラウザー インスタンス: %Browser%
UI要素: Web Page 'https://www.google.com/' > <input:
詳細
ページが読み込まれるまで待機します:
ポップアップ ダイアログが表示された場合: 何もしない
エラー発生時 保存 キャンセル

図6-11 「Webページのボタンを押します」アクションの設定。

フローを実行する

これで、Google検索で「Power Automate for Desktop」と入力し検索を実行するフローができました。フローを保存し、実際に実行してみましょう。

すると、中には問題なく実行できた人もいるでしょうが、なぜか途中でエラーになって実行できなかった、という人もいるはずです。

これは、UI要素の利用というのが非常に厳密に行われるためです。「登録した状態と全く同じUI要素が画面上に見える状態で配置されている」のでなければ動作しません。Webページの UI要素の場合、そのHTML要素が登録した状態と全く同じ状態になっている必要があります。HTML要素の組み込み状態や属性の値などが完全に一致していないと動きかないのです。

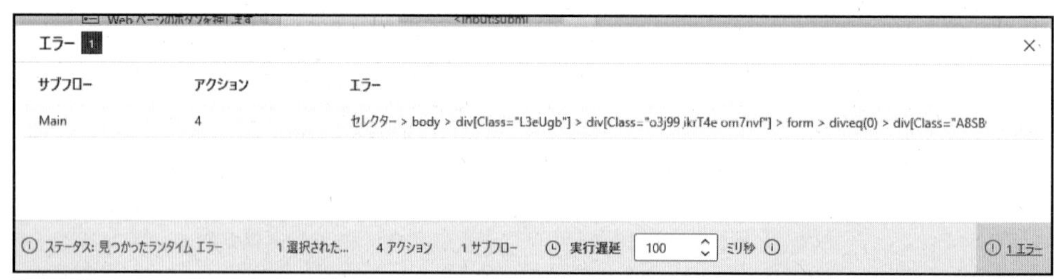

図6-12 途中でエラーが発生し止まってしまう。

UI要素を調整する

最近のWebページでは、その場の状況などに応じてダイナミックに表示が調整されるようになっていることが多いものです。こうした場合、自動的に属性などが変更されていたりすると、もう登録されたUI要素とは認識できなくなってしまいます。

このような場合はどうすればいいのか。それは、UI要素の設定を調整し、もっとルーズに要素を特定するようにしておくのです。では、やってみましょう。

「UI要素」ペインを表示し、そこにある検索ボタンのUI要素をダブルクリックして開いてください。<input:text 'Google検索'>と表示されている項目です。

図6-13　UI要素の項目をダブルクリックして開く。

検索ボタンを調整する

画面にセレクターを表示するパネルが現れます。セレクターというのは、前にUI要素の編集を行ったときに登場しましたが覚えているでしょうか。セレクターは、UI要素を特定するための設定です。このセレクターの設定内容をもとに、UI要素を特定します。

では、この項目を更にダブルクリックして開いてください。

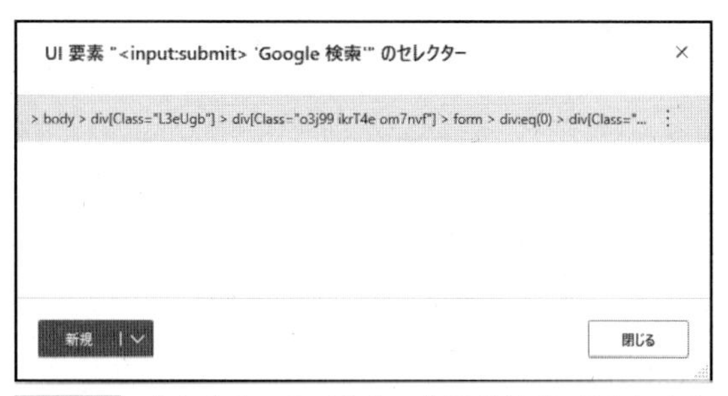

図6-14　セレクターのパネル。表示されているセレクターを開く。

セレクターを編集する

「セレクタービルダー」というパネルが開かれ、選択したセレクターの設定が表示されます。ここでは、パネルの左側にHTML要素の構造が表示され、ここから選択した項目の属性が右側に表示されるようになっています。

デフォルトでは、左側に表示されるすべてのHTML要素のチェックがONになっており、登録したときと完全に同じ階層状態でなければUI要素を認識できなくなっていることがわかります。

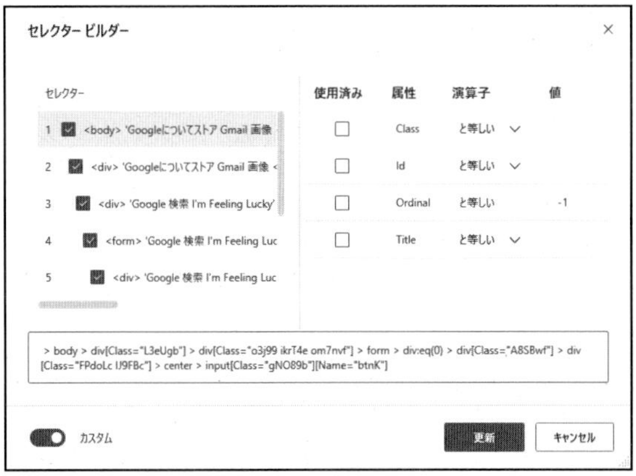

図6-15　セレクタービルダーのパネル。

不要な項目をOFFにする

では、左側に表示されているHTML要素で、一番下にある<input:submit>の項目以外のチェックをすべてOFFにしてください。

そして、一番下の<input:submit>を選択し、右側に表示される属性から「Type」「Value」の二つをONに、それ以外をすべてOFFにしましょう。

これで、<input type="submit" value="Google検索">というタグがあれば、それをUI要素として認識するようになります。修正できたら「更新」ボタンを押してパネルを閉じましょう。

セレクター ビルダー
×

セレクター

		使用済み	属性	演算子	値
5	☐ <div> 'Google 検索 I'm Feeling Lucky'	☐	ReadOnly	と等しい	
6	☐ <div> 'Google 検索 I'm Feeling Lucky'	☐	Required	と等しい	
7	☐ <div> 'Google 検索 I'm Feeling Lucky'	☐	Src	と等しい	
8	☐ <center> 'Google 検索 I'm Feeling Lucky'	☐	Title	と等しい	
9	☑ <input:submit> 'Google 検索'	☑	Type	と等しい	submit
		☑	Value	と等しい	Google 検索

input[Type="submit"][Value="Google 検索"]

カスタム　更新　キャンセル

図6-16　<input:submit>のTypeとValueだけをONにする。

<input:text>のセレクターを修正

もう一つのUI要素も同様に修正しておきましょう。「UI要素」ペインにある<input:text>の項目をダブルクリックし、更にセレクターをダブルクリックしてセレクタービルダーを開きます。

パネルを開いたら、左側のHTML要素の構造から一番下の<input:text>以外の項目をすべてOFFにしてください。そして<input:text>をクリックして選択し、右側の属性のリストから「Name」「Title」「Type」の項目をONに、それ以外をすべてOFFにします。

これで、<input type="text" name="q" title="検索">という要素があればそれをUI要素として認識するようになりました。「更新」ボタンを押してパネルを閉じてください。

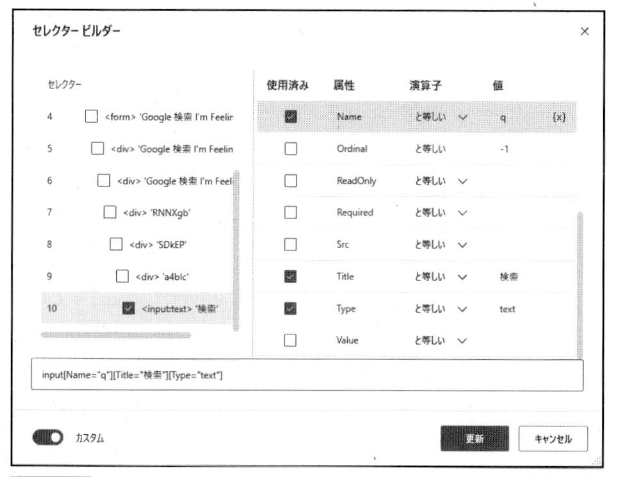

図6-17　<input:text>のセレクターを修正する。

フローを実行する

では、フローを保存し、Edgeで「新しいタブ」が開かれた状態にしてフローを実行しましょう。今度は、Google検索のフィールドに「Power Automate for Desktop」が入力され、検索が実行されるようになります。

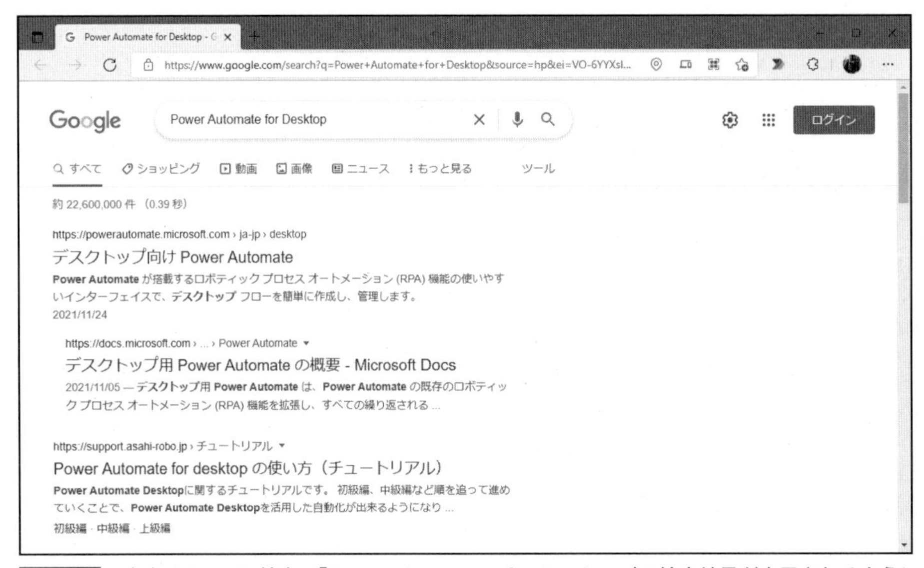

図6-18　今度はGoogle検索で「Power Automate for Desktop」の検索結果が表示されるようになった。

Webページをキャプチャーする

では、表示されたページの情報を取り出して利用するアクションを使ってみましょう。一つは、「Webページのキャプチャー」です。PADでは、Webブラウザーに表示されたWebページを簡単にキャプチャーすることができます。

Webページ内からデータを取り出すためのアクションは、「ブラウザー自動化」内にある「Webデータ抽出」というところに用意されています。この中の「Webページのスクリーンショットを取得します」というアクションがそれです。

これをドラッグ＆ドロップして配置してください。以下のような設定項目が表示されるので、順に設定しましょう。

Webブラウザーインスタンス	利用するWebブラウザーのインスタンスを指定します。ここでは、{x}をクリックし「Browser」変数を選択します。
キャプチャ	Webページのどこをキャプチャーするかを指定します。「Webページ全体」なら、ページ全体を１枚のイメージでキャプチャーします。「特定の要素」を選ぶと、その下にUI要素を選択する項目が現れ、指定したUI要素の部分だけをキャプチャーします。今回は「Webページ全体」を選んでおきましょう。
保存モード	どこにイメージを保存するかを指定します。「クリップボード」では、クリップボードにコピーするだけです。「ファイル」を選ぶと、下に「画像ファイル」という項目が追加され、保存するファイルのパスを指定します。今回は「ファイル」を選んでください。
画像ファイル	ファイルアイコンをクリックするとファイルの選択ダイアログが現れます。デスクトップを選択し、「Webページキャプチャー.png」とファイル名を入力して開きましょう。入力したファイルのパスが設定されます。
ファイル形式	取得するイメージのファイルフォーマットを指定します。今回は「PNG」を選んでおきます。

これらすべてを設定して保存すれば、キャプチャーのアクションが完成します。

図6-19 「Webページのスクリーンショットを取得します」アクションの設定。

フローを実行する

では、フローを実行して動作を確かめましょう。Edgeで「新しいタブ」が表示された状態でフローを実行してください。Google検索した画面がデスクトップに「Webページキャプチャー.png」という名前のファイルとして保存されます。

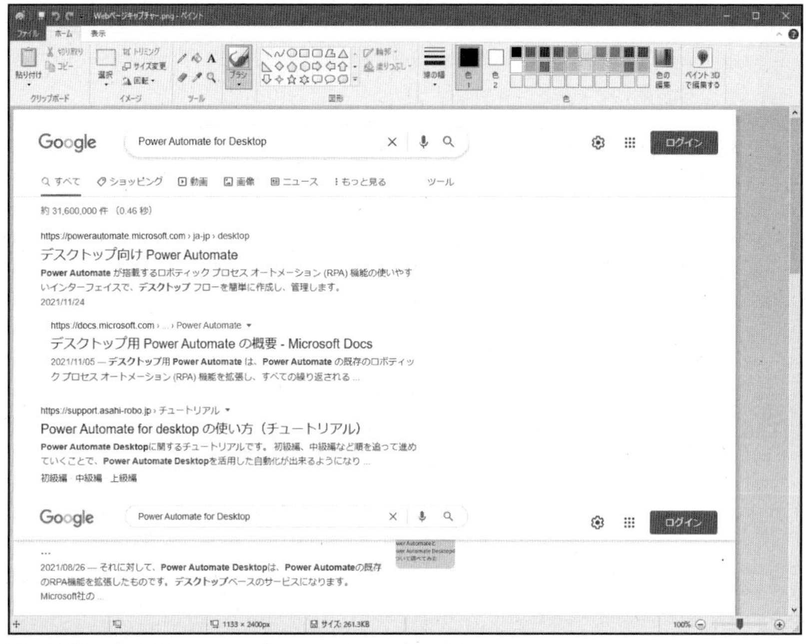

図6-20　検索結果のキャプチャーイメージをペイントで開いたところ。

Webページの情報を取り出す

Webページは、HTMLのソースコードとして用意されており、それをもとにWebブラウザーにページが表示されています。Webページのデータを取り出したい場合は、そのページのソースコードか、表示されているテキストを取り出して処理するのがもっとも一般的なやり方でしょう。

これには、「ブラウザー自動化」内の「Webデータ抽出」に用意されている「Webページ上の詳細を取得します」というアクションを利用します。これを配置し、以下の設定を行ってください。

Webブラウザーインスタンス	利用するWebブラウザーのインスタンスを指定します。ここでは、{x}をクリックし「Browser」変数を選択します。
取得	ここで取り出すデータを指定します。Webページの説明やタイトル、メタ情報などが項目として用意されています。もっとも多用されるのは、「Webページテキスト」と「Webページソース」でしょう。前者がWebページに表示されているテキストを、後者がHTMLのソースコードをそれぞれ取得します。今回は「Webページテキスト」を選択します。
生成された変数	取得したデータを保管する変数です。デフォルトでは「WebPageProperty」となっています。

図6-21 「Webページ上の詳細を取得します」アクションの設定。

正規表現でURLを取り出す

これでGoogle検索ページのテキストが取り出せました。この中から、URLの値だけを取り出すことにします。

こういう「テキスト内から決まったパターンに合致する部分だけを取り出す」というときに使われるのが「正規表現」というものです。これは、文字の並びを表す情報(パターンと呼ばれます)をもとにテキストを抽出するもので、PADにも正規表現を利用するためのアクションがいくつか用意されています。3章で使った「テキストを置換する」などでも正規表現が使えました。

今回は、「テキスト」に用意されている「テキストの解析」というアクションを使います。これはテキストを解析し、調べようとするテキストがどこにどれだけあるかを調べるものです。このアクションを配置し、設定を行いましょう。

解析するテキスト	調べる対象となるテキストを指定します。今回は、{x}をクリックし「WebPageProperty」変数を選択します。
検索するテキスト	解析するテキストから検索するテキストを指定します。今回は正規表現を使ったパターンを指定します。 「https?://[\w!?/+\-_~=;.,*&@#$()'[\]]+」と記入してください。
正規表現である	検索するテキストが正規表現かどうかを指定します。ONにしましょう。
解析の開始位置	テキストのどこから解析を開始するかです。「0」にしておきます。
最初の出現箇所のみ	最初に見つけたテキストだけか、すべてを見つけるかを指定します。これはOFFにして全テキストを見つけるようにします。
大文字と小文字を区別しない	これは文字通りですね。ONにすると大文字と小文字を同じ文字とみなします。今回はOFFのままでいいでしょう。
生成された変数	解析結果を格納する変数です。「Positions」には検索するテキストが見つかった位置の値(整数値)のリストが保管されます。また「Matches」には見つかったテキストのリストが保管されます。

これで、Webページから取り出したテキストの中からURLのテキストだけを抽出し、「Matches」という変数に取り出すことができます。なお正規表現については、ここでは特に説明はしません。これは非常に複雑で奥の深い技術なので、興味のある人は別途学習してください。

図6-22 「テキストの解析」アクションの設定。

結果をExcelに出力する

では、得られたURLをExcelに出力することにしましょう。Excelを起動し、「PADサンプル.xlx」を開いてください。そして新しいワークシートを作成し表示しておきます。

では、このワークシートに結果を書き出しましょう。まず、「Excel」内から「実行中のExcelに添付」アクションを配置してください。設定は以下のようにします。

ドキュメント名	PADサンプル.xlsx
生成された変数	ExcelInstance

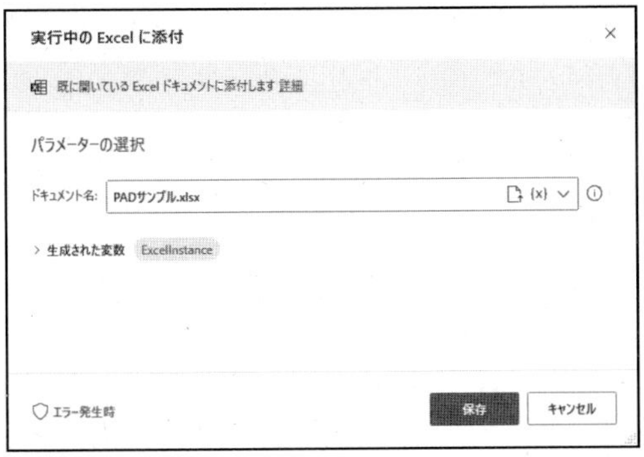

実行中の Excel に添付

既に開いている Excel ドキュメントに添付します 詳細

パラメーターの選択

ドキュメント名: PADサンプル.xlsx

> 生成された変数 ExcelInstance

エラー発生時 保存 キャンセル

図6-23 「実行中のExcelに添付」の設定。

「Excelワークシートに書き込み」アクション

続いて、「Excel」内から「Excelワークシートに書き込み」アクションを配置します。そして以下のように設定を行いましょう。

Excelインスタンス	ExcelInstance
書き込む値	{x}をクリックし「Matches」変数を選択
書き込みモード	指定したセル上
列	1
行	1

Excel ワークシートに書き込み

Excel インスタンスのセルまたはセル範囲に値を書き込みます 詳細

パラメーターの選択

全般

Excel インスタンス: %ExcelInstance%

書き込む値: %Matches%

書き込みモード: 指定したセル上

列: 1

行: 1

エラー発生時 保存 キャンセル

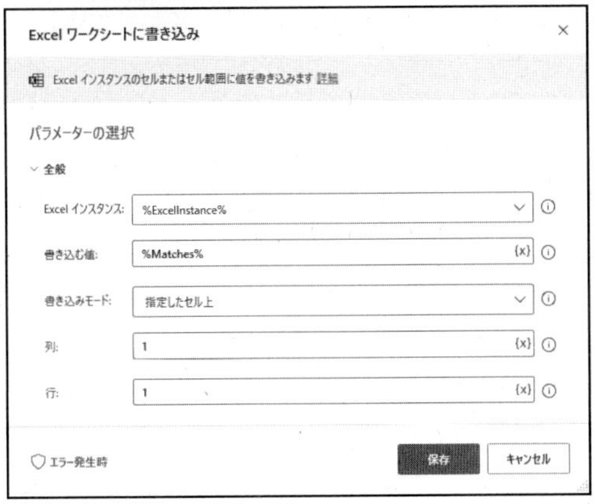

図6-24 「Excelワークシートに書き込み」の設定。

フローを実行する

では、Edgeの表示を「新しいタブ」に戻し、フローを実行しましょう。Google検索でPower Automate for Desktopについて検索した後、見つかったURLをExcelに出力します。「Webページから情報を取り出す」ということがどんなものか、だいぶわかってきましたね。

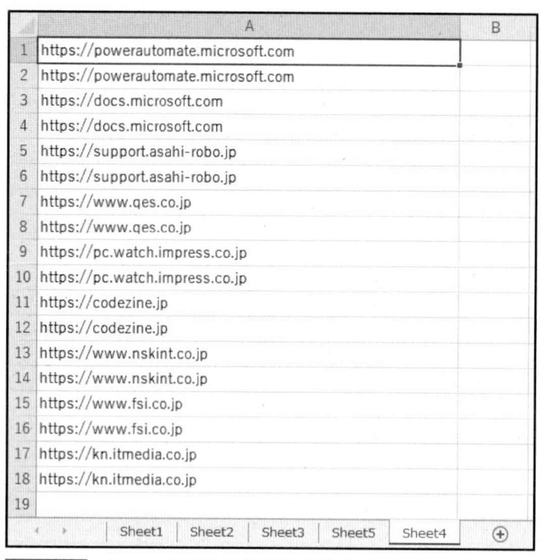

	A	B
1	https://powerautomate.microsoft.com	
2	https://powerautomate.microsoft.com	
3	https://docs.microsoft.com	
4	https://docs.microsoft.com	
5	https://support.asahi-robo.jp	
6	https://support.asahi-robo.jp	
7	https://www.qes.co.jp	
8	https://www.qes.co.jp	
9	https://pc.watch.impress.co.jp	
10	https://pc.watch.impress.co.jp	
11	https://codezine.jp	
12	https://codezine.jp	
13	https://www.nskint.co.jp	
14	https://www.nskint.co.jp	
15	https://www.fsi.co.jp	
16	https://www.fsi.co.jp	
17	https://kn.itmedia.co.jp	
18	https://kn.itmedia.co.jp	
19		

Sheet1 Sheet2 Sheet3 Sheet5 Sheet4

図6-25 ExcelにURLが出力される。

Webの自動化のポイント

WebブラウザーをPADから操作する基本について一通り説明しました。Webブラウザーの自動化は、いくつかのポイントがあります。簡単に整理しましょう。

1. UI要素は調整する

多くの人が最初に引っかかるのが「UI要素」でしょう。レコーダーで自動記録したものでも、場合によっては動かなくなることがあります。Webページ内のUI要素は、ただ登録するだけでなく、セレクタービルダーで対象となるUI要素をどのように特定するか、その設定をうまく調整することで確実に動作するようになります。

2. Webブラウザーのインスタンス用意

Webの操作は、最初にWebブラウザーのインスタンスを用意する必要があります。これは「新しい○○を起動する」というアクションを使います。このとき、既に起動しているWebブラウザーからインスタンスを取得すべきか、新たに起動するべきか、どちらを使うか悩ましいところです。

既に開いているブラウザーを利用する場合、使用するタブをどうやって特定するかよく考えないといけません。操作するタブが見つけられなければフローはエラーになります。確実なのは新たにWebブラウザーを起動する方法ですが、これだとフローを実行する度に新しいブラウザーのウィンドウが開いてしまいます。どちらも一長一短あることを理解しましょう。

3. テキストは正規表現が必須？

Webページや Webページのソースコードから必要なデータを取り出すには、どうしても正規表現の技術が必要となるでしょう。これは、かなり難易度の高い技術ですから、マスターするのは大変です。

ただし、正規表現はPADに限らず、さまざまなところで利用されている技術です。これがある程度使えるようになれば、非常に強力な武器となるでしょう。本格的にWebのスクレイピングを行ってみたいなら、時間をかけてじっくりと勉強してみてください。

JSONとカスタムオブジェクト

JSONとは？

Webの利用は、必ずしも「Webブラウザーを操作すること」ではありません。PADには、指定したURLに直接アクセスしてテキストを取得する機能も用意されています。これを使えば、Webブラウザーをいちいち起動することなくWebサイトから情報を取得できます。

Webサイトの中には、Webページなどではなく「情報を配布するためのサイト」というものもあります。こうしたサイトでは、データを再利用しやすいように決まった形式でフォーマットしたものを配布しています。

このようなサイトで、近年もっとも広く使われるようになっているのが「JSON」と呼ばれるフォーマットでしょう。

JSONは「JavaScript Object Notation」の略で、JavaScriptのオブジェクトをテキストとして記述するためのフォーマットとして用意されたものです。それが非常にわかりやすく、構造化された複雑なデータを記述するのに適していたため、今ではJavaScript以外のところでも広く使われるようになっています。

こうしたJSON形式のデータをサイトから取得しPADで利用するにはどのようにすればいいのでしょう。その基本的な考え方を理解していきましょう。

Webサービスを利用する

Webで提供されている各種のサービスにアクセスするには、「アクション」ペインの「HTTP」というところにあるアクションを使います。

JSONデータを取得するには、「Webサービスを呼び出します」というアクションを使います。JSONなどを使いさまざまな情報をやり取りするサイトも、このアクションで利用できます。

このアクションに用意されている設定を簡単にまとめておきましょう。

URL	アクセスするリイトのURLを指定します。これはテキストで記述できます。
メソッド	サイトへのアクセスに使うHTTPメソッドを指定します。これはリストから選択して入力をします。通常は「GET」を選びます。
受け入れる	Webサービスから受け入れられるコンテンツのタイプを指定します。
コンテンツタイプ	Webサービスに要求するコンテンツのタイプを指定します。
カスタムヘッダー	ヘッダー情報を追加する場合、ここに記述します。
要求本文	Webサービスに要求を送る際の本文となるものを記述します。
応答を保存します	Webサービスから受け取ったデータの保存方法です。「テキストを変数に変換します」「ディスクに保存します」があります。前者は、受け取ったデータを変数に保管しておくだけです。後者はファイルに保存するもので、これを選ぶと保存場所のフォルダーと保存するファイルの名前を入力する項目が追加されます。

これらは、すべて記述するわけではありません。URLを記入し、メソッドを選択し、「受け入れる」「コンテンツタイプ」のコンテンツタイプを設定する、というのが最低限必要な設定になるでしょう。それ以外は、Webサービスによっては値を用意する場合がある、ぐらいに考えておきましょう。

図6-26 「Webサービスを呼び出します」アクションの設定。

COVID-19のデータをJSONで取得する

では、実際に外部のWebサイトからJSONデータを取得して利用するフローを作りながら、JSONデータの扱いについて説明していくことにしましょう。ここでは、「COVID-19 Japan 新型コロナウイルス対策ダッシュボード」(https://www.stopcovid19.jp)で配布しているCOVID-19の感染状況データを利用してみます。以下のURLで、現時点での各都道府県の感染状況データがJSON形式で得られます。

```
https://www.stopcovid19.jp/data/covid19japan.json
```

では、新しいフローを用意しましょう。ここでは「JSONフロー1」という名前にしておきます。そして、以下の手順でアクションを組み込んでいきましょう。

「Webサービスを呼び出します」アクション

まず、「HTTP」内から「Webサービスを呼び出します」アクションを配置してください。そして以下のように設定を行います。

URL	https://www.stopcovid19.jp/data/covid19japan.json
メソッド	GET
受け入れる	application/json
コンテンツタイプ	application/json

(※その他はデフォルトのまま)

今回は、URLにSTOCOVID-19 JapanのJSONデータのアドレスを指定します。また「受け入れる」「コンテンツタイプ」には、「application/json」と指定をします。これが、JSONデータのコンテンツタイプになります。

「生成された変数」には、全部で三つの変数が用意されています。これらはそれぞれ以下のような内容が保管されます。

WebServiceResponseHeaders	サーバーからの返信のヘッダー情報
WebServiceResponse	サーバーからの返信されたコンテンツ
StatusCode	ステータスコード番号

受け取ったJSONデータは、WebServiceResponse変数に保管されます。この値を利用して処理を行います。もし、アクセスが正常に行われなかった場合は、StatusCodeでその理由を知ることができます。これはHTTPで決められているもので、正常にアクセスできれば200が返されます。それ以外の場合は、番号によってアクセスに失敗した原因がわかります。以下からステータスコード番号を調べましょう。

※MDN Web Docs/HTTP レスポンスステータスコード

```
https://developer.mozilla.org/ja/docs/Web/HTTP/Status
```

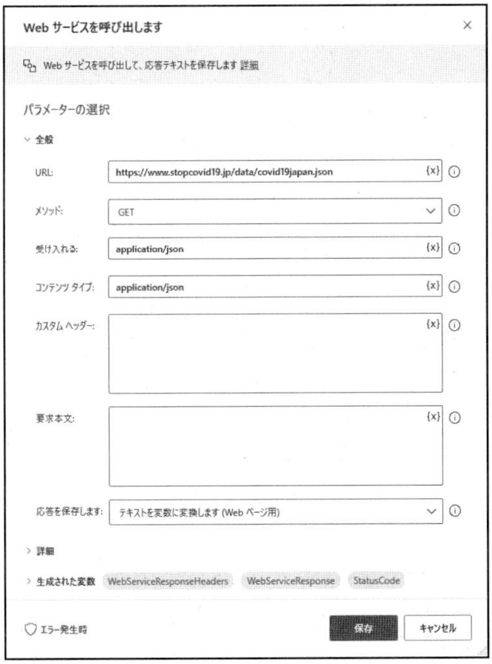

図6-27 「Webサービスを呼び出します」の設定。

「JSONをカスタムオブジェクトに変換」アクション

「Webサービスを呼び出します」で取得したJSONデータは、ただのテキストです。このままでは、そこから値を取り出すのも大変でしょう。そこで、JSONデータを「カスタムオブジェクト」と呼ばれるものに変換します。

カスタムオブジェクトとは、独自に定義されたオブジェクトのことです。JSONデータをカスタムオブジェクトに変換することで、そこに用意されていた値がオブジェクトのプロパティとして取り出せるようになります。

では、「アクション」ペインから「変数」内にある「JSONをカスタムオブジェクトに変換」というアクションを配置しましょう。そして以下のように設定します。

JSON	{x}をクリックし「WebServiceResponse」変数を選択
生成された変数	WebServiceResponse

生成された変数は、変数名をクリックして「WebServiceResponse」と同じ変数名にしておきましょう。

「JSON」で指定した変数と、生成された変数名が同じことからわかるように、これはデフォルトでは「JSONのデータが入った変数そのものを更新する」ようになっています(生成された変数の名前を変更すれば別の変数に取り出すことも可能です)。

これにより、取得したJSONデータがカスタムオブジェクトとなり、以後はオブジェクトからプロパティ名を指定して値を取り出せるようになります。

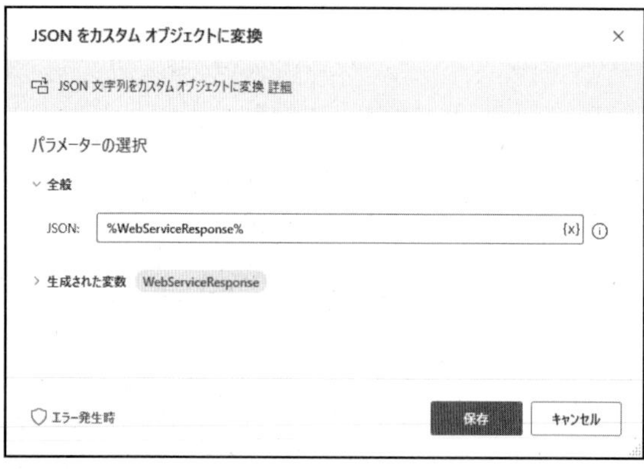

図6-28 「JSONをカスタムオブジェクトに変換」の設定。

Chapter 1
Chapter 2
Chapter 3
Chapter 4
Chapter 5
Chapter 6
Chapter 7
Addendum

データテーブルを生成する

取得したJSONデータを利用するためには、内部にあるデータを使いやすい形に加工する必要があるでしょう。ここでは、データをデータテーブルに変更してみます。以下の手順でアクションを用意してください。

1.「変数の設定」アクション

設定	data
宛先	%{ ^['都道府県', '総感染者数', '現在の感染者数', '総死亡者数'] }%

データテーブルを作成するdata変数を用意します。値には、四つの項目をまとめたヘッダー情報を用意しておきます。この四つの値をデータテーブルとしてまとめていきます。

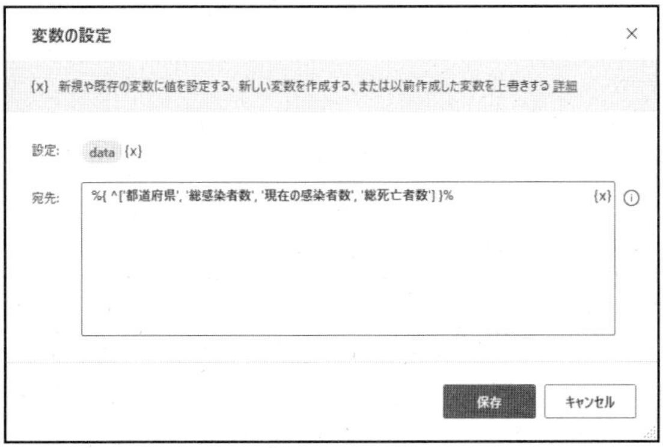

変数の設定

{x} 新規や既存の変数に値を設定する、新しい変数を作成する、または以前作成した変数を上書きする 詳細

設定: data {x}

宛先: %{ ^['都道府県', '総感染者数', '現在の感染者数', '総死亡者数'] }%

保存 キャンセル

図6-29 「変数の設定」の設定。

2.「For each」アクション

反復処理を行う値	%WebServiceResponse.area%
生成された変数	CurrentItem（デフォルトのまま）

For eachで繰り返し処理を行います。今回は、上記の値を直接記入してください。{x}で「WebServiceResponse」変数を選択し、それから.areaの部分を書き加えてもいいでしょう。

ここでは、WebServiceResponse.areaを繰り返し処理しています。これはWebServiceResponseカスタムオブジェクトのareaプロパティを示します。このareプロパティに、各都道府県のデータがリストにまとめて入っています。ここから順に値を取り出して処理をしていくのです。

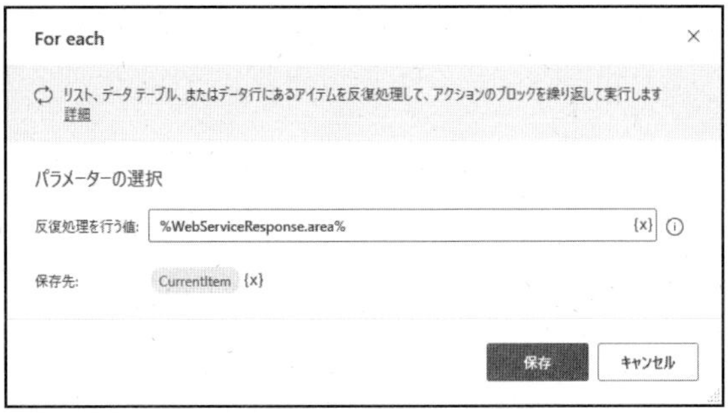

For each

リスト、データ テーブル、またはデータ行にあるアイテムを反復処理して、アクションのブロックを繰り返して実行します 詳細

パラメーターの選択

反復処理を行う値: %WebServiceResponse.area%

保存先: CurrentItem {x}

保存 キャンセル

図6-30 「For each」の設定。

3.「変数の設定」アクション

※以下は「For each」内に追加する。

設定	data
宛先	%data + [CurrentItem.name_jp, CurrentItem.npatients, CurrentItem.ncurrentpatients, CurrentItem.ndeaths]%

data変数に、CurrentItemで取り出した都道府県のデータから必要なものをピックアップして追加します。ここではname_jp、npatients、ncurrentpatients、ndeathsといった値をリストにまとめて追加していますね。これらはそれぞれ都道府県名、総感染者数、現在の感染者数、総死亡者数の値になります。

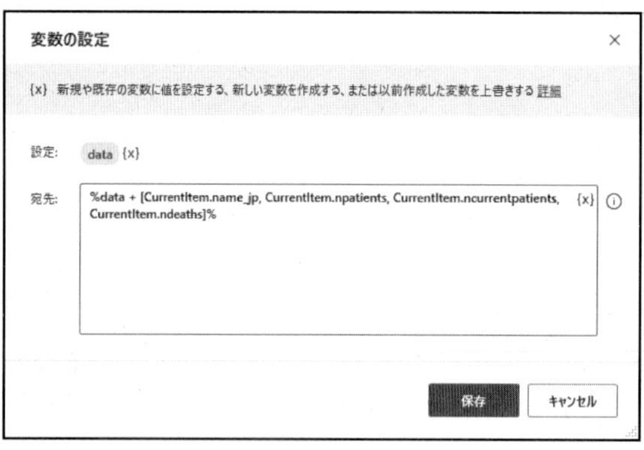

図6-31 「変数の設定」の設定。

取得データをExcelに出力する

これでJSONから得たデータが用意できました。後は、用意できたデータをどう扱うか、でしょう。ここではExcelに主な値を出力させることにします。

まず、Excel側の準備をしましょう。「PADサンプル.xlsx」を開き、新しいシートを用意してください。そして1行目に以下のようにヘッダー情報を記述します。

都道府県	総感染者数	現在の感染者数	総死亡者数

これらの項目に、データテーブルの値が書き出されていくことになります。

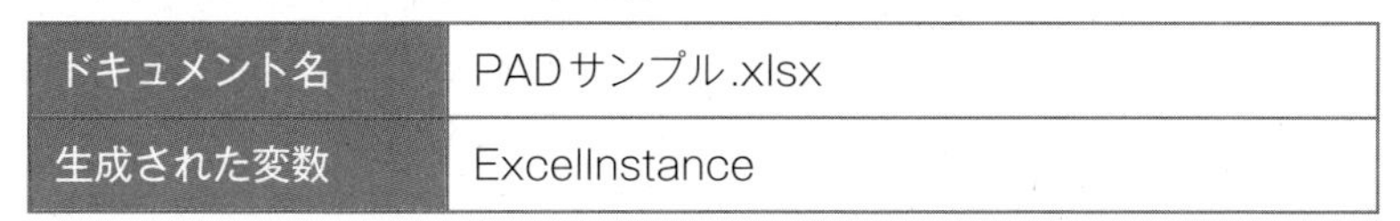

図6-32 Excelのシートにヘッダーを記述する。

アクションを用意する

では、データテーブルを出力しましょう。「For each」の繰り返しの下に、以下のアクションを作成してください。繰り返し内には配置しないように！

●1.「実行中のExcelに添付」

ドキュメント名	PADサンプル.xlsx
生成された変数	ExcelInstance

図6-33 「実行中のExcelに添付」の設定。

●2.「Excelワークシートに書き込み」

Excelインスタンス	{x}をクリックし「ExcelInstance」変数を選択
書き込む値	{x}をクリックし「data」変数を選択
書き込みモード	指定したセル上
列	1
行	2

Excel ワークシートに書き込み

Excel インスタンスのセルまたはセル範囲に値を書き込みます 詳細

パラメーターの選択

全般

Excel インスタンス: %ExcelInstance%

書き込む値: %data%

書き込みモード: 指定したセル上

列: 1

行: 2

エラー発生時　保存　キャンセル

図6-34 「Excelワークシートに書き込み」アクションの設定。

フローを実行する

では、作成したフローを実行しましょう。まずExcelでPADサンプル.xmlsxに用意したワークシートが開かれているのを確認してから実行をしてください。実行後、Excelに表示を切り替えると、都道府県のデータがシートに書き出されています。

	A	B	C	D	E
1	都道府県	総感染者数	現在の感染者数	総死亡者数	
2	北海道	61210	41	1474	
3	青森県	5900	3	38	
4	岩手県	3487	0	53	
5	宮城県	16286	2	118	
6	秋田県	1934	0	27	
7	山形県	3604	0	56	
8	福島県	9495	5	176	
9	茨城県	24466	13	220	
10	栃木県	15505	10	117	
11	群馬県	17080	119	176	
12	埼玉県	115951	78	1059	
13	千葉県	100566	51	1028	
14	東京都	382442	189	3172	

図6-35 データがワークシートに書き出された。

Robinコード JSONデータを読み込む

Webサイトにアクセスして JSONデータを読み込んでくるフローをRobinコードで見てみましょう。するとこうなっています。

リスト6-2

```
Web.InvokeWebService.InvokeWebService \
  Url: $'''https://www.stopcovid19.jp/data/covid19japan.json''' \
  Method: Web.Method.Get \
  Accept: $'''application/json''' \
  ContentType: $'''application/json''' \
  ResponseHeaders=> WebServiceResponseHeaders \
  Response=> WebServiceResponse StatusCode=> StatusCode

Variables.ConvertJsonToCustomObject \
  Json: WebServiceResponse \
  CustomObject=> WebServiceResponse
SET data TO { ^['都道府県', '総感染者数', '現在の感染者数', '総死亡者数'] }

LOOP FOREACH CurrentItem IN WebServiceResponse.area
    SET data TO data + [CurrentItem.name_jp, \
      CurrentItem.npatients, \
      CurrentItem.ncurrentpatients, \
      CurrentItem.ndeaths]
END

Excel.Attach DocumentName: $'''PADサンプル.xlsx''' \
  Instance=> ExcelInstance
Excel.WriteToExcel.WriteCell Instance: ExcelInstance \
  Value: data Column: 1 Row: 2
```

ここでJSONデータに関連する処理を行っている部分は二つの命令だけです。簡単にまとめておきましょう。

●Webにアクセスしてデータを取得する

```
Web.InvokeWebService.InvokeWebService Url:アクセスするURL \
  Response=>結果を保管する変数
```

●JSONデータをカスタムオブジェクトに変換

```
Variables.ConvertJsonToCustomObject  Json:JSONデータ \
  CustomObject=>作成されたカスタムオブジェクトを保管する変数
```

後は、カスタムオブジェクトから値を変数にまとめていき、Excelに書き出すだけです。このへんは、前にも見たことがありますね。

Webアクセスは、Web.○○という名前になっています。またJSONをカスタムオブジェクトに変換する命令は、Variables.○○という名前です。Variablesで始まるのは、変数の操作に関する命令なんですね！

JSONデータの構造

以上、JSONデータを取得し、それを加工して利用するという基本的な使い方について説明しました。

今回は、COVID-19のデータを使いましたが、その他にもJSONデータを配布しているサイトは多数あります。それぞれでどんなサイトがあって同利用すればいいか調べてみると良いでしょう。

JSONデータを扱う場合、頭に入れておきたいのは「データの構造をしっかりと理解する」という点です。これには、「変数」ペインに表示される「フロー変数」の項目が役立ちます。

例えば、サンプルのフローを実行すると、「フロー変数」にすべての変数が表示されます。ここから「WebServiceResponse」をダブルクリックして開いてみましょう。

WebServiceResponse変数の内容

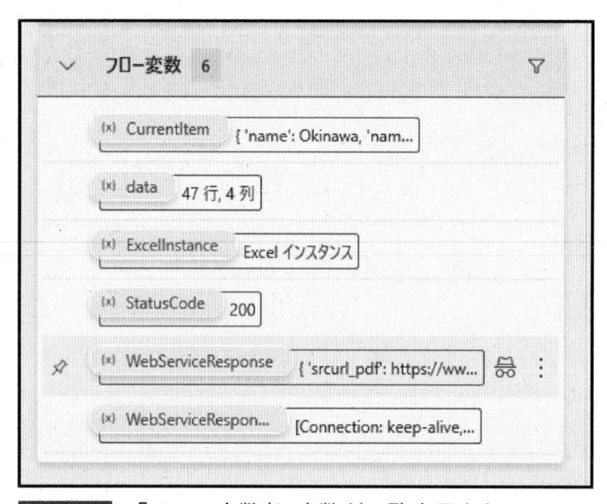

図6-36 「フロー変数」に変数が一覧表示されている。

WebServiceResponseの内容が表示されます。この変数は、「JSONをカスタムオブジェクトに変換」で変換されたものでした。この中にリスト表示されているのが、このカスタムオブジェクトに用意されているプロパティです。さまざまなプロパティが用意されているのがわかるでしょう。

この中から「area」というプロパティをみてください。これはリストになっています。この項目の右側にある「詳細表示」というリンクをクリックして開くことで、その内容が見られます。

図6-37 WebServiceResponseを開いた状態。

areaプロパティの内容

areaの詳細表示を開くと、そこに各都道府県のデータをリストにまとめたものの一覧が表示されます。このareaが、ここで利用しているデータです。これらの項目の「詳細表示」を更にクリックすれば、各都道府県のデータの内容を見ることができます。

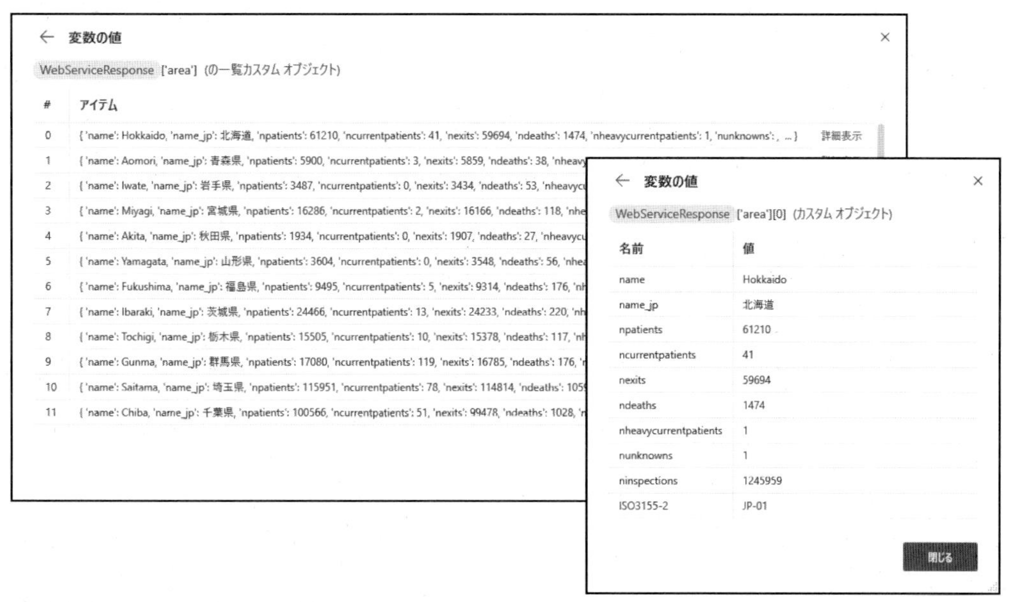

図6-38 areaの内容。各都道府県のデータがリストにまとめられているのがわかる。

JSON内のプロパティを正確に指定する

このように「変数」ペインに表示されている変数を開き、「詳細表示」で詳しく見ていけば、JSONデータから変換されたカスタムオブジェクトにどのような値が保管されているのかを調べることができます。調べた内容をもとに、変数内のプロパティの値を直接指定して使うようにすれば、JSONのデータを活用できるようになります。

JSONを利用するためには、変数のプロパティを直接値として指定する必要があります。これまでのように、{x}をクリックして変数を選択するだけではうまく値を取り出せません。どのようなプロパティがあり、その値はどう記述すれば取り出せるかをよく考えながら使ってください。

Section 6-3 XMLとRSSデータの利用

 XMLについて 

JSONと同じくらいにさまざまなサイトで情報提供のフォーマットとして使われているのが「XML」です。XMLは、HTMLなどと同じように「タグ」と呼ばれるものを使ってデータを構造的に記述します。これはWebの世界だけでなく、さまざまな分野でデータや各種の設定情報の記述などに用いられています。「データの記述」においてはおそらくもっとも広く使われているものでしょう。

このXMLを利用するためのアクションは、「アクション」ペインの「XML」というところに用意されています。Webサイトやファイルから XML を読み込み、「XML」に用意されているアクションを利用することで必要なデータを取り出すことができます。

XMLの扱い方 

では、XMLデータはどのように利用していけばいいのでしょう。これは大きく二つの機能が必要となります。一つは「XMLデータの読み込み」のアクションです。そしてもう一つは、「XMLから必要な値を取り出す」アクションです。では、順に説明しましょう。

まずは「XMLデータの読み込み」です。これは大きく二つの方法があります。

「Webサービスを呼び出します」

先ほど指定したURLからJSONデータを読み込むのに使ったアクションですね。これはXMLでも利用できます。Webサイトで公開されているXMLデータを取得するのには、これを利用するのが基本です。

JSONの場合と異なる点は、「受け入れる」「コンテンツタイプ」の指定です。これらではデータのコンテンツタイプを指定しますが、ここで「application/xml」を指定することで、XMLデータを受け取れるようになります。

Webサービスを呼び出します
Webサービスを呼び出して、応答テキストを保存します 詳細
パラメーターの選択
全般
URL:
メソッド: GET
受け入れる: application/xml
コンテンツ タイプ: application/xml
カスタム ヘッダー:
要求本文:
応答を保存します: テキストを変数に変換します (Web ページ用)
詳細
生成された変数 WebServiceResponseHeaders WebServiceResponse StatusCode
エラー発生時
保存 キャンセル

図6-39 「Webサービスを呼び出します」では、コンテンツタイプを設定することでXMLも受け取れる。

「ファイルからXMLを読み取ります」

Webサイトではなく、ファイルから直接XMLデータを読み込む場合は、「XML」内に用意されているこのアクションを使います。これには以下のような設定が用意されています。

ファイルパス	読み込むXMLファイルのオブジェクトまたはパスのテキストを指定します。
エンコード	ファイルのエンコーディング方式を選択します。
生成された変数	読み込んだXMLデータを保管する変数です。 デフォルトでは「XmlDocument」となっています。

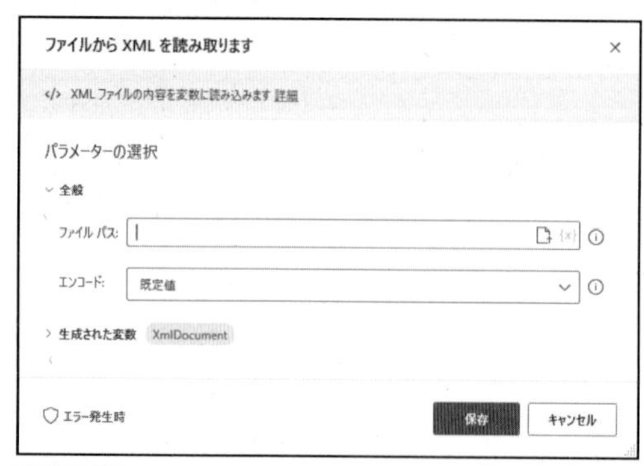

図6-40 「ファイルからXMLを読み取ります」アクションの設定。

「XMLをファイルに書き込みます」

XMLデータを出力するアクションについても触れておきましょう。このアクションは、用意したXMLデータを指定のファイルに書き出します。以下の設定が用意されています。

ファイルパス	保存するファイルのオブジェクトまたはパスを指定します。
書き込むXML	ファイルに保存するXMLデータをテキストで用意します。
エンコード	テキストのエンコーディング方式を選択します。
書式設定XML	ONにするとXMLデータを整形して出力します。
レベルごとにインデント	「書式設定XML」をONにすると表示されます。一つ一つの要素のインデント(スペースで右に開始位置をずらすこと)の幅を整数で指定します。

図6-41 「XMLをファイルに書き込みます」アクションの設定。

XMLの要素と値の取得

XMLデータは、読み込んだだけではうまく使えません。その中から特定の要素の値や属性を取り出し利用することになります。JSONのようにオブジェクトに変換して利用することができないため、XMLデータの中から特定の要素の値を取り出すアクションを使うことになります。

「XPath式を実行します」

これは、XML内にある特定の要素を「XPath」というものを使って指定し取り出すものです。XPathとは、XMLの要素の場所を指定するパスのことです。ファイルのパスのXML版のようなものと考えてください。

このアクションには以下の設定が用意されています。

解析するXMLドキュメント	調べるXMLデータを指定します。
XPathクエリ	XPathの値を記述します。
最初の値のみ取得します	これをONにすると、複数の要素があっても最初の一つだけを取り出します。OFFの場合はすべての要素をリストとして取り出します。
生成された変数	取得した要素が保管される変数です。デフォルトでは「XPathResult(s)」となっています。

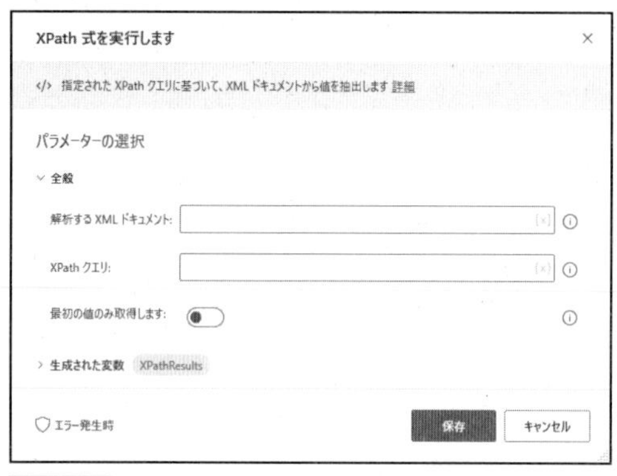

図6-42 「XPath式を実行します」アクションの設定。

「XML要素の値を取得します」

特定の要素の値を取り出すためのものです。取り出す要素はXPathを使って指定します。以下の設定項目が用意されています。

XMLドキュメント	値を取り出すXMLデータを指定します。
XPathクエリ	XPathの値を記述します。
次として値を取得する	取り出す値の種類を指定します。テキスト、数値、日時、真偽値といった選択肢が用意されています。
生成された変数	取り出した値を保管する変数です。 デフォルトでは「XmlElementValue」になっています。

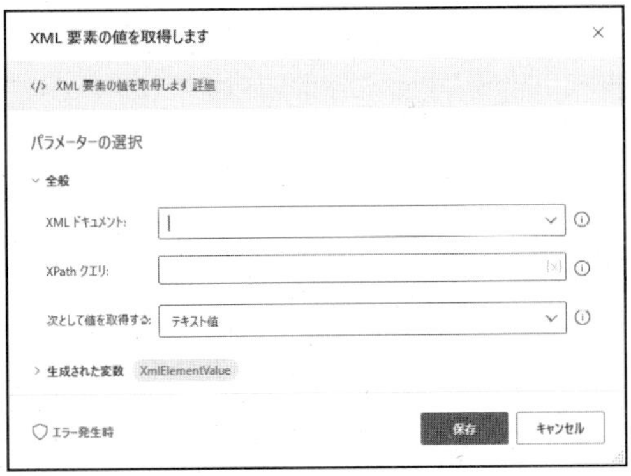

XML 要素の値を取得します
</> XML 要素の値を取得します 詳細
パラメーターの選択
全般
XML ドキュメント:
XPath クエリ:
次として値を取得する: テキスト値
生成された変数 XmlElementValue
エラー発生時
保存 キャンセル

図6-43 「XML 要素の値を取得します」アクションの設定。

「XML 要素の属性を取得します」

特定の要素に設定されている属性の値を取り出すものです。取り出す要素はXPathで指定します。以下の設定項目が用意されています。

XML ドキュメント	値を取り出すXMLデータを指定します。
XPathクエリ	XPathの値を記述します。
属性名	値を取り出す属性の名前を指定します。
次として値を取得する	取り出す値の種類を指定します。テキスト、数値、日時、真偽値といった選択肢が用意されています。
生成された変数	取り出した値を保管する変数です。 デフォルトでは「XmlAttributeValue」になっています。

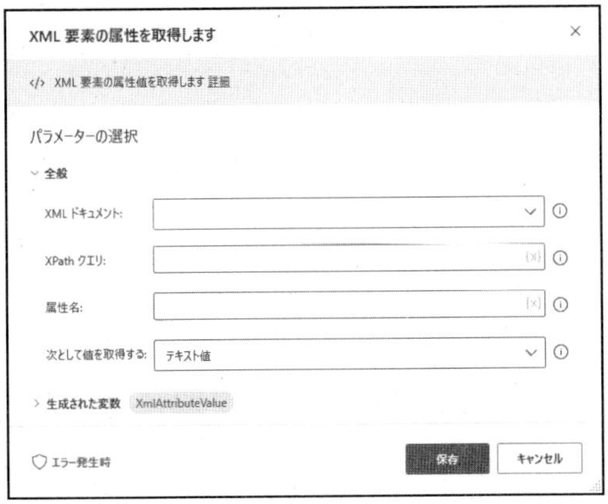

XML 要素の属性を取得します
</> XML 要素の属性値を取得します 詳細
パラメーターの選択
全般
XML ドキュメント:
XPath クエリ:
属性名:
次として値を取得する: テキスト値
生成された変数 XmlAttributeValue
エラー発生時
保存 キャンセル

図6-44 「XML 要素の属性を取得します」アクションの設定。

RSSデータを利用する

では、XMLデータの利用例として、「RSS」のデータを利用するフローを作成していきましょう。RSSとはWebサイトの要約や更新情報などを配信するために考案されたXMLのフォーマットです。Rich Site Summary, RDF Site Summary, Really Simple Syndicationなどの略称とされています。

RSSのフォーマットはいくつかあるのですが、基本的な構成が決まっているので、フォーマットの使い方がわかれば、同じフォーマットを利用しているRSSデータはすべて利用できるようになります。

ここでは、RSSの例としてYahoo!ニュースのRSS情報を取得し利用してみましょう。Yahoo!ニュースは、トピックのジャンルごとにRSSを配信しています。ここではトップのトピック情報を取得してみます。URLは以下になります。

```
https://news.yahoo.co.jp/rss/topics/top-picks.xml
```

では、新しいフローを作成し(名前は「XMLフロー1」としておきます)、以下の手順に従ってアクションを作成していきましょう。

1.「Webサービスを呼び出します」

URL	https://news.yahoo.co.jp/rss/topics/top-picks.xml
メソッド	GET
受け入れる	application/xml
コンテンツタイプ	application/xml
応答を保存します	テキストを変数に変換します(Webページ用)
生成された変数	「WebServiceResponse」 「WebServiceResponseHeaders」 「StatusCode」(すべてデフォルトのまま)

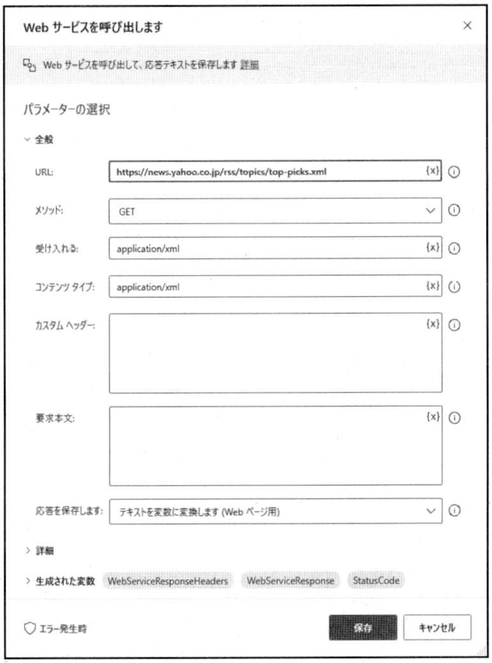

図6-45 「Webサービスを呼び出します」の設定。

2.「XPath式を実行します」

解析するXMLドキュメント	{x}をクリックし「WebServiceResponse」変数を選択
XPathクエリ	/rss/channel/item
最初の値のみ取得します	OFF
生成される変数	XPathResults

図6-46 「XPath式を実行します」の設定。

3.「変数の設定」

設定	data
宛先	%{ ^['タイトル', '公開日時', '概要', 'リンク'] }%

変数の設定

{x} 新規や既存の変数に値を設定する、新しい変数を作成する、または以前作成した変数を上書きする 詳細

設定: data {x}

宛先: %{ ^['タイトル', '公開日時', '概要', 'リンク'] }% {x}

保存 キャンセル

図6-47 「変数の設定」の設定。

4.「For each」

反復処理を行う値	{x}をクリックし「EPathResults」変数を選択
保存先	CurrentItem

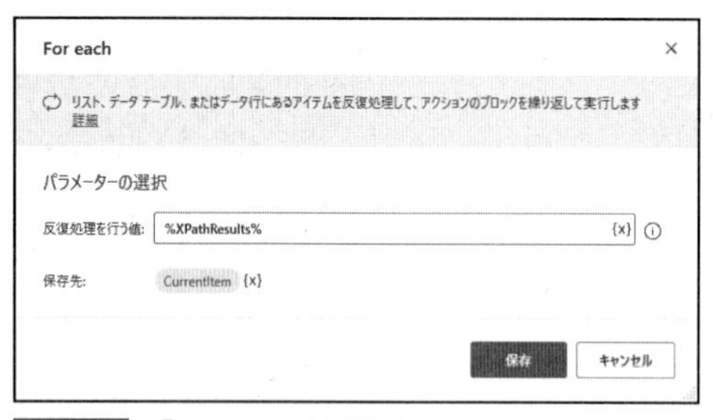

図6-48 「For each」の設定。

※以後のアクションは「For each」内に組み込んで配置する。

5.「変数の設定」

設定	item
宛先	%'<?xml version=\"1.0\" encoding=\"UTF-8\"?>' + CurrentItem%

変数の設定

{x} 新規や既存の変数に値を設定する、新しい変数を作成する、または以前作成した変数を上書きする 詳細

設定: item {x}

宛先: %'<?xml version=\"1.0\" encoding=\"UTF-8\"?>' + CurrentItem% {x}

保存 キャンセル

図6-49 「変数の設定」の設定。

6.「変数の設定」

設定	desc
宛先	%''%

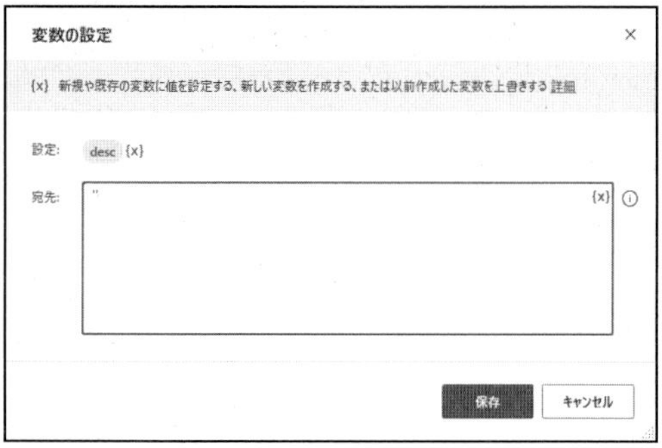

変数の設定

{x} 新規や既存の変数に値を設定する、新しい変数を作成する、または以前作成した変数を上書きする 詳細

設定: desc {x}

宛先: '' {x}

保存 キャンセル

図6-50 「変数の設定」の設定。

7.「XML要素の値を取り出します」

XMLドキュメント	「%item%」と記述
XPathクエリ	/item/title
次として値を取得する	テキスト値
生成される変数	title

XML 要素の値を取得します
</> XML 要素の値を取得します 詳細
パラメーターの選択
全般
XML ドキュメント: %item%
XPath クエリ: /item/title
次として値を取得する: テキスト値
生成された変数 title
エラー発生時
保存
キャンセル

図6-51 「XML要素の値を取り出します」の設定。

8.「XML要素の値を取り出します」

XMLドキュメント	「%item%」と記述
XPathクエリ	/item/pubDate
次として値を取得する	テキスト値
生成される変数	pubdate

図6-52 「XML要素の値を取り出します」の設定。

9.「XML要素の値を取り出します」

XMLドキュメント	「%item%」と記述
XPathクエリ	/item/description
次として値を取得する	テキスト値
生成される変数	desc

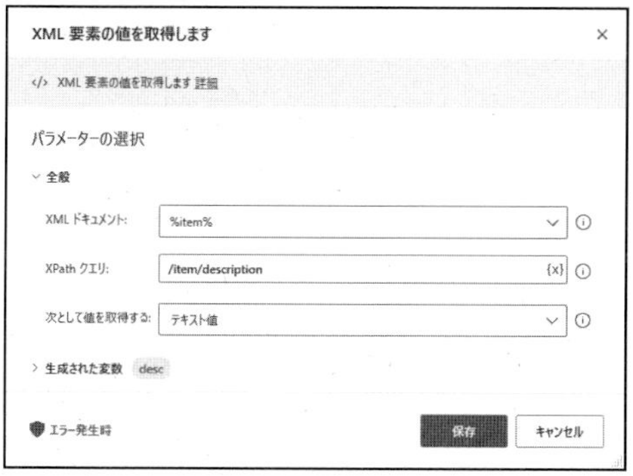

図6-53 「XML要素の値を取り出します」の設定。

10.「XML要素の値を取得します」

XMLドキュメント	「%item%」と記述
XPathクエリ	/item/link
次として値を取得する	テキスト値
生成される変数	link

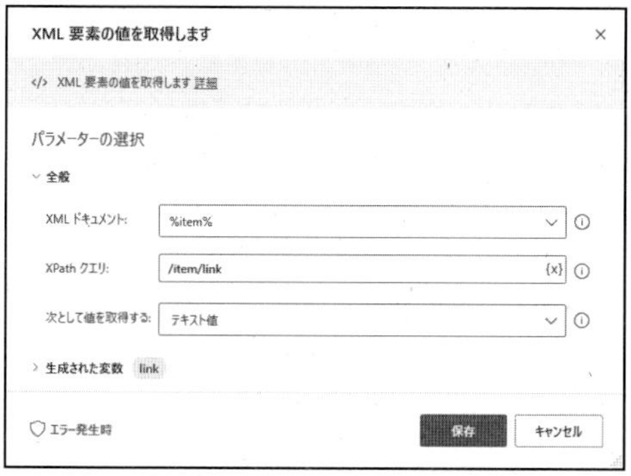

図6-54 「XML要素の値を取り出します」の設定。

11.「変数の設定」

設定	data
宛先	%data + [title, desc, pubdate, link]%

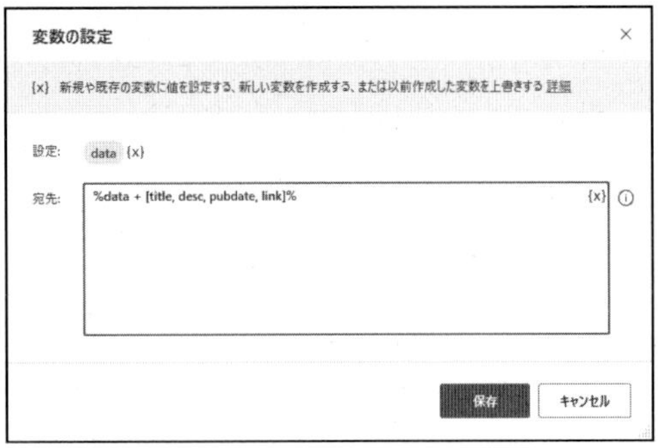

図6-55 「変数の設定」の設定。

※これ以降は、「For each」を抜けた後に追加する。

12.「実行中のExcelに添付」

ドキュメント名	PADサンプル.xlsx
生成された変数	ExcelInstance

図6-56 「実行中のExcelに添付」の設定。

13.「Excelワークシートに書き込み」

Excelインスタンス	ExcelInstance
書き込む値	{x}をクリックし「data」変数を選択。
書き込みモード	指定したセル上
列	1
行	2

図6-57 「Excelワークシートに書き込み」の設定。

コラム エラーが起きても続けるには？ Column

XMLの解析では、場合によっては「値が用意されていない」ということもあります。このようなとき、「XML要素の値を取り出します」アクションはエラーになってしまいます。けれど、値が取れないならそのまま無視して処理を続けてくれないと、データを取り出すことができません。

このような場合、アクションでのエラー時の挙動を設定することができます。例えば、9.「XML要素の値を取り出します」でdescriptionの値を取り出すアクションでは、descriptionがない場合もあります。こういうとき、アクションの下部にある「エラー発生時」というリンクをクリックすると、エラー時の対応を設定する画面に変わります。ここで、「フロー実行を続行する」を選択して保存してください。これで値が取り出せなくても処理を終了せずに続けるようになります。

図6-58　エラー発生時に「フロー実行を続行する」を指定する。

Excel側の準備

フローができたら、Excelの準備をします。「PADサンプル.xlsx」をExcelで開き、新しいワークシートを用意してください。そしてその最上列に以下のように記述をします。

```
タイトル　概要　公開日時　リンク
```

これが、今回取り出すデータの項目になります。この下に、取得したRSSデータが出力されることになります。

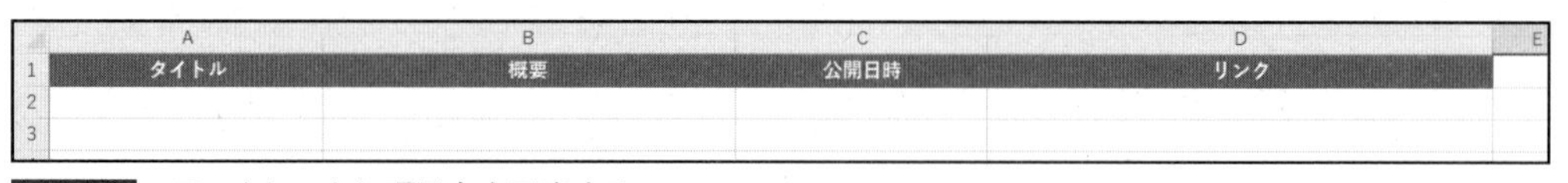

	A	B	C	D	E
1	タイトル	概要	公開日時	リンク	
2					
3					

図6-59　ワークシートに項目名を用意する。

フローを実行する

では、実際にフローを実行してみましょう。実行を終えたら、開いてあったExcelに表示を切り替えてください。すると、Yahoo!ニュースの内容がシートに出力されているのがわかります。

	A	B	C	D
1	タイトル	概要	公開日時	リンク
2	大阪ビル火災 3人の死亡を確認	大阪市北区のビル火災で、6人の患者が搬送された病院によると3人の死亡が確認された。大阪府警は、現場の状況から放火事件の疑いが強まったとして捜査を開始。	2021-12-17T04:18:03.000Z	https://news.yahoo.co.jp/pickup/6412696?source=rss
3	大阪ビル火災 放火容疑で捜査	大阪市北区曽根崎新地で17日午前に発生し、27人が心肺停止となっているビル火災で、大阪府警が放火の疑いもあるとみて捜査していることが、捜査関係者への取材で分かった。	2021-12-17T04:00:25.000Z	https://news.yahoo.co.jp/pickup/6412692?source=rss
4	大阪ビル火災 27人が心肺停止	12月17日午前、大阪市北区の繁華街のビルで火事があり、警察によると、これまでに27人が心肺停止だという。消防車50台あまりが出て火は約20分後にほぼ消し止められた。	2021-12-17T02:53:44.000Z	https://news.yahoo.co.jp/pickup/6412680?source=rss
5	火災「男が火を付けた」と情報	12月17日午前、大阪市北区の繁華街のビルで火事があった。捜査関係者によると、「男が火を付けた」との情報があり、大阪府警が詳しく調べている。	2021-12-17T04:51:03.000Z	https://news.yahoo.co.jp/pickup/6412699?source=rss
	負傷者多数の火災 過去の事例は	大阪市の堂島北ビルで17日午前に発生した火災では、28人が負傷し、うち27人が心肺停止状態となった。大阪市消防局が負傷者の搬送を急いでいるが、負傷者が多数出た火災は、過去にも起き	2021-12-17T04:12:04.000Z	https://news.yahoo.co.jp/pickup/6412693?source=rss

図6-60 ワークシートにYahoo!ニュースの情報が出力される。

フローの流れを整理する

これでRSSのデータを取り出してExcelに出力することができるようになりました。では、今回のフローがどのような作業をしていたのか、ざっと流れを整理してみましょう。

1. RSSデータを取得する

最初に「Webサービスを呼び出します」アクションでRSSのデータを取得します。この段階では、変数にXMLのデータがただのテキストとして保管されています。

2. XMLからニュースの情報を取り出す

「XPath式を実行します」アクションを使い、/rss/channel/itemというXPathの値を取り出します。これは、<rss>内の<channel>内にある<item>の値を示すXPathの値です。RSSでは、<channel>内に、<item>という要素として各ニュースの情報がまとめられています。整理すると、こんな感じです。

```
<? xml ?>
<rss>
  <channel>
    <item>～</item>
    <item>～</item>
    ……略……
  </channel>
```

```
</rss>
```

XPathに/rss/channel/itemと指定することで、この<item>という要素を取り出していたのですね。<item>要素は複数ありますから、値はこれらすべてをリストにまとめた形になります。

3. For eachで繰り返し処理する

<item>の値がリストで取り出せたら、「For each」を使い、リストから順に値を取り出して処理をしていくだけです。

このFor eachでは、最初に変数dataの値を以下のように変更しています。

```
'<?xml version=\"1.0\" encoding=\"UTF-8\"?>' + CurrentItem
```

取り出したCurrentItemの前に<?xml ?>という要素を付け足しています。こうすることで、取り出したCurrentItemの値をXMLデータにしているのです。For eachのCurrentItemで取り出されるのは、こんなテキストです。

```
'<item>
  <title>～</title>
  <pubDate>～</pubDate>
  <link>～</link>
  <description>～</description>
</item>'
```

取り出したXMLの要素の構成は、<item>をルートとするXMLデータとして扱える形になっています。従って、最初に<i? xml *?>という要素(XML宣言の要素)を付け足すことで、XMLデータとして認識されるようになります。

4. 必要な値を取り出しデータテーブルに追加する

これでFor eachで取り出した<item>のデータがXMLデータとして扱えるようになりました。後は、「XML要素の値を取り出します」を使い、内部の要素の値を取り出していきます。今回は、「title」「pubDate」「link」「desctiptiion」といったプロパティの値をそれぞれ変数に取り出し、最後に取り出した変数を使ってdataに追加をしています。For each最後の「変数の設定」アクションを見ると、

```
%data + [title, desc, pubdate, link]%
```

「XML要素の値を取り出しますで取り出した各値をリストにまとめ、dataに追記しています。これで繰り返す度に、取り出したXMLのデータがdataに追加されます。

5. Excelワークシートに出力する

すべての<item>について変数dataに追加する処理ができたら、それをExcelのワークシートに書き出します。dataは、データテーブルとして値をまとめてありますから、指定のセルに「Excelワークシートに書き込み」でdataを出力すれば、RSSデータがワークシートに書き出されます。

XML利用のポイントは「XPathの使い方」

以上、XMLのデータを取り出して利用する方法についてサンプルを作りながら簡単にまとめました。

XML利用の最大のポイントは「XPathによる値の取得」でしょう。XMLは、JSONのようにオブジェクトの形になっているわけではなく、あくまで「ただのテキスト」です。ここから必要な値を取り出すには、「XPath式を実行する」を使って正確にXPathを指定して要素を取り出し、更にそこから「XML要素の値を取り出します」で値を取り出していくしかありません。

XMLは、XPathをいかに正しく利用できるかにかかっています。これさえ自由に扱えるようになれば、XMLを好きなように操作できるようになるでしょう。

RDFには注意！

RSSデータは、このようにXMLの使い方さえわかればPADで利用することができますが、しかし一部に「PADでXMLデータとしてうまく扱えないRSSデータ」というものも存在するので注意してください。

それは、「RDF」と呼ばれるものです。Resource Description Frameworkの略称で、RSSと同様にサイトの情報を配布するのに用いられています。RDFは、RDF名前空間と呼ばれるところにデータを記述しており、これがPADのXML関連アクションではうまく扱えません。

RDFのデータは、<rdf:RDF>というタグを使って記述されています。冒頭にこのタグが書かれている場合はRDFデータと考えていいでしょう。<rss ～>というタグが使われている場合は、PADで問題なく扱うことが可能です。

Chapter

7

Accessと SQLデータベース

多量のデータを扱う場合、データベースは不可欠です。このデータベースを利用する方法について学びましょう。ここでは「Access」と「MySQL（MariaDB）」を使い、基本的なデータアクセスの方法を説明します。

Section 7-1 Accessを利用する

SQLデータベースについて

多量のデータを扱うとき、ここまではすべて「Excelのワークシート」に書き出してきました。これで十分データを利用することができますが、より複雑なデータになってくるとExcelでは限界が出てくるでしょう。

例えば、複数のデータを連携して扱うような場合。あるいは膨大な数のデータを高速に処理したい場合。このような場合、Excelですべて処理するのはかなり大変です。そうなると、やはりデータを処理するための専用ソフト「データベース」が必要となります。

データベースにはさまざまな種類がありますが、特別な理由がなければ、「SQLデータベース」というものを利用するのが基本と考えていいでしょう。SQLデータベースとは、「SQL」というデータアクセス言語を使ってデータベース側に要求を送り、結果を受け取るものです。SQLはデータアクセスに関する非常に高度な記述が行えるようになっています。Excelのように「データをただ順番に記録するだけ」に比べると格段に複雑な処理が行えるようになっているのです。

(実を言えば、ExcelでもSQLと似たような形でデータアクセスする関数もあるのですが、膨大な量の複雑な構造を持ったデータを高速に処理するという点では、SQLデータベースが圧倒的に優れています)

SQLデータベースとAccess

では、SQLデータベースというのはどのようなものがあるのでしょうか。おそらく、MicrosoftのOfficeを利用しているユーザー（Microsoft 365含む）にとって、データベースと言えば「Access」が真っ先に思い浮かぶことでしょう。実は、これもSQLデータベースです。

Access自体は、見た目にはExcelと同じような形でデータを使えますし、Visual Basic for Applicationといった言語を使ってプログラムを作成できるなど一般的なデータベースとはかなり違った形のものですが、それでも「SQL言語を使ってデータを問い合わせし操作できる」という点では、れっきとしたSQLデータベースなのです。

MySQL（MariaDB）

では、Officeユーザー以外の人にとって、SQLデータベースというとどんなものが思い浮かぶでしょうか。これは、少しでも開発などの経験があれば、「MySQL」や「PostgreSQL」といった名前が出てくることでしょう。これらは、オープンソースのSQLデータベースです。無料で誰でも使うことができます。

SQLデータベースは、SQLという言語の部分はどれもだいたい同じです。従って、SQLデータベースの準備さえ整えば、「実際にデータベースにSQLを使って問い合わせをし、データを受け取って処理する」という具体的なデータアクセスの部分はほとんど同じなのです。

これは、PADで利用する場合も同じです。データベースにアクセスする準備さえ整えば、後はどんなデータベースでも同じなのです。これが、SQLデータベースが広く利用される大きな理由と言っていいでしょう。

というわけで、ここではOfficeユーザーにとっておなじみの「Access」と、オープンソースで広く使われている「MySQL」について使ってみることにしましょう。

なお、ここではAccessおよびMySQLについては既に利用しているものとして説明を行っていきます。従って、これらのインストールや基本的な使い方については、詳しい説明は行いません。「使い方がよくわからない」という人は、別途学習してください。

Accessでデータベースを準備する

では、Accessの利用から説明をしていきましょう。まずは、Accessでデータベースを準備しましょう。Accessを起動し、新しいデータベースファイルを作成してください。そして、「作成」メニューから「テーブルデザイン」を選択し、新しいテーブルを作りましょう。今回は、サンプルとして以下のようなテーブルを作ってみます。

テーブル名	mydata

●用意するフィールド

ID	オートナンバー型
myname	短いテキスト
email	短いテキスト
age	数値型

フィールド名	データ型
ID	オートナンバー型
myname	短いテキスト
email	短いテキスト
age	数値型

図7-1　Accessで新しいテーブルを作成する。

サンプルデータの作成

続いて、サンプルデータの入力を行いましょう。「ホーム」メニューの「表示」から「データシートビュー」を選んで、データの入力画面に切り替えてください。そして、適当な数のデータをサンプルとして入力しておきましょう。内容などは自由でかまいません。名前、メールアドレス、年齢といった項目を記述してあればどんなものでもOKです。

なお、データベースでは、テーブルに記録されているデータのことを「レコード」と呼びます。Accessならば、テーブルのデータシートに記述された1行1行のデータが「レコード」というわけです。

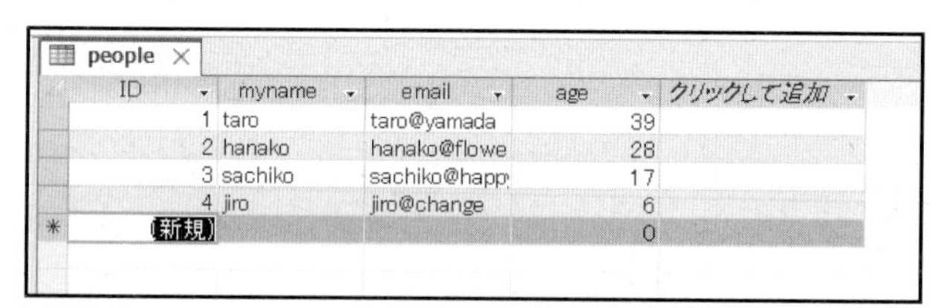

ID	myname	email	age	クリックして追加
1	taro	taro@yamada	39	
2	hanako	hanako@flowe	28	
3	sachiko	sachiko@happ	17	
4	jiro	jiro@change	6	
(新規)			0	

図7-2　サンプルデータを適当に入力する。

データベースアクセスの流れ

では、用意したデータベースにPADからアクセスを行いましょう。データベースアクセスというのは、Accessに限らずどのようなものでも決まった手続きがあります。まずはそれについて簡単に説明しておきましょう。

1. データベースに接続する

最初に行なうのは、「データベースへの接続」です。多くのデータベースは、「クライアント&サーバー方式」と呼ばれる構成になっています。データベースを処理するサーバープログラムが起動されており、利用者はプログラム内からこのデータベースサーバーに接続をするのです。正常に接続ができると、以後、データベースの利用が可能になります。

2. SQLステートメントの送信

接続ができたら、「SQLステートメント」というものを作成してデータベースに問い合わせをします。これはSQL言語の命令を使って記述した文です。このステートメントをデータベース・サーバーに送信して行います。サーバーからは、送信されたステートメントの内容に応じて結果が返送されます。

3. 接続を閉じる

アクセスが終わったら、データベースとの接続を切ってリソースを開放します。接続を切ると、以後はデータベースに一切アクセスできなくなります。

この「接続開始」「ステートメントの送信と結果の受信」「接続終了」という基本的な流れを頭に入れて、データベースを利用するようにしましょう。

データベース用のアクション

データベース関連の機能は、「アクション」ペインの「データベース」というところにまとめられています。ここからアクションを配置してアクセスを行います。では、用意されているアクションについて簡単に説明していきましょう。

「SQL接続を開く」

データベースは、最初に接続を行って利用するのでしたね。このアクションが、データベースへの接続を開始するためのものです。

このアクションには「接続文字列」という設定項目が一つだけ用意されています。接続文字列というのは、データベース接続に関する設定情報を記述したテキストのことです。

データベースへの接続は、「ドライバ」と呼ばれる接続処理を行うプログラムに接続文字列のテキストを渡して行います。ドライバは、渡されたテキストをもとにデータベースへの接続を開始します。

この接続文字列は、慣れてしまえば自分で記述できるでしょうが、不慣れなうちは自分で作成するのがかなり大変です。入力フィールドには右端に「接続文字列の作成」というアイコンが用意されており、これをクリックして設定を行うことで、自動的に接続文字列が生成されるようになっています。当面は、これを使って接続文字列を作ることになるでしょう。

無事に接続が開始されると、「SQLConnection」という変数に「SQL接続」というオブジェクトが返されます。

図7-3　「SQL接続を開く」アクションの設定。

「SQLステートメントの実行」

接続を開始したら、ステートメントをデータベースに送信します。それを行うのが、このアクションです。これには以下のような設定項目が用意されています。

接続の取得方法	利用するSQL接続の取得方法を指定します。「接続文字列」と「SQL接続変数」が用意されています。
接続文字列	接続の取得方法で「接続文字列」を選ぶと表示されます。接続文字列のテキストを記入します。
SQL接続	接続の取得方法で「SQL接続変数」を選ぶと表示されます。「SQL接続を開く」で作成された変数を設定します。
SQLステートメント	データベースに送信するステートメントを記述します。
タイムアウト	データベース側からどれぐらい時間経過しても結果が返ってこない場合にエラーとして処理を中断するかを指定するものです。秒数を示す数値を記入します。
生成された変数	ステートメントの実行によりサーバー側から返された結果を保管するものです。デフォルトでは「QueryResult」となっています。

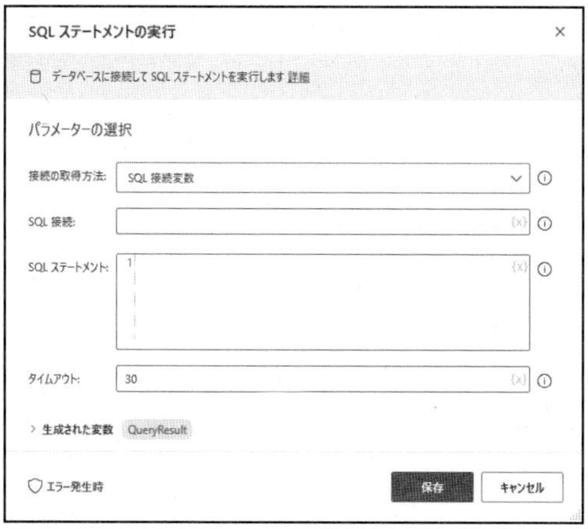

図7-4　「SQLステートメントの実行」アクションの設定。

「SQL接続を閉じる」

データベースアクセスを終了するためのものです。「SQL接続」という設定項目が一つだけ用意されており、ここで接続を終了したいSQL接続オブジェクトを設定します。

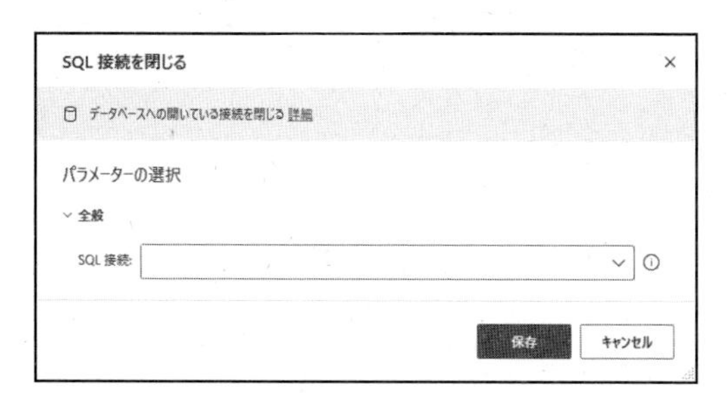

図7-5　「SQL接続を閉じる」アクションの設定。

Accessデータベースに接続する

では、新しいフローを作成し、Accessのデータベースを利用しましょう。ここでは「Accessフロー1」という名前でフローを用意することにします。

データベースアクセスでまず最初に行うのは？ そう、「データベースへの接続」でしたね。Accessは、データベースサーバーを起動して使うわけではありませんから、正確には「接続」というより、「データベースファイルを開く」という作業になります。

では、「アクション」ペインの「データベース」から「SQL接続を開く」アクションをドラッグ＆ドロップして配置してください。設定パネルが開かれます。

「接続文字列」には、まだ何もありません。これに接続文字列を作っていきます。フィールドの右側にある「接続文字列を作成」アイコンをクリックしてください。

図7-6　「SQL接続を開く」を配置する。

データベースプロバイダーの選択

「接続文字列を作成」をクリックすると、画面に「データリンクプロパティ」というウィンドウが開かれます。そして「プロバイダー」というタブが選択された状態となります。

これは、接続に利用するデータベースプロバイダーの種類を指定するためのものです。ここにはシステムに組み込まれているプロバイダーのリストが表示されています。この中から、以下のプロバイダーを選択してください。

Microsoft Office 16.0 Access Database Engine OLE DB Provider

これが、Accessのデータベースを利用するためのプロバイダーになります。これを選択し、「次へ」ボタンをクリックしましょう。

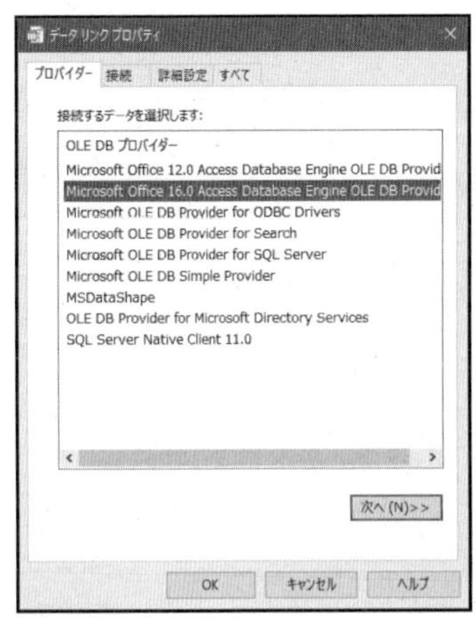

図7-7　データベースプロバイダーを選択する。

接続の設定を行う

次の「接続」タブに表示が切り替わります。ここで接続に関する設定を行います。たくさんの項目がありますが、Accessの場合、必要な設定は一つだけです。

一番上の「データソース」という項目に、使用するAccessデータベースファイルのパスを記入してください。これは、現時点では「ファイルダイアログからファイルを選べば入力」といった機能がありません。ファイルのパスを直接記入する必要があります。例えば、ドキュメントフォルダーに「Database1.accdb」という名前でファイルを作成しているならば、このように記述すればいいでしょう。

```
C:¥Users¥利用者名¥Documents¥Database1.accdb
```

それ以外の項目は、デフォルトのままにしておいてかまいません。記述したら、「接続のテスト」ボタンをクリックしてください。指定したデータベースファイルに問題なくアクセスできれば、「接続のテストに成功しました」と表示されます。成功したら「OK」ボタンを押してウィンドウを閉じましょう。

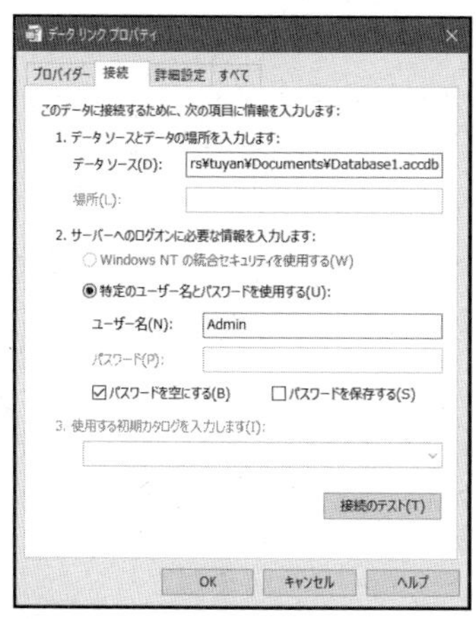

図7-8　「接続」タブで、データソースを入力する。

接続文字列が生成された！

ウィンドウが閉じ、アクションの設定パネルに戻ると、そこに接続文字列が作成されているのがわかります。このまま「保存」ボタンを押してパネルを閉じましょう。

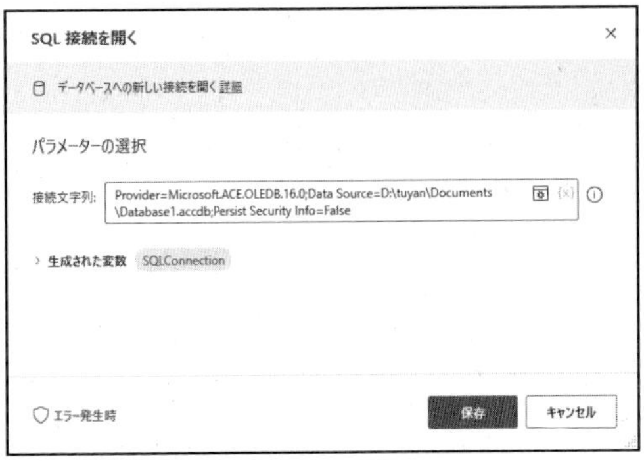

図7-9 接続文字列が作成されている。

接続文字列の秘密

では、作成された接続文字列がどのようなものか、見てみましょう。おそらく以下のようなテキストが出力されているはずです。

```
Provider=Microsoft.ACE.OLEDB.16.0;Data Source=ファイルパス;Persist Security Info=False
```

「ファイルパス」の部分には、使用するデータベースファイルのパスが記述されます。見ればわかるように、「Provider」「Data Source」「Persist Security Info」といった項目にイコールで値が設定されており、それらがセミコロンで一つにつなげられています。これが接続文字列の基本的な形です。「Provider=○○;設定=値;設定=値;……」というような形で記述されているのですね。

使用するデータベースの種類が変われば、この接続文字列の内容も変わります。ただし、接続に関する情報の書き方はすべて同じです。ただ、用意される設定と値が変わるというだけです。

SQLステートメントを送信する

接続ができたら、SQLのステートメントを送信しましょう。「データベース」内から「SQLステートメントの実行」アクションを配置してください。そして以下のように設定をしましょう。

接続の取得方法	SQL接続変数
SQL接続	{x}をクリックし「SQLConnection」変数を選択
SQLステートメント	select * from people;
タイムアウト	30
生成された変数	QueryResult

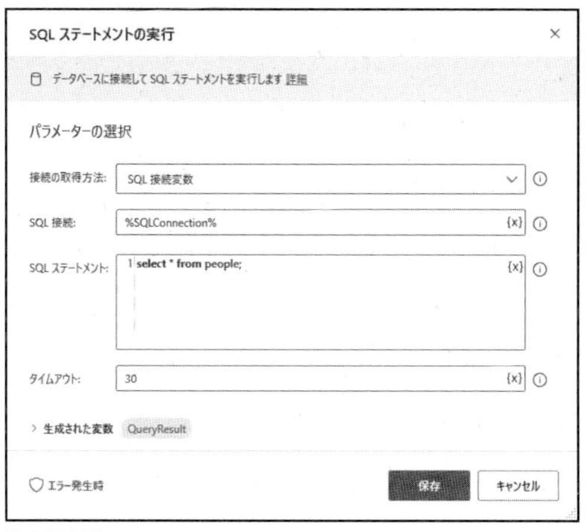

図7-10 「SQLステートメントの実行」の設定。

selectクエリについて

ここでは、SQLステートメントに「select * from people;」というテキストを指定しています。これは「select」クエリというものです(「クエリ」とは、データベースに要求を送信する命令文のことです)。これは以下のように記述します。

```
select 項目名 from テーブル名;
```

selectの後には、値を取り出す項目名を指定します。例えばIDとmynameの値だけ取り出したければ、「ID,myname」と記述します。すべての項目を取り出したいときは、ワイルドカード(「*」記号)を指定します。fromの後には、レコードを取り出すテーブル名を指定します。

このselectクエリは、データベースからレコードを取得する際の基本となるものとして覚えておきましょう。

コラム ステートメントとクエリ Column

「select」クエリというのが登場したことで、「ステートメントとクエリって、何が違うんだろう？」と思ったかも知れません。

クエリというのは、一つ一つの命令文のことです。そしてステートメントは、クエリによって作られた命令全体のことです。SQLでは、一つの命令(クエリ)だけですべてが完結するわけではありません。いくつかのクエリをつなげて処理を作成することもあります。この実行する文全体がステートメントです。

Chapter 1
Chapter 2
Chapter 3
Chapter 4
Chapter 5
Chapter 6
Chapter 7
Addendum

接続を閉じる

最後に、データベースとの接続を閉じてアクセスを終了します。「データベース」内にある「SQL接続を閉じる」アクションを配置してください。そして「SQL接続」から「SQLConnection」を選択しましょう。これは、「SQL接続を開く」アクションで取得したSQL接続の変数でしたね。これで、開かれた接続を閉じ、リソースを解消します。

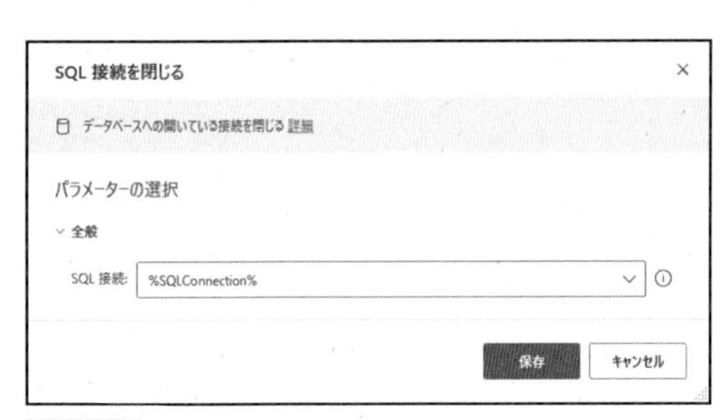

図7-11 「接続を閉じる」の設定。

フローを実行する

では、実際にフローを実行してみましょう。今回は実行しても何も表示などは変わりません。ただデータベースに接続し、selectを実行して終了する、というだけですから。

では、実行した後で、「変数」ペインの「フロー変数」に表示される変数を見てみましょう。「SQLConnection」と「QueryResult」という変数が表示されているのがわかります。前者はSQL接続オブジェクトで、後者がselectクエリによりデータベース側から返された結果です。

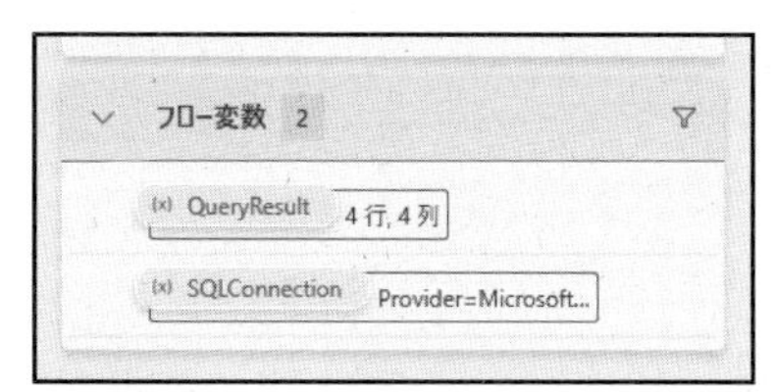

図7-12 フロー変数には二つの変数が作成されている。

Robinコード Accessにアクセスする基本コード

Accessに接続してSQLクエリーを実行するフローがどうなっているか、Robinコードを見てみましょう。**ファイルパス**には、データベースファイルのパスを指定します。

リスト7-1

```
Database.Connect \
  ConnectionString: $'''Provider=Microsoft.ACE.OLEDB.16.0;Data
Source=ファイルパス;Persist Security Info=False''' \
  Connection=> SQLConnection

Database.ExecuteSqlStatement.Execute \
  Connection: SQLConnection \
  Statement: $'''select * from people;''' \
  Timeout: 30 Result=> QueryResult

Database.Close Connection: SQLConnection
```

三つの基本アクションがそのまま命令文として用意されているのが何となくわかりますね。

●データベースに接続

```
Database.Connect ConnectionString:接続文字列 Connection=>接続を保管する変数
```

●SQLクエリーを実行

```
Database.ExecuteSqlStatement.Execute Connection:接続の変数 \
  Statement:実行するSQLクエリー Resulrt=>結果を保管する変数
```

●接続を閉じる

```
Database.Close Connection:接続の変数
```

ちょっとわかりにくい引数もありますが、そんなに複雑なものではないですね。データベース関係の命令は、少し勉強すれば使えるようになりそうです。

QueryResultの内容を見る

では、「QueryResult」変数をダブルクリックして開いてみてください。Accessのpeopleテーブルに用意したサンプルとして用意したレコードがデータテーブルの値として取り出されているのがわかるでしょう。データベースにアクセスし、ちゃんとレコードを取り出すことができたのです。

変数の値

QueryResult (Datatable)

#	ID	myname	email	age
0	1	taro	taro@yamada	39
1	2	hanako	hanako@flower	28
2	3	sachiko	sachiko@happy	17
3	4	jiro	jiro@change	6

図7-13 QueryResult変数の中身。

MySQLを利用する

MySQL（MariaDB）の準備

Officeを利用していない人にとっては、Accessはあまりなじみのないデータベースでしょう。それよりも身近に感じられるのは、「オープンソースのデータベース」ではないでしょうか。

データベースは、現在、多くがオープンソースとして公開されています。そうしたものはすべて無料でインストールし利用することができます。またオープンソースとして公開されているためバグなどの発見や修正なども頻繁に行われるため、意外にも堅牢で安心して使えるものが多いのです。

オープンソースのデータベースの中でも、圧倒的なシェアを誇っているのが「MySQL」でしょう。これは現在、オラクル社によって開発が続けられています。

MariaDBについて

MySQLはオープンソースではあるのですが、オラクル社に移管されて以後、少しずつ商業的な方向へとシフトしつつある点が懸念されています。そうしたことから、「MySQLと完全互換な新しいデータベース」が開発されました。「MariaDB」というものです。

このMariaDBは、実はMySQLの開発者が作っています。オラクルにMySQLが移った後、考え方の違いからMySQLの開発から抜け、新たに作ったのがMariaDBなのです。

MariaDBは、MySQLのソースコードをもとに作られた、派生データベースであるため、さまざまな点でMySQLと同じデータベースとして扱うことができます。例えば、データベースにアクセスするためにはドライバが必要ですが、MySQLのドライバがMariaDBでもそのまま利用できます。また、そもそもデータベースのプログラム名そのものが、MariaDBも「mysql」なのです。

「でも、いくら同じものだと言っても、ほとんど知られてないMariaDBなんて使って大丈夫かな？」と思っている人。いいえ、実を言えばMariaDBは、既に非常に広く使われているのですよ。現在、多くのLinuxでは、インストールされているデータベースはMySQLから

MariaDBに変わっています。Linuxの世界では、既に標準がMariaDBといってよいでしょう。また、Windowsなどで広く使われているWebサーバー開発環境「XAMPP」でも、データベースはMariaDBになっています。

というわけで、本書ではMariaDBをベースに説明をしていきます。中には「既にMySQLをインストールしている」という人もいるでしょう。そうした人は、そのままMySQLを使ってかまいません(そもそもMariaDBもMySQLの一種といえますから)。

まだMySQLあるいはMariaDBを用意していない人は、以下のサイトからインストーラをダウンロードしてください。「MariaDB Server」という項目が選択されていると、そこにバージョンやOSなどを選択する項目が表示されます(通常はすべてデフォルトのままでOKです)。その下にある「Download」ボタンをクリックしてインストーラをダウンロードしましょう。

https://mariadb.org/download/

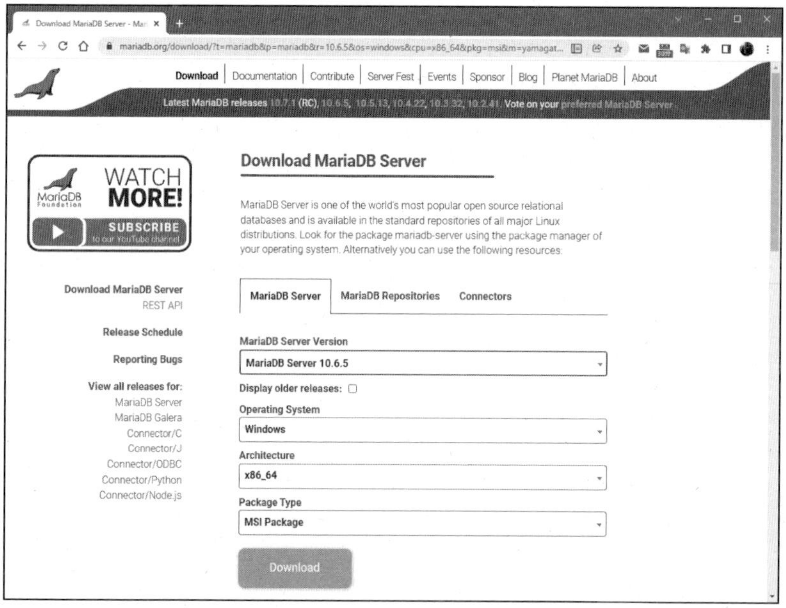

図7-14 MariaDBのダウンロードページ。「Download」ボタンでダウンロードする。

ダウンロードされるのは、MSIファイルと呼ばれるものです。これをダブルクリックすると専用のインストーラが起動します。そのままインストールを行いましょう。

インストーラでは各種の設定が表示されますが、基本的にすべてデフォルトのままで進めてかまいません。ただし、途中でrootユーザーのパスワードを設定する画面が現れますが、ここだけは入力が必要です。

2ヶ所あるパスワード用フィールドに設定するパスワードを記入し、その下の「Use UTF8 as default server's character set」というチェックをONにしてください。

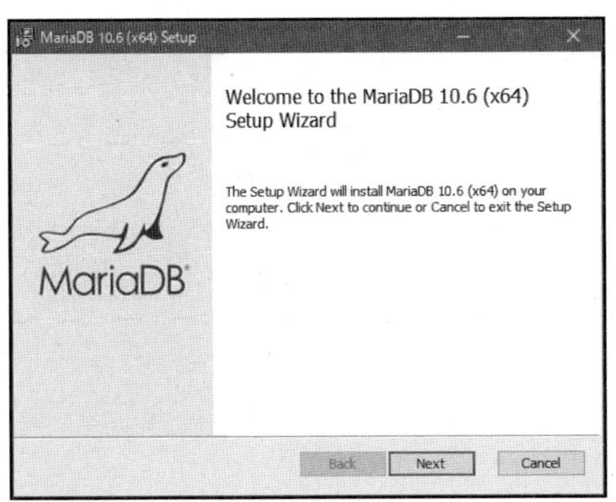

図7-15 インストーラを起動し、インストールする。途中、rootユーザーのパスワードだけは記入すること。

MySQLコネクタの準備

MySQLをプログラムなどから利用するためには、データベースに接続するための「コネクタ」というプログラムが必要になります。ではMySQLのコネクタを準備しましょう。

これは、MySQLのサイトで公開されています。以下のURLにアクセスしてください。

```
https://dev.mysql.com/downloads/connector/odbc/
```

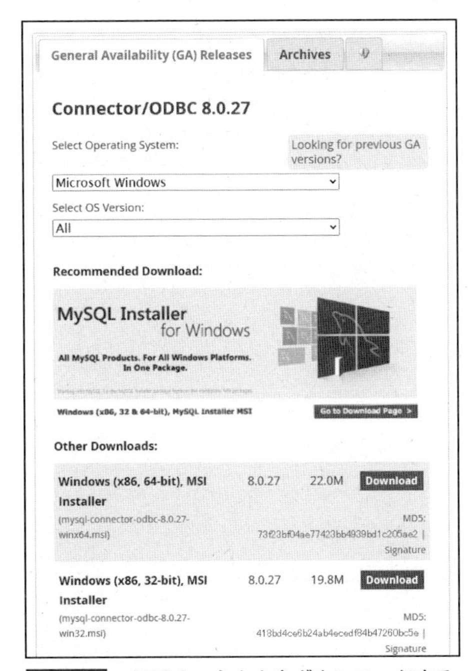

図7-16 ODBCコネクタをダウンロードする。

このページでは、「ODBCコネクタ」と呼ばれるプログラムを配布しています。ODBCというのは「Open Database Connectivity」の略で、データベースアクセスのために考案された共通インターフェースです。このODBCコネクタもインストーラとして配布されているので、そのままダウンロードしたファイルを起動し、インストールを行ってください。

なお、ダウンロードの際にアカウント登録を行う表示が現れますが、登録は必須ではありません。下の方にある「No thanks, just start my download.」をクリックすれば直接ダウンロードできます。

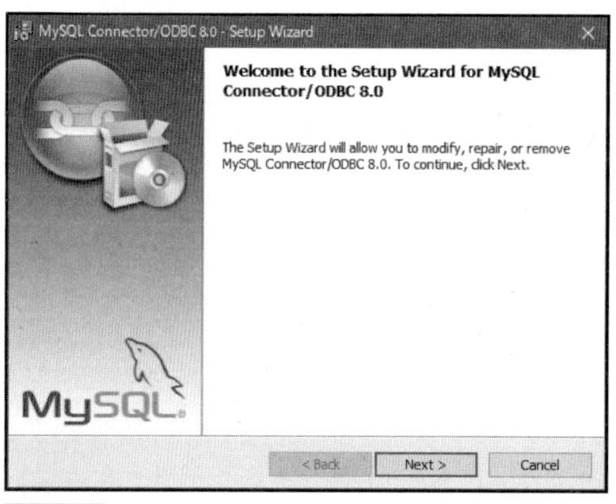

図7-17　インストーラを起動し、インストールを行う。

MySQLにアクセスする

では、MySQLにデータベースとテーブルを作成しましょう。MySQLでは、データを保管する場所として、まず「データベース」というものを用意します。そしてこの中に、「テーブル」を作成します。テーブルは、保管する値の内容などを定義したもので、データベースの中には複数のテーブルを作成することができます。

HeidiSQLを起動する

MariaDBでは、データベースを操作するために「HeidiSQL」というアプリケーションが同梱されています。これを起動しましょう。なお、MySQLを利用している場合は、直接SQLステートメントを実行して操作したほうが簡単です。これについては後ほど説明します。

では、HeidiSQLを起動してください。ウィンドウの左側にセッションのリストが表示されています(初期状態では何もありません)。その下部にある「新規」ボタンをクリックしてください。

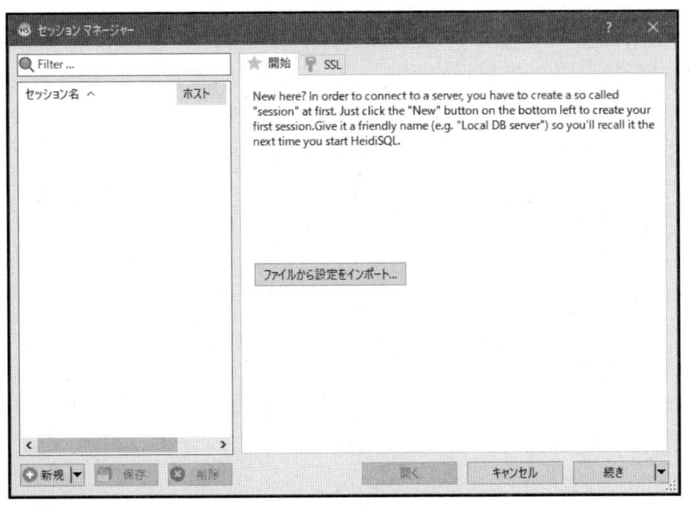

図7-18　HeidiSQLを起動する。「新規」ボタンをクリックする。

データベースに接続する

新しいセッションが作成され、右側のエリアに設定が表示されます。これらを以下のように設定してください(パスワード以外はデフォルトのままです)。

ネットワーク種別	MariaDB or MySQL(TCP/IP)
Library	libmariadb.dll
ホスト名/IP	127.0.0.1
ユーザー	root
パスワード	(自身が設定したパスワードを入力)
ポート	3306
データベース	セミコロン区切り

これらを入力し、「開く」ボタンを押すと、データベースへアクセスが開始され、新しい表示が現れます。

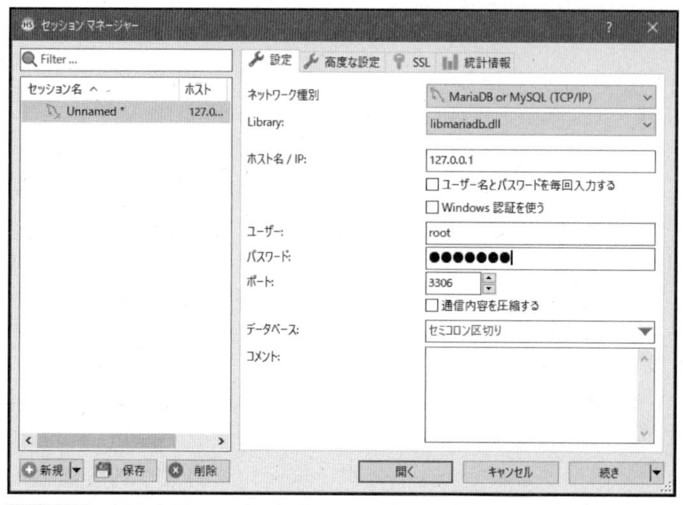

図7-19　設定を行い、データベースにアクセスを開始する。

 データベースとテーブルを作成する 

データベースにアクセスし、ウィンドウの左側にデータベースの一覧リストが表示されます。ここに、新しいデータベースを作ります。

リスト上部の「localhost」という項目を右クリックし、現れたメニューから「新規作成」内の「データベース」を選んでください。そしてデータベース名を入力するダイアログが現れたら「mydata」と記入し、OKしましょう。これで新しくmydataデータベースが作成されます。

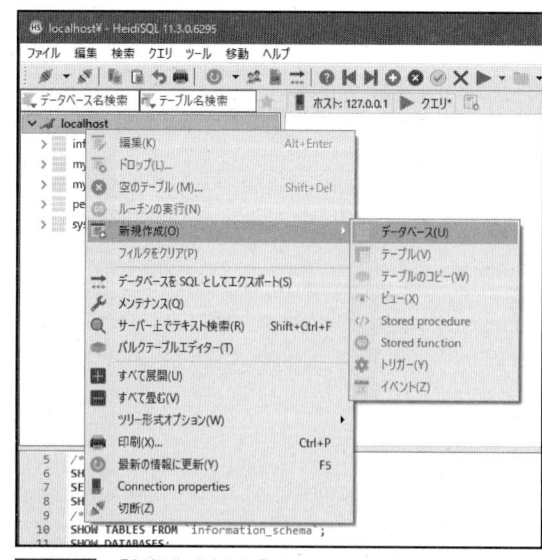

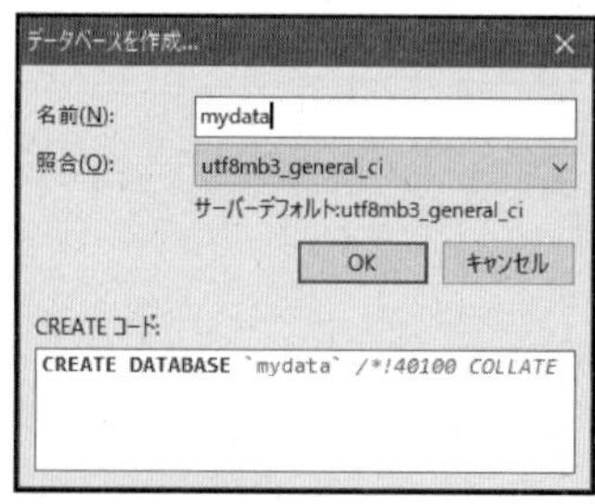

図7-20　「新規作成」から「データベース」メニューを選び、名前を入力する。

peopleテーブルを作成する

続いて、mydata内にテーブルを作成しましょう。左側のリストに追加された「mydata」を右クリックし、現れたメニューから「新規作成」内の「テーブル」メニューを選びます。

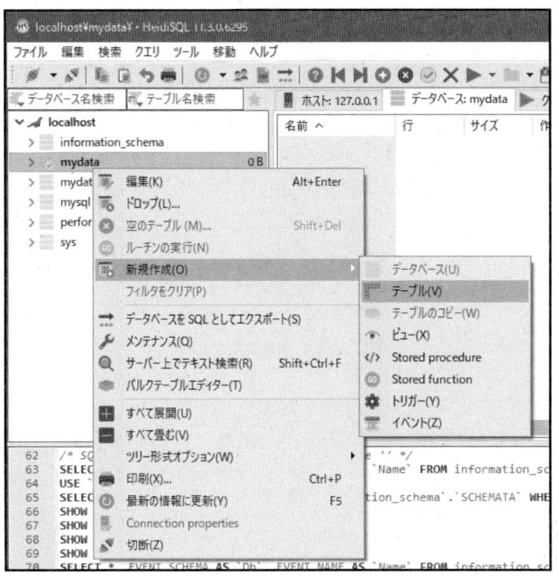

図7-21 「新規作成」から「テーブル」メニューを選ぶ。

テーブルの項目を作成する

テーブルの設計画面が現れます。「名前」の項目に「people」と記入しましょう。そして下部にある「カラム」と表示されているエリアの「追加」ボタンをクリックして、テーブルに用意する項目を作成していきましょう。ここでは、先ほどAccessに作成したのと同じテーブルを作ります。以下のような項目を用意してください。

名前	データ型	長さ/セット	その他
id	INT		AUTO_INCREMENTを指定する
myname	VARCHAR	50	
email	VARCHAR	200	
age	INT		デフォルトを「0」にする

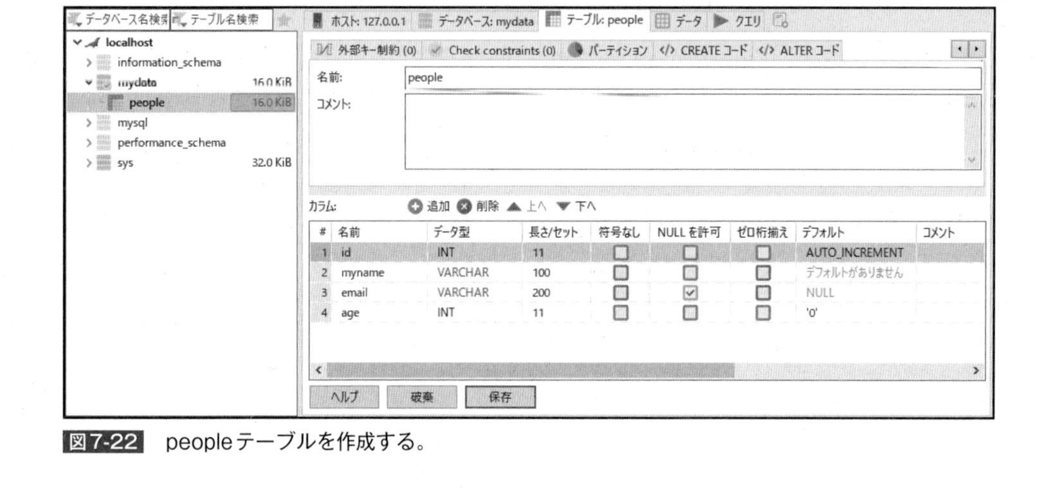

図7-22　peopleテーブルを作成する。

AUTO_INCREMENTの設定

この中でわかりにくいのは、idの「AUTO_INCREMENT」でしょう。これは、「デフォルト」の項目をクリックして設定します。クリックするとパネルがポップアップして現れるので、そこから「AUTO_INCREMENT」を選択しOKしてください。

図7-23　AUTO_INCREMENTを設定する。

プライマリキーの設定

もう一つ、「id」の項目に「プライマリキー」という設定をしておく必要があります。「id」項目を右クリックし、現れたメニューから「新しいインデックスの作成」内にある「PRIMARY」メニューを選んでください。これでプライマリキーが設定されます。

これで、テーブルの設計は完了です。

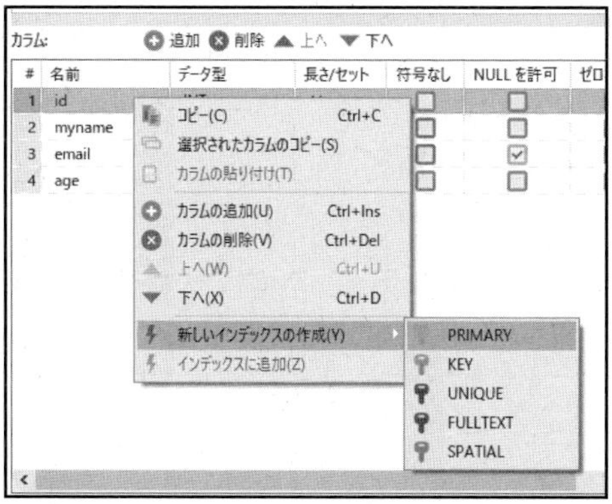

図7-24 「新しいインデックスの作成」から「PRIMARY」メニューを選ぶ。

レコードを追加する

テーブルが用意できたら、サンプルとしてレコードをいくつか作成しておきましょう。ここまで作業をしてきたエリアの上部に、いくつかの切り替えボタンが並んでいます。現在は「テーブル:people」という項目が選択されているでしょう。

その右側に「データ」というボタンがあります。これをクリックしてください。表示が切り替わり、テーブル内のレコードを管理する画面が表示されます。

図7-25 「データ」をクリックするとレコードの管理画面に変わる。

レコードが表示されるエリア(現在は何も表示されていない)を右クリックし、現れたメニューから「行の追加」を選んでください。これで新しいレコードを入力する行が作成されます。ここに各項目の値を記入しましょう。

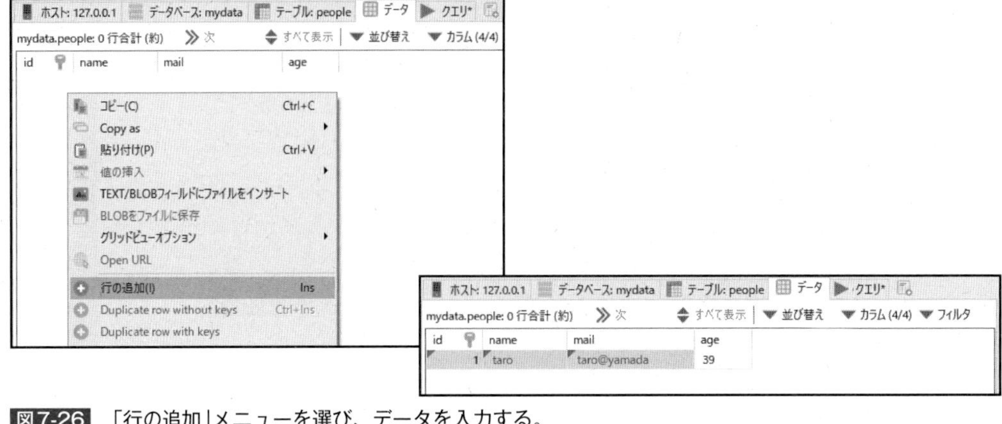

図7-26 「行の追加」メニューを選び、データを入力する。

やり方がわかったら、いくつかレコードを作成してください。内容はどのようなものでもかまいません。それぞれでいくつかレコードを用意しておきましょう。

ホスト: 127.0.0.1 | データベース: mydata | テーブル: people | データ

mydata.people: 4 行合計 (約) 次 すべて表示 並び替え

id	name	mail	age
1	taro	taro@yamada	39
2	hanako	hanako@flower	28
3	sachiko	sachiko@happy	17
4	jiro	jiro@change	6

図7-27 いくつかレコードを作成しておく。

SQLコマンドによる作成

もし、HideSQLが使えなかったり、あるいはMySQLを利用している場合は、mysqlコマンドでデータベースに接続し、直接SQLステートメントを送信して作業を行うのが良いでしょう。

```
mysql -u root -p
```

実行したら自身がrootに設定したパスワードを入力してください。これでデータベースにアクセス開始されます。

```
コマンドプロンプト - mysql -u root -p
Microsoft Windows [Version 10.0.19043.1415]
(c) Microsoft Corporation. All rights reserved.

D:¥tuyan>mysql -u root -p
Enter password: *****
Welcome to the MariaDB monitor.  Commands end with ; or ¥g.
Your MariaDB connection id is 12
Server version: 10.6.5-MariaDB mariadb.org binary distribution

Copyright (c) 2000, 2018, Oracle, MariaDB Corporation Ab and others.

Type 'help;' or '¥h' for help. Type '¥c' to clear the current input statement.

MariaDB [(none)]>
```

図7-28 mysqlコマンドを実行し、MySQLにアクセスを開始する。

mysqlコマンドでデータベースに接続すると、SQLクエリを実行するモードに変わります。このまま、SQLステートメントを書いて実行していけばいいのです。では、以下のステートメントを記入し、実行してください。

リスト7-2

```
create database `mydata`;
use `mydata`;

create table `people` (
  `id` int(11) not null primary key auto_increment,
  `myname` varchar(100)not null,
  `email` varchar(200) default null,
  `age` int(11) not null default 0
) engine=InnoDB default charset=utf8mb4;
```

これでpeopleデータベースにmydataテーブルが作成されます。テーブルにレコードを追加する場合は、更に以下のように実行しましょう。

リスト7-3

```
insert into `people` (`myname`, `email`, `age`) values ('Taro', 'taro@
yamada', 39);
```

('Taro', 'taro@yamada', 39)の部分が、追加するレコードの値です。この部分をいろいろと書き換えてデータを追加してください。

PADからMySQLに接続する

では、PADからMySQLを利用する方法を説明しましょう。MySQLも、Accessと同じデータベースです。従って、利用の仕方は全く同じです。「SQL接続を開く」アクションでMySQLに接続し、「SQLステートメントの実行」でステートメントを送って操作をし、「SQL接続を閉じる」で接続を終了する、という形ですね。

ただし、「SQL接続を開く」での接続文字列の作成は、Accessとはだいぶ違ってきます。この部分さえきちんと理解できれば、MySQLの利用はそれほど難しくはありません。

では、新しいフローを作成し、「SQLフロー1」と名前をつけておきましょう。このフローで、MySQLへの接続を行ってみることにします。

「データベース」から「SQL接続を開く」アクションをドラッグ&ドロップして配置してください。

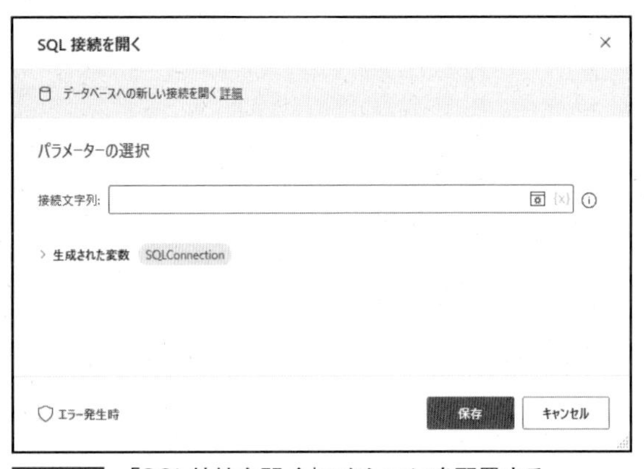

図7-29 「SQL接続を開く」アクションを配置する。

プロバイダーの選択

では、配置した「SQL接続を開く」アクションで接続文字列を作成しましょう。この項目のフィールド右側にある「接続文字列の作成」アイコンをクリックしてください。

画面に「データリンクプロパティ」とタイトル表示されたウィンドウが現れます。ここで「プロバイダー」を選択します。今回は「Microsoft OLE DB Provider for ODBC Drivers」という項目を選択してください。そして「次へ」ボタンをクリックします。

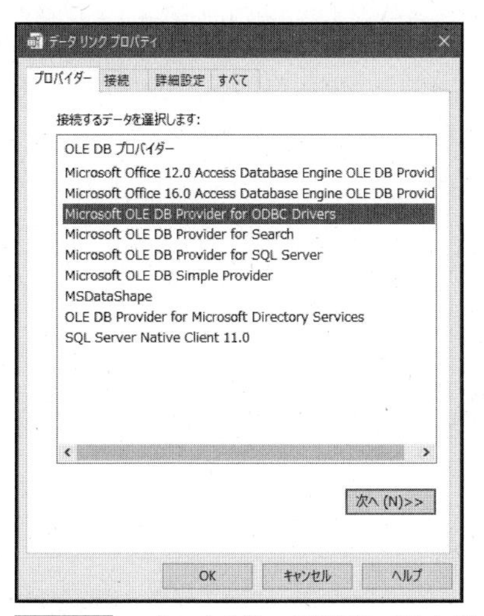

図7-30 プロバイダーを選択して次に進む。

接続の設定

表示が「接続」に変わります。ここで、データベースへの接続の設定を行います。「1. データソースを指定します」という項目では、「接続文字列を使用する」を選択してください。そしてその右側にある「ビルド...」ボタンをクリックしましょう。

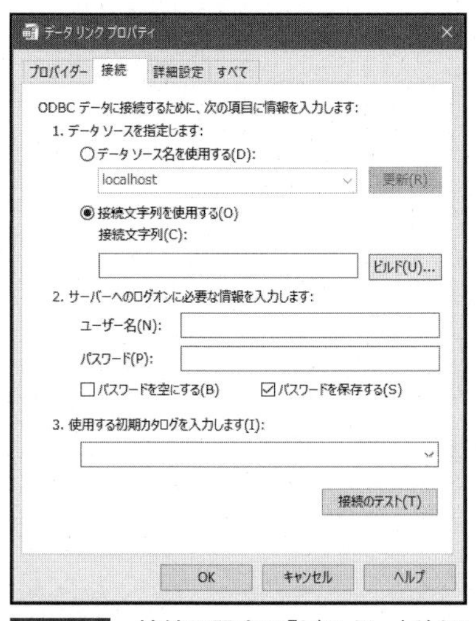

図7-31 接続の設定で「ビルド...」ボタンをクリックする。

データソースの選択

画面に「データソースの選択」というウィンドウが現れます。ここで「コンピューターデータソース」タブをクリックして表示を切り替えます。そして、ここにデータソースを作成します。「新規作成...」ボタンをクリックしてください。

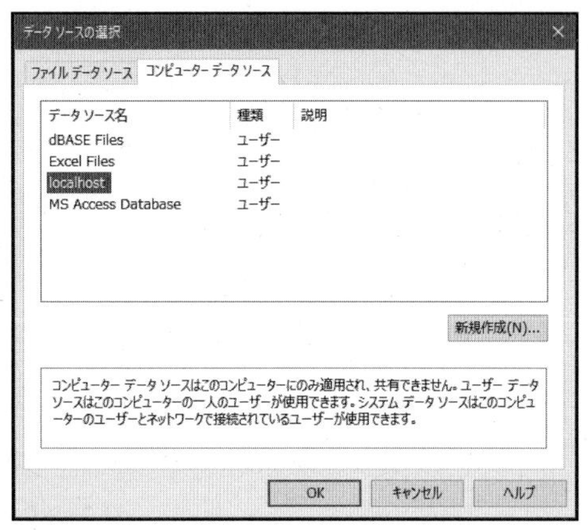

図7-32 コンピューターデータソースを新規作成する。

接続パラメーターの設定

画面に「MySQL Connector/ODBC」というウィンドウが現れます。これは、インストールしたMySQLのODBCコネクターの設定ウィンドウです。ここで「TCP/IP Server」を選択し、「localhost」「3306」とホスト名とポート番号を記入してください。

更に、下にある項目を以下のように設定します。

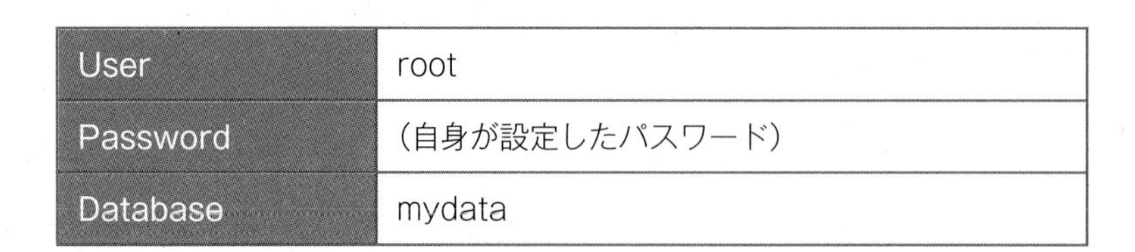

User	root
Password	(自身が設定したパスワード)
Database	mydata

これらを設定したら「Test」ボタンをクリックしてテストしましょう。「Connection Successful」と表示されたら正常にデータベースにアクセスできています。そのまま「OK」ボタンでウィンドウを閉じましょう。「Connection failed」と表示されたら、どこかの値が間違っているのでよく見直してください。

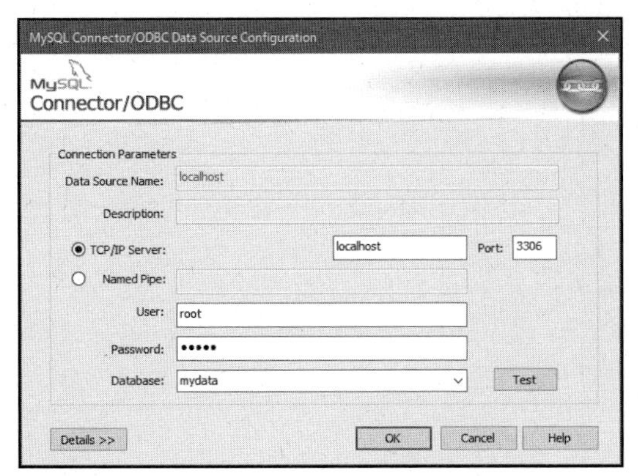

図7-33　ODBCコネクターの接続設定を行う。

データソースの新規作成

画面に新しいウィンドウが現れます。「データソースの新規作成」というウィザードのウィンドウです。ここで「データソース型を選択してください」という表示(「ユーザーデータソース」が選択されている)のみがあります。そのまま次に進んでください。

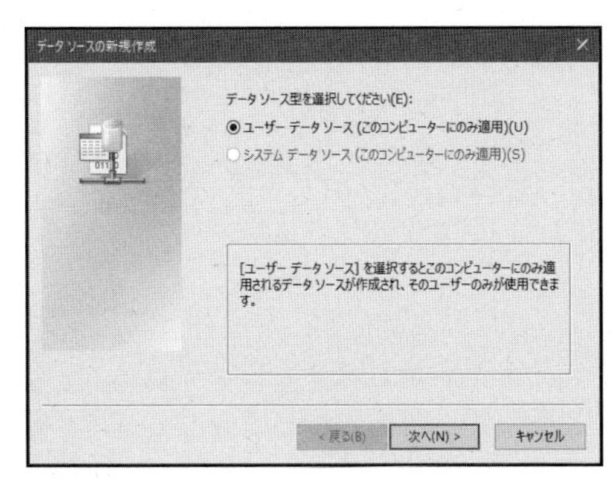

図7-34　データソースの新規作成。そのまま進む。

「セットアップするデータソースのドライバを選択してください」という表示が現れ、使用可能なドライバーがリスト表示されます。ここから「MySQL ODBC XXX Driver」(XXXはバージョン番号)という項目を選んで次に進みます。

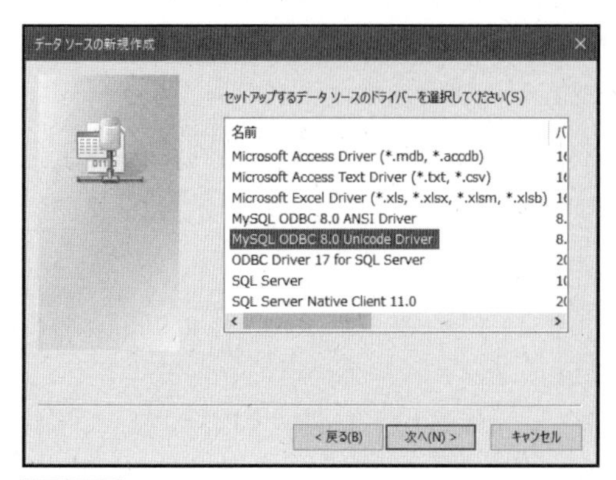

図7-35　データソースのドライバを選択する。

設定内容が表示されるので、間違いがないか確認し「完了」ボタンを押しましょう。これでデータソースが作成されます。

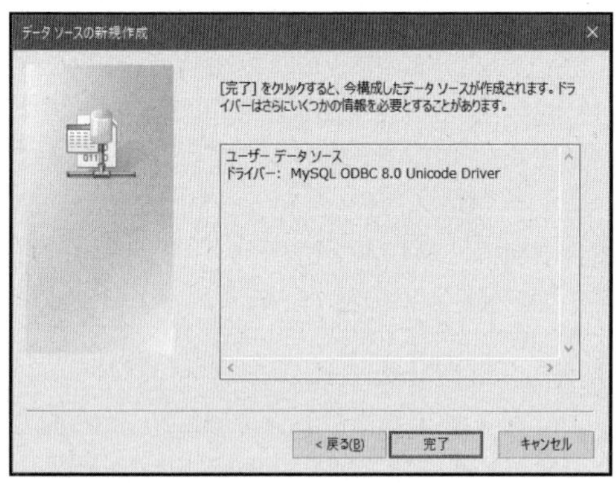

図7-36　内容を確認し完了する。

再び「MySQL Connector/ODBC」のウィンドウが表示されます。よく見ると、「Data Source Name」の項目が入力可能になっています。ここに「my datasource」とデータソース名を記入しましょう。そして、「Test」ボタンで再度テストして動作を確認し、OKしてください。

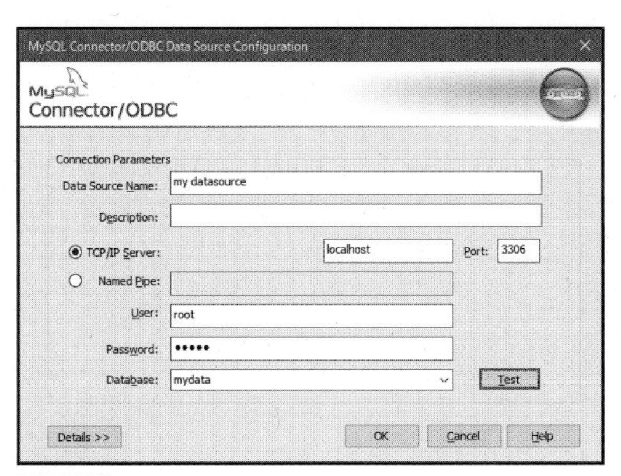

図7-37　データソース名を入力し、OKする。

これでウィンドウが消え、「データソースの選択」画面に戻ります。データソースのリストに「my datasource」という項目が追加されました。これが作成したデータソースです。これを選択し、OKしてください。

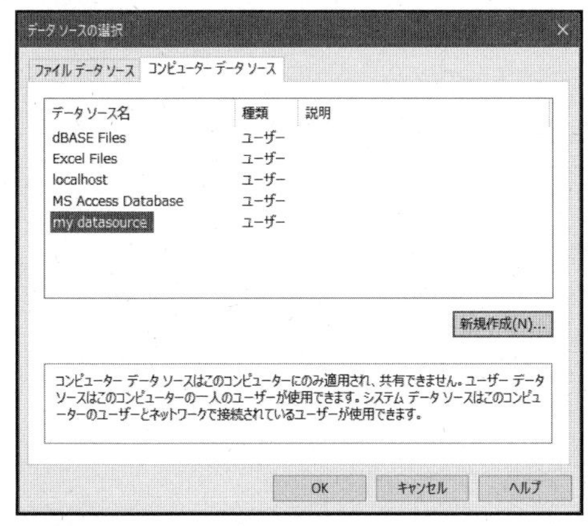

図7-38　データソースが追加された。

接続文字列の生成

再び「データリンクプロパティ」ウィンドウに戻ります。ここで「接続文字列を使用する」のフィールドに値が出力されているのがわかるでしょう。

そのまま、下の「接続のテスト」ボタンをクリックして正常にアクセスできるのを確認し、OKしてください。

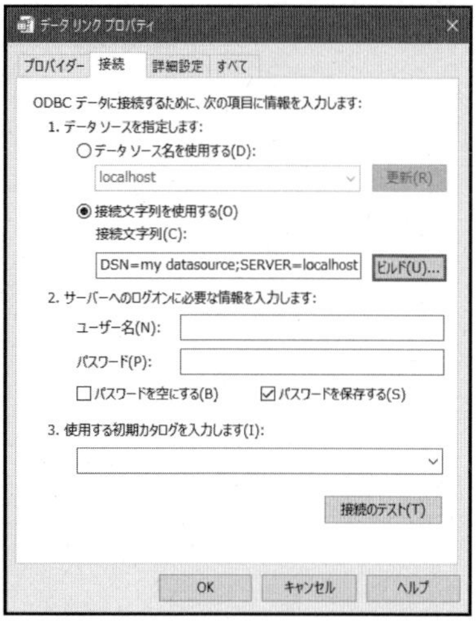

図7-39 接続文字列が生成されている。

「SQL接続を開く」アクションの設定画面に戻ってきました。接続文字列に、設定情報のテキストが出力されているのがわかるでしょう。このまま「保存」ボタンで設定を保存すれば作業完了です。

図7-40 接続文字列が用意された。

データベース利用のアクションを追加する

これで、MySQLに接続するアクションが完成しました。後は、SQLステートメントを送信し、結果を受け取ってから接続を閉じるだけですね。以下のようにアクションを追加しましょう。

1.「SQLステートメントの実行」

接続の取得方法	SQL接続変数
SQL接続	{x}をクリックし「SQLConnection」変数を選択
SQLステートメント	select * from people;
タイムアウト	30
生成された変数	QueryResult

SQL ステートメントの実行

データベースに接続して SQL ステートメントを実行します 詳細

パラメーターの選択

接続の取得方法:	SQL 接続変数
SQL 接続:	%SQLConnection%
SQL ステートメント:	1 select * from people;
タイムアウト:	30

> 生成された変数 QueryResult

エラー発生時　保存　キャンセル

図7-41 「SQLステートメントの実行」の設定。

Chapter 1 Chapter 2 Chapter 3 Chapter 4 Chapter 5 Chapter 6 Chapter 7 Addendum

2.「SQL接続を閉じる」

SQL接続	{x}をクリックし「SQLConnection」変数を選択

SQL 接続を閉じる

データベースへの開いている接続を閉じる 詳細

パラメーターの選択

全般

SQL 接続: %SQLConnection%

保存　キャンセル

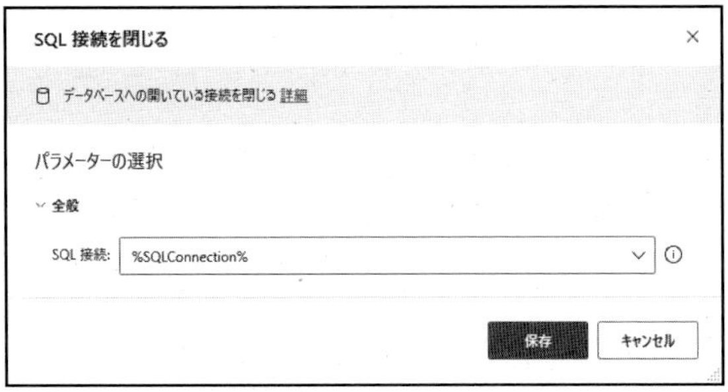

図7-42 「SQL接続を閉じる」の設定。

動作を確認する

では、フローを保存して実行しましょう。問題なくフローが終了したら、「変数」ペインの「フロー変数」にある「QueryResult」変数をダブルクリックして開いてください。データベースから取得したレコードがデータテーブルとして表示されます。無事、PADからMySQLにアクセスできました！

変数の値

QueryResult (Datatable)

#	id	name	mail	age
0	1	Taro	taro@yamada	39
1	2	Hanako	hanako@flower	28
2	3	Sachiko	sachiko@happy	17

図7-43 実行後、QueryResult変数を開くと、MySQLからレコードを取得しているのがわかる。

Robinコード MySQLにアクセスする

では、MySQLにアクセスしてSQLクエリーを実行するフローのRobinコードを見てみましょう。すると意外なことがわかります。

リスト7-4

```
Database.Connect \
  ConnectionString: $'''Provider=MSDASQL.1;Persist Security
Info=True;Extended Properties=\"DSN=my datasource;SERVER=localhost;
UID=root;PWD=パスワード;DATABASE=mydata;PORT=3306\"''' \
  Connection=> SQLConnection

Database.ExecuteSqlStatement.Execute \
  Connection: SQLConnection \
  Statement: $'''select * from people;''' \
  Timeout: 30 Result=> QueryResult

Database.Close Connection: SQLConnection
```

よく見ると、AccessのときのRobinコードと全く同じ命令であることに気がつくでしょう。違うのは、Database.Connectという命令にあるConnectionStringという引数の値だけ。SQLデータベースであれば、種類は違ってもRobinコードは全く同じなんですね！

 MySQLの接続文字列について 

今回、作成された接続文字列は、Accessのときとはだいぶ違うもののように見えますね。ざっと以下のようなテキストが作成されていることでしょう。

```
Provider=MSDASQL.1;Persist Security Info=True;Extended Properties="DSN=my
datasource;SERVER=localhost;UID=root;PWD=パスワード;DATABASE=mydata;PORT=3306"
```

非常に複雑に見えますが、よく見れば「Extended Properties」という項目が追加されており、そこにいくつかの値が一つのテキストにまとめて設定されていることがわかるでしょう。ここに用意されている値は、以下のようなものです。

```
DSN=データソース名;
SERVER=ホスト名;
UID=ユーザー名;
PWD=パスワード;
DATABASE=データベース名;
PORT=ポート番号
```

これらの値を一つのテキストにまとめたものが用意されていたのですね。一つ一つの役割がわかれば、それほど難しいものではないでしょう。

このテキストをコピーしておき、次に「SQL接続を開く」アクションを作成するときは、このテキストをそのままペーストすれば、面倒な接続文字列の作成作業は不要になります。

Section 7-3 データベースを使いこなす

データベースにレコードを追加する

データベースにアクセスしデータを取り出す、というもっとも基本的なデータベース操作はできるようになりました。後は、データベースのさまざまな利用の仕方を覚えていくことにしましょう。

まずは、「新しいレコードの追加」についてです。

レコードの追加も、データベースアクセスの基本的な手順は変わりません。ただ、実行するSQLステートメントが変わる、というだけです。

レコードの追加は、「insert」というクエリを使います。これは以下のように記述します。

```
insert into テーブル ( 項目1, 項目2, ……) values ( 値1, 値2, ……);
```

「insert into」の後に、レコードを追加するテーブル名を指定します。そしてその後に()で項目の名前を用意し、valuesの後に()で値を用意します。項目と値はそれぞれ並び順の通りに対応します。例えば、(A, B, C) values(1, 2, 3)となっていれば、Aに1、Bに2, Cに3の値が設定されます。なお、IDは自動的に割り振られるため、値を用意する必要はありません。

レコード追加フローを作成する

では､レコードを追加するフローを作りましょう。新しいフローは「データベースフロー1」としておきます。これにアクションを作成していきましょう。

まずは、追加するレコードの入力からです。値を入力してもらい、それをもとに実行するクエリのテキストを作成します。以下の順にアクションを作成してください。

1.「入力ダイアログを表示」

入力ダイアログのタイトル	入力
入力ダイアログメッセージ	名前、メールアドレス、年齢をスペースで区切って記述：

（※その他はすべてデフォルトのまま）

図7-44 「入力ダイアログを表示」の設定。

2.「テキストの分割」

分割するテキスト	{x}をクリックし「UserInput」変数を選択
区切り記号の種類	標準
標準の区切り記号	スペース
回数	1
生成された変数	TextList

テキストの分割

テキストを指定された区切り文字または正規表現で区切った部分文字列で一覧を作成する 詳細

パラメーターの選択

全般

分割するテキスト: %UserInput%

区切り記号の種類: 標準

標準の区切り記号: スペース

回数: 1

生成された変数 TextList

エラー発生時　保存　キャンセル

図7-45 「テキストの分割」の設定。

3.「テキストの結合」

結合するリストを指定	{x} をクリックし「TextList」変数を選択
リスト項目を区切る区切り記号	カスタム
カスタム区切り記号	","
生成されたテキスト	JoinedText

テキストの結合

項目を指定した区切り記号で区切って、リストをテキスト値に変換します 詳細

パラメーターの選択

全般

結合するリストを指定: %TextList%

リスト項目を区切る区切り記号: カスタム

カスタム区切り記号: ","

生成された変数 JoinedText

保存　キャンセル

図7-46 「テキストの結合」の設定。

4.「変数の設定」

設定	query
宛先	%'insert into people (myname,email,age) values (\"' + JoinedText + '\");'%

図7-47 「変数の設定」の設定。

入力テキストからクエリを作る

ここでは、「入力ダイアログを表示」を使ってレコードを入力してもらいます。peopleテーブルでは、myname, email, ageといった項目があり、これらをまとめて入力する方法を考える必要があります。

そこで、それぞれの値を半角スペースを空けて記入してもらい、それをもとにクエリのテキストを作成することにしました。考え方を順に説明しましょう。

●1. テキストを入力する

```
例) taro taro@yamada 39
```

●2. テキストをスペースで分解する

```
[ 'taro', 'taro@yamada', '39']
```

●3. テキストを","で結合する

```
'taro","taro@yamada","39'
```

●4. クエリを作成する

```
'insert into people (myname,email,age) values ("taro","taro@yamada","39");'
```

考え方のポイントは、「テキストを一度分解し、もう一度結合する」という点でしょう。テキストを半角スペースでリストに分解した後、区切り記号に","を指定してつなげると「taro","taro@yamada","39」といったテキストが作られます。これをvaluesの()内に指定してinsertクエリのテキストを作れば、入力されたテキストを追加するステートメントを作成できます。

データベースにレコードを追加する

追加のためのクエリができれば、後はデータベースにステートメントを送って実行するだけです。ここまで作ったフローに、以下のアクションを追加して完成させましょう。なお、使用するデータベースはAccessでもMySQLでもかまいません。「SQL接続を開く」で、使いたいデータベース用の接続文字列を指定すれば、そのデータベースで利用できます。

●5.「SQL接続を開く」

接続文字列	(使用するデータベースの接続文字列を指定)
生成された変数	SQLConnection

図7-48 「SQL接続を開く」の設定。

●6.「SQLステートメントの実行」

接続の取得方法	SQL接続変数
SQL接続	{x}をクリックし「SQLConnection」変数を選択
SQLステートメント	{x}をクリックし「query」変数を選択
タイムアウト	30
生成された変数	QueryResult

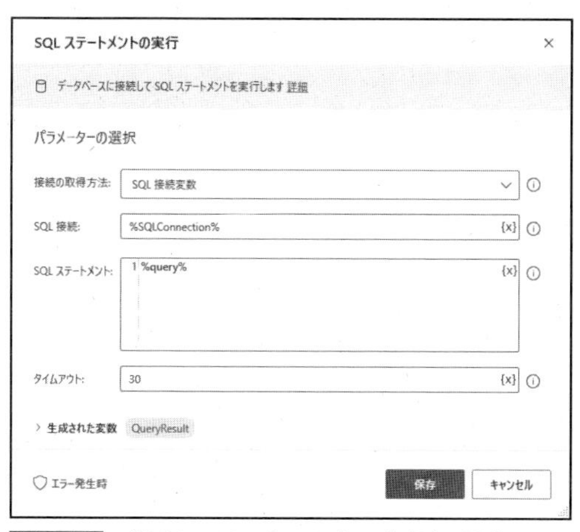

図7-49 「SQLステートメントの実行」の設定。

●7.「SQL接続を閉じる」

SQL接続	{x}をクリックし「SQLConnection」変数を選択

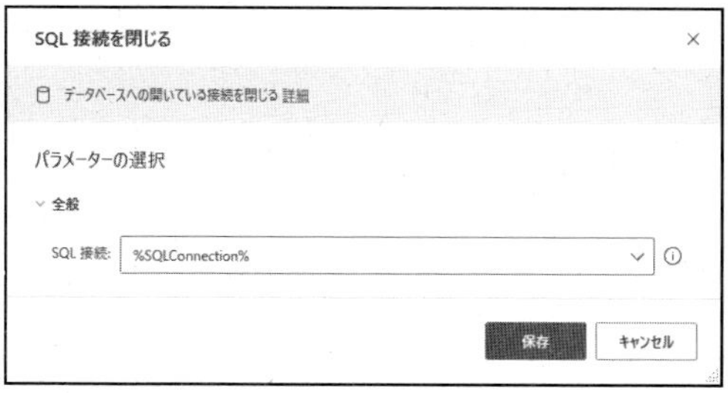

図7-50 「SQL接続を閉じる」の設定。

フローを実行する

では、実際にフローを実行してレコードを追加しましょう。フローを実行すると入力ダイアログが現れます。ここに、名前、メールアドレス、年齢を半角スペースで区切って記入してください。そして「OK」ボタンを押して送信します。

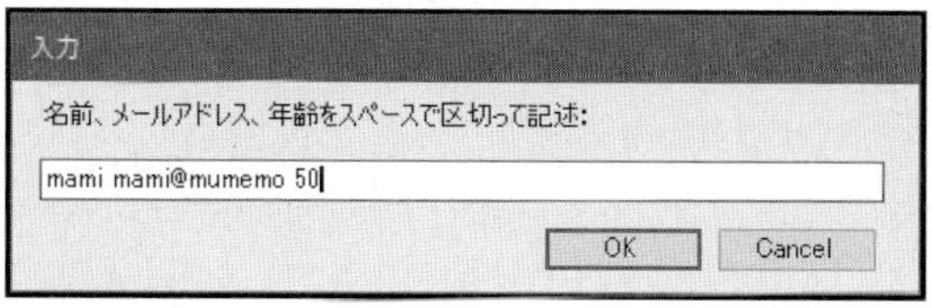

図7-51 名前、メールアドレス、年齢を記入する。

データベースで確認する

フローの実行が終わったら、データベースの「people」テーブルに保存されているレコードを確認しましょう。エラーなくフローが終了していれば、一番最後に、先ほど入力したレコードが追加されているでしょう。

このように、SQLステートメントさえ準備できれば、データベースの基本である三つのアクションで大抵のことはできてしまいます。後は「SQLの使い方を覚える」だけなのです。

people

ID	myname	email	age	クリックして追加
1	taro	taro@yamada	39	
2	hanako	hanako@flower	28	
3	sachiko	sachiko@happy	17	
4	jiro	jiro@change	6	
5	mami	mami@mumemo	50	
(新規)			0	

図7-52　Accessで、送信したデータが追加されているのを確認したところ。

レコードの更新を行う

続いて、「レコードの更新」です。レコードの更新は、「update」というSQLクエリを使って行います。これは以下のように記述をします。

```
update テーブル set 項目=値, 項目=値, ……;
```

updateの後にテーブル名を指定し、setの後に項目名と設定する値をイコールでつないで記述します。複数の項目を変更する場合は、カンマで必要なだけ記述をします。

これでテーブルのレコードを簡単に更新できます。が！ 注意してほしいのは、「このままだと、テーブル内の全レコードが変わってしまう」という点です。レコードを更新する場合は、「テーブルの中のどのレコードを更新するか」を指定しなければいけません。これは、最後に「where」句というものを追加して指定します。

```
where 条件
```

whereの後に、項目を特定するための条件となる式を記述します。一番多いのは、IDを指定して特定する方法です。例えば、「where id = 1」とすれば、idの値が1のレコードについて処理を実行するわけです。

レコードの更新フローを作る

では、実際にレコードを更新するフローを作りましょう。レコードの更新は、その内容からけっこう面倒な手続きが必要になります。ざっと整理しましょう。

1. まず、更新するレコードのIDを指定する。
2. 指定したIDのレコードを取り出して表示し、それをもとに変更する値を入力する。
3. 入力された値に指定IDのレコードを更新する。

これでレコードの更新がスムーズに行えるようになるでしょう。では、新しいフロー(「データベースフロー2」)を作成し、アクションを追加していきましょう。

●1.「入力ダイアログを表示」

入力ダイアログのタイトル	入力
入力ダイアログメッセージ	IDを入力：

(※その他はすべてデフォルトのまま)

図7-53 「入力ダイアログを表示」の設定。

●2.「変数の設定」

設定	id
宛先	%UserInput * 1%

変数の設定

{x} 新規や既存の変数に値を設定する、新しい変数を作成する、または以前作成した変数を上書きする 詳細

設定: id {x}

宛先: %UserInput * 1%

保存 キャンセル

図7-54 「変数の設定」の設定。

●3.「SQL 接続を開く」

接続文字列	(使用するデータベースの接続文字列を指定)
生成された変数	SQLConnection

図7-55 「SQL 接続を開く」の設定。

●4.「SQL ステートメントの実行」

接続の取得方法	SQL 接続変数
SQL 接続	{x} をクリックし「SQLConnection」変数を選択
SQL ステートメント	select * from people where id = %UserInput * 1%;
タイムアウト	30
生成された変数	QueryResult

SQL ステートメントの実行

データベースに接続して SQL ステートメントを実行します 詳細

パラメーターの選択

接続の取得方法: SQL 接続変数

SQL 接続: %SQLConnection%

SQL ステートメント: 1 select * from people where id = %UserInput * 1%;

タイムアウト: 30

生成された変数 QueryResult

エラー発生時 保存 キャンセル

図7-56 「SQLステートメントの実行」の設定。

●5.「変数の設定」

設定	data
宛先	%QueryResult[0]%

変数の設定

{x} 新規や既存の変数に値を設定する、新しい変数を作成する、または以前作成した変数を上書きする 詳細

設定: data {x}

宛先: %QueryResult[0]%

保存 キャンセル

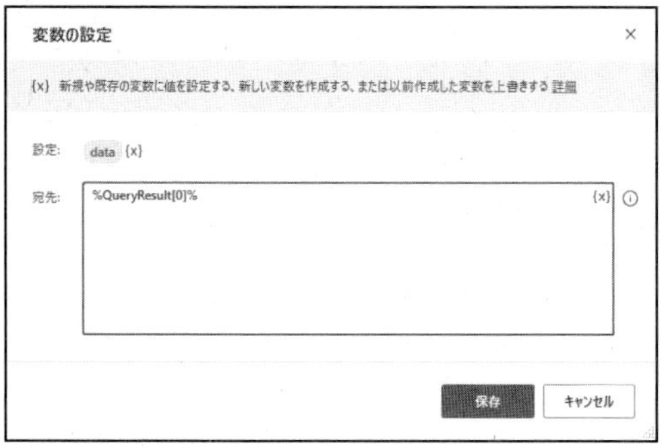

図7-57 「変数の設定」の設定。

●6.「入力ダイアログを表示」

入力ダイアログのタイトル	入力
入力ダイアログメッセージ	{x} をクリックし「data」変数を選択
既定値	%data[1] + ' ' + data[2] + ' ' + data[3]%
生成された変数	「UserInput」「ButtonPressed」

（※その他はすべてデフォルトのまま）

入力ダイアログを表示

ユーザーにテキストの入力を求めるダイアログ ボックスを表示します 詳細

パラメーターの選択

全般

入力ダイアログのタイトル: 入力

入力ダイアログ メッセージ: %data%

既定値: %data[1] + ' ' + data[2] + ' ' + data[3]%

入力の種類: 1 行

入力ダイアログを常に手前に表示する:

生成された変数 UserInput ButtonPressed

エラー発生時 保存 キャンセル

図7-58 「入力ダイアログを表示」の設定。

●7.「テキストの分割」

分割するテキスト	{x}をクリックし「UserInput」変数を選択
区切り記号の種類	標準
標準区切り記号	スペース

（※他はすべてデフォルトのまま）

図7-59 「テキストの分割」の設定。

●8.「変数の設定」

設定	query
宛先	%'update people set myname=\"' + TextList[0] + '\",email=\"' + TextList[1] + '\",age=' + TextList[2] + ' where id=' + id + ';'%

Chapter 1
Chapter 2
Chapter 3
Chapter 4
Chapter 5
Chapter 6
Chapter 7
Addendum

変数の設定

{x} 新規や既存の変数に値を設定する、新しい変数を作成する、または以前作成した変数を上書きする 詳細

設定: query {x}

宛先:

```
%'update people set myname=\"' + TextList[0] + '\",email=\"' + TextList[1] +
'\",age=' + TextList[2] + ' where id=' + id + ';'%
```

保存 キャンセル

図7-60 「変数の設定」の設定。

●9.「SQLステートメントの実行」

接続の取得方法	SQL接続変数
SQL接続	{x}をクリックし「SQLConnection」変数を選択
SQLステートメント	{x}をクリックし「query」変数を選択
タイムアウト	30
生成された変数	QueryResult

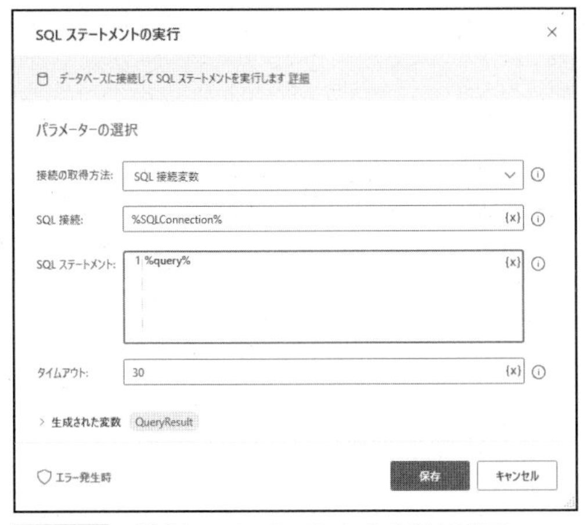

図7-61 「SQLステートメントの実行」の設定。

●10.「SQL接続を閉じる」

SQL接続	{x}をクリックし「SQLConnection」変数を選択

SQL 接続を閉じる

データベースへの開いている接続を閉じる 詳細

パラメーターの選択

全般

SQL 接続: %SQLConnection%

保存 キャンセル

図7-62 「SQL接続を閉じる」の設定。

フローを実行する

長いフローでしたが、完成したら保存をし、実行して動作を確認しましょう。まずIDを尋ねてくるので、更新するレコードのID場に号を入力します。続いて、設定する値を尋ねてきます。myname, email, ageの各値を半角スペースで区切って入力します。これで、指定したIDのレコードが更新されます。

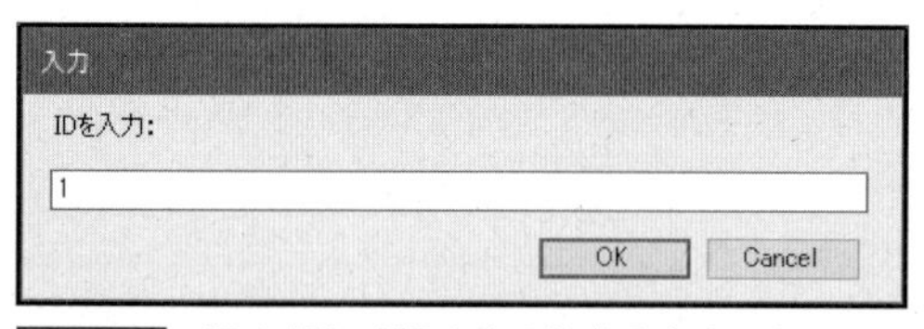

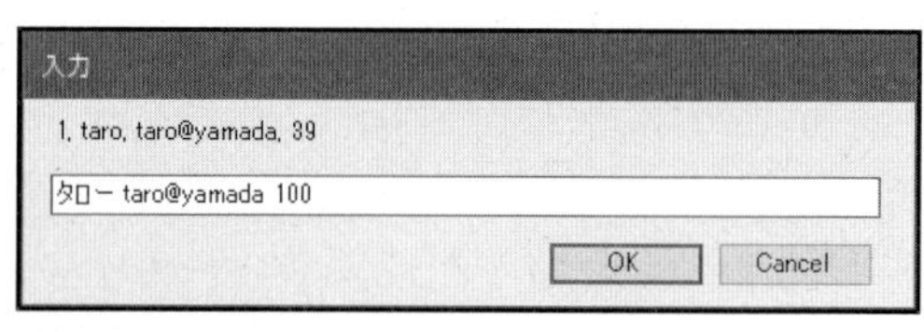

図7-63 IDと新しく設定する値を入力すると、そのIDが更新される。

フローが問題なく終了したら、データベースのpeopleテーブルの内容を確認しましょう。指定したIDのレコードだけが変更されているのがわかるでしょう。

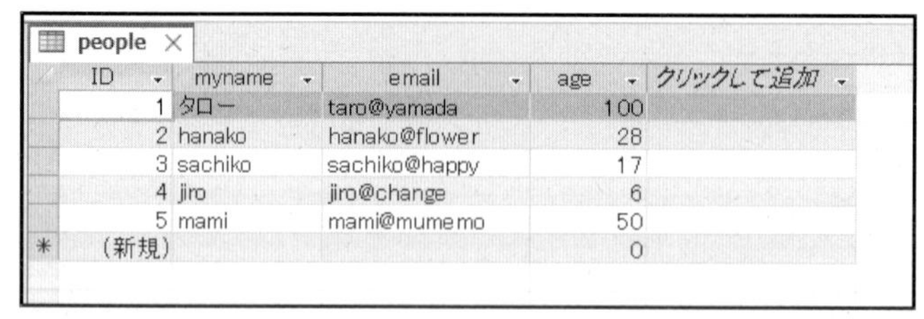

people

ID	myname	email	age	クリックして追加
1	タロー	taro@yamada	100	
2	hanako	hanako@flower	28	
3	sachiko	sachiko@happy	17	
4	jiro	jiro@change	6	
5	mami	mami@mumemo	50	
(新規)			0	

図7-64 Accessでpeopleを見てみると、更新されたレコードだけ値が書き換わっている。

削除するには？

残るは、レコードの削除でしょう。これも、SQLステートメントを用意して行います。削除は、「delete」というクエリを使って行います。

```
delete from テーブル;
```

これで、指定したテーブルのレコードが全削除されます。「指定したレコードだけ削除したい」という場合は、先ほどの「where」を使って更新される項目を指定します。

```
delete from テーブル where 条件;
```

whereで削除するレコードを指定するのはupdateと同じですね。例えば「where id = 1」とすれば、idの値が1のレコードだけが削除できます。

レコードを検索する

データベースの利用には、レコードの追加や更新、削除といった操作だけでなく、もっと重要なものがあります。それは「検索」です。データベースは、保存されている膨大なレコードの中から、必要なものを素早く取り出すことができるからこそ役に立つのです。

レコードを取り出すSQLクエリは、既にやりましたね。「select」というものです。これに、取り出すレコードの条件を設定する「where」を組み合わせれば、より高度な検索が行えるようになります。

検索フローを作る

では、実際にpeopleテーブルからレコードを検索するフローを作ってみましょう。今回は「データベースフロー3」という名前で新しいフローを用意します。そして以下の手順でアクションを用意していってください。

●1.「入力ダイアログを表示」

入力ダイアログのタイトル	入力
入力ダイアログメッセージ	検索する名前を入力：
既定値	%data[1] + '' + data[2] + '' + data[3]%

（※その他はすべてデフォルトのまま）

図7-65 「入力ダイアログを表示」の設定。

●2.「SQL接続を開く」

接続文字列	(使用するデータベースの接続文字列を指定)
生成された変数	SQLConnection

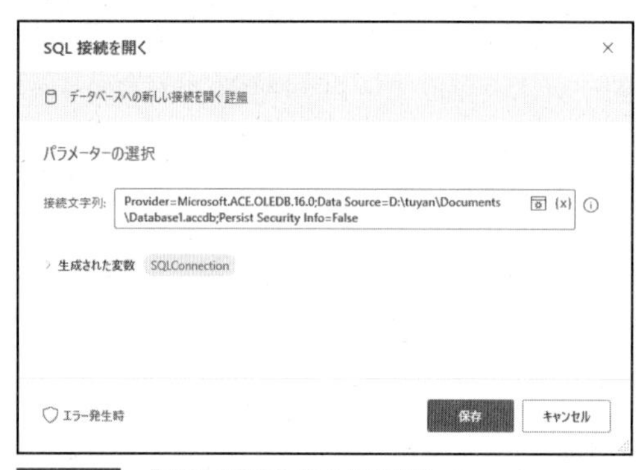

図7-66 「SQL接続を開く」の設定。

●3.「SQLステートメントの実行」

接続の取得方法	SQL接続変数
SQL接続	{x}をクリックし「SQLConnection」変数を選択
SQLステートメント	%'select * from people where myname like \"%' + UserInput + '%\";'%
タイムアウト	30
生成された変数	QueryResult

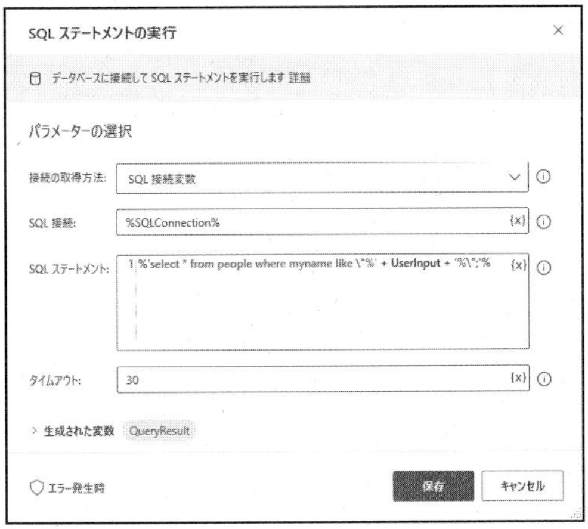

SQL ステートメントの実行

データベースに接続して SQL ステートメントを実行します 詳細

パラメーターの選択

接続の取得方法: SQL 接続変数

SQL 接続: %SQLConnection%

SQL ステートメント: 1 %'select * from people where myname like \"%' + UserInput + '%\";'%

タイムアウト: 30

> 生成された変数 QueryResult

エラー発生時 保存 キャンセル

図7-67 「SQLステートメントの実行」の設定。

●4.「SQL接続を閉じる」

SQL接続	{x}をクリックし「SQLConnection」変数を選択

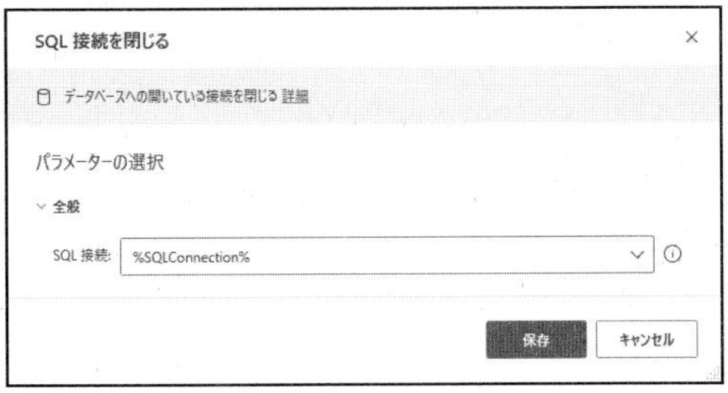

SQL 接続を閉じる

データベースへの開いている接続を閉じる 詳細

パラメーターの選択

全般

SQL 接続: %SQLConnection%

保存 キャンセル

図7-68 「SQL接続を閉じる」の設定。

レコードの検索を実行する

では、完成したフローを保存し、実行してみましょう。実行すると最初に検索する名前を入力するダイアログが現れます。ここで検索する名前を記入しOKします。この名前は、mynameに記入した値です。これは完全一致したものだけでなく、名前の一部だけでもかまいません。例えば「山田太郎」を探したければ、「山田」でも「太郎」でも可能です。

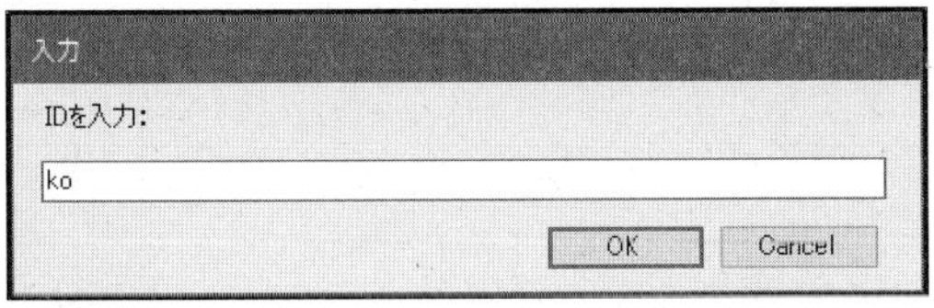

入力

IDを入力:

ko

OK Cancel

図7-69 入力ダイアログから検索したい名前を入力する。

フローを実行したら、「変数」ペインから「フロー変数」内にある「QueryResult」をダブルクリックして開いてみましょう。すると、検索されたレコードがデータテーブルとして表示されます。

変数の値

QueryResult (Datatable)

#	ID	myname	email	age
0	2	hanako	hanako@flower	28
1	3	sachiko	sachiko@happy	17

図7-70 QueryResultに、検索されたレコードが表示される。

like検索について

ここでは、検索を行っている「SQLステートメントの実行」アクションで、以下のようにSQLステートメントを指定しています。

```
select * from people where myname like \"%' + UserInput + '%\";'
```

ちょっとわかりにくいですね。変数UserInputをテキストと組み合わせているので複雑に見えますが、やっているのは以下のようなものです。

```
select * from people where myname like "%変数%";
```

これは「like検索(あいまい検索)」と呼ばれるものです。ある項目の値を指定して検索をする場合、通常ならばイコールを使って条件を指定します。例えばmynameの値が「太郎」のものを検索するならばこうなるでしょう。

```
where myname = "太郎"
```

しかし、これではmynameが「太郎」と完全に一致したものしか検索しません。「山田太郎」とか「太郎次郎」といった名前があっても、これらは見つけられないのです。

そこで使われるのが「like」です。これは、ワイルドカード記号(「%」記号)と組み合わせることで、「テキストを含むもの」を探せるようになります。例えば、こんな具合です。

●「太郎」で始まるもの

```
where myname like "太郎%"
```

●「太郎」で終わるもの

```
where myname like "%太郎"
```

●「太郎」を含むもの

```
where myname like "%太郎%"
```

これらを使えば、検索テキストを含むものをすべて見つけることができるようになります。テキストの検索を行う際のテクニックとしてぜひ覚えておきましょう。

Robinコード データベースの検索を行う

データベースで検索を行うRobinコードを見てみましょう。以下は、Accessを使った場合のコードになります。

リスト7-5

```
Display.InputDialog Title: $'''入力''' \
  Message: $'''IDを入力:''' \
  InputType: Display.InputType.SingleLine \
  IsTopMost: False UserInput=> UserInput \
  ButtonPressed=> ButtonPressed

Database.Connect \
  ConnectionString: $'''Provider=Microsoft.ACE.OLEDB.16.0;Data
Source=D:\\tuyan\\Documents\\Database1.accdb;Persist Security
Info=False''' \
  Connection=> SQLConnection

Database.ExecuteSqlStatement.Execute \
  Connection: SQLConnection \
  Statement: $'''select * from people where myname like
\"%UserInput%\";''' \
  Timeout: 30 Result=> QueryResult

Database.Close Connection: SQLConnection
```

最初にDisplay.InputDialogで検索するIDを入力してもらっていますが、その後のデータベースにアクセスする部分は、これまで見たRobinコードと全く同じです。データベースで実行するSQLクエリーが違うだけで、アクセスの処理そのものはどんなものでも違いはないんですね！

ニュースデータベースを作る

これで、データベースを使った基本的な操作はだいたいできるようになりました。では実際の利用例として、ニュースのデータベースを作ってみましょう。

先にYahoo!ニュースのRSSをExcelに保存するフローを作成しました。あれを修正して、取得したRSS情報をデータベースに保存させます。そして、保存したレコードを検索して表示するフローを用意し、いつでも必要なニュースを探し出せるようにしましょう。

テーブルの作成

まずは、テーブルを用意する必要がありますね。mydataデータベースに「news」というテーブルを作りましょう。これは、以下のような形にしておきます。

●Accessの場合（用意するフィールド）

id	オートナンバー型
title	短いテキスト
description	長いテキスト
pubdate	短いテキスト

news

フィールド名	データ型
ID	オートナンバー型
title	短いテキスト
description	長いテキスト
pubdate	短いテキスト

図7-71　newsテーブルを作成する。

●MariaDBの場合（HeidiSQLで作成する項目）

名前	データ型	長さ / セット	その他
id	INT		AUTO_INCREMENT, プライマリキー
title	VARCHAR	255	
description	TEXT		
pubdate	VARCHAR	255	

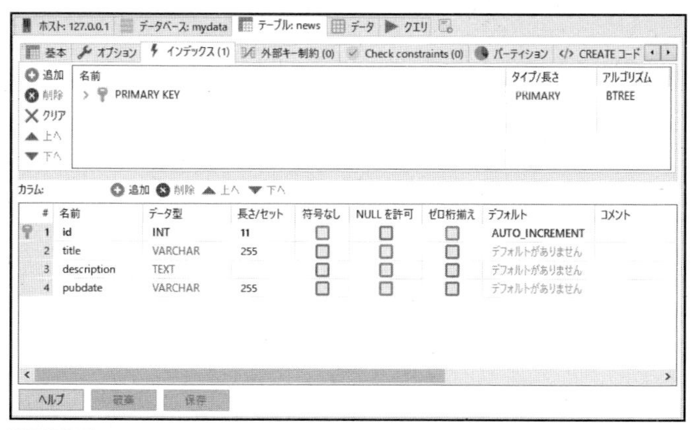

図7-72 HeidiSQLで、newsテーブルを作成したところ。

●MySQLの場合(テーブル作成のSQLステートメント)

リスト7-6

```
CREATE TABLE IF NOT EXISTS `news` (
  `id` int(11) NOT NULL AUTO_INCREMENT,
  `title` varchar(255) NOT NULL,
  `description` text NOT NULL,
  `pubdate` varchar(255) NOT NULL,
  PRIMARY KEY (`id`)
) ENGINE=InnoDB DEFAULT CHARSET=utf8mb3;
```

ニュースの保存フローを作る

では、ニュースをデータベースに保存するフローを作成しましょう。新しく「newsフロー1」というフローを作成してください。そして以下の順にアクションを用意していきましょう。

1.「Webサービスを呼び出します」

URL	https://news.yahoo.co.jp/rss/topics/top-picks.xml
メソッド	GET
受け入れる	application/xml
コンテンツタイプ	application/xml
応答を保存します	テキストを変数に変換します(Webページ用)

(※他は、すべてデフォルトのまま)

Web サービスを呼び出します
Web サービスを呼び出して、応答テキストを保存します 詳細
パラメーターの選択
全般
URL: https://news.yahoo.co.jp/rss/topics/top-picks.xml
メソッド: GET
受け入れる: application/xml
コンテンツ タイプ: application/xml
カスタム ヘッダー:
要求本文:
応答を保存します: テキストを変数に変換します (Web ページ用)
詳細
生成された変数 WebServiceResponseHeaders WebServiceResponse StatusCode
エラー発生時
保存 キャンセル

図7-73 「Webサービスを呼び出します」の設定。

2.「XPath式を実行します」

解析するXMLドキュメント	{x}をクリックし「WebServiceResponse」変数を選択
XPathクエリ	/rss/channel/item
最初の値のみ取得します	OFF
生成される変数	XPathResults

図7-74 「XPath式を実行します」の設定。

3.「SQL接続を開く」

接続文字列	(使用するデータベースの接続文字列を指定)
生成された変数	SQLConnection

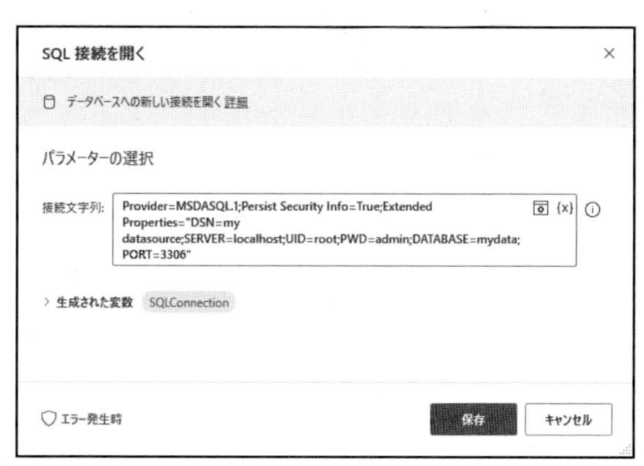

図7-75 「SQL接続を開く」の設定。

4.「For each」

反復処理を行う値	{x}をクリックし「XPathResults」変数を選択
保存先	CurrentItem

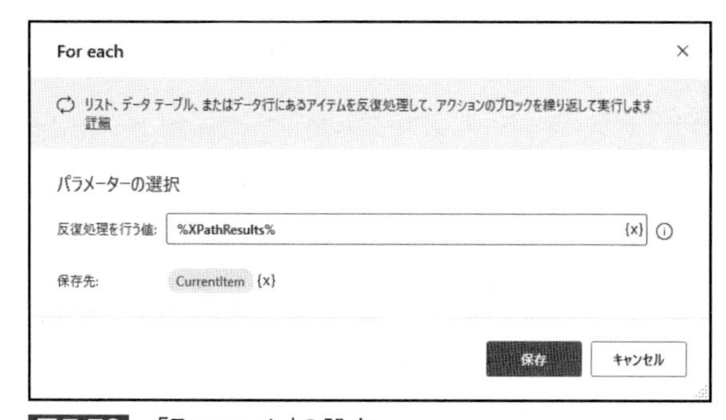

図7-76 「For each」の設定。

※以後のアクションは「For each」内に追加する。

5.「変数の設定」

設定	item
宛先	%'<?xml version=\"1.0\" encoding=\"UTF-8\"?>' + CurrentItem%

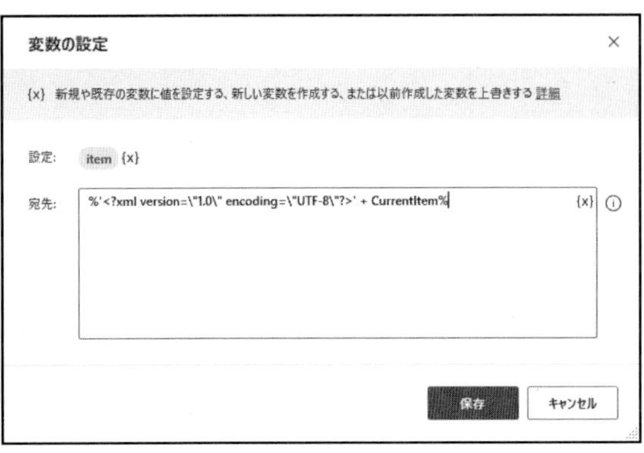

図7-77 「変数の設定」の設定。

6.「XML要素の値を取り出します」

XMLドキュメント	{x}をクリックし「item」変数を選択
XPathクエリ	/item/title
次として値を取得する	テキスト値
生成される変数	title

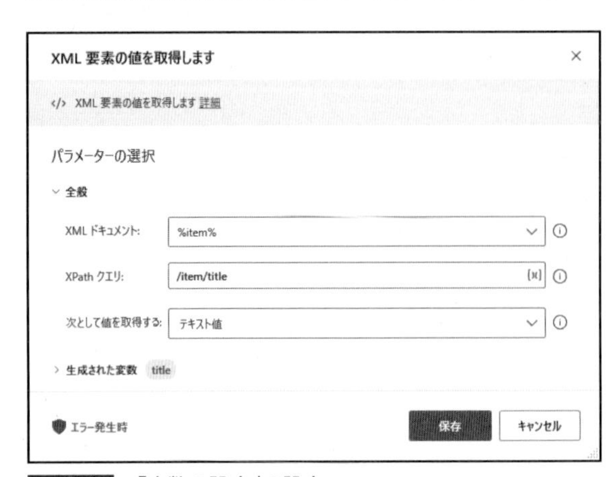

図7-78 「変数の設定」の設定。

●「エラー発生時」の設定

- 下部の「エラー発生時」をクリックし、表示を切り替える。そして以下の設定を行い保存する。
- 「新しいルール」をクリックし「変数の設定」メニューを選択。作成された項目を以下のように入力する。

設定	title
宛先	(不明)

- 「フロー実行を実行する」をクリックして選択する。

図7-79 「エラー発生時」の設定を行う。

7.「XML要素の値を取り出します」

XMLドキュメント	{x}をクリックし「item」変数を選択
XPathクエリ	/item/pubDate
次として値を取得する	テキスト値
生成される変数	pubdate

図7-80 「XML 要素の値を取り出します」の設定。

●「エラー発生時」の設定

- 下部の「エラー発生時」をクリックし、以下を設定する。
- 「新しいルール」から「変数の設定」メニューを選択し、以下を入力する。

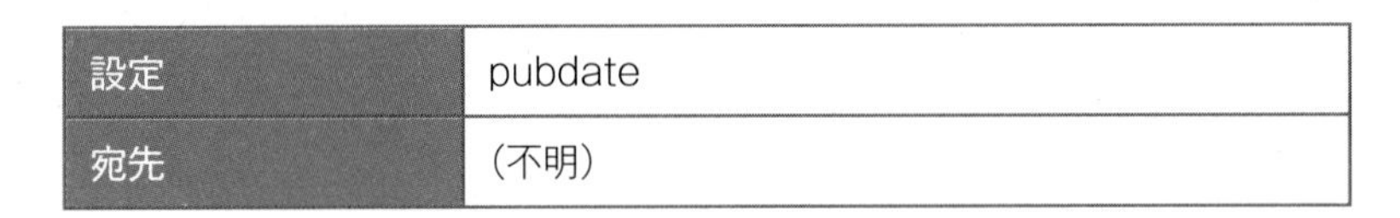

設定	pubdate
宛先	(不明)

- 「フロー続行を実行する」をクリックして選択する。

図7-81 「エラー発生時」の設定を行う。

8.「XML要素の値を取り出します」

XMLドキュメント	{x}をクリックし「item」変数を選択
XPathクエリ	/item/description
次として値を取得する	テキスト値
生成される変数	desc

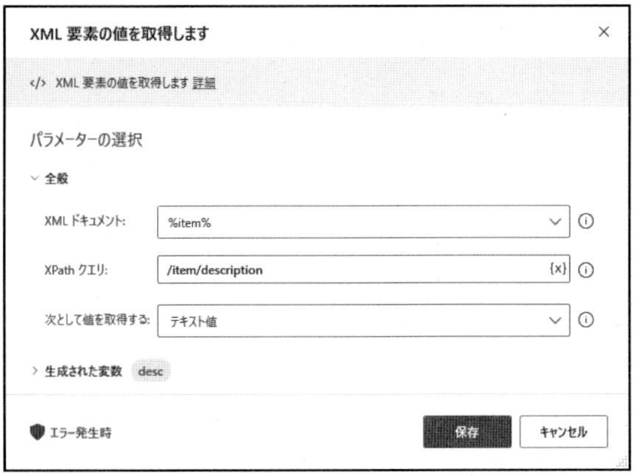

図7-82 「XML要素の値を取り出します」の設定。

●「エラー発生時」の設定

- 下部の「エラー発生時」をクリック。「新しいルール」から「変数の設定」メニューを選択し、以下を入力する。

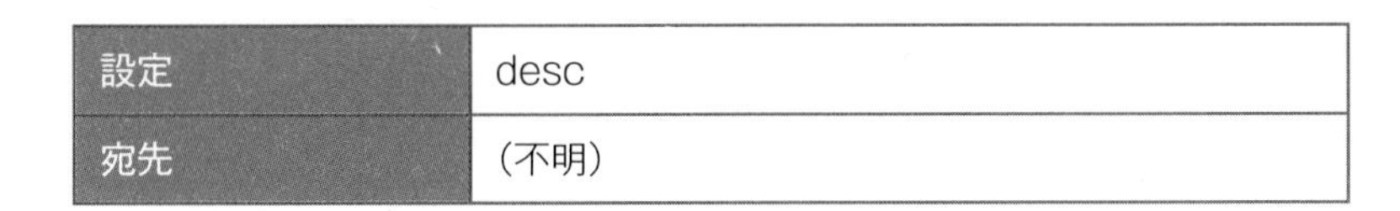

設定	desc
宛先	(不明)

- 「フロー実行を実行する」をクリックして選択する。

XML 要素の値を取得します

アクションが失敗した場合は、次のルールが適用されます 詳細

エラーが発生した場合にアクションを再試行する

回数 1 間隔 2 秒

すべてのエラー ⊕ 新しいルール × すべてクリア

設定 desc {x} 宛先 (不明) {x}

フロー実行を続行する スロー エラー

例外処理モード

次のアクションに移動

詳細

← パラメーターに戻る 保存 キャンセル

図7-83 「エラー発生時」の設定を行う。

9.「SQLステートメントの実行」

接続の取得方法	SQL 接続変数
SQL 接続	{x} をクリックし「SQLConnection」変数を選択
SQL ステートメント	%'insert into news (title,description,pubdate) values (\"' + title + '\",\"' + desc + '\",\"' + pubdate + '\");'%
タイムアウト	30
生成された変数	QueryResult

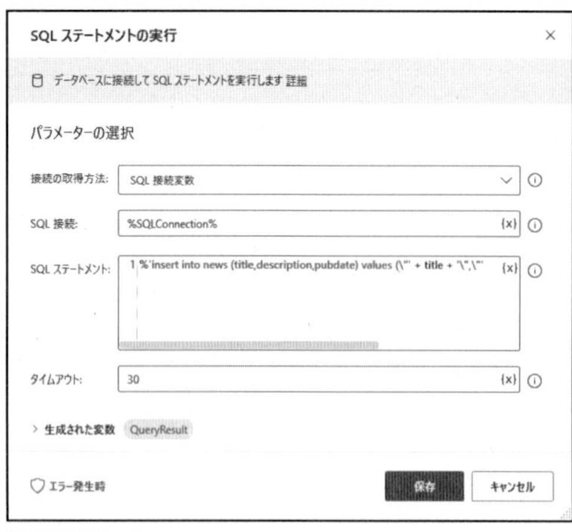

図7-84 「SQLステートメントの実行」の設定。

※以後は「For each」の後に追加する。

10.「SQL接続を閉じる」

SQL接続	{x}をクリックし「SQLConnection」変数を選択

SQL 接続を閉じる

データベースへの開いている接続を閉じる 詳細

パラメーターの選択

全般

SQL 接続: %SQLConnection%

保存 キャンセル

図7-85　「SQL接続を閉じる」の設定。

フローを実行する

作成できたらフローを保存し、実行してみましょう。そしてフロー終了後、データベースのnewsテーブルがどうなっているか調べてみてください。MySQLを利用している場合は、「select * from news;」を実行してテーブルを表示すればいいでしょう。

Yahoo!ニュースのRSS情報がそのままレコードとして追加されているのが確認できます。

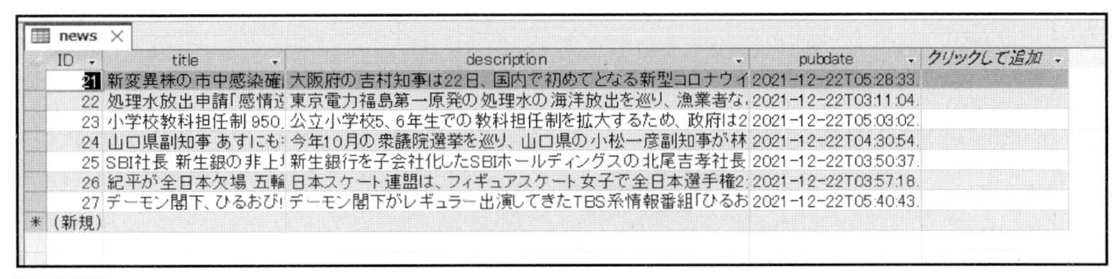

ID	title	description	pubdate	クリックして追加
21	新変異株の市中感染確	大阪府の吉村知事は22日、国内で初めてとなる新型コロナウイ	2021-12-22T05:28:33.	
22	処理水放出申請「感情逆	東京電力福島第一原発の処理水の海洋放出を巡り、漁業者な	2021-12-22T03:11:04.	
23	小学校教科担任制 950	公立小学校5、6年生での教科担任制を拡大するため、政府は2	2021-12-22T05:03:02.	
24	山口県副知事 あすにも	今年10月の衆議院選挙を巡り、山口県の小松一彦副知事が林	2021-12-22T04:30:54.	
25	SBI社長 新生銀の非上	新生銀行を子会社化したSBIホールディングスの北尾吉孝社長	2021-12-22T03:50:37.	
26	紀平が全日本欠場 五輪	日本スケート連盟は、フィギュアスケート女子で全日本選手権2	2021-12-22T03:57:18.	
27	デーモン閣下、ひるおび!	デーモン閣下がレギュラー出演してきたTBS系情報番組「ひるお	2021-12-22T05:40:43.	
(新規)				

図7-86　Accessのnewsテーブルにレコードが追加されたところ。

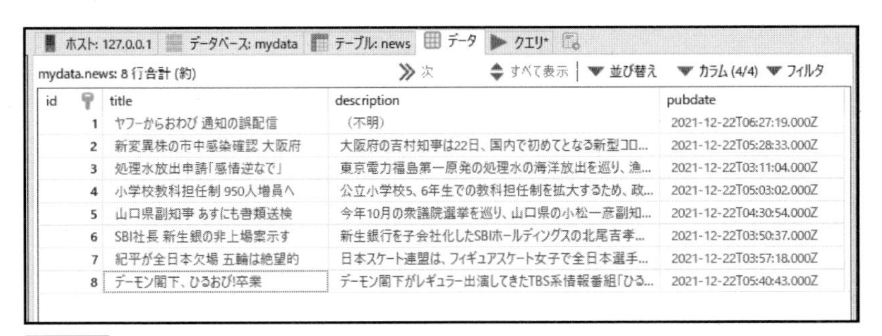

ホスト: 127.0.0.1 | データベース: mydata | テーブル: news | データ | クエリ*

mydata.news: 8 行合計 (約)

id	title	description	pubdate
1	ヤフーからおわび 通知の誤配信	(不明)	2021-12-22T06:27:19.000Z
2	新変異株の市中感染確認 大阪府	大阪府の吉村知事は22日、国内で初めてとなる新型コロ...	2021-12-22T05:28:33.000Z
3	処理水放出申請「感情逆なで」	東京電力福島第一原発の処理水の海洋放出を巡り、漁...	2021-12-22T03:11:04.000Z
4	小学校教科担任制 950人増員へ	公立小学校5、6年生での教科担任制を拡大するため、政...	2021-12-22T05:03:02.000Z
5	山口県副知事 あすにも書類送検	今年10月の衆議院選挙を巡り、山口県の小松一彦副知...	2021-12-22T04:30:54.000Z
6	SBI社長 新生銀の非上場案示す	新生銀行を子会社化したSBIホールディングスの北尾吉孝...	2021-12-22T03:50:37.000Z
7	紀平が全日本欠場 五輪は絶望的	日本スケート連盟は、フィギュアスケート女子で全日本選手...	2021-12-22T03:57:18.000Z
8	デーモン閣下、ひるおび!卒業	デーモン閣下がレギュラー出演してきたTBS系情報番組「ひる...	2021-12-22T05:40:43.000Z

図7-87　HeidiSQLでnewsテーブルを表示したところ。

 ニュース検索フローを作る 

続いて、データベースからニュースを検索するフローを作りましょう。「newsフロー2」という名前で新しいフローを作成してください。そして以下の手順でアクションを用意していきます。

1.「入力ダイアログを表示」

入力ダイアログのタイトル	入力
入力ダイアログメッセージ	検索テキストを記述：

(※その他はすべてデフォルトのまま)

図7-88 「入力ダイアログを表示」の設定。

2.「SQL接続を開く」

接続文字列	(使用するデータベースの接続文字列を指定)
生成された変数	SQLConnection

SQL 接続を開く

データベースへの新しい接続を開く 詳細

パラメーターの選択

接続文字列: Provider=MSDASQL.1;Persist Security Info=True;Extended Properties="DSN=my datasource;SERVER=localhost;UID=root;PWD=admin;DATABASE=mydata; PORT=3306"

> 生成された変数 SQLConnection

エラー発生時 保存 キャンセル

図7-89 「SQL接続を開く」の設定。

3.「SQLステートメントの実行」

接続の取得方法	SQL接続変数
SQL接続	{x}をクリックし「SQLConnection」変数を選択
SQLステートメント	%'select * from news where description like \"%' + UserInput + '%\";'%
タイムアウト	30
生成された変数	QueryResult

SQL ステートメントの実行

データベースに接続して SQL ステートメントを実行します 詳細

パラメーターの選択

接続の取得方法: SQL 接続変数

SQL 接続: %SQLConnection%

SQL ステートメント: 1 %'select * from news where description like \"%' + UserInput + '%\";'%

タイムアウト: 30

> 生成された変数 QueryResult

エラー発生時 保存 キャンセル

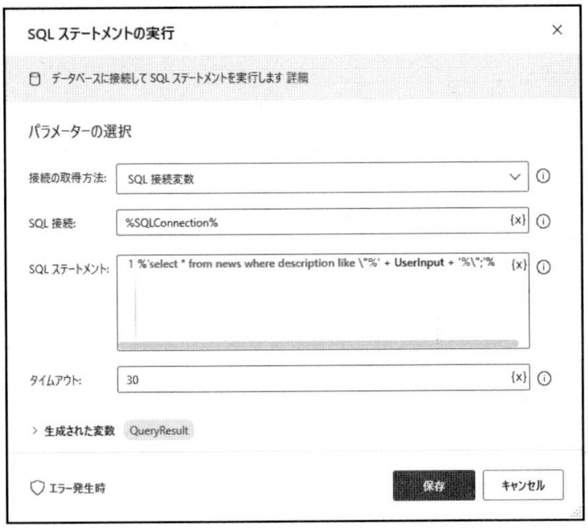

図7-90 「SQLステートメントの実行」の設定。

4.「SQL接続を閉じる」

SQL接続	{x}をクリックし「SQLConnection」変数を選択

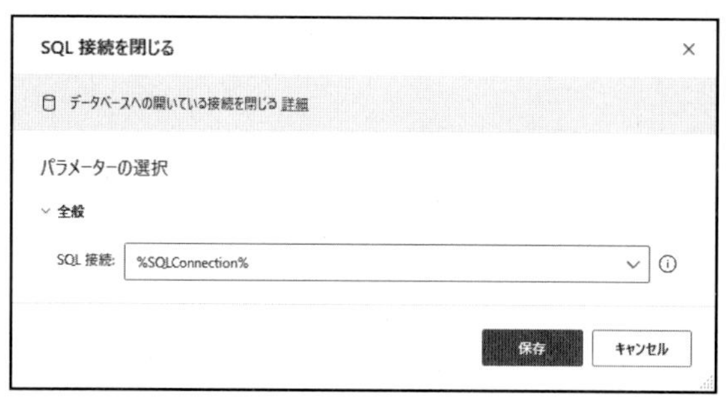

図7-91 「SQL接続を閉じる」の設定。

5.「For each」

反復処理を行う値	{x}をクリックし「QueryResult」変数を選択
保存先	CurrentItem

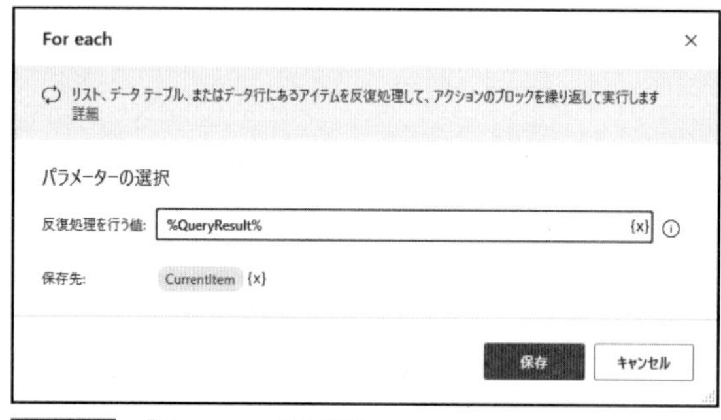

図7-92 「For each」の設定。

※以後は「For each」内に追加する。

Chapter 1 Chapter 2 Chapter 3 Chapter 4 Chapter 5 Chapter 6 Chapter 7 Addendum

6.「メッセージを表示」

メッセージボックスのタイトル	検索結果
表示するメッセージ	%CurrentItem[2] + '（' + CurrentItem[3] + '）'%
メッセージボックスボタン	OK - キャンセル
生成された変数	ButtonPressed2

（※他はデフォルトのまま）

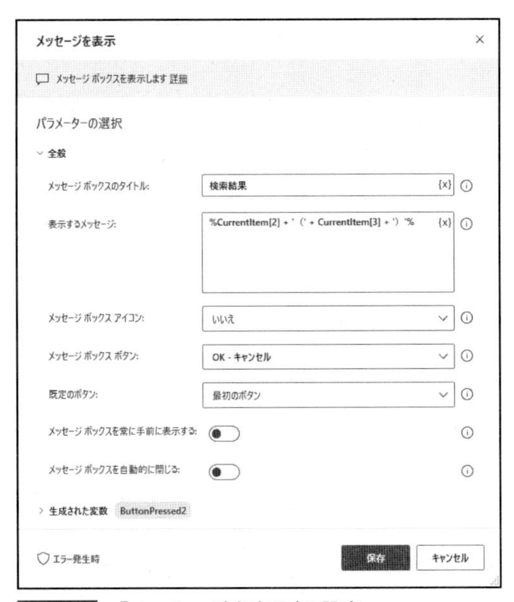

図7-93 「メッセージを表示」の設定。

7.「If」

最初のオペランド	{x} をクリックし「ButtonPressed2」変数を選択
演算子	と等しい(=)
2番目のオペランド	Cancel

If
このステートメントで指定した条件を満たす場合に実行する、アクションのブロックの開始を示します 詳細
パラメーターの選択
最初のオペランド: %ButtonPressed2%
演算子: と等しい (=)
2 番目のオペランド: Cancel
保存 キャンセル

図7-94 「If」の設定。

※以後は「If」の内部に追加する。

8.「ループを抜ける」(「ループ」内)

※特に設定項目はありません。

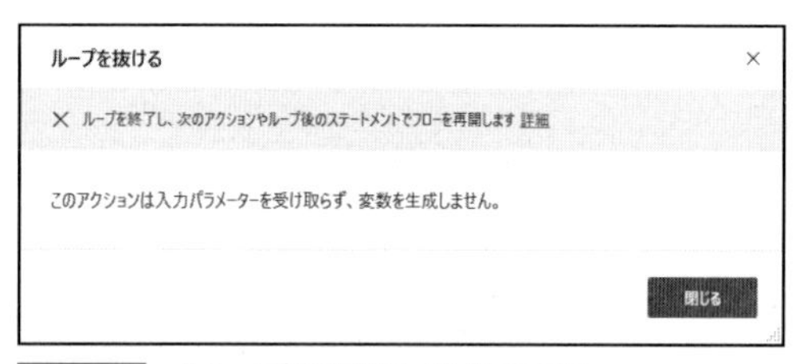

図7-95 「ループを抜ける」を作成する。

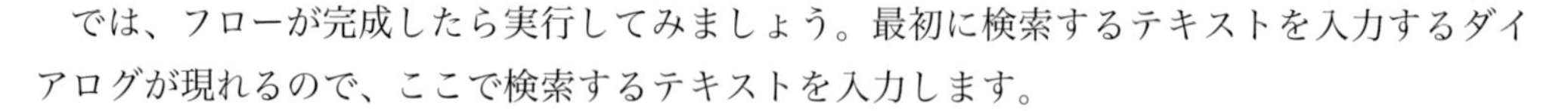

レコードを検索する

では、フローが完成したら実行してみましょう。最初に検索するテキストを入力するダイアログが現れるので、ここで検索するテキストを入力します。

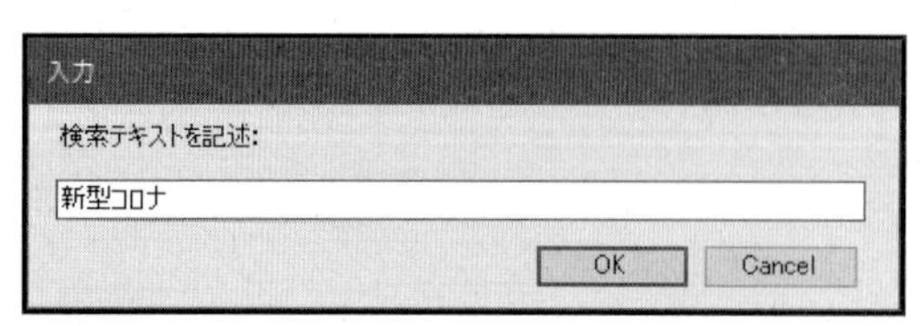

図7-96 ダイアログから検索テキストを入力する。

OKすると、newsテーブルのdescriptionからテキストを検索し、見つかったレコードを表示します。複数のレコードが見つかったときは、「OK」ボタンをクリックすると次のレコードが表示されます。「キャンセル」をクリックすればフローを終了します。

検索結果

染が府内で確認されたことを明らかにした。市中感染が確認された3人は家族で、いずれも症状は軽症。（2021-12-22T05:28:33.000Z）

OK　キャンセル

図7-97　検索されたレコードが表示される。

すべてはSQLのステートメント次第！

これでニュースの保存と検索のフローは完成です。ここで作成したのは、ごく基本部分だけですから、これをもとにいろいろと拡張していくと良いでしょう。

実際にデータベースを利用するとすぐにわかることですが、データベースの使いこなしは、一にも二にも「SQL」です。SQLステートメントをいかに作成するか、それがすべてなのです。

SQLは、データベース利用の基本となる技術です。PADに限らず、あらゆる開発シーンで使われていますから、覚えて無駄になることは絶対にありません。PADの基本がわかったら、ぜひSQLについても学習してみてください。

PADをマスターしたら、何をすればいいの？

これで、PADに関する説明はすべて終わりです。まだまだ取り上げていない機能はたくさんありますが、PADを使って操作を自動化する、その基本となる部分はだいたい理解できたのではないでしょうか。

では、一通りPADの使い方を覚えたら、次に何をすべきか。最後に、これから先やるべきことについて少しだけ触れておきましょう。

もう一つの「Power Automate」も学ぼう

PADがある程度使えるようになったら、ぜひ挑戦して欲しいものがもう一つあります。それはデスクトップ版ではない「Power Automate」です。

PADがパソコン内の操作を自動化するのに対し、Power Automateは「インターネット上のあらゆるサービスを連携して処理を行う」というものです。これは一般に「iPaaS (Integration Platform as a Service)」と呼ばれています。

現在、あらゆる業務がパソコンのアプリからWebサービスへと移行しつつあります。多くのものがWebへとシフトしたとき、本当に必要となるのは「パソコンの自動化」ではなく「サービスの自動化」でしょう。

PADでもWebの操作はある程度自動化できますが、Power Automateを使えばWebサービスの高度な処理を呼び出すフローを作成できます。これは、いわば「次世代の自動化ツール」といえます。PADとPower Automate、この両者を使いこなせるようになれば、あらゆる処理を自動化できるでしょう。

Robinを学ぼう

本書のPADの解説はこれで終わりですが、実を言えばこの後に更に1章、「Robin超入門」というものを用意してあります。これは、PADの内部で使われている「Robin」というプログラミング言語の簡単な入門です。

PADは、その内部ではプログラミング言語のコードとしてフローが記録され、実行されています。それがRobinという言語です。Robinを知らなくともPADは使えますが、しかしRobinが使えればよりPADを使いこなせるようになります。

実際にいろいろなフローを作って動かせるようになったら、少しだけRobinという言語についても学んでみてください。

Addendum

Robin超入門！

「Robin」は、PADが内部で利用しているプログラミング言語です。これが使えるようになると、テキストエディタでフローを書けるようになります。Robinの基本的な使い方を覚え、効率的にフローを作れるようになりましょう！

Robinの基本を覚えよう

Robinは「プログラミング言語」

ここまでPADについての説明を行ってきた中で、ところどころに「Robinコード」というコーナーを用意してありました。これは、Robinという言語のソースコードで、「このフローは、Robinで表わすとこうなるんですよ」というサンプルとして、各章のポイントとなるフローでRobinコードを掲載していました。中には、「一体、何のためにこんなもの載せているんだろう？」と訝しんだ人もいたことでしょう。

なぜ、Robinコードをあちこちに掲載したのか？ それは、「PADのフローも、実はプログラミング言語によるソースコードなのだ」ということを皆さんに意識してもらうためです。

フロー = Robinコード

Robinは、PADの内部で動いているプログラミング言語です。皆さん、ここまでにたくさんのフローを作成してきましたね。これら保存されたフローをダブルクリックして開くと、意外なほどに待たされてはいませんでしたか。「短いフローなのに、なかなか開かない」とイライラした人もいたかも知れません。

なぜ、フローを開くのにこんなに時間がかかるのか。それはこういうことです。「フローは、実はRobinのコードとして保存されており、これを開くとRobinコードの1文1文をアクションに変換していた」ために時間がかかったのです。Robinコードこそが PADのフローそのものであり、皆さんが目にしているアクションは、「Robinコードをビジュアルにわかりやすく変換したもの」に過ぎなかったのです。

ここまで掲載したRobinコードは、そのままテキストエディタに記述し、PADのフローデザイナーにペーストすればすべてアクションに変換されます。ということは、「Robinでプログラムを書いてコピー＆ペーストすれば、いちいちアクションをドラッグ＆ドロップして細々と設定をしなくともフローが作れる」ということになります。

簡単な処理はRobinで！

もちろん、Robinはプログラミング言語ですから、それなりにきちんと言語を学ばなければいけません。アクションは、とりあえず「表示された設定を一つ一つ入力していけば作れる」というものですから、ビギナーにとってはこちらのほうがわかりやすいでしょう。

しかし、ある程度慣れてしまえば、Robinコードを書いたほうが圧倒的に開発効率は向上します。複雑な設定項目を持つオブジェクトなどは書くのがかなり大変ですが、例えば「変数を操作したり計算する」といったシンプルな処理は、Robinコードで書いてコピペしたほうが圧倒的に簡単です。PADでは、簡単な計算もすべてアクションを作らないといけないため、けっこう面倒ですから。

「簡単な処理はRobinコードで、わかりにくい処理はアクションで」というようにハイブリッドでフロー開発ができれば、ずいぶんと作業も捗るはずですよ。

Robinを試そう

では、さっそくRobinという言語がどのようなものでどう使われているのか、確かめてみましょう。まずPADを起動し、「新しいフロー」をクリックして「Robinフロー1」という名前で新しいフローを用意してください。

図A-1 新しいフローを用意する。

続いて、このフローにアクションを一つ配置しましょう。左側の「アクション」ペインから「変数」内にある「変数の設定」アクションをドラッグ＆ドロップして中央の編集エリアに配置しましょう。そして現れた設定パネルで以下のように設定をします。

設定	NewVar（デフォルトのまま）
宛先	Hello

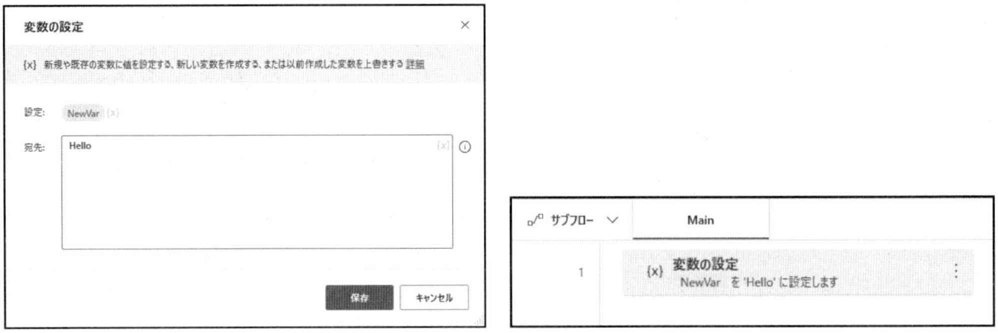

図A-2　「変数の設定」アクションを配置し設定する。

これで、NewVar変数に「Hello」と値を設定するアクションができました。では、このアクションをクリックしてコピーし、「メモ帳」などのテキストを編集するアプリケーションを起動してください。そしてそのアプリにペーストしましょう。どうなったでしょうか？

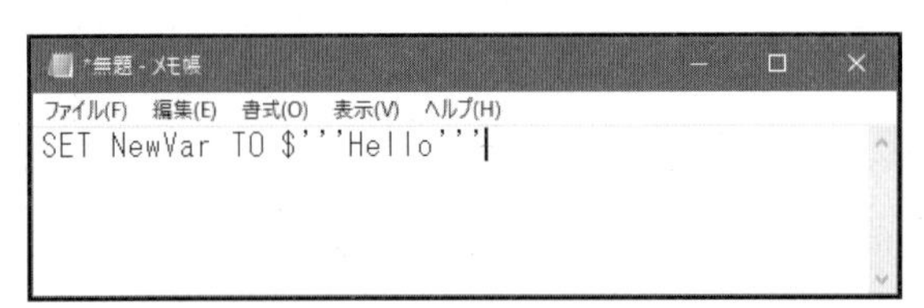

図A-3　メモ帳にペーストする。

おそらく、短いテキストがペーストされたことでしょう。これが、Robinのコードです。こんなテキストになっているはずです。

リストA-1
```
SET NewVar TO $'''Hello'''
```

見たところ、そんなに難しそうな文ではありませんね？ こうした文の書き方を覚えることができれば、自分でRobinのコードを書けるようになるのです。

値と変数

プログラミング言語の文法で最初に覚えるべきは「値」の書き方です。プログラミングで使う値には、いくつかの種類(データ型、タイプと呼ばれます)があります。Robinの場合、基本は三つのタイプとなります。

数値

数の値は、簡単です。そのまま数字を書くだけですから。実数の場合は小数点をつけて書く一般的な書き方がそのまま使えます。

また「E」というものも使えます。これは「10の○○乗」を示すもので、例えば「123E4」とすれば「1230000」を表わすことができます。E4なら123の後にゼロを4つつければいいわけですね。

```
例）123    0.001   123E4
```

テキスト

テキストの値は、テキストの最初と最後にシングルクォート(')記号を付けて記述します。例えばこんな具合ですね。

```
例）'abc'  'あいうえお'     'This is a pen.'
```

ただし、この書き方は基本的に「1行のテキストのみ」を記述する場合のものです。複数行にわたるテキストを書くことはできません。このような長いテキストを値として使いたい場合は、テキストの最初に$'''をつけ、最後に'''をつけます。例えば、こんな具合です。

```
$'''Hello!
これは複数行のテキストです。
end'''
```

この$'''～'''という書き方は、他にも面白い性質を持っていますが、それらは後ほど触れます。ここでは「複数行のテキストが書ける」ということだけ頭に入れておきましょう。

ブール型（真偽値）

これはコンピュータ特有の値ですね。ブール型は、「正しいか、正しくないか」といった二者択一の状態を表わすための値です。

これは、「True」「False」という二つの値しかありません。Trueは「正しい状態」、Falseは「正しくない状態」を表わすのに用いられます。「正しいとか正しくないとか、どういうこと？どんなときに使うの？」と思ったでしょうが、これは実際に使うようになればわかってきます。今は「○か×か、を表わすためのもの」ということだけ頭に入れましょう。

なお、このTrueとFalseは、大文字小文字は関係ありません。「TRUE」でも「true」でも問題なく使えます。

Chapter 1 Chapter 2 Chapter 3 Chapter 4 Chapter 5 Chapter 6 Chapter 7 Addendum

```
例）True  False  TRUE  false
```

変数の利用

「値」というのは、そのまま使うことよりも「変数」を利用して使うことのほうが多いでしょう。変数というのは、値を一時的に保管できる「入れ物」です。これは、以下のように記述します。

```
SET 変数 TO 値
```

これで、指定した変数に値が保管されます(変数に値を保管することを一般に「代入する」といいます)。例えば、先ほど作成したアクションのRobinコードを思い出してください。

```
SET NewVar TO $'''Hello'''
```

これは、NewVarという変数に、$'''Hello'''という値を代入するものだった、というわけです。変数の名前は、半角の英数字およびアンダーバー（_)の組み合わせで設定します。ただし最初の文字は数字は使えないので注意してください。

Robinの文の書き方

このSET NewVar TO $'''Hello'''というテキストは、Robinという言語の「文」です。Robinでは、実行する処理を一つ一つ「文」として記述していきます。この文の書き方について、ここで簡単にまとめておきましょう。

大文字と小文字を区別しない！

これは重要です。SETは、Setでもsetでも全く問題なく認識します。また変数名も、NewVarという変数はNEWVARでもnewvarでも「同じ変数」として認識します。これは、注意しないと「NewVarとnewvarが同じ変数だと気づかない」で値を書き換えてしまったりすることもあるかも知れません。

特に変数などの名前は、常に「同じ形で書く」ということを心がけましょう。最初に「NewVar」という名前にしたら、ずっとNewVarにしてください。途中でNERVARにしたりnewvarにしたりすると間違いやすいので注意してください。

1文＝1行が基本

文は、基本的に「改行したら終わり」です。複数の文を書くときは、一つ一つを改行して書きます。

では、文が長くなってそのままでは読みづらいようなときは？ このようなときは、最後にバックスラッシュ（\）記号をつければ途中で改行できます。例えばこんな具合です。

```
SET NewVar \
  TO 'Hello'
```

ただし、テキストの値などは、値の途中で改行することはできません。改行が必要な場合は、$''' ～ '''を使いましょう。また、SETなどのキーワードや変数名などの単語の途中で改行することはできません。

テキストの変数埋め込み

値と変数について説明するとき、ぜひ覚えておいて欲しい便利な機能が「テキストへの変数の埋め込み」です。

これは、$''' ～ '''を使ったテキストに用意されている機能です。この書き方をしたテキストでは、「テキストの中に変数を埋め込む」ということができます。例えば、こんな具合ですね。

```
$'''答えは、%Answer% です。'''
```

こうすると、%Answer%というところに、変数Answerの値が埋め込まれます。Answerが「100」だったら、「答えは、100 です。」というテキストになるわけです。こんな具合に、「%変数%」という形で変数名をテキスト内に記述することで、その場所に変数の値をはめ込んでテキストを作ることができます。

値の計算

値や変数は、演算記号を使って計算することができます。数値の場合、一般的な四則演算の記号（+-*/）を使ってそのまま式を書くことができます。

四則演算で注意が必要なのは「割り算」でしょう。普通、日常の計算では、割り算は「整数の値と余り」で表わすのが一般的ですね。例えば10÷3ならば「3余り1」となります。

けれどプログラミング言語では、割り算は「割り切れるまで割る」のが基本です。余りを知りたいときは、「mod」という特別な演算記号を使います。

実際に試してみましょう。メモ帳などのエディタに以下のRobinコードを書いてください。

リストA-2

```
SET Num TO 100
SET D TO Num / 3
SET M TO Num mod 3
```

これをコピーし、フローデザイナーにペーストしてください(フローにアクションがあった場合はすべて削除してからペーストしてください)。そして実行してみましょう。

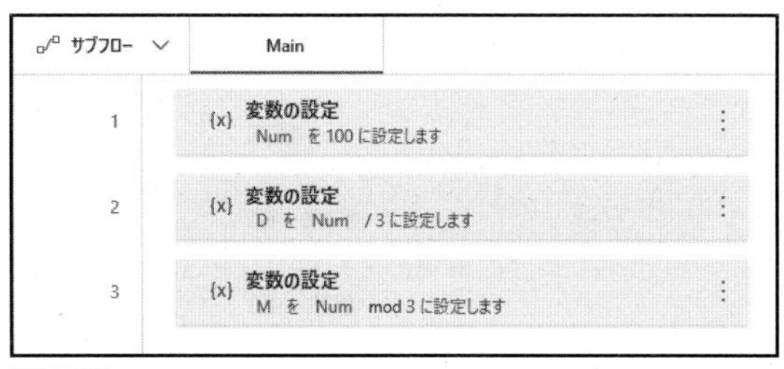

図A-4　Robinコードをペーストしてアクションを作る。

ここでは「Num」「D」「M」といった変数が「変数」ペインの「フロー変数」に表示されます。そしてこれらは以下のような値になっているでしょう。

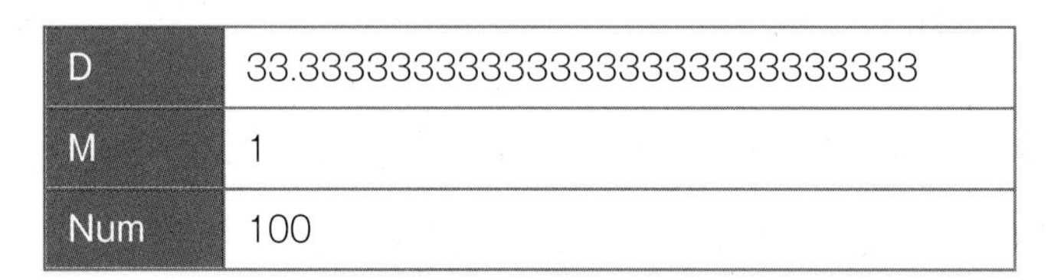

D	33.3333333333333333333333333333
M	1
Num	100

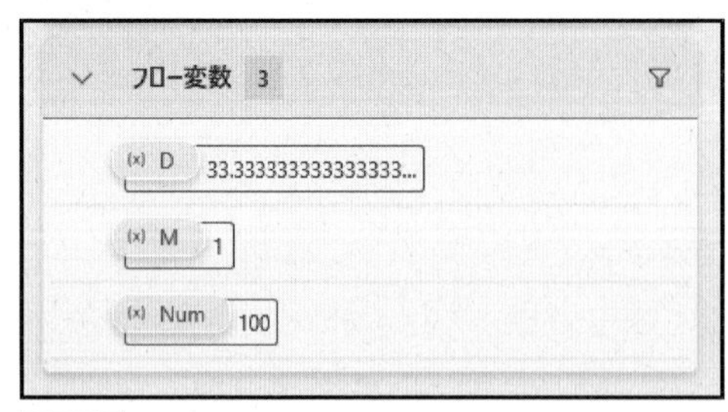

図A-5　変数の値が「フロー変数」に表示される。

当たり前ですが、コンピュータでは割り算は「永遠に割る」ことはできません。Robinでは、整数と小数の桁数の合計が30以上になると数として扱えなくなります。割り算しても、限界の桁数まで計算し、それより先は切り捨てて終わりになります。

テキストの足し算

値の計算は、数値だけしか使えないわけではありません。「テキスト」にも演算記号が一つ用意されています。それは「+」です。Robinでは、+を使ってテキストの値をつなげることができます。

これはテキストどうしだけでなく、「テキストと他のタイプの値」でも使えます。+の式のどこかにテキストがあれば、すべて「テキストの足し算」として一つのテキストにつなげてくれるのです。

では、実際に試してみましょう。エディタで以下のRobinコードを記述してください。

リストA-3

```
SET Num TO 12300
SET P TO Num * 1.1
SET Msg TO Num + '円の税込価格は、' \
  + P + '円です。'
```

これをコピーし、フローデザイナーにペーストしましょう。既にアクションがある場合は、それらをすべて削除してからペーストしてください。これで三つのアクションがペーストされます。

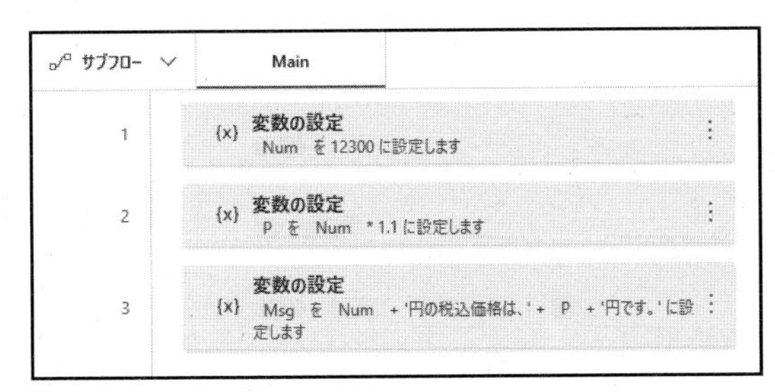

図A-6　ペーストすると三つのアクションが作られる。

フローを実行すると、「変数」ペインのフロー変数に三つの変数が作られます。この中の「Msg」という変数をダブルクリックして開いてみましょう。「12300円の税込価格は、13530.0円です。」というメッセージが表示されます。

金額のNumと計算結果のPをテキストと足し算でつなげてメッセージを作っているのがわかるでしょう。こんな具合に「テキストの足し算」はさまざまな値を組み合わせてメッセージを作るのに多用されます。

Section A-2 制御構文を覚えよう

 IFによる条件分岐 

値と変数の扱いを覚えたら、次に覚えるべきは？ それは「制御構文」でしょう。制御構文というのは、処理の流れを制御するためのものです。例えば必要に応じて実行する処理を変更したり、用意した処理を何度も繰り返したりするのに使います。この制御構文は、その働きに応じていくつかのものが用意されています。

では、順に説明をしていきましょう。まずは「条件分岐」についてです。これは条件をチェックし、その結果に応じて実行する処理を決める構文です。

この条件分岐の基本となる構文は「IF」というものです。これは以下のように記述をします。

条件が正しいときだけ実行する

```
IF 条件 THEN
  ……実行する処理……
END
```

正しいときとそうでないときで異なる処理を実行する

```
IF 条件 THEN
  ……正しいときの処理……
ELSE
  ……正しくないときの処理……
END
```

IF構文は、IF、THEN、ELSE、ENDという四つのキーワードで構成されています。この内、ELSEはオプションであり、必要なければ省略できます。

この構文では、IFの後に書かれている条件をチェックし、正しければTHEN ～ ELSEの部分(ELSEがない場合はTHEN ～ ENDの部分)を実行します。正しくないときは、ELSEがあれば、ELSE ～ ENDを実行します。ELSEがない場合は何もしません。

比較演算について 

では、「条件」というのはどんなものを用意するのでしょうか。これは、「ブール型の値や変数や式など」を使います。つまり、結果がブール型として得られるものであれば、どんなものでも条件として使うことができます。

とはいえ、「ブール型として得られるもの」など具体的に思い浮かばないかも知れません。そこで、当面の間、条件には「比較演算の式」を使う、と覚えておくことにしましょう。

比較演算の式とは、「比較演算子」というものを使った式です。これは、二つの値を比較する式で、以下のようなものが用意されています。

A = B	AとBは等しい
A <> B	AとBは等しくない
A > B	AはBより大きい
A >= B	AはBと等しいか大きい
A < B	AはBより小さい
A <= B	AはBと等しいか小さい

この比較演算子を使った式は、式が成立すればTrue、しなければFalseになります。例えば「A = 1」という式があれば、Aの値が1ならばTrueになり、それ以外はすべてFalseになるわけです。

これらは数値の比較で使うのはもちろんですが、=や<>はテキストやブール型でも使うことができます。これらを使って値を比較する式をIFの条件に用意すれば、その結果に応じて処理を実行できるようになります。

偶数か奇数か調べる 

では、実際にIF構文を使った例をあげておきましょう。エディタで以下のRobinコードを記述してください。

リストA-4

```
SET Num TO 12345
IF (Num mod 2) = 0 THEN
  SET Msg TO Num + 'は、偶数だ。'
ELSE
  SET Msg TO Num + 'は、奇数です。'
END
```

これをコピーし、フローのアクションをすべて削除してからペーストしましょう。これでIFを使ったフローが作成されます。

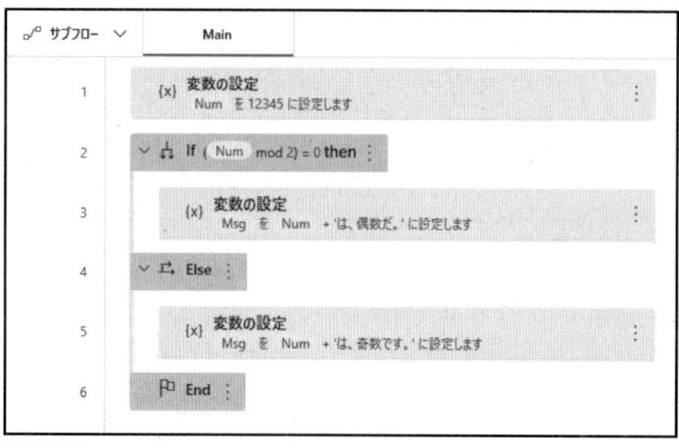

図A-8　Robinコードをペーストするとこんなアクションが生成される。

フローができたら実行してみましょう。すると「変数」ペインの「フロー変数」に「Num」と「Msg」という変数が表示されます。「12345は、奇数です。」というテキストが用意されているのがわかるでしょう。

動作が確認できたら、最初の変数Numに代入する値をいろいろと書き換えて、結果がどうなるか確かめてみましょう。

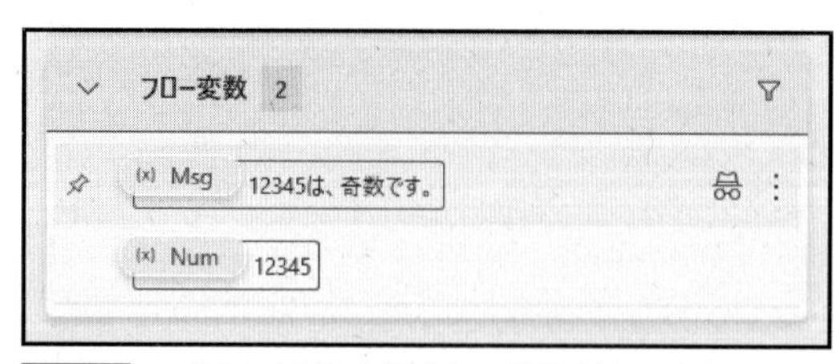

図A-9　「Msg」変数を見ると、結果が表示される。

多分岐を行うSWITCH

IF構文は、ブール型を条件として使うため「正しいか否か」という二者択一の分岐処理しか作れません。では、三つ以上に分岐する処理を作りたいときはどうするのでしょうか。

このような場合に用いられるのが「SWITCH」という構文です。これは以下のように記述します。

```
SWITCH チェックする値
  CASE チェックA
    ……チェックAの場合の処理……
  CASE チェックB
    ……チェックBの場合の処理……

  ……必要なだけCASEを用意……

  DEFAULT
    ……どれにも当てはまらないときの処理……
END
```

IFに比べるとかなり複雑になっていますね。まず、SWITCHの後には、チェックする値を指定します。これは変数などを用意するのが一般的です。

そしてその後に「CASE」という文を記述します。CASEにはそれぞれ対象となる式が用意されており、その式に合致すればその後にある文を実行します。このCASEの式ですが、これは「演算子と値」で記述します。こんな形ですね。

```
CASE = 100
```

これは、「SWITCHでチェックする値が100と等しい」ことを示します。値が100ならば、このCASEにある文を実行します。

ユニークなのは、「演算子はイコールだけではない」という点です。これは比較演算子がすべて使えます。例えば、こんな具合ですね。

```
CASE < 100
```

こうすると、チェックする値が100未満ならばすべてこのCASEが実行されるようになります。もしも、複数のCASEが合致するようなときは、最初のCASEが実行されます。合致するCASEすべてが実行されるわけではありません。

また、すべてのCASEに合致しなかった場合は、最後の「DEFAULT」の処理が実行されます。ただし、このDEFAULTはオプションなので、必要なければ省略できます。その場合、一致するCASEがないときは何もせずに次に進みます。

ジャンケンの手をチェックする

では、簡単な利用例をあげておきましょう。エディタで以下のRobinコードを記述しましょう。

リストA-5

```
SET Janken TO 'グー'
SWITCH Janken
  CASE = 'グー'
    SET Msg TO 'グーに勝つのはパーです。'
  CASE = 'チョキ'
    SET Msg TO 'チョキに勝つのはグーです。'
  CASE = 'パー'
    SET Msg TO 'パーに勝つのはチョキです。'
  DEFAULT
    SET Msg TO 'よくわかりません。'
END
```

これをコピーし、空のフローにペーストしてください。これでSWITCHを利用したフローが作成されます。

図A-10 コードをペーストして作成されたフロー。

フローを実行すると、フロー変数の「Msg」に、「グーに勝つのはパーです。」とメッセージが設定されます。これを確認したら、1行目の変数Jankenに代入する値を'チョキ'や'パー'に変更してどうなるか試してみてください。SWITCHの働きがよくわかりますよ。

図A-11　Msgには「グーに勝つのはパーです。」と設定される。

LOOPによる繰り返し

続いて、「繰り返し」構文についてです。繰り返しの基本は、「LOOP」という構文です。これは以下のように記述します。

```
LOOP 変数 FROM 初期値 TO 終了値 STEP 増加数
    ……繰り返す処理……
END
```

このLOOPの働きは、その後に用意されている変数と密接な関係があります。繰り返しをスタートすると、この変数に初期値が代入されます。

内部の繰り返し実行する処理を実行し終えると、STEPに用意した増加数だけ変数の値を増やし、また繰り返す処理を実行します。そして終わったらまた増加数だけ増やし……というのをひたすら繰り返していくのです。

変数の値が終了値以上になったら、この構文を抜けて次に進みます。

このLOOPで使う値は、基本的に整数を使いますが、実数を指定することもできます。またSTEPの増加数にマイますの値を指定することで「繰り返すごとに値が減っていく」というものも作れます。

合計を計算する

では、LOOPの利用例をあげておきましょう。ここでは3章の「Loop」アクションでも作成した「数字を合計する」フローを作ります。エディタに以下のRobinコードを記述しましょう。

リストA-6

```
SET Num TO 10
SET Total TO 0
LOOP i FROM 1 TO Num STEP 1
  SET Total TO Total + i
```

```
END
SET Msg TO $'''%Num%までの合計は、%Total% です。'''
```

これを空のフローにコピー＆ペーストしてください。繰り返し処理を使ったフローが作成されます。

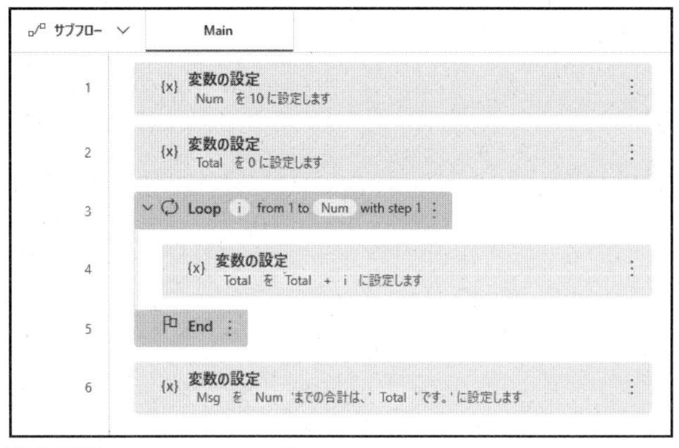

図A-12　Robinコードで作成されたフロー。

このフローを実行すると、「Msg」変数に「10までの合計は、55 です。」と代入されているのがわかります。1行目の変数Numの値をいろいろと書き換えて実行し、結果がどうなるかを確かめてみましょう。

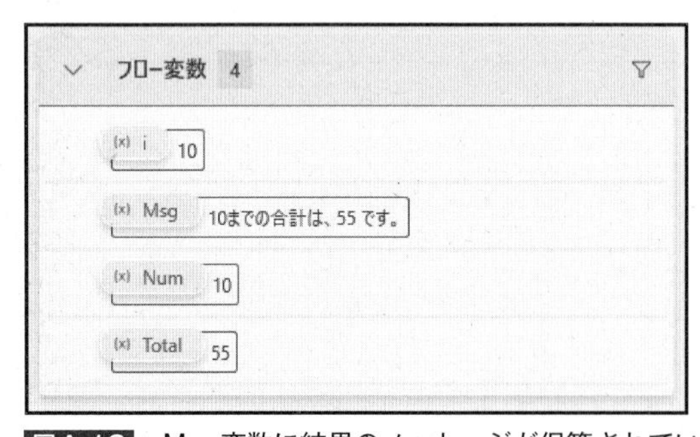

図A-13　Msg変数に結果のメッセージが保管されている。

もう一つの繰り返し

繰り返しのための構文は、実はLOOPの他にもう一つあります。それは「LOOP FOREACH」というものです。これは、リストやデータテーブルのための繰り返しです。したがって、リストについて理解していないと使い方もわかりません。そこで、このLOOP FOREACHはもう少し後で改めて説明することにします。

複雑な値について

リストについて

ここまでの値と制御構文は、基本となる値(数値、テキスト、ブール型)のためのものだったといえるでしょう。けれどRobinには、この他にもっと複雑な値も使われています。これらについても説明を行いましょう。まずは「リスト」についてです。

「リスト」は、既に本編を一通り読み終えた人なら、既におなじみのものですね。リストは、複数の値を一つにまとめて扱うためのものです。これは以下のように記述します。

```
[ 値1, 値2, ……]
```

この値を変数などに代入することで、変数の中に複数の値を保管できるようになります。保管されている値には、「インデックス」と呼ばれる通し番号が割り振られています。これを使い、特定の値を取り出すことができます。これは、以下のように記述します。

```
リスト [ 番号 ]
```

リストの後に[]という記号を付けてインデックスの番号を指定します。インデックスはゼロから順に割り振られます。[0]とすると、最初の値が取り出されるわけです。

リストを使ってみる

では、リストを使った簡単なサンプルを作ってみましょう。エディタで以下のように記述してください。

リストA-7

```
SET List TO [10, 20, 30]
SET Item TO List[1]
SET List[1] TO Item * 2
```

これをコピーし、空のフローにペーストして実行しましょう。「フロー変数」に「List」という変数が表示されます。これが、リストが保管されている変数です。これを開いてみると、リストに保管されている値を見ることができます。

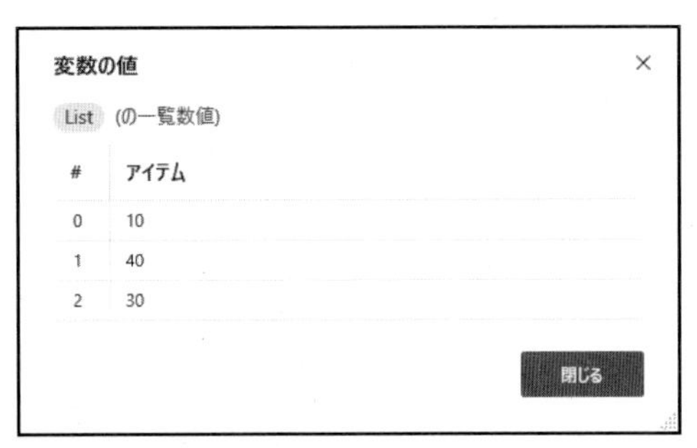

図A-14 Listの内容を開いて見る。

この値を見ると、インデックス「1」の値が「40」になっていることがわかります。初期値では20でしたね。ここではList[1]からこの20の値を取り出し、2倍した値をList[1]に代入しています。それでList[1]の値が40になっていたのですね。リストに保管されている値の読み書きがどんなものかよくわかるでしょう。

リストのための繰り返しLOOP FOREACH

このリストは、[]を使って特定の値を取り出し操作することもできます。が、それよりも圧倒的に多いのは「リストのすべての要素を順に取り出し処理していく」という使い方でしょう。

これは、専用の構文が用意されています。先にちょっとだけ触れましたが「LOOP FOREACH」というものです。この構文は以下のように使います。

```
LOOP FOREACH 変数 IN リスト
    ……変数を利用した処理……
END
```

このLOOP FOREACHでは、INに指定したリストから順に値を取り出し、変数に代入します。繰り返しをスタートすると、最初の要素、2番目の要素、……と順に値を取り出し、最後の要素まで取り出し終わると構文を抜けて次へと進みます。

合計と平均を計算する

では、実際の利用例をあげておきましょう。得点データをリストとして用意しておき、その合計と平均点を計算してみます。

リストA-8

```
SET List TO [98, 76, 56, 87, 90]
SET Total TO 0
LOOP FOREACH item IN List
  SET Total TO Total + item
END
SET Ave To Total / List.Count
SET Msg TO $'''合計は %Total%、平均は %Ave% です。'''
```

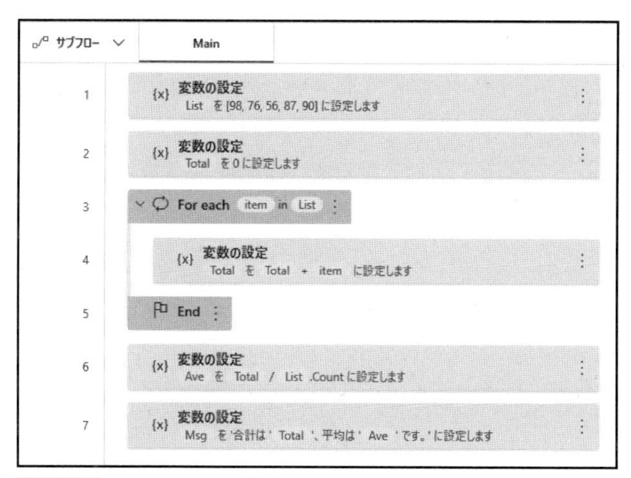

図A-15 Robinコードをペーストして作成されるフロー。

これを空のフローにペーストしてください。LOOP FOREACHを使ったフローが作成されます。実行すると、変数Msgに結果が代入されます。「変数」ペインから「Msg」をダブルクリックして開いてみましょう。合計と平均が計算されているのがわかります。

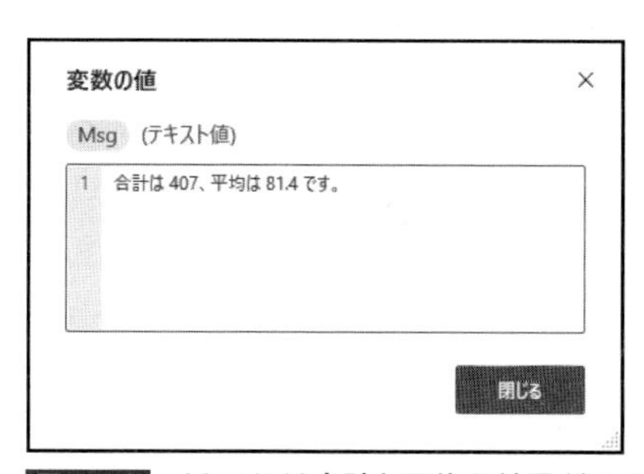

図A-16 Msgには合計と平均の結果がテキストでまとめられている。

 データテーブルについて 

このリストを更に発展させ、2次元のデータを管理できるようにしたのが「データテーブル」です。これも本編では何度も登場しましたね。

このデータテーブルは、わかりやすくいえば「リストを値として持つリスト」のようなものです。これは、以下のような形で作成されます。

```
{ ^[ ヘッダーのリスト ], [ 1行目のリスト ], [ 2行目のリスト ], ……}
```

データテーブルには、「ヘッダー情報の値」と「保管されるデータ」が用意されます。ヘッダーのリストは、保管する各列(保管する各値のこと)の名前を[]内にまとめたものです。

こうして用意されたデータテーブルを操作して必要なデータを追加したり、取り出したりできます。では、データテーブル操作の基本を以下にまとめましょう。

データの追加

```
データテーブル + リスト
```

データの追加は非常に簡単です。データテーブルにリストを足し算すると、そのリストがデータとしてデータテーブルの最後に追加されます。足し算した結果を、データテーブルが代入された変数に再設定すればいいでしょう。

行データの取得

```
データテーブル [ 番号 ]
```

データテーブルでは、保管されているデータは「行」として扱われます。これは、スプレッドシートなどで行ごとにデータが記述されている状態をイメージするとわかりやすいでしょう。

保管されている各行のデータは、リストから値を取り出すのと同じように[]を使ってインデックス番号を指定して取り出すことができます。取り出される値は、行データを扱う特別なオブジェクトになっています。基本的にはリストと同じようなものと考えていいですが、ヘッダーの名前で値を取り出すなどリストではできないことができます。

行データから値を得る

```
行データ [ 番号 ]
行データ [ 列名 ]
```

取り出した行データは、各列の値を個別に取り出すことができます。これはリストと同様にインデックス番号を指定する他、ヘッダーで指定された各列の名前を指定することもできます。

データテーブルを利用する

では、実際にデータテーブルを使った簡単なサンプルを作りましょう。エディタで以下のようにRobinコードを記述してください。

リストA-9

```
SET Data TO {^['支店','前期','後期']}
SET Data TO Data + ['東京',987, 876]
SET Data TO Data + ['大阪',765, 654]
SET Tokyo TO Data[0]
SET A TO Tokyo['前期']
SET B TO Tokyo[2]
SET Msg TO $'''%Tokyo['支店']%の年間売上は、%A+B% です。'''
```

これを空のフローにペーストし、フローを作成しましょう。そして実行してみてください。ここでは、Data変数にデータテーブルを作成しています。そしてそこから東京のデータを取り出し、Msgに合計売り上げをまとめています。DataとMsgの変数の値を開いて確認してみましょう。

#	支店	前期	後期
0	東京	987	876
1	大阪	765	654

図A-17 DataとMsgの中身。Dataにデータテーブルが、Msgに取り出したデータを利用したメッセージが入っている。

 LOOP FOREACHによるデータテーブルの繰り返し 

データテーブルも、リストと同様にLOOP FOREACHを使って繰り返し処理することができます。LOOP FOREACHでは、データテーブルから行ごとにデータを取り出していきます。ヘッダー情報は取り出されず、純粋にデータのみを処理することができます。

では、実際の利用例を見てみましょう。

リストA-10

```
SET Data TO {^['支店','前期','後期']}
SET Data TO Data + ['東京',987, 876]
SET Data TO Data + ['大阪',765, 654]
SET Data TO Data + ['名古屋',432, 321]
SET A TO 0
SET B TO 0
LOOP FOREACH Row IN Data
  SET A TO A + Row['前期']
  SET B TO B + Row['後期']
END
SET Msg TO $'''前期の合計は、%A%、後期の合計は、%B%です。'''
```

空のフローにRobinコードをペーストし、フローを作成しましょう。実行すると、変数Dataに「東京」「大阪」「名古屋」といった3行のデータが用意されているのがわかります。そして変数Msgには、前期と後期をそれぞれ合計した結果がメッセージとして表示されます。

ここでは、LOOP FOREACH Row IN Dataとして変数DataからRowに行データを取り出しています。そして前期と後期の値は、Row['前期']、Row['後期']というようにしてRowから値を取り出しています。

行データは、このように列名を使って値を取り出せるため、Row[1]というようにマジックナンバー（意味がわからない謎の数字のこと）を使うことなく、わかりやすくデータを処理できます。

変数の値

Data (Datatable)

#	支店	前期	後期
0	東京	987	876
1	大阪	765	654
2	名古屋	432	321

図A-18 変数Dataには3行のデータがあり、Msgでは前期と後期の合計をメッセージにまとめてある。

カスタムオブジェクトについて

データテーブルの行データでは、列名を使って値を取り出すことができました。Row['前期']といった具合ですね。このように、さまざまな値が保管されている場合、そこから名前を使って値を取り出せると、ずいぶんと便利です。名前を見れば、それがどういう性質の値なのかわかりますからね。

行データのように、さまざまな値に名前をつけて保管しておくことのできる特別なデータ型というのもあります。それは「カスタムオブジェクト」と呼ばれるものです。

カスタムオブジェクトは、さまざまな値をひとまとめにして扱うという点ではリストなどと同じです。しかし、リストが「同じタイプの値をズラッと揃える」というものであるのに対し、カスタムオブジェクトはどんなタイプの値でも保管することができます。

そして保管するそれぞれの値は、名前を使ってやり取りできます。カスタムオブジェクトでは、「プロパティ」と呼ばれる値の保管場所を用意できます。ここに値を入れることで、リストなどよりも柔軟にわかりやすく値を扱うことができます。

カスタムオブジェクトは、以下のような形で作ります。

```
{ プロパティ：値, プロパティ：値, …… }
```

データテーブルと同様に{}を使います。その中に、プロパティの名前と値をコロン(:)でつなげて記述します。

プロパティの名前は、テキストの値として用意します。それに設定する値は、どんなものでもかまいません。数値でもテキストでもブール型でも、あるいはリストやカスタムオブジェクトだって値としてプロパティに設定することができます。

カスタムオブジェクトを利用する

では、実際にカスタムオブジェクトを使った簡単なサンプルを作ってみましょう。ここでは例として、Name, Mail, Ageといったプロパティを持つオブジェクトをいくつか作り、それを利用したメッセージを作成してみます。

リストA-11

```
SET Taro TO {'Name':'Taro', 'Mail':'taro@yamada', 'Age':39}
SET Hanako TO {'Name':'Hanako', 'Mail':'hanako@flower', 'Age':28}
SET Sachiko TO {'Name':'Sachiko', 'Mail':'sachiko@happy', 'Age':17}
SET Data TO [Taro, Hanako, Sachiko]
SET Report TO []
LOOP FOREACH Obj IN Data
  SET Msg TO $'''私は、%Obj.Name%です。年齢は%Obj.Age%歳です。
```

```
    連絡先は、%Obj.Mail%になります。'''
  SET Report TO Report + Msg
END
```

このRobinコードを空のフローにペーストして実行してみましょう。Dataという変数に三つのカスタムオブジェクトを保管したリストが代入されます。「変数」ペインからこのData変数を開いてみてください。リストの内容がわかります。

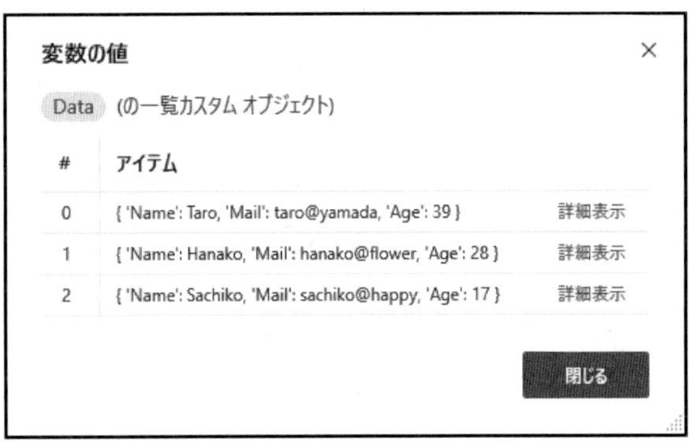

図A-19 Dataには三つのカスタムオブジェクトが保管されている。

これらの値には「詳細を表示」というリンクが付けられていますね。どれでもいいからこのリンクをクリックしてみましょう。すると、そのオブジェクトの中身が表示されます。Name, Mail, Ageといったプロパティに値が設定されているのがわかるでしょう。

図A-20 カスタムオブジェクトの中身、各プロパティに値が設定されている。

では、このカスタムオブジェクトはどのように作られているのか見てみましょう。ここでは、こんな形で作成をしています。

```
SET Taro TO {'Name':'Taro', 'Mail':'taro@yamada', 'Age':39}
```

{}の中に、Name, Mail, Ageといった項目があり、それぞれに値が設定されているのがわかります。書き方さえわかれば、カスタムオブジェクトは簡単に作れるのですね。

そして、オブジェクト内にある値の利用も簡単です。LOOP FOREACH内でMsgに値を代入している部分を見てみましょう。

```
SET Msg TO $'''私は、%Obj.Name%です。年齢は%Obj.Age%歳です。連絡先は、%Obj.Mail%
になります。'''
```

Obj.Nameとすればオブジェクトの Nameプロパティの値が取り出せます。「オブジェクト.プロパティ」というようにドットを付けてプロパティ名を記述するだけで、その値を取り出せるのです。もちろん、同じようにしてプロパティの値を変更することだってできます。

リスト、データテーブル、カスタムオブジェクト。この三つは、「複雑な値」を扱う際に利用される重要なデータ型です。どれも数値やテキストなどに比べるとちょっと難しいのですが、慣れればすぐに使えるようになります。サンプルのリストをいろいろと書き換えて、これらの値に早く慣れるようにしましょう。

Chapter 1
Chapter 2
Chapter 3
Chapter 4
Chapter 5
Chapter 6
Chapter 7
Addendum

Section A-4
組み込みデータ型の利用

メッセージを表示する

ここまで、Robinの基本的な文法について一通り説明をしてきましたが、それでできるようになったのは「値を変数に保管して計算することだけ」です。PADではさまざまな操作を自動化できるのに、そうした自動化のための機能はまだ全く登場していません。

これらは、それぞれ非常に複雑な構造のデータ型としてRobinに組み込まれています。フローデザイナーの「アクション」ペインには多数のアクションが並んでいましたね。このアクションの数だけ、組み込みデータ型があるといってもよいでしょう。それらは使い方もすべてバラバラで、一つ一つ覚えていかなければいけません。正直いって、これは相当に難しいでしょう。まぁ、「これらをすべてRobinコードで書けるようになんて、誰もなれるわけない」と断言してもいいほどです。

といって、「だから最初から全部諦める」というのも面白くないですね。そこで、「こうした組み込みデータ型を使うのはどれぐらい大変なのか」を知るために、いくつかピックアップして使い方を見ていくことにしましょう。実際にいくつか試してみれば、「組み込みデータ型を利用するというのがどういうことか」が少しずつわかってくるはずですから。

「メッセージを表示」アクションを使う

もっともよく利用するアクションと言えば、「メッセージを表示」でしょう。簡単なメッセージをアラートとして表示するものでしたね。

このアクションをフローに配置し、それをコピーしてテキストエディタにペーストしてみましょう。すると以下のような文がペーストされます。

```
Display.ShowMessageDialog.ShowMessage Title: $'''タイトル''' Message: $'''メッセージ。''' Icon: Display.Icon.None Buttons: Display.Buttons.OK DefaultButton: Display.DefaultButton.Button1 IsTopMost: False ButtonPressed=> ButtonPressed
```

これはタイトルに「タイトル」、メッセージに「メッセージ。」と設定し、他はすべてデフォルトの状態にしたアクションのRobinコードです。長いですが、これで1文です。「この長い分を全部手書きしないといけない」としたら、とても自分で書こうとは思わないでしょう。

ShowMessageメソッドの構成

では、この文は一体どうなっているのでしょうか。少し整理してみることにしましょう。すると、こんな形で書かれていることがわかります。

●「メッセージを表示」アクション

```
Display.ShowMessageDialog.ShowMessage \
  Title: タイトル \
  Message: メッセージ \
  Icon: [Display.Icon値] \
  Buttons: [Display.Buttons値] \
  DefaultButton: [Display.DefaultButton値] \
  IsTopMost: ブール型 \
  ButtonPressed=> 変数
```

この文は、Display.ShowMessageDialogというオブジェクトにある「ShowMessage」というメソッドを呼び出しているものです。組み込みデータ型は、それぞれがジャンルごとに整理されオブジェクトとしてまとめられています。メッセージボックス関係は、「Display内のShowMessageDialogというオブジェクト」としてまとめられているのですね。

そして最後の「ShowMessage」というのは、オブジェクトに用意されている「命令」です。オブジェクトの中には、値を保管する「プロパティ」と、処理(命令)を保管する「メソッド」があります(プロパティは、カスタムオブジェクトで出てきましたね)。

メソッドの書き方

アクションというのは、このように「組み込みデータ型として用意されているオブジェクトの中のメソッドを呼び出す」というものだったのですね。

メソッドは、それを実行するのに必要な引数が一緒に記述されます。これは、こんな形になっています。

```
メソッド 引数A:値 引数B:値 ……
```

この形を頭に入れてShowMessageを見てみましょう。すると、Title, Message,……というようにたくさんの引数を付けてこのメソッドが呼び出されていることがわかるでしょう。

オブジェクトの値

引数の値には、[]をつけて書いてあるものがいくつかありますね。[Display.Icon値]などです。これらは、オブジェクトに用意されている値を示します。

例えば、[Display.Icon値]というのは、DisplayのIconオブジェクトに用意されている値を示します。例えば、Display.Icon.Informationとすると情報アイコンが設定される、といった具合です。

IconやButtonなどが、この「オブジェクトに用意されている値」を使うようになっています。これらは、いくつか用意されている値の中から一つを選ぶようなものです。こうしたものは、必ず用意されている値のどれかが選ばれるように、あらかじめオブジェクトに値を用意しておき、それを使うようになっているのですね。

「=>」記号について

このShowMessageの引数を見てみると、一つだけ、他とは違う書き方をしているものがあるのに気が付きます。「ButtonPressed=> 変数」というものですね。他はみんな「引数:値」となっているのに、これだけコロンではなく「=>」という記号が使われています。

引数は基本的に「命令に値を渡す」ものですが、この「=>」という記号を使った引数は、「命令から値を受け取る」ものです。「ButtonPressed=> 変数」というのは、ButtonPressedに設定された値を指定の変数に代入するものなのです。

ShowMessageでは、「どのボタンをクリックしたか」の情報が得られます。こういう「命令を実行したときに、結果の情報が得られるもの」は、「=>」を使って結果を変数に代入するような引数が用意されているのです。

ShowMessageのシンプルな使い方

「この引数、全部覚えて書かないといけないとしたら、とても使うのは無理だ」と思った人。いいえ、「全部必ず書かないといけない」わけではないんですよ。引数の多くはオプション扱いで省略が可能です。

必ず用意しなければいけない必須項目の引数は、ShowMessageの場合、二つしかありません。もっともシンプルな形でShowMessageを呼び出すとどうなるか、整理してみましょう。するとこうなります。

●もっともシンプルな形

```
Display.ShowMessageDialog.ShowMessage \
  Title: タイトル \
  Message: メッセージ
```

どうです、すっきりしたでしょう？ TitleでダイアログのタイトルMessageに表示するメッセージを指定します。これだけでメッセージボックスは表示できます。

では、実際に簡単な文を書いて試してみましょう。

リストA-12

```
Display.ShowMessageDialog.ShowMessage \
  Title: '表示' \
  Message: 'こんにちは！'
```

図A-21　実行するとメッセージボックスが表示される。

これをエディタで書いてフローにペーストし、実行すると「こんにちは！」とメッセージが表示されます。どうです、これなら自分でも使えそうでしょう？

とりあえず、この「TitleとMessageだけ」の書き方を覚えておきましょう。それ以外の引数は、ある程度ShowMessageメソッドが使えるようになったら少しずつ覚えていく、と考えればいいでしょう。

メソッドの使いこなしは、すべてこのように「必要最小限のものから覚える」ようにしましょう。オプションの値は、とりあえずは無視。「これは絶対書かないとダメ」というものだけ覚えれば、使うことができるんですから。

「入力ダイアログを表示」アクションについて

メッセージの表示がわかったら、次は「入力」ですね。ユーザーから簡単な入力を行う「入力ダイアログを表示」アクションの基本形がどうなるか見てみましょう。

「入力ダイアログを表示」アクション

```
Display.InputDialog \
  Title: タイトル \
  Message: メッセージ' \
  UserInput=> 変数 \
  ButtonPressed=> 変数
```

「入力ダイアログを表示」アクションは、Display.InputDialogメソッドとして用意されています。これも必須項目はTitleとMessageの二つだけです。

ただし、これは入力のためのアクションですから、入力された情報が得られないと意味がありませんね。そこで通常は、UserInput, ButtonPressedといった引数も用意します。

これらは、それぞれ入力したテキスト、クリックしたボタン名を保管する変数を指定します。いずれも「=>」記号を使って記述する、という点に注意しましょう。値を受け取るときは、「:」ではなく「=>」を使うんでしたね。

入力ダイアログを使う

では、実際に入力ダイアログを使ってみましょう。簡単なRobinコードを以下に掲載しておきます。

リストA-13

```
Display.InputDialog \
  Title: '入力' \
  Message: '金額を入力：' \
  UserInput=> Price \
  ButtonPressed=> Btn
IF Btn = 'OK' THEN
  Display.ShowMessageDialog.ShowMessage \
    Title: '表示' \
    Message: $'''%Price%円の消費税額は、%Price * 0.1%円です。'''
END
```

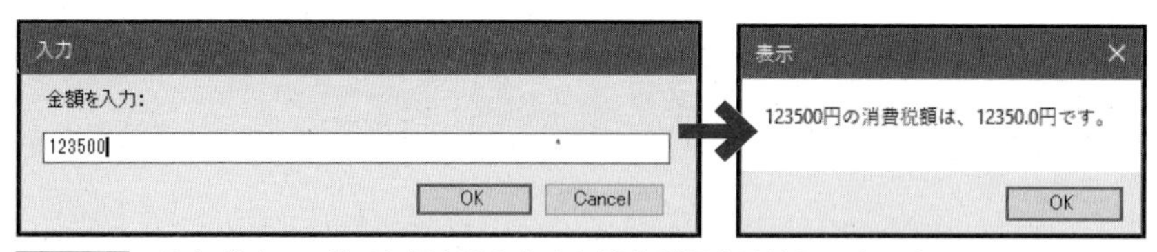

図A-22　入力ダイアログで金額を記入すると消費税額を計算して表示する。

これをフローにペーストし実行しましょう。まず入力ダイアログが現れ、金額を尋ねてきます。ここで金額となる整数値を記入しOKすると、その消費税額を計算して表示します。ごく単純なものですが、Robinでプログラムらしいものが作れました！

 Webサービスを利用する

これで簡単な入出力までは行えるようになりました。後は、少しずつアクションのメソッドを覚えていくだけです。

ここではその例として、「Webサービスを呼び出します」アクションを使ってみることにしましょう。このアクションは、以下のようなメソッドとして用意されています。

「Webサービスを呼び出します」アクション

```
Web.InvokeWebService.InvokeWebService \
  Url: アクセスするURL \
  Method: [Web.Method値] \
  Accept: コンテンツタイプ \
  ContentType: コンテンツタイプ \
  Response=> 変数 \
  StatusCode=> 変数
```

実を言えば、必須項目となる引数は「Url」だけです。これだけ用意すれば、Webサービスを呼び出すことができます。

```
Web.InvokeWebService.InvokeWebService Url:○○
```

ただし、取得したデータが使えないと困りますから、Responseも用意することになります。これに設定した変数に、受け取ったデータが保管されます。またStatusCodeには、アクセス状況を示す番号(エラーの番号)が保管されます。何か問題が発生したときは、この値をチェックします。

実際にWebサービスにアクセスするとなれば、コンテンツタイプやHTTPメソッドなどの指定が必要となることでしょう。とりあえずUrlだけ指定して使ってみて、いろいろなWebサービスにアクセスするようになってきたら少しずつこれらの引数も使ってみると良いでしょう。

 気象庁の天気概況を利用する

ここでは利用例として、気象庁から天気概況の情報を取得する、ということを行ってみましょう。気象庁では、現在、各地の天気概況データをJSONデータで配布しています。例えば、東京都ならば以下のURLになります。

●東京都の天気概況

```
https://www.jma.go.jp/bosai/forecast/data/overview_forecast/130000.json
```

URLの末尾付近にある130000という番号が、東京都のエリアコードになります。この数字を変更すると他の場所の天気概況が得られます。例えば千葉県ならば120000とします。

このエリアコードは、気象庁の天気予報ページで調べられます。以下のURLにアクセスしてください。

```
https://www.jma.go.jp/bosai/forecast/
```

ここから「都道府県選択」より都道府県を選ぶと、URLの末尾に「&area_code=数字」と表示されます。この数字が、現在見ている都道府県の襟コードです。

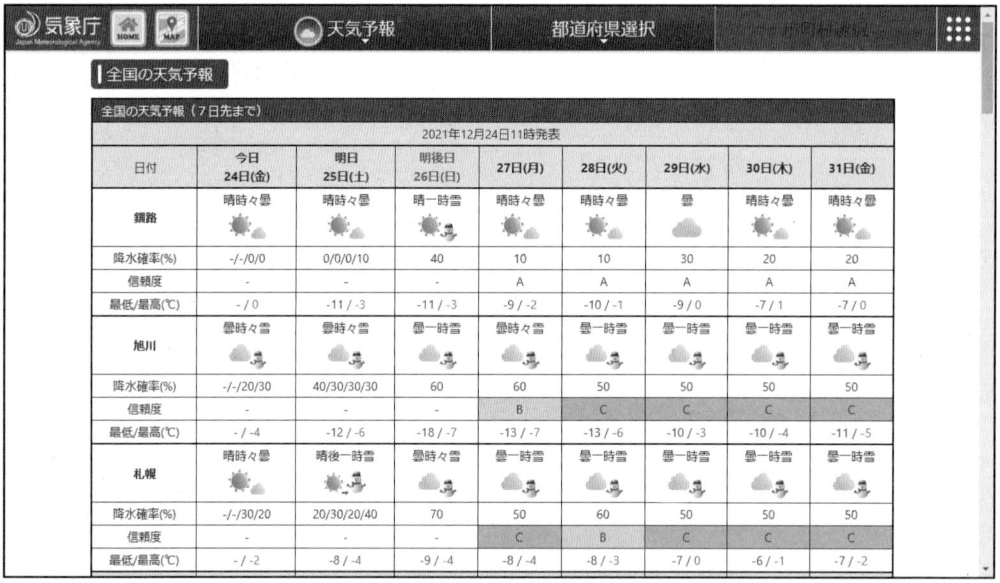

気象庁 HOME MAP 天気予報 都道府県選択

全国の天気予報

全国の天気予報（7日先まで）

2021年12月24日11時発表

日付	今日 24日(金)	明日 25日(土)	明後日 26日(日)	27日(月)	28日(火)	29日(水)	30日(木)	31日(金)
釧路	晴時々曇	晴時々曇	晴一時雪	晴時々曇	晴時々曇	曇	晴時々曇	晴時々曇
降水確率(%)	-/-/0/0	0/0/0/10	40	10	10	30	20	20
信頼度	-	-	-	A	A	A	A	A
最低/最高(℃)	- / 0	-11 / -3	-11 / -3	-9 / -2	-10 / -1	-9 / 0	-7 / 1	-7 / 0
旭川	曇時々雪	曇時々雪	曇一時雪	曇時々雪	曇一時雪	曇一時雪	曇一時雪	曇一時雪
降水確率(%)	-/-/20/30	40/30/30/30	60	60	50	50	50	50
信頼度	-	-	-	B	C	C	C	C
最低/最高(℃)	- / -4	-12 / -6	-18 / -7	-13 / -7	-13 / -6	-10 / -3	-10 / -4	-11 / -5
札幌	晴時々曇	晴後一時雪	曇時々雪	曇一時雪	曇一時雪	曇一時雪	曇一時雪	曇一時雪
降水確率(%)	-/-/30/20	20/30/20/40	70	50	60	50	50	50
信頼度	-	-	-	C	B	C	C	C
最低/最高(℃)	- / -2	-8 / -4	-9 / -4	-8 / -4	-8 / -3	-7 / 0	-6 / -1	-7 / -2

図A-23 天気予報のページから都道府県を選んでエリアコードを調べる。

「JSONをカスタムオブジェクトに変換」アクション

天気予報データはInvokeWebServiceメソッドを使って得ることができますが、得られるデータはJSONフォーマットのテキストになっています。したがって、JSONデータの扱い方がわかっていないとうまく処理できません。

JSONデータは、「JSONをカスタムオブジェクトに変換」アクションを使ってカスタムオブジェクトを作成して利用するのが基本です。このアクションは、以下のようなメソッドとして用意されています。

●「JSONをカスタムオブジェクトに変換」アクション

```
Variables.ConvertJsonToCustomObject \
  Json: テキスト \
  CustomObject=> 変数
```

Jsonに、JSONデータのテキストを指定します。CustomObjectには、変換して作成されたカスタムオブジェクトを保管する変数を指定します。

これでカスタムオブジェクトが得られれば、後はその中にあるプロパティの値を取り出すだけで必要な情報が得られます。

東京都の天気概況を取得し表示する

では、「Webサービスを呼び出します」と「JSONをカスタムオブジェクトに変換」を組み合わせて、気象庁サイトから東京都の天気概況データを取得し、それを表示するフローを作成してみましょう。

リストA-14

```
SET Url TO 'https://www.jma.go.jp/bosai/forecast/data/overview_
forecast/130000.json'
Web.InvokeWebService.InvokeWebService \
  Url:Url \
  Response=> Resp \
  StatusCode=> SC
IF SC = 200 THEN
  Variables.ConvertJsonToCustomObject \
    Json: Resp \
    CustomObject=> Obj
  Display.ShowMessageDialog.ShowMessage \
    Title: $''' 【%Obj.targetArea%の予報】 ''' \
    Message: $'''%Obj.text%
    (%Obj.reportDatetime%)'''
END
```

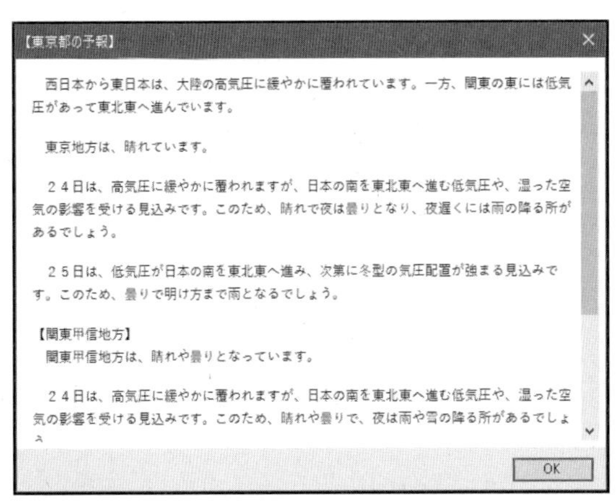

図A-24 実行すると気象庁から東京都の天気概況データを取得し表示する。

このRobinコードをフローにペーストしてフローを作成し実行してください。気象庁のサイトにアクセスして東京都の天気概況データを取得し、その内容をメッセージボックスで表示します。

ここでは、InvokeWebServiceで指定したURLにアクセスしてデータを取得した後、IFを使ってStatusCodeが200だった場合（正常にアクセスできた場合）に処理を行っています。

ConvertJsonToCustomObjectで取得したデータをそのままカスタムオブジェクトに変換し、そこから必要な値を取り出してShowMessageで表示をしています。カスタムオブジェクトでは、targetAreaでエリア名、textで概況のテキスト、reportDatetimeで日時の情報が得られます。これらを組み合わせて表示を作成しています。

JSONデータは、このようにカスタムオブジェクトに変換することで簡単に値を取り出せるようになります。ただし、そのためには「このJSONデータにはどんな値がどういう構造で保管されているのか」がわかっていないといけません。JSONを利用する際は、まずその内容をよく調べて、必要な値をどう取り出せばいいのか理解するようにしましょう。

Excelの利用

今度は、PADでもっともよく利用される「Excel」の利用について見てみましょう。Excelに関するアクションは多数揃っていますが、おそらく以下の三つができれば、基本的な利用は行えるようになりますね。

- Excelを起動する
- Excelワークシートからデータを取得する
- Excelワークシートにデータを保存する

では、これらのアクションに相当するメソッドについて一通り使い方をまとめておくことにしましょう。

Excelインスタンスを用意する

Excelを利用するには、まず「Excelインスタンス」を用意しないといけません。これは、Excelを新たに起動するか、起動しているExcelからインスタンスを取得する必要があります。では、Excelインスタンスを用意するためのアクションについてまとめておきましょう。

●「Excelの起動」アクション(1)

```
Excel.LaunchExcel.Launch \
  Instance=> 変数
```

●「Excelの起動」アクション(2)

```
Excel.LaunchExcel.LaunchAndOpen \
  Path: ファイルパス \
  Instance=> 変数
```

●「実行中のExcelに添付」アクション

```
Excel.Attach \
  DocumentName: ワークブック名 \
  Instance=> 変数
```

●オプションで使える引数

```
Visible: 真偽値
ReadOnly: 真偽値
LoadAddInsAndMacros: 真偽値
```

「Excelの起動」アクションに相当するメソッドは二つあります。ただ起動するだけのものと、ファイルを指定して起動するものです。また「実行中のExcelに添付」は、DocumentNameで開いているファイルを指定する必要があります。いずれもInstanceで指定した変数にExcelインスタンスが代入されます。

これらのメソッドには、Visible, ReadOnly, LoadAddInsAndMacrosといった引数がオプションとして使えます。これらはそれぞれ「表示・非表示」「読み込みのみ(書き換え不可)」「マクロの実行許可・不許可」を設定します。いずれもブール型の値で指定します。

シートの読み書き

Excelインスタンスからデータを取得したり書き換えたりする操作もメソッドとして用意されています。これらも以下にまとめておきましょう。

●「Excelワークシートから読み取り」アクション(1)

● 選択範囲から取得

```
Excel.ReadFromExcel.Read \
  Instance: [Excelインスタンス] \
  ReadAsText: ブール型 \
  FirstLineIsHeader: ブール型 \
  RangeValue=> 変数
```

●「Excelワークシートから読み取り」アクション(2)

● 行・列の番号を指定して取得

```
Excel.ReadFromExcel.ReadCells \
  Instance: [Excelインスタンス] \
  StartColumn: 開始列番号 \
  StartRow: 開始行番号 \
  EndColumn: 終了列番号 \
  EndRow: 終了行番号 \
  ReadAsText: ブール型 \
  FirstLineIsHeader: ブール型 \
  RangeValue=> 変数
```

●「Excelワークシートから読み取り」アクション(3)

● 使用可能なすべてのセルから取得

```
Excel.ReadFromExcel.ReadAllCells \
  Instance: [Excelインスタンス] \
  FirstLineIsHeader: ブール型\
  RangeValue=> 変数
```

●「Excelワークシートに書き込み」アクション(1)

● 現在のアクティブなセルに書き込み

```
Excel.WriteToExcel.Write
  Instance: [Excelインスタンス] \
  Value: 書き込むデータ \
```

●「Excelワークシートに書き込み」アクション(2)

● 指定したセルに書き込み

```
Excel.WriteToExcel.WriteCell \
  Instance: [Excelインスタンス] \
  Value: 書き込むデータ \
  Column: 書き込む列番号 \
  Row: 書き込む行番号
```

●オプションの引数について

ReadAsText	テキストとしてデータを取得するためのもの
FirstLineIsHeader	1行目のデータをヘッダー情報として扱う

これらも、アクションとしては読み書き一つずつしかありませんが、どこからデータを取得するか、あるいはどこに書き込むかによって複数のメソッドが用意されています。

Excelシートを操作する

では、実際にこれらを使ってExcelシートを読み書きする例をあげておきましょう。ここでは、Excelで「PADサンプル.xlsx」というファイルを開き、その開いたワークシートのデータを読み書きします。

ここでは1行目に「支店」「前期」「後期」といった項目を記述し、それ以降に3列のデータが書かれたシートを用意します。これを読み書きさせます。あらかじめ簡単なデータを用意しておいてください。

	A	B	C	D
1	支店	前期	後期	
2	東京	987	876	
3	大阪	765	654	
4	名古屋	543	432	
5	ロンドン	234	345	
6	ニューヨーク	551	566	
7	ユーカリが丘	532	100	
8				
9				

図A-25　用意したワークシート。このデータを読み書きする。

ワークシートを読み込み最後にデータを追加する

では、このワークシートを利用する例をあげておきましょう。エディタで以下のRobinコードを記述し、フローにペーストして実行してください

リストA-15

```
Excel.Attach \
  DocumentName: $'''PADサンプル.xlsx''' \
  Instance=> Excel
Excel.ReadFromExcel.ReadAllCells \
  Instance: Excel \
  FirstLineIsHeader: True \
  RangeValue=> Data
SET Data TO Data + ['※追加したデータ',0,0]
Excel.WriteToExcel.WriteCell \
  Instance: Excel \
  Value: Data \
  Column: 1 Row: 2
```

	A	B	C	D
1	支店	前期	後期	
2	東京	987	876	
3	大阪	765	654	
4	名古屋	543	432	
5	ロンドン	234	345	
6	ニューヨーク	551	566	
7	ユーカリが丘	532	100	
8	※追加したデータ	0	0	
9				
10				

図A-26　ワークシートの末尾にデータが追加される。

これを実行すると、データの最後に「※追加したデータ」「0」「0」といった値の行が追加されます。

ここでは、まずAttachでExcelインスタンスを取得し、ReadAllCellsでワークシートのデータを取り出しています。取り出されたデータは、データテーブルの形になっています。このデータテーブルにリストを足し算して新しいデータを追加し、それをWriteCellで保存します。ごく単純なものですが、ワークシートを読み書きする基本はこれでわかるでしょう。

データベースアクセスについて

フローを作るよりRobinコードで書いたほうが簡単に処理を実装できる格好の例が「データベースアクセス」でしょう。最初に「データベースに接続」アクションを作成する際、接続文字列を作るのにどれだけ面倒な設定作業をしたか思い出してください。

接続文字列があらかじめわかっていれば、データベースアクセスは非常に簡単に行えます。基本の3アクションをRobinの命令にするとどうなるか以下にまとめておきましょう。

●データベースに接続

```
Database.Connect \
  ConnectionString: 接続文字列 \
  Connection=> 変数
```

●SQLクエリーを実行

```
Database.ExecuteSqlStatement.Execute \
  Connection: 接続 \
  Statement: 実行するSQLクエリー \
  Result=> 変数
```

●接続を閉じる

```
Database.Close Connection: 接続
```

Connectionの「接続」というのは、Database.ConnectメソッドでConnectionの変数に代入された「接続」のオブジェクトを示します。

この三つの命令が使えれば、データベースアクセスは行えるようになります。アクションを作成してフローを作る場合も、肝心のSQLクエリーの部分などは手書きで書かないといけません。だったら、全部Robinコードで書いたほうがいっそわかりやすいでしょう。

peopleテーブルのデータを取得する

一例として、Chapter-7でAccessとMySQLのアクセス例として作った「peopleテーブルの全レコードを取得する」という処理をRobinコードで書くとどうなるか見てみましょう。

リストA-16

```
Database.Connect \
  ConnectionString: '接続文字列' \
  Connection=> SQLConnection
Database.ExecuteSqlStatement.Execute \
```

```
  Connection: SQLConnection \
  Statement: $'''select * from people;''' \
  Result=> QueryResult
Database.Close Connection: SQLConnection
```

変数の値

QueryResult (Datatable)

#	ID	myname	email	age
0	1	taro	taro@yamada	39
1	2	hanako	hanako@flower	28
2	3	sachiko	sachiko@happy	17
3	4	jiro	jiro@change	6

図A-27 「QueryResult」変数を開くとpeopleテーブルのレコードが保管されている。

接続文字列部分には、利用するデータベースの接続文字列を指定します。これは、Chapter-7で作成したものをそのままコピー＆ペーストして使えばいいでしょう。

このRobinコードをフローデザイナーにペーストして実行し、「変数」ペインにある「QueryResult」変数をダブルクリックして開いてみましょう。peopleテーブルのレコードが表示されます。

ここでは、三つのデータベース利用命令を順に実行しているだけです。この基本コードさえ覚えれば、いつでもデータベースアクセスの処理を作成できます。アクションを細々と設定しながら作るよりよほど簡単ですね！

アクションは、エディタにコピペして調べよう

これで、アクションに相当する組み込みデータ型のメソッドを利用する方法がだいぶわかってきましたね。後は、少しでも多くのアクションとメソッドを覚えるだけです。

アクションに相当するメソッドを調べるのは簡単です。フローデザイナーでアクションをドロップして配置し、作成されたアクションをコピーしてテキストエディタにペーストするだけです。これでアクションに相当するメソッドが出力されます。

実際に試してみるとわかりますが、PADに用意されているアクションの多くは、メソッドにすると膨大な引数が必要になります。1～2個の引数だけで動作するものは滅多にないのです。あれこれ試していくと、こうした複雑なアクションをRobinコードで書くことがどれだけ大変かわかってくるでしょう。

「Robinコード」コーナーを読み返そう

実は、こうした方法以外にも、Robinの主な命令の使い方を学ぶ手段が本書の中には隠されています。そう、「Robinコード」のコーナーです。

このコーナーでは、各Chapterごとに取り上げている機能のもっとも基本的なアクションをRobinコードとして掲載しています。簡単な説明があるだけなので、おそらく初めて読んだときには全く内容はわからなかったことでしょう。

けれど、Robinの基本文法が頭に入ったところで、改めて「Robinコード」を読み返してみると、何となく命令の働きや使い方が見えてきているのに気がつくはずです。まだ、細々と用意されている引数の使い方などはひと目見てもわかりませんが、「この命令はこういう値を用意して呼び出すとこういう働きをするんだ」ということが少しずつわかってくるでしょう。

「Robinコーナー」を読みながら、そこに書かれているRobinコードを実際にフローデザイナーにペーストして、作成されるアクションがどうなっているのか確認していけば、少しずつ命令と引数の役割がわかってくるはずですよ。

Robinで書ける部分だけ書こう

Robinコードの便利さは、「アクションで作ろうとすると結構面倒なものをささっとコードで書ける」ところにあります。コードで書いたほうが大変では本末転倒でしょう。

「アクションだと作るのが大変」なのは、何といっても変数や計算の処理でしょう。これは、Robinコードで記述したほうが圧倒的に簡単です。またSQLデータベースアクセスなども、接続文字列さえ用意できればRobinコードのほうが簡単そうですね。

すべてをRobinでやろうとせず、必要に応じて「面倒な変数や計算の処理部分はRobinコードで書いてコピペする」というように、両者をうまく組み合わせて使えるようになりましょう！

Index

索引

Chapter 1 Chapter 2 Chapter 3 Chapter 4 Chapter 5 Chapter 6 Chapter 7 Addendum

Z

あ行

か行

さ行

た行

な行

は行

ま行

ら行

わ行

著者紹介

掌田 津耶乃（しょうだ　つやの）

日本初のMac専門月刊誌「Mac+」の頃から主にMac系雑誌に寄稿する。ハイパーカードの登場により「ビギナーのためのプログラミング」に開眼。以後、Mac、Windows、Web、Android、iOSとあらゆるプラットフォームのプログラミングビギナーに向けた書籍を執筆し続ける。

■近著：
「Colaboratoryやさしく学ぶJavaScript入門」（マイナビ）
「Power AutomateではじめるノーコードiPaaS開発入門」（ラトルズ）
「ノーコード開発ツール超入門」（秀和システム）
「見てわかる Unity Visual Scripting超入門」（秀和システム）
「Office ScriptによるExcel on the web開発入門」（ラトルズ）
「TypeScriptハンズオン」（秀和システム）
「Google Appsheetではじめるノーコード開発入門」（ラトルズ）

●著書一覧

https://www.amazon.co.jp/-/e/B004L5AED8/

●ご意見・ご感想

syoda@tuyano.com

Power Automate for Desktop
RPA開発 超入門

発行日 2022年 3月10日 第1版第1刷

著 者 掌田 津耶乃

発行者 斉藤 和邦
発行所 株式会社 秀和システム
〒135-0016
東京都江東区東陽2-4-2 新宮ビル2F
Tel 03-6264-3105（販売）Fax 03-6264-3094
印刷所 日経印刷株式会社

ISBN978-4-7980-6697-4 C3055